# 円周率の最初の百万桁

編集：

デイビッド・E・マクアダムズ

詳細については、http://www.piday.org をご覧ください。
編集者のウェブサイトは http://www.demcadams.com です。

# デイヴィッド・E・マカダムスのその他の著書

## 数の入門

『エイリアン・ナンバー・ブック』—ほかでは味わえない数え方の冒険へ、さあ発進! 『エイリアン・ナンバー・ブック』は、想像のはるか彼方からやって来た、奇妙でカラフルな地球外生命体（エイリアン）たちの銀河といっしょに、未就学児に0から10までの数を楽しく紹介します。

『ようせいの かずの ほん』—『ようせいの かずの ほん』は、かずの せかいへの たび。ページごとに あたらしい かずが あらわれ、ようせいの まほうの シーンで いきいき と ひろがります。

## 色の入門

『オウムの色』、『花の色』、『宇宙の色』—美しいテーマ画像で色彩の概念を紹介。対象年齢：0〜6歳。

## 算数

『遊びのお金を使った学習キット』—プレイマネー200万ドル以上を使って、大きな数と数え方を学べる楽しいキット。対象年齢：8〜12歳。

## 数学理論

『数字』—数の概念を初心者向けに紹介。おすすめ年齢：5〜7歳。

## 幾何学

『形』—幾何学的な形を遊び感覚で紹介。対象年齢：3〜8歳。

『展開図 プロジェクト集』（80種類のネット）—立体ポリヘドロンを作成するためのネット集。対象年齢：9歳以上。

## 頭の体操

『私のお気に入りのフラクタル』（第1巻&第2巻）—高解像度のフラクタル画像が楽しめるビジュアルブック。全年齢対象。

『迷路ざんまい！』—『迷路ざんまい！』は、手作り迷路241題を収録した一冊。ウォームアップの初級から、頭がうなる超難関まで。楽しむ・鍛える・集中する、すべての場面で活躍します。

## 数学愛好家向け

『円周率の最初の百万桁』、『オイラーの数「e」』『の最初の百万桁』、『の平方根の最初の百万桁』、『最初の十万個の素数』—重要な数学定数を収録した便利なリファレンス集。全年齢対象。

**最新の著作リストはをご覧ください。 https://lifeisastoryproblem.tripod.com/aauthor/japanese.html.**

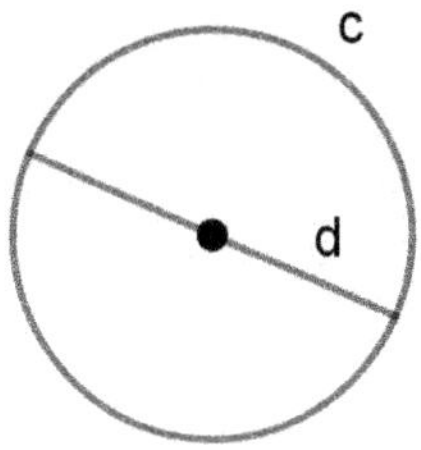


$$\Pi = \frac{c}{d}$$

$$\Pi = \frac{\text{円周}}{\text{直径}}$$

Π ≈ 3.14159265358979323846264338327950288419716939937510582097494<br>
5923078164062862089986280348253421170679821480865132823066470938446<br>
0955058223172535940812848111745028410270193852110555964462294895493<br>
0381964428810975665933446128475648233786783165271201909145648566923<br>
4603486104543266482133936072602491412737245870066063155881748815209<br>
2096282925409171536436789259036001133053054882046652138414695194151<br>
1609433057270365759591953092186117381932611793105118548074462379962<br>
7495673518857527248912279381830119491298336733624406566430860213949<br>
4639522473719070217986094370277053921717629317675238467481846766940<br>
5132000568127145263560827785771342757789609173637178721468440901224<br>
9534301465495853710507922796892589235420199561121290219608640344181<br>
5981362977477130996051870721134999999837297804995105973173281609631<br>
8595024459455346908302642522308253344685035261931188171010003137838<br>
7528865875332083814206171776691473035982534904287554687311595628638<br>
8235378759375195778185778053217122680661300192787661119590921642019<br>
8938095257201065485863278865936153381827968230301952035301852968995<br>
7736225994138912497217752834791315155748572424541506959508295331168<br>
6172785588907509838175463746493931925506040092770167113900984882401<br>
2858361603563707660104710181942955596198946767837449448255379774726<br>
8471040475346462080466842590694912933136770289891521047521620569660<br>
2405803815019351125338243003558764024749647326391419927260426992279<br>
6782354781636009341721641219924586315030286182974555706749838505494<br>
5885869269956909272107975093029553211653449872027559602364806654991<br>
1988183479775356636980742654252786255181841757467289097777279380008<br>
1647060016145249192173217214772350141441973568548161361157352552133<br>
4757418494684385233239073941433345477624168625189835694855620992192<br>
2218427255025425688767179049460165346680498862723279178608578438382<br>
7967976681454100953883786360950680064225125205117392984896084128488<br>
6269456042419652850222106611863067442786220391949450471237137869609<br>
5636437191728746776465757396241389086583264599581339047802759009946<br>
5764078951269468398352595709825822620522489407726719478268482601476<br>
9909026401363944374553050682034962524517493996514314298091906592509<br>
3722169646151570985838741059788595977297549893016175392846813826868<br>
3868942774155991855925245953959431049972524680845987273644695848653<br>
8367362226260991246080512438843904512441365497627807977156914359977<br>
0012961608944169486855584840635342207222582848864815845602850601684<br>
2739452267467678895252138522549954666727823986456596116354886230577<br>
4564980355936345681743241125150760694794510965960940252288797108931<br>
4566913686722874894056010150330861792868092087476091782493858900971<br>
4909675985261365549781893129784821682998948722658804857564014270477<br>
5551323796414515237462343645

円周率の最初の百万桁

542858444795265867821051141354735739523113427166102135969536231442
952484937187110145765403590279934403742007310578539062198387447808
478489683321445713868751943506430218453191048481005370614680674919
278191197939952061419663428754440643745123718192179998391015919561
814675142691239748940907186494231961567945208095146550225231603881
930142093762137855956638937787083039069792077346722182562599661501
421503068038447734549202605414665925201497442850732518666002132434
088190710486331734649651453905796268561005508106658796998163574736
384052571459102897064140110971206280439039759515677157700420337869
936007230558763176359421873125147120532928191826186125867321579198
414848829164470609575270695722091756711672291098169091528017350671
274858322287183520935396572512108357915136988209144421006751033467
110314126711136990865851639831501970165151168517143765761835155650
884909989859982387345528331635507647918535893226185489632132933089
857064204675259070915481416549859461637180270981994309924488957571
282890592323326097299712084433573265489382391193259746366730583604
142813883032038249037589852437441702913276561809377344403070746921
120191302033038019762110110044929321516084244485963766983895228684
783123552658213144957685726243344189303968642624341077322697802807
318915441101044682325271620105265227211166039666557309254711055785
376346682065310989652691862056476931257058635662018558100729360659
876486117910453348850346113657686753249441668039626579787718556084
552965412665408530614344431858676975145661406800700237877659134401
712749470420562230538994561314071127000407854733269939081454664645
880797270826683063432858785698305235808933065757406795457163775254
202114955761581400250126228594130216471550979259230990796547376125
517656751357517829666454779174501129961489030463994713296210734043
751895735961458901938971311179042978285647503203198691514028708085
990480109412147221317947647772622414254854540332157185306142288137
585043063321751829798662237172159160771669254748738986654949450114
654062843366393790039769265672146385306736096571209180763832716641
627488880078692560290228472104031721186082041900042296617119637792
133757511495950156604963186294726547364252308177036751590673502350
728354056704038674351362222477158915049530984448933309634087807693
259939780541934144737744184263129860809988868741326047215695162396
586457302163159819319516735381297416772947867242292465436680098067
692823828068996400482435403701416314965897940924323789690706977942
236250822168895738379862300159377647165122893578601588161755782973
523344604281512627203734314653197777416031990665541876397929334419
521541341899485444734567383162499341913181480927777103863877343177
207545654532207770921201905166096280490926360197598828161332316663
652861932668633606273567630354477628035045077723554710585954870279
081435624014517180624643626794561275318134078330336254232783944975
382437205835311477119926063813346776879695970309833913077109870408
591337464144282277263465947047458784778720192771528073176790770715
721344473060570073349243693113835049316312840425121925651798069411
352801314701304781643788518529092854520116583934196562134914341595
625865865570552690496520985803385072242648293972858478316305777756
068887644624824685792603953527734803048029005876075825104747091643
961362676044925627420420832085661190625454337213153595845068772460
290161876679524061634252257719542916299193064553779914037340432875
262888963995879475729174642635745525407909145135711136941091193932
519107602082520261879853188770584297259167781314969900901921169717
372784768472686084900337702424291651300500516832336435038951702989
392233451722013812806965011784408745196012122859937162313017114448
464090389064495444006198690754851602632750529834918740786680881833
851022833450850486082503930213321971551843063545500766828294930413

776552793975175461395398468339363830474611996653858153842056853386
218672523340283087112328278921250771262946322956398989893582116745
627010218356462201349671518819097303811980049734072396103685406643
193950979019069963955245300545058068550195673022921913933918568034
490398205955100226353536192041994745538593810234395544959778377902
374216172711172364343543947822181852862408514006660443325888569867
054315470696574745855033232334210730154594051655379068662733379958
511562578432298827372319898757141595781119635833005940873068121602
876496286744604774649159950549737425626901049037781986835938146574
126804925648798556145372347867330390468838343634655379498641927056
387293174872332083760112302991136793862708943879936201629515413371
424892830722012690147546684765357616477379467520049075715552781965
362132392640616013635815590742202020318727760527721900556148425551
879253034351398442532234157623361064250639049750086562710953591946
589751413103482276930624743536325691607815478181152843667957061108
615331504452127473924544945423682886061340841486377670096120715124
914043027253860764823634143346235189757664521641376796903149501910
857598442391986291642193994907236234646844117394032659184044378051
333894525742399508296591228508555821572503107125701266830240292952
522011872676756220415420516184163484756516999811614101002996078386
909291603028840026910414079288621507842451670908700069928212066041
837180653556725253256753286129104248776182582976515795984703562226
293486003415872298053498965022629174878820273420922224533985626476
691490556284250391275771028402799806636582548892648802545661017296
702664076559042909945681506526530537182941270336931378517860904070
866711496558343434769338578171138645587367812301458768712660348913
909562009939361031029161615288138437909904231747336394804575931493
140529763475748119356709110137751721008031559024853090669203767192
203322909433467685142214477379393751703443661991040337511173547191
855046449026365512816228824462575916333039107225383742182140883508
657391771509682887478265699599574490661758344137522397096834080053
559849175417381883999446974867626551658276584835884531427756879002
909517028352971634456212964043523117600665101241200659755851276178
583829204197484423608007193045761893234922927965019875187212726750
798125547095890455635792122103334669749923563025494780249011419521
238281530911407907386025152274299581807247162591668545133312394804
947079119153267343028244186041426363954800044800267049624820179289
647669758318327131425170296923488962766844032326092752496035799646
925650493681836090032380929345958897069536534940603402166544375589
004563288225054525564056448246515187547119621844396582533754388569
094113031509526179378002974120766514793942590298969594699556576121
865619673378623625612521632086286922210327488921865436480229678070
576561514463204692790682120738837781423356282360896320806822246801
224826117718589638140918390367367222088832151375560037279839400415
297002878307667094447456013455641725437090697939612257142989467154
357846878861444581231459357198492252847160504922124247014121478057
345510500801908699603302763478708108175450119307141223390866393833
952942578690507643100638351983438934159613185434754649556978103829
309716465143840700707360411237359984345225161050702705623526601276
484830840761183013052793205427462865403603674532865105706587488225
698157936789766974220575059683440869735020141020672358502007245225
632651341055924019027421624843914035998953539459094407046912091409
387001264560016237428802109276457931065792295524988727584610126483
699989225695968815920560010165525637567856672279661988578279484885
583439751874454551296563443480396642055798293680435220277098429423
253302257634180703947699415979159453006975214829336655566156787364
005366656416547321704390352132954352916941459904160875320186837937

023488868947915107163785290234529244077365949563051007421087142613
49745956151384987137570471017879573104229690666702144986374645952 8
082436944578977233004876476524133907592043401963403911473202338071
509522201068256342747164602433544005152126693249341967397704159568
375355516673027390074972973635496453328886984406119649616277344951
827369558822075735517665158985519098666539354948106887320685990754
079234240230092590070173196036225475647894064754834664776041146323
390565134330684495397907090302346046147096169688688501408347040546
074295869913829668246818571031887906528703665083243197440477185567
893482308943106828702722809736248093996270607472645539925399442808
113736943388729406307926159599546262462970706259484556903471197299
640908941805953439325123623550813494900436427852713831591256898929
519642728757394691427253436694153236100453730488198551706594121735
246258954873016760029886592578662856124966552353382942878542534048
308330701653722856355915253478445981831341129001999205981352205117
336585640782648494276441137639386692480311836445369858917544264739
988228462184490087776977631279572267265556259628254276531830013407
092233436577916012809317940171859859993384923549564005709955856113
498025249906698423301735035804408116855265311709957089942732870925
848789443646005041089226691783525870785951298344172953519537885534
573742608590290817651557803905946408735061232261120093731080485485
263572282576820341605048466277504500312620080079980492548534694146
977516493270950493463938243222718851597405470214828971117779237612
257887347718819682546298126868581705074027255026332904497627789442
362167411918626943965067151577958675648239939176042601763387045499
017614364120469218237076488783419689686118155815873606293860381017
121585527266830082383404656475880405138080163363887421637140643549
556186896411228214075330265510042410489678352858829024367090488711
819090949453314421828766181031007354770549815968077200947469613436
092861484941785017180779306810854690009445899527942439813921350558
642219648349151263901280383200109773868066287792397180146134324457
264009737425700735921003154150893679300816998053652027600727749674
584002836240534603726341655425902760183484030681138185510597970566
400750942608788573579603732451414678670368809880609716425849759513
806930944940151542222194329130217391253835591503100333032511174915
696917450271494331515588540392216409722910112903552181576282328318
234254832611191280092825256190205263016391147724733148573910777587
442538761174657867116941477642144111126358355387136101102326798775
641024682403226483464176636980663785768134920453022408197278564719
839630878154322116691224641591177673225326433568614618654522268126
887268445968442416107854016768142080885028005414361314623082102594
173756238994207571362751674573189189456283525704413354375857534269
869947254703165661399199968262824727064133622217892390317608542894
373393561889165125042440400895271983787386480584726895462438823437
517885201439560057104811949884239060613695734231559079670346149143
447886360410318235073650277859089757827273130504889398900992391350
337325085598265586708924261242947367019390772713070686917092646254
842324074855036608013604668951184009366860954632500214585293095000
090715105823626729326453738210493872499669933942468551648326113414
611068026744663733437534076429402668297386522093570162638464852851
490362932019919968828517183953669134522244470804592396602817156551
565666111359823112250628905854914509715755390024393153519090210711
945730024388017661503527086260253788179751947806101371500448991721
002220133501310601639154158957803711779277522597874289191791552241
718958536168059474123419339842021874564925644346239253195313510331
147639491199507285843065836193536932969928983791494193940608572486
396883690326556436421664425760791471086998431573374964883529276932

822076294728238153740996154559879825989109371712621828302584811238
901196822142945766758071865380650648702613389282299497257453033283
896381843944770779402284359883410035838542389735424395647555684095
224844554139239410001620769363684677641301781965937997155746854194
633489374843912974239143365936041003523437770658886778113949861647
874714079326385873862473288964564359877466763847946650407411182565
837887845485814896296127399841344272608606187245545236064315371011
274680977870446409475828034876975894832824123929296058294861919667
091895808983320121031843034012849511620353428014412761728583024355
983003204202451207287253558119584014918096925339507577840006746552
603144616705082768277222353419110263416315714740612385042584598841
990761128725805911393568960143166828317632356732541707342081733223
046298799280490851409479036887868789493054695570307261900950207643
349335910602454508645362893545686295853131533718386826561786227363
716975774183023986006591481616404944965011732131389574706208847480
236537103115089842799275442685327797431139514357417221975979935968
525228574526379628961269157235798662057340837576687388426640599099
350500081337543245463596750484423528487470144354541957625847356421
619813407346854111766883118654489377697956651727966232671481033864
391375186594673002443450054499539974237232871249483470604406347160
632583064982979551010954183623503030945309733583446283947630477564
501500850757894954893139394489921612552559770143685894358587752637
962559708167764380012543650237141278346792610199558522471722017772
370041780841942394872540680155603599839054898572354674564239058585
021671903139526294455439131663134530893906204678438778505423939052
473136201294769187497519101147231528932677253391814660730008902776
896311481090220972452075916729700785058071718638105496797310016787
085069420709223290807038326345345203802786099055690013413718236837
099194951648960075504934126787643674638490206396401976668559233565
463913836318574569814719621084108096188460545603903845534372914144
651347494078488442377217515433426030669883176833100113310869042193
903108014378433415137092435301367763108491351615642269847507430329
716746964066653152703532546711266752246055119958183196376370761799
191920357958200759560530234626775794393630746305690108011494271410
093913691381072581378135789400559950018354251184172136055727522103
526803735726527922417373605751127887218190844900617801388971077082
293100279766593583875890939568814856026322439372656247277603789081
445883785501970284377936240782505270487581647032458129087839523245
323789602984166922548964971560698119218658492677040395648127810217
991321741630581055459880130048456299765112124153637451500563507012
781592671424134210330156616535602473380784302865525722275304999883
701534879300806260180962381516136690334111138653851091936739383522
934588832255088706450753947395204396807906708680644509698654880168
287434378612645381583428075306184548590379821799459968115441974253
634439960290251001588827216474500682070419376158454712318346007262
933955054823955713725684023226821301247679452264482091023564775272
308208106351889915269288910845557112660396503439789627825001611015
323516051965590421184494990778999200732947690586857787872098290135
295661397888486050978608595701773129815531495168146717695976099421
003618355913877781769845875810446628399880600616229848616935337386
578773598336161338413385368421197893890018529569196780455448285848
370117096721253533875862158231013310387766827211572694951817958975
469399264219791552338576623167627547570354699414892904130186386119
439196283887054367774322427680913236544948536676800000106526248547
305586159899914017076983854831887501429389089950685453076511680333
732226517566220752695179144225280816517166776672793035485154204023
817460892328391703275425750867655117859395002793389592057668278967

764453184040418554010435134838953120132637836928358082719378312654
961745997056745071833206503455664403449045362756001125018433560736
122276594927839370647842645676338818807565612168960504161139039063
960162022153684941092605387688714837989559999112099164646441191856
827700457424343402167227644558933012778158686952506949936461017568
506016714535431581480105458860564550133203758645485840324029871709
348091055621167154684847780394475697980426318099175642280987399876
697323769573701580806822904599212366168902596273043067931653114940
176473769387351409336183321614280214976339918983548487562529875242
387307755955595546519639440182184099841248982623673771467226061633
643296406335728107078875816404381485018841143188598827694490119321
296827158884133869434682859006664080631407775772570563072940049294
030242049841656547973670548558044586572022763784046682337985282710
578431975354179501134727362577408021347682604502285157979579764746
702284099956160156910890384582450267926594205550395879229818526480
070683765041836562094555434613513415257006597488191634135955671964
965403218727160264859304903978748958906612725079482827693895352175
362185079629778514618843271922322381015874445052866523802253284389
137527384589238442253547265309817157844783421582232702069028723233
005386216347988509469547200479523112015043293226628272763217790884
008786148022147537657810581970222630971749507212724847947816957296
142365859578209083073323356034846531873029302665964501371837542889
755797144992465403868179921389346924474198509733462679332107268687
076806263991936196504409954216762784091466985692571507431574079380
532392523947755744159184582156251819215523370960748332923492103451
462643744980559610330799414534778457469999212859999939961228161521
931488876938802228108300198601654941654261696858678837260958774567
618250727599295089318052187292461086763995891614585505839727420980
909781729323930106766386824040111304024700735085782872462713494636
853181546969046696869392547251941399291465242385776255004748529547
681479546700705034799958886769501612497228204030399546327883069597
624936151010243655535223069061294938859901573466102371223547891129
254769617600504797492806072126803922691102777226102544149221576504
508120677173571202718024296810620377657883716690910941807448781404
907551782038565390991047759414132154328440625030180275716965082096
427348414695726397884256008453121406593580904127113592004197598513
625479616063228873618136737324450607924411763997597461938358457491
598809766744709300654634242346063423747466608043170126005205592849
369594143408146852981505394717890045183575515412522359059068726487
863575254191128887737176637486027660634960353679470269232297186832
771739323619200777452212624751869833495151019864269887847171939664
976907082521742336566272592844062043021411371992278526998469884770
232382384005565551788908766136013047709843861168705231055314916251
728373272867600724817298763756981633541507460883866364069347043720
668865127568826614973078865701568501691864748854167915459650723428
773069985371390430026653078398776385032381821553559732353068604301
067576083890862704984188859513809103042359578249514398859011318583
584066747237029714978508414585308578133915627076035639076394731145
549583226694570249413983163433237897595568085683629725386791327505
554252449194358912840504522695381217913191451350099384631177401797
151228378546011603595540286440590249646693070776905548102885020808
580087811577381719174177601733073855475800605601433774329901272867
725304318251975791679296996504146070664571258883469797964293162296
552016879730003564630457930884032748077181155533090988702550520768
046303460865816539487695196004408482065967379473168086415645650530
049881616490578831154345485052660069823093157776500378070466126470
602145750579327096204782561524714591896522360839664562410519551052

2357239739512881816405978591427914816542632892004281609136937773722
2299983327082082969955737727375667615527113922588055201898876201143
1680054687365580633471603734291703907986396522961312801782679717287
9822936070288069087768660593252746378405397691848082041021944719713
3869256084162451123980620113184541244782050110798760717155683154071
8865439041210873032402010685341947230476666721749869868547076781201
5124736792479193150856444775379853799732234456122785843296846647514
3336573692387201464723679427870042503255589926884349592876124007556
8756946413705625140011797133166207153715436006876477318675587148787
3989081074295309410605969443158477539700943988394914432353668539201
9946879645066533985738887866147629443414010498889931600512076781033
5886116602029611936396821349607501116498327856353161451684576956875
1090029997698412632665023477167286573785790857466460772283415403114
4415294188047825438761770790430001566986776795760909966936075594965
5152736349811896413043311662774712338817406037317439705406703109673
6765748695358789670031925866259410510533584384656023391796749267843
4763708474978333655579007384191473198862713525954625181604342253725
9962863267496824058060296421146386436864224724887283434170441573489
2481833301640566959668866769563491416328426414974533349999480002667
9987588815935073578151958899005395120853510357261373640343675347146
1048360175464883004078464167452167371904831096767113443494819262686
1110739948250607394950735031690197318521195526356325843390998224987
6240670310768318446607291248747540316179699411397387765899868554177
0318847788675929026070043212666179192235209382278788809886335991167
0819235355570464634911320859189796132791319756490976000139962344456
5350143464268604644958624769094347048293294140411146540923988344438
5159133201077394411184074107684981066347241048239358274019449356656
1610884631256785297769734684303061462418035852933159734583038455418
0337010916767763742762102137013548544509263071901147318485749233186
1672072137279355679528443925481560913728128406333039373562420016042
5664557414588166052166608738748047243391212955877763906969037078828
8527753894052460758496231574369171131761347838827194168606625721033
6851321566478001476752310393578606896111259960281839309548709059072
3861351914591819510297327875571049729011487171897180046961697770015
7913919613791417162707018958469214343696762927459109940060084983566
8425201915593703701011049747339493877885989417433031785348707603227
1982970579751191440510994235883034546353492349826883624043327267419
5540301619505680654180939409982020609994140216890900708213307230890
6621197755306659188141191577836272927461561857103721724710095214236
6964830864102592887457999322374955191221951903424452307535133806859
6807354464995127203174487195403976107308060269906258076020292731456
5252078079914184290638844373499681458273372072663917670201183004647
8190002413083508846584152148991276106513741539435657211390328574914
8769094413702090517031487773461652879848235338297260136110984514842
1823808120540996125274580881099486972216128524897425555516076371673
5054896173016809613803811914361143992106380050832140987604599309325
4851025168294467260666138151745712559754953580239983146982203613386
0828499356705575524712902745397762140493182014658008021566536067768
5508783804304134310591804606800834591136640834887408005741272586707
4792258319127415739080914383138456424150940849133918096840251163991
1936853225557338966953749026620923261318855891580832455571948453876
5628786128859004106006073746501402627824027346962528217174941582337
1749239683530136178653673760642166778137739951006589528877427662637
6841830680190804609849809469763667335662282915132352788806157768278
8159588669180238940333076441912403412022316368577860357276941541778
8826435238131905028087018575047046312933353757285386605888904583119
1450773942935201994321971171642235005644042979892081594307167019857

7469273848653833436145794634175922573898588001698014757420542995801

037135453296620639210547982439212517254013231490274058589206321758
949434548906846399313757091034633271415316223280552297297953801880
162859073572955416278867649827418616421878988574107164906919185116
281528548679417363890665388576422915834250067361245384916067413734
017357277995634104332688356950781493137800736235418007061918026732
855119194267609122103598746924117283749312616339500123959924050845
437569850795704622266461900010350049018303415354584283376437811198
855631877779253720116671853954183598443830520376281944076159410682
071697030228515225057312609304689842343315273213136121658280807521
263154773060442377475350595228717440266638914881717308643611138906
942027908814311944879941715404210341219084709408025402393294294549
387864023051292711909751353600092197110541209668311151632870542302
847007312065803262641711616595761327235156666253667271899853419989
523688483099930275741991646384142707798870887422927705389122717248
632202889842512528721782603050099451082478357290569198855546788607
946280537122704246654319214528176074148240382783582971930101788834
567416781139895475044833931468963076339665722672704339321674542182
455706252479721997866854279897799233957905758189062252547358220523
642485078340711014498047872669199018643882293230538231855973286978
092225352959101734140733488476100556401824239219269506208318381454
698392366461363989101210217709597670490830508185470419466437131229
969235889538493013635657618610606222870559942337163102127845744646
398973818856674626087948201864748767272722206267646533809980196688
368099415907577685263986514625333631245053640261056960551318381317
426118442018908885319635698696279503673842431301133175330532980201
668881748134298868158557781034323175306478498321062971842518438553
442762012823457071698853051832617964117857960888815032960229070561
447622091509473903594664691623539680920139457817589108893199211226
007392814916948161527384273626429809823406320024402449589445612916
704950823581248739179964864113348032475777521970893277226234948601
504665268143987705161531702669692970492831628550421289814670619533
197026950721437823047687528028735412616639170824592517001071418085
480063692325946201900227808740985977192180515853214739265325155903
541020928466592529991435379182531454529059841581763705892790690989
691116438118780943537152133226144362531449012745477269573939348154
691631162492887357471882407150399500944673195431619385548520766573
882513963916357672315100555603726339486720820780865373494244011579
966750736071115935133195919712094896471755302453136477094209463569
698222667377520994516845064362382421185353488798939567318780660610
788544000550827657030558744854180577889171920788142335113866292966
717964346876007704799953788338787034871802184243734211227394025571
769081960309201824018842705704609262256417837526526335832424066125
331152942345796556950250681001831090041124537901533296615697052237
921032570693705109083078947999900499939532215362274847660361367769
797856738658467093667958858378879562594646489137665219958828693380
183601193236857855855819555604215625088365020332202451376215820461
810670519533065306060650105488716724537794283133887163139559690583
208341689847606560711834713621812324622725884199028614208728495687
963932546428534307530110528571382964370999035694888528519040295604
734613113826387889755178856042499874831638280404684861893818959054
203988987265069762020199554841265000539442820393012748163815853039
643992547020167275932857436666164411096256633730540921951967514832
873480895747777527834422109107311135182804603634719818565557295714
474768255285786334934285842311874944000322969069775831590385803935
352135886007960034209754739229673331064939560181223781285458431760
556173386112673478074585067606304822940965304111830667108189303110
887172816751957967534718853722930961614320400638132246584111115775

8358581135018569047815368938137718472814751998350504781297718599908
4707621974605887423256995828892535041937958260616211842368768511141
8316068315867994601652057740529423053601780313357263267054790333840
1257305912339601880137825421927094767337191987287385248057421248922
1183470876629667207272325650565129333126059505777727542471241648311
2832982072361750574673870128209575544305968395555686861188397135522
2084452852640081252027665557677495969626612604565245684086139238266
5768583384698499778726706555191854468698469478495734622606294219622
4557085371272776523098955450193037732166649182578154677292005212666
7143463209637891852323215018976126034373684067194193037746880999299
6877582441047878123266253181845960453853543839114496775312864260922
5211537673258866722604042523491087026958099647595805794663973419066
4010036361904042033113579336542426303561457009011244800890020801477
8056603710154122328891465722393145076071670643556827437743965789066
7972687438473076346451677562103098604092717090951280863090297385044
4527182892749689212106670081648583395537735919136950153162018908888
7484210798706899114804669270650940762046502772528650728905328548566
1433160812693005693785417861096969202538865034577183176686885923688
1488475276498468821949739729707737187188400414323127636504814531122
2850990020742409255859252926103021067368154347015252348786351643977
6235860419194129697690405264832347009911154242601273438022089331099
6686367898694977994001260164227609260823493041180643829138347354677
9725399262338791582998486459271734059225620749105308531537182911688
1637219395188700957788181586850464507699343940987433514431626330311
7247747486897918209239480833143970840673084079589358108966564775855
9905563769525232653614424780230826811831037735887089240613031336477
7371011628214614661679404090518615260360092521947218890918107335877
1964142144478654899528582343947050079830388538860831035719306002777
1194558021911942899922722353458707566246926177663178855144350218288
7026685610665003531050216318206017609217984684936863161293727951877
3078972637353717150256378733579771808184878458866504335824377004144
7710414934927438457587107159731559439426412570270965125108115548244
7939403597681188117282472158250109496096625393395380922195591918188
8552678062149923172763163218339896938075616855911752998450132067122
9392404144593862398809381240452191484831646210147389182510109096777
3869066404158973610476436500068077105656718486281496371118832192444
5663945814491486165500495676982690308911185687986929470513524816099
1743243015383684707292898982846022237301452655679898627767968091466
9798378268764311598832109043715611299766521539635464420869197567377
0005738764978437686287681792497469438427465256316323005551304174222
7341646455127812784577772457520386543754282825671412885834544435133
2562054464241011037955464190581168623059644769587054072141985212100
6734332410756767575818456990693046047522770167005684543969234041711
1089888993416350585157887353430815520811772071880379104046983069577
8685473937656433631979786803671873079693924236321448450354776315677
0255390065423117920153464977929066241508328858395290542637687668966
8805033317227800185885069736232403894700471897619347344308437443755
9925034178807972235859134245813144049847701732361694719765715353199
7754997162785663119046912609182591249890367654176979903623755286522
6375733763526969344354400473067198868901968147428767790866979688522
2501636949856730217523132529265375896415171479559538784278499866455
6302878831962099830494519874396369070682762657485810439112232618799
4059941554063270131989895703761105323606298674803779153767511583044
3208498720920280929752649812569163425000522908887264692528466610466
5392171482080130502298052637836426959733707053922789153510568883933
8113249757071331029504430346715989448786847116438328050692507766277
4500122003526203709466023414648998390252588830148678162196775194588

316771876275720050543979441245990077115205154619930509838698254284
640725554092740313257163264079293418334214709041254253352324802193
227707535554679587163835875018159338717423606155117101312352563348
582036514614187004920570437201826173319471570086757853933607862273
955818579758725874410254207710547536129404746010009409544495966288
148691590389907186598056361713769222729076419775517772010427649694
961105622059250242021770426962215495872645398922769766031052498085
575947163107587013320886146326641259114863388122028444069416948826
152957762532501987035987067438046982194205638125583343642194923227
593722128905642094308235254408411086454536940496927149400331978286
131818618881111840825786592875742638445005994422956858646048103301
538891149948693543603022181094346676400002236255057363129462629609
619876056425996394613869233083719626595473923462413459779574852464
783798079569319865081597767535055391899115133525229873611277918274
854200868953965835942196333150286956119201229888988700607999279541
118826902307891310760361763477948943203210277335941690865007193280
401716384064498787175375678118532132840821657110754952829497493621
460821558320568723218557406516109627487437509809223021160998263303
391546949464449100451528092508974507489676032409076898365294065792
019831526541065813682379198409064571246894847020935776119313998024
681340520039478194986620262400890215016616381353838151503773502296
607462795291038406868556907015751662419298724448271942933100485482
445458071889763300323252582158128032746796200281476243182862217105
435289834820827345168018613171959332471107466222850871066611770346
535283957762599774467218571581612641114327179434788599089280848669
491413909771673690027775850268664654056595039486784111079011610400
857274456293842549416759460548711723594642910585090995021495879311
219613590831588262068233215615308683373083817327932819698387508708
348388046388478441884003184712697454370937329836240287519792080232
187874488287284372737801782700805878241074935751488997891173974612
932035108143270325140903048746222629423443275712600866425083331876
865075642927160552528954492153765175149219636718104943531785838345
386525565664065725136357506435323650893679043170259787817719031486
796384082881020946149007971513771709906195496964007086766710233004
867263147551053723175711432231741141168062286420638890621019235522
354671166213749969326932173704310598722503945657492461697826097025
335947502091383667377289443869640002811034402608471289900074680776
484408871134135250336787731679770937277868216611786534423173226463
784769787514433209534000165069213054647689098505020301504488083426
184520873053097318949291642532293361243151430657826407028389840984
160295030924189712097160164926561341343342229882790992178604267981
245728534580133826099587717811310216734025656274400729683406619848
067661580502169183372368039902793160642043681207990031626444914619
021945822969099212278855394878353830564686488165556229431567312827
439082645061162894280350166133669782405177015521962652272545585073
864058529983037918035043287670380925216790757120406123759632768567
484507915114731344000183257034492090971243580944790046249431345502
890068064870429353403743603262582053579011839564908935434510134296
961754524957396062149028872893279252069653538639644322538832752249
960598697475988232991626354597332444516375533437749292899058117578
635555562693742691094711700216541171821975051983178713710605106379
555858890556885288798908475091576463907469361988150781468526213325
247383765119299015610918977792200870579339646382749068069876916819
749236562422608715417610043060890437797667851966189140414492527048
088197149880154205778700652159400928977760133075684796699295543365
613984773806039436889588764605498387147896848280538470173087111776
115966350503997934386933911978988710915654170913308260764740630571

1411098839388095481437828474528838368079418884342666222070438722887413947801017721392281911992365405516395893474263953824829609036900288359327745855060801317988407162446563997948275783650195514221551339281978226984278638391679715091262410548725700924070045488485692950448110738087996547481568913935380943474556972128919827177020766613602489581468119133614121258783895577357194986317210844398901423948496659251731388171602663261931065366535041473070804414939169363262373767777095850313255990095762731957308648042467701212327020533742667053142448208168130306397378736642483672539837487690980602182785786216512738563513290148903509883270617258932575363993979055729175160097615459044771692265806315111028038436017374742152476085152099016158582312571590733421736576267142390478279587281505095633092802668458937649649770232973641319060982740633531089792464242134583740901169391964250459128813403498810635400887596820054408364386516617880557608956896727531538081942077332597917278437625661184319891025007491829086475149794003160703845549465385946027452447466812314687943441610993338908992638411847425257044572517459325738989565185716575961481266020310797628254165590506042479114016957900338356574869252800743025623419498286467914476322774005529460903940177536335655471931000175430047504719144899841040015867946179241610016454716551337074073950260442769538553834397550548871099785205401175169747581344926079433689543783221172450687344231989878844128542064742809735625807066983106979935260693392135685881391214807354728463227784908087002467776303605551232386656295178853719673034634701222939581606792509153217489030840886516061119011498443412350124646928028805996134283511884715449771278473361766285062169778717743824362565711779450064477718370221999106695021656757644044997940765037999954845002710665987813603802314126836905783190460792765297277694043613023051787080546511542469395265127101052927070306673024447125973939950514628404767431363739978259184541176413327906460636584152927019030276017339474866960348694976541752429306040727005059039503148522921392575594845078867977925253931765156416197168443524369794447355964260633391055126826061595726217036698506473281266724521989060549880280782881429796336696744124805982192146339565745722102298677599746738126069367069134081559412016115960190237753525556300606247983261249881288192937343476862689219239777833910733106588256813777172328315329082525092733047850724977139448333892552081175608452966590553940965568541706001179857293813998258319293679100391844099286575605993598910002969864460974714718470101531283762631146774209145574041815908800064943237855839308530828305476076799524357391631221886057549673832243195650655460852881201902363644712703748634421727257879503428486312944916318475347531435041392096108796057730987201352484075057637199253650470908582513936863463863368042891767107602111159828875539940120076013947033661793715396306139863655492213741597905119083588290097656647300733879314678913181465109316761575821351424860442292445304113160652700974330088499034675405518640677342603583409608605533747362760935658853109760994238347382222087292464497684560579562516765574088410321731345627735856052358236389532038534024842273371639123973215995440828421666360232965456947035771848734420342277066538373875061692127680157661810954200977083636043611105924091178895403380214265239489296864398089261146354145715351943428507213534530183158756282757338982688985235577992957276452293915674775666760510878876484534936360682780505646228135988858792599409464460417052044700463151379754317371877560398159626475014109066588661621800382669899619655805872086397211769952194667898570117983324406018115756580742841829106151939176300591943144346051540477105700543390001824531177337189558576036071828605063564799790041397618089553

366960316219311325022385179167205518065926351803625121457592623836
934822266589557699466049193811248660909979812857182349400661555219
611220720309227764620099931524427358948871057662389469388944649509
396033045434084210246240104872332875008174917987554387938738143989
423801176270083719605309438394006375611645856094312951759771393539
607432279248922126704580818331376416581826956210587289244774003594
700926866265965142205063007859200248829186083974373235384908396432
614700053242354064704208949921025040472678105908364400746638002087
012666420945718170294675227854007450855237772089058168391844659282
941701828823301497155423523591177481862859296760504820386434310877
956289292540563894662194826871104282816389397571175778691543016505
860296521745958198887868040811032843273986719862130620555985526603
640504628215230615459447448990883908199973874745296981077620148713
400012253552224669540931521311533791579802697955571050850747387475
075806876537644578252443263804614304288923593485296105826938210349
800040524840708440356116781717051281337880570564345061611933042444
079826037795119854869455915205196009304127100727784930155503889536
033826192934379708187432094991415959339636811062755729527800425486
306005452383915106899891357882001941178653568214911852820785213012
551851849371150342215954224451190020739353962740020811046553020793
286725474054365271759589350071633607632161472581540764205302004534
018357233829266191530835409512022632916505442612361919705161383935
732669376015691442994494374485680977569630312958871916112929468188
493633864739274760122696415884890096571708616059814720446742866420
876533479985822209061980217321161423041947775499073873856794118982
466091309169177227420723336763503267834058630193019324299639720444
517928812285447821195353089891012534297552472763573022628138209180
743974867145359077863353016082155991131414420509144729353502223081
719366350934686585865631485557586244781862010871188976065296989926
932817870557643514338206014107732926106343152533718224338526352021
773544071528189813769875515757454693972715048846979361950047772097
056179391382898984532742622728864710888327017372325881824465843624
958059256033810521560620615571329915608489206434030339526226345145
428367869828807425142256745180618414956468611163540497189768215422
772247947403357152743681940989205011365340012384671429655186734415
374161504256325671343024765512521921803578016924032669954174608759
240920700466934039651017813485783569444076047023254075555776472845
075182689041829396611331016013111907739863246277821902365066037404
160672496249013743321724645409741299557052914243820807609836482346
597388669134991978401310801558134397919485283043673901248208244481
412809544377389832005986490915950532285791457688496257866588599917
986752055455809900455646117875524937012455321717019428288461740273
664997847550829422802023290122163010230977215156944642790980219082
668986883426307160920791408519769523555348865774342527753119724743
087304361951139611908003025587838764420608504473063129927788894272
918972716989057592524467966018970748296094919064876469370275077386
643239191904225429023531892337729316673608699622803255718530891928
440380507103006477684786324319100022392978525537237556621364474009
676053943983823576460699246526008909062410590421545392790441152958
034533450025624410100635953003959886446616959562635187806068851372
346270799732723313469397145628554261546765063246567662027924520858
134771760852169134094652030767339184114750414016892412131982688156
866456148538028753933116023229255561894104299533564009578649534093
511526645402441877594931693056044868642086275720117231952640502309
977456764783848897346431721598062678767183800524769688408498918508
614900343240347674268624595239589035858213500645099817824463608731
775437885967767291952611121385919472545140030118050343787527766440

2762618941017576872680428176623860680477885242887430259145247073950546525135339459598789619778911041890292943818567205070964606263541732944649576612651953495701860015412623962286413897796733329070567376962156498184506842263690367849555970026079867996261019039331263768556968767029295371162528005543100786408728939225714512481135778627664902425161990277471090335933309304948380597856628844787441469841499067123764789582263294904679812089984857163571087831191848630254501620929805829208334813638405421720056121989353669371336733392464416125223196943471206417375491216357008573694397305979709719726666664226743111776217640306868131035189911227133972403688700099686292254646500638528862039380050477827691283560337254825579391298525150682996910775425764748832534141213280062671709400909822352965795799780301828242849022147074811112401860761341515038756983091865278065889668236252393784527263453042041880250844236319038331838455052236799235775292910692504326144695010986108889991465855188187358252816430252093928525807796973762084563748211443398816271003170315133440230952635192958868069082135585368016100021374085115448491268584126869589917414913382057849280069825519574020181810564129725083607035685105533178784082900004155251186577945396331753853209214972052660783126028196116485809868458752512999740409279768317663991465538610893758795221497173172813151793290443112181587102351874075722210012376872194474720934931232410706508061856237252673254073332487575448296757345001932190219911996079798937338367324257610393898534927877747398050808001554476406105352220232540944356771879456543040673589649101761077594836454082348613025471847648518957583667439979150851285802060782055446299172320202822291488695939972997429747115537185892423849385585859540743810488262464878805330427146301194158989632879267832732245610385219701113046658710050008328517731177648973523092666123458887310288351562644602367199664455472760831011878838915114934093934475007302585581475619088139875235781233134227986650352272536717123075686104500454897036007956982762639234410714658489578024140815840522953693749971066559489445924628661996355635065262340533943914211127181069105229002465742360413009369188925586578466846121567955425660541600507127664176605687427420032957716064344860620123982169827172319782681662824993871499544913730205184366907672357740005393266262276032365975171892590180110429038427418550789488743883270306328327996300720069801224436511639408692222074532024462412115580435454206421512158505689615735641431306888344318528085397592773443365538418834030351782294625370201578215737326552318576355409895403323638231921989217117744946940367829618592080340386757583411151882417743914507736638407188048935825686854201164503135763335550944031923672034865101056104987272647213198654343545040913185951314518127643731043897250700498198705217627249406521461995923214231443977654670835171474936798618655279171582408065106379950018429593879915835017158075988378496225739851212981032637937621832245659423668537679911314010804313973233544909082491049914332584329882103398469814171575601082970658306521134707680368069532297199059990445120908727577622535104090239288877942463048328031913271049547859918019696783532146444118926063152661816744319355081708187547705080265402529410921826485821385752668815558411319856002213515888721036569608751506318753300294211868222189377554602722729129050429225978771066787384000061677215463844129237119352182849982435092089180168557279815642185819119749098573057033266764646072875743056537260276898237325974508447964954564803077159815395582777913937360171742299602735310276871944944491793978514463159731443535185049141394155732938204854212350817391254974981930871439661513294204591938010623142177419918406018034794988769105155790555480695387854006645337598186284641

9905220452803306263695626490910827627115903856995051246529996062855
544383833032763859980079292284665950355121124528408751622906026201
185777531374794936205549640107300134885315073548735390560290893352
640071327473262196031177343394367338575912450814933573691166454128
178817145402305475066713651825828489809951213919399563324133655677
709800308191027204099714868741813466700609405102146269028044915964
654533010775469541308871416531254481306119240782118869005602778182
423502269618934435254763357353648561936325441775661398170393063287
216690572225974520919291726219984440964615826945638023950283712168
644656178523556516412771282691868861557271620147493405227694659571
219831494338162211400693630743044417328478610177774383797703723179
525543410722344551255558999864618387676490397246116795901810003509
892864120419516355110876320426761297982652942588295114127584126273
279079880755975185157684126474220947972184330935297266521001566251
455299474512763155091763673025946213293019040283795424632325855030
109670692272022707486341900543830265068121414213505715417505750863
990767394633514620908288893493837643939925690060406731142209331219
593620298297235116325938677224147791162957278075239505625158160313
335938231150051862689053065836812998810866326327198061127154885879
809348791291370749823057592909186293919501472119758606727009254771
802575033773079939713453953264619526999659638565491759045833358579
910201271320458390320085387888163363768518208372788513117522776960
978796214237216254521459128183179821604411131167140691482717098101
545778193920231156387195080502467972579249760577262591332855972637
121120190572077140914864507409492671803581515757151405039761096384
675556929897038354731410022380258346876735012977541327953206097115
450648421218593649099791776687477448188287063231551586503289816422
828823274686610659273219790716238464215348985247621678905026099804
526648392954235728734397768049577409144953839157556548545905897649
519851380100795801078375994577529919670054760225255203445398871253
878017196071816407812484784725791240782454436168234523957068951427
226975043187363326301110305342333582160933319121880660826834142891
041517324721605335584999322454873077882290525232423486153152097693
846104258284971496347534183756200301491570327968530186863157248840
152663983568956363465743532178349319982554211730846774529708583950
761645822963032442432823773745051702856069806788952176819815671078
163340526675953942492628075696832610749532339053622309080708145591
983735537774874202903901814293731152933464446815121294509759653430
628421531944572711861490001765055817709530246887526325011970520947
615941676872778447200019278913725184162285778379228443908430118112
149636642465903363419454065718354477191244662125939265662030688852
005559912123536371822692253178145879259375044144893398160865790087
616502463519704582889548179375668104647461410514249887025213993687
050937230544773411264135489280684105910771667782123833281026218558
775131272117934444820144042574508306394473836379390628300897330624
138061458941422769474793166571762318247216835067807648757342049155
762821758397297513447899069658953254894033561561316740327647246921
250575911625152965456854463349811431767025729566184477548746937846
423373723898192066204851189437886822480727935202250179654534375727
416391079197295295081294292220534771730418447791567399173841831171
036252439571615271466900581470000263301045264354786590329073320546
833887207873544476264792529769017091200787418373673508771337697768
349634425241994995138831507487753743384945825976556099655595431804
092017849718468549737069621208852437701385375768141663272241263442
398215294164537800049250726276515078908507126599703670872669276430
837722968598516912230503746274431085293430527307886528397733524601
746352770320593817912539691562106363762588293757137384075440646896

478310070458061344673127159119460843593582598778283526653115106504
162329532904777217408355934972375855213804830509000964667608830154
061282430874064559443185341375522016630581211103345312074508682433
943215904359443031243122747138584203039010607094031523555617276799
416002039397509989762933532585557562480899669182986422267750236019
325797472674257821111973470940235745722227121252685238429587427350
156366009318804549333898974157149054418255973808087156528143010267
046028431681923039253529779576586241439270154974087927313105163611
913757700892956482332364829826302460797587576774537716010249080462
430185652416175665560016085912153455626760219268998285537787258314
514408265458348440947846317877737479465358016996077940556870119232
860804113090462935087182712593466871276669487389982459852778649956
916546402945893506496433580982476596516514209098675520380830920323
048734270346828875160407154665383461961122301375945157925269674364
253192739003603860823645076269882749761872357547676288995075211480
485252795084503395857083813047693788132112367428131948795022806632
017002246033198967197064916374117585485187848401205484467258885140
156272501982171906696081262778548596481836962141072171421498636191
877475450965030895709947093433785698167446582826791194061195603784
539785583924076127634410576675102430755981455278616781594965706255
975507430652108530159790807334373607943286675789053348366955548680
391343372015649883422089339997164147974693869690548008919306713805
717150585730714881564992071408675825960287605645978242377024246980
532805663278704192676846711626687946348695046450742021937394525926
266861355294062478136120620263649819999949840514386828525895634226
432870766329930489172340072547176418868535137233266787792173834754
148002280339299735793615241275582956927683723123479898944627433045
456679006203242051639628258844308543830720149567210646053323853720
314324211260742448584509458049408182092763914000854042202355626021
856434899414543995041098059181794888262805206644108631900168856815
516922948620301073889718100770929059048074909242714101893354281842
999598816966099383696164438152887721408526808875748829325873580990
567075581701794916190611400190855374488272620093668560447559655747
648567400817738170330738030547697360978654385938218722058390234444
350886749986650604064587434600533182743629617786251808189314436325
120510709469081358644051922951293245007883339878842933934243512634
336520438581291283434529730865290978330067126179813031679438553572
629699874035957045845223085639009891317947594875212639707837594486
113945196028675121056163897600888009274611586080020780334159145179
707303683519697776607637378533301202412011204698860920933908536577
322239241244905153278095095586645947763448226998607481329730263097
502881210351772312446509534965369309001863776409409434983731325132
186208021480992268550294845466181471555744470966953017769043427203
189277060471778452793916047228153437980353967986142437095668322149
146543801459382927739339603275404800955223181666738035718393275707
714204672383862461780397629237713120958078936384144792980258806552
212926209362393063731349664018661951081158347117331202580586672763
999276357907806381881306915636627412543125958993611964762610140556
350339952314032311381965623632719896183725484533370206256346422395
276694356837676136871196292181875457608161705303159072882870071231
366630872275491866139577373054606599743781098764980241401124214277
366808275139095931340415582626678951084677611866595766016599817808
941498575497628438785610026379654317831363402513581416115190209649
913354873313111502270068193013592959597164019719605362503355847998
096348871803911161281359596856547886832585643789617315976200241962
155289629790481982219946226948713746244472909345647002853769495885
959160678928249105441251599630078136836749020937491573289627002865

682934443134234735123929825916673950342599586897069726733258273590
312128874666045146148785034614282776599160809039865257571726308183
349444182019353338507129234577437557934406217871133006310600332405
399169368260374617663856575887758020122936635327026710068126182517
291460820254189288593524449107013820621155382779356529691457650204
864328286555793470720963480737269214118689546732276775133569019015
372366903686538916129168888787640752549349424973342718117889275993
159671935475898809792452526236365903632007085444078454479734829180
208204492667063442043755532505052752283377888704080403353192340768
563010934777212563908864041310107381785333831603813528082811904083
256440184205374679299262203769871801806112262449090924264198582086
175117711378905160914038157500336642415609521632819712233502316742
260056794128140621721964184270578432895980288233505982820819666624
903585778994033315227481777695284368163008853176969478369058067106
482808359804669884109813515865490693331952239436328792399053481098
783027450017206543369906611778455436468772363184446476806914282800
455107468664539280539940910875493916609573161971503316696830992946
634914279878084225722069714887558063748030886299511847318712477729
191007022758889348693945628951580296537215040960310776128983126358
996489341024703603664505868728758905140684123812424738638542790828
273382797332688550493587430316027474906312957234974261122151741715
313361862241091386950068883589896234927631731647834007746088665559
873338211382992877691149549218419208777160606847287467368188616750
722101726110383067178785669481294878504894306308616994879870316051
588410828235127415353851336589533294862949449506186851477910580469
603906937266267038651290520113781085861618888694795760741358553458
515176805197333443349523012039577073962377131603024288720053732099
825300897761897312981788194467173116064723147624845755192873278282
512718244680782421521646956781929409823892628494376024885227900362
021938669648221562809360537317804086372726842669642192994681921490
870170753336109479138180406328738759384826953558307739576144799727
000347288018278528138950321798634521611106660883931405322694490545
552786789441757920244002145078019209980446138254780585804844241640
477503153605490659143007815837243012313751156228401583864427089071
828481675752712384678245953433444962201009607105137060846180118754
312072549133499424761711563332140893460915656155060031738421870157
022610310191660388706466143889773631878094071152752817468957640158
104701696524755774089164456867771715850058326994340167720215676772
406812836656526412298243946513319735919970940327593850266955747023
181320324371642058614103360652453693916005064495306016126782264894
243739716671766123104897503188573216555498834212180284691252908610
148552781527762562375045637576949773433684601560772703550962904939
248708840628106794362241870474700836884267102255830240359984164595
112248527263363264511401739524808619463584078375355688562231711552
094722306543709260679735100056554938122457548372854571179739361575
616764169289580525729752233855861138832217110736226581621884244317
885748879810902665379342666421699091405653643224930133486798815488
662866505234699723557473842483059042367714327879231642240387776433
019260019228477831383763253612102533693581262408686669973827597736
568222790721583247888864236934639616436330873013981421143030600873
066616480367898409133592629340230432497492688783164360268101130957
071614191283068657732353263965367739031766136131596555358499939860
056515592193675997771793301974468814837110320650369319289452140265
091546518430993655349333718342529843367991593941746622390038952767
381333061774762957494386871697845376721949350659087571191772087547
710718993796089477451265475750187119487073873678589020061737332107
569330221632062843206567119209695058576117396163232621770894542621

4609858410237813215817727602222738133495410481003073275107799948991
977963883530734443457532975914263768405442264784216063122769646967
15647399904371590332390656072664411643860540483884716191210900870
101913072607104411414324197679682854788552477947648180295973604943
970047959604029274629920357209976195014034831538094771460105633344
699882082212058728151072918297121191787642488035467231691654185225
672923442918712816323259696541354858957713320833991128877591722611
527337901034136208561457799239877832508355073019981845902595835598
926055329967377049172245493532968330000223018151722657578752405883
224908582128008974790932610076257877042865600699617621217684547899
644070506624171021332748679623743022915535820078014116534806564748
823061500339206898379476625503654982280532966286211793062843017049
240230198571997894883689718304380518217441914766042975243725168343
541121703863137941142209529588579806015293875275379903093887168357
209576071522190027937929278630363726876582268124199338480816602160
372215471014300737753779269906958712128928801905203160128586182549
441335382078488346531163265040764242839087012101519423196165226842
200371123046430067344206474771802135307012409886035339915266792387
110170622186588357378121093517977560442563469499978725112544085452
227481091487430725986960204027594117894258128188215995235965897918
114407765335432175759525553615812800116384672031934650729680799079
396371496177431211940202129757312516525376801735910155733815377200
195244454362007184847566341540744232862106099761324348754884743453
966598133871746609302053507027195298394327142537115576660002578442
303107342955153394506048622276496668762407932435319299263925373107
689213535257232108088981933916866827894828117047262450194840970097
576092098372409007471797334078814182519584259809624174761013825264
395513525931188504563626418830033853965243599741693132289471987830
842760040136807470390409723847394583489618653979059411859931035616
843686921948538205578039577388136067954990008512325944252972448666
676683464140218991594456530942344065066785194841776677947047204195
882204329538032631053749488312218039127967844610013972675389219511
911783658766252808369005324900459741094706877291232821430463533728
351995364827432583311914445901780960778288358373011185754365995898
272453192531058811502630754257149394302445393187017992360816661130
542625399583389794297160207033876781503301028012009599725222228080
142357109476035192554443492998676781789104555906301595380976187592
035893734197896235893112598390259831026719330418921510968915622506
965911982832345550305908173073519550372166587028805399213857603703
537710517802128012956684198414036287272562321442875430221090947272
107347413497551419073704331827662617727599688882602722524713368335
345281669277959132886138176634985772893690096574956228710302436259
077241221909430087175569262575806570991201665962243608024287002454
736203639484125595488172727247365346778364720191830399871762703751
572464992228946793232269361917764161461879561395669956778306829031
658969943076733350823499079062410020250613405734430069574547468217
569044165154063658468046369262127421107539904218871612761778701425
886482577522388918459952337629237791558574454947736129552595222657
863646211837759847370034797140820699414558071908021359073226923310
083175951065901912129479540860364075735875020589020870457967000705
526250581142066390745921527330940682364944159089100922029668052332
526619891131184201629163107689408472356436680818216865721968826835
840278550078280404345371018365109695178233574303050485265373807353
107418591770561039739506264035544227515610110726177937063472380499
066692216197119425912044508464174638358993823994651739550900085947
999013602667426149429006646711506717542217703877450767356374215478
290591101261915755587023895700140511782264698994491790830179547587

6760168094100135837613578591356924455647764464178667115391951357696
1048649224900834467154863830544779143300976804868783481846727337584
3689272431044740680768527862558516509208826381323362314873333671
476452045087662761495038994950480956046098960432912335834885999029
452640028499428087862403981181488476730121675416110662999555366819
312328742570206373835202008686369131173346973174121915363324674532
563087134730279217495622701468732586789173455837996435135880095935
087755635624881049385299900767513551352779241242927748856588856651
324730251471021057535251651181485090275047684551825209633189906852
761443513821366215236889057878669943228881602837748203550601602989
400911971385017987168363374413927597364401700701476370665570350433
812111357641501845182141361982349515960106475271257593518530433287
553778305750956742544268471221961870917856078393614451138333564910
325640573389866717812397223751931643061701385953947436784339267098
671245221118969084023632741149660124348309892994173803058841716661
307304006758838043211155537944060549772170594282151488616567277124
090338772774562909711013488518437411869565544974573684521806698291
104505800429988795389902780438359628240942186055628778842880212755
388480372864001944161425749990427200959520465417059810498996750451
193647117277222043610261407975080968697517660023718774834801612031
023468056711264476612374762785219024120256994353471622666089367521
983311181351114650385489502512065577263614547360442685949807439693
233129712737715734709971395229118265348515558713733662912024271430
250376326950135091161295299378586468130722648600827088133353819370
368259886789332123832705329762585738279009782646054559855513183668
884462826513379849166783940976135376625179825824966345877195012438
404035914084920973375464247448817618407002356958017741017769692507
781489338667255789856458985105689196092439884156928069698335224022
563457049731224526935419383700484318335719651662672157552419340193
309901831930919658292096965624766768365964701959575473934551433741
370876151732367720422738567427917069820454995309591887243493952409
444167899884631984550485239366297207977745281439941825678945779571
255242682608994086331737153889626288962940211210888442737656862452
761213037101730078513571540453304150795944777614359743780374243664
697324713841049212431413890357909241603640631403814983148190525172
093710396402680899483257229795456404270175772290417323479607361878
788991331830584306939482596131871381642346721873084513387721908697
510494284376932502498165667381626061594176825250999374167288395174
406693254965340310145222531618900923537648637848288134420987004809
622717122640748957193900291857330746010436072919094576799461492929
042798168772942648772995285843464777538690695014898413392454039414
468026362540211861431703125111757764282991464453340892097696169909
837265236176874560589470496817013697490952307208268288789073019001
825342580534342170592871393173799314241085264739094828459641809361
413847583113613057610846236683723769591349261582451622155213487924
414504175684806412063652017038633012953277769902311864802006755690
568229501635493199230591424639621702532974757311409422018019936803
502649563695586642590676268568737211033915679383989576556519317788
300024161353956243777784080174881937309502069990089089932808839743
036773659552489130015663329407790713961546453408879151030065132193
448667324827590794680787981942501958262232039513125201410996053126
069655540424867054998678692302174698900954785072567297879476988883
109348746442640071818316033165551153427615562240547447337804924621
495213325852769884733626918264917433898782478927846891882805466998
230368993978341374758702580571634941356843392939606819206177333179
173820856243643363535986349449689078106401967407443658366707158692
452118299789380407713750129085864657890577142683358276897855471768

718442772612050926648610205153564284063236848180728794071712796682
006072755955590404023317874944734645476062818954151213916291844429
765106694796935401686601005519607768733539651161493093757096855455
938151378956903925101495326562814701199832699220006639287537471313
523642158926512620407288771657835840521964605410543544364216656224
456504299901025658692727914275293117208279393775132610605288123537
345106837293989358087124386938593438917571337630072031976081660446
468393772580690923729752348670291691042636926209019960520412102407
764819031601408586355842760953708655816427399534934654631450404019
952853725200495780525465625115410925243799132626271360909940290226
206283675213230506518393405745011209934146491843332364656937172591
448932415900624202061288573292613359680872650004562828455757459659
212053034131011182750130696150983551563200431078460190656549380654
252522916199181995960275232770224985573882489988270746593635576858
256051806896428537685077201222034792099393617926820659014216561592
530673794456894907085326356819683186177226824991147261573203580764
629811624401331673789278868922903259334986179702199498192573961767
307583441709855922217017182571277753449150820527843090461946083521
740200583867284970941102326695392144546106621500641067474020700918
991195137646690448126725369153716229079138540393756007783515337416
774794210038400230895185099454877903934612222086506016050035177626
483161115332558770507354127924990985937347378708119425305512143697
974991495186053592040383023571635272763087469321962219006426088618
367610334600225547747781364101269190656968649501268837629690723396
127628722304114181361006026404403003599698891994582739762411461374
480405969706257676472376606554161857469052722923822827518679915698
339074767114610302277660602006124687647772881909679161335401988140
275799217416767879923160396356949285151363364721954061117176738737
255572852294005436178517650230754469386930787349911035218253292972
604455321079788771144989887091151123725060423875373484125708606406
905205845212275453384800820530245045651766951857691320004281675805
492481178051983264603244579282973012910531838563682120621553128866
856495651261389226136706409395333457052698695969235035309422454386
527867767302754040270224638448355323991475136344104405009233036127
149608135549053153902100229959575658370538126196568314428605795669
662215472169562087001372776853696084070483332513279311223250714863
020695124539500373572334680709465648308920980153487870563349109236
605755405086411152144148143463043727327104502776866195310785832333
485784029716092521532609255893265560067212435946425506599677177038
844539618163287961446081778927217183690888012677820743010642252463
480745430047649288555340906218515365435547412547615276977266776977
277705831580141218568801170502836527554321480348800444297999806215
790456416195721278450892848980642649742709057912906921780729876947
797511244730599140605062994689428093103421641662993561482813099887
074529271604843363081840412646963792584309418544221635908457614607
855856247381493142707826621518554160387020687698046174740080832434
366538235455510944949843109349475994467267366535251766270677219418
319197719637801570216993367508376005716345464367177672338758864340
564487156696432104128259564534984138841289042068204700761559691684
303899934836679354254921032811336318472259230555438305820694167562
999201337317548912203723034907268106853445403599356182357631283776
764063101312533521214199461186935083317658785204711236433122676512
996417132521751355326186768194233879036546890800182713528358488844
411176123410117991870923650718485785622102110400977699445312179502
247957806950653296594038398736990724079767904082679400761872954783
596349279390457697366164340535979221928587057495748169669406233427
261973351813662606373598257555249650980726012366828360592834185584

802695841377255897088378994291054980033111388460340193916612218669
605849157148573356828614950001909759112521880039641976216355937574
371801148055944229873041819680808564726571354761283162920044988031
540210553059707666636274932830891688093235929008178741198573831719
261672883491840242972129043496552694272640255964146352591434840067
586769035038232057293413298159353304444649682944136732344215838076
169483121933311981906109614295220153617029857510559432646146850545
268497576480780800922133581137819774927176854507553832876887447459
159373116247060109124460982942484128752022446259447763874949199784
044682925736096853454984326653686284448936570411181779380644161653
122360021491876876946739840751717630751684985635920148689294310594
020245796962292456664488196757629434953532638217161339575779076637
076456957025973880043841580589433613710655185998760075492418721171
488929522173772114608115434498266547987258005667472405112200738345
927157572771521858994694811794064446639943237004429114074721818022
482583773601734668530074498556471542003612359339731291445859152288
740871950870863221883728826282288463184371726190330577714765156414
382230679184738603914768310814135827575585364359772165002827780371
342286968878734979509603110889919614338666406845069742078770028050
936720338723262963785603865321643234881555755701846908907464787912
243637555666867806761054495501726079114293083128576125448194444947
324481909379536900820638463167822506480953181040657025432760438570
350592281891987806586541218429921727372095510324225107971807783304
260908679427342895573555925272380551144043800123904168771644518022
649168164192740110645162243110170005669112173318942340054795968466
980429801736257040673328212996215368488140410219446342464622074557
564396045298531307140908460849965376780379320189914086581466217531
933766597011433060862500982956691763884605676297293146491149370462
446935198403953444913514119366793330193661766365255514917498230798
707228086085962611266050428929696653565251668888557211227680277274
370891738963977225756489053340103885593112567999151658902501648696
142720700591605616615970245198905183296927893555030393468121976158
218398048396056252309146263844738629603984892438618729850777592879
272206855480721049781765328621018747676689724884113956034948037672
703631692100735083407386526168450748249644859742813493648037242611
670426687083192504099761531907685577032742178501000644198412420739
640013960360158381056592841368457411910273642027416372348821452410
134771652960312840865841978795111651152982781462037913985500639996
032659124852530849369031313010079997719136223086601109992914287124
938854161203802041134018888721969347790449752745428807280350930582
875442075513481666092787935356652125562013998824962847872621443236
285367650259145046837763528258765213915648097214192967554938437558
260025316853635673137926247587804944594418342917275698837622626184
636545274349766241113845130548144983631178978448973207671950878415
861887969295581973325069995140260151167552975057543781024223895792
578656212843273120220071673057406928686936393018676595825132649914
595026091706934751940897535746401683081179884645247361895605647942
635807056256328118926966302647953595109712765913623318086692153578
860781275991053717140220450618607537486630635059148391646765672320
571451688617079098469593223672494673758309960704258922048155079913
275208858378111768521426933478692189524062265792104362034885292626
798401395321645879115157905046057971083898337186403802441751134722
647254701079479399695355466961972676325522991465493349966323418595
145036098034409221220671256769872342794070885707047429317332918852
389672197135392449242617864118863779096281448691786946817759171715
066911148002075943201206196963779510322708902956608556222545260261
046073613136886900928172106819861855378098201847115416363032626569

928342415502360097804641710852553761272890533504550613568414377585
442967797701466029438768722511536380119175815402812081825560648541
078793359892106442724489861896162941341800129513068363860929410008
313667337215300835269623573717533073865333820484219030818644918409
372394403340524490955455801640646076158101030176748847501766190869
294609876920169120218168829104087070956095147041692114702741339005
225334083481287035303102391969997859741390859360543359969707560446
013424245368249609877258131102473279856207212657249900346829388687
230489556225320446360263985422525841646432427161141981780248259556
354490721922658386366266375083594431487763515614571074552801615967
704844271419443518327569840755267792641126176525061596523545718795
667317091331935876162825592078308018520689015150471334038610031005
591481785211038475454293338918844412051794396997019411269511952656
491959418997541839323464742429070271887522353439367363366320030723
274703740712398256202466265197409019976245205619855762576000870817
308328834438183107005451449354588542267857855191537229237955549433
341017442016960009069641561273229777022121795186837635908225512881
647002199234886404395915301846400471432118636062252701154112228380
277853891109849020134274101412155976996543887719748537643115822983
853312307175113296190455900793806427669581901484262799122179294798
734890186847167650382732855205908298452980625925035212845192592798
659350613296194679625237397256558415785374456755899803240549218696
288849033256085145534439166022625777551291620077279685262938793753
045418108072928589198971538179734349618723292761474785019261145041
327487324297058340847111233374627461727462658241532427105932250625
530231473875925172478732288149145591560503633457542423377916037495
250249302235148196138116256391141561032684495807250827343176594405
409826976526934457986347970974312449827193311386387315963636121862
349726140955607992062831699942007205481152535339394607685001990988
655386143349578165008996164907967814290114838764568217491407562376
761845377514403147541120676016072646055685925779932207033733339891
636950434669069482843662998003741452762771654762382554617088318981
086880684785370553648046935095881802536052974079353867651119507937
328208314626896007107517552061443378411454995013643244632819334638
905093654571450690086448344018042836339051357815727397333453728426
337217406577577107983051755572103679597690188995849413019599957301
790124019390868135658553966194137179448763207986880037160730322054
742357226689680188212342439188598416897227765219403249322731479366
923400484897605903795809469604175427961378255378122394764614783292
697654516229028170110043784603875654415173943396004891531881757665
050095169740241564477129365661425394936888423051740012992055685428
985389794266995677702708914651373689220610441548166215680421983847
673087178759027920917590069527345668202651337311151800018143412096
260165862982107666352336177400783778342370915264406305407180784335
806107296110555002041513169637304684921335683726540030750982908936
461204789111475303704989395283345782408281738644132271000296831194
020332345642082647327623383029463937899837583655455991934086623509
096796113400486702712317652666371077872511186035403755448741869351
973365662177235922939677646325156202348757011379571209623772343137
021203100496515211197601317641940820343734851285260291333491512508
311980285017785571072537314913921570910513096505988599993156086365
547740355189816673353588004821466509974143376118277772335191074121
757284159258087259131507460602563490377726337391446137703802131834
744730111303267029691733504770163210661622783002726928336558401179
141944780874825336071440329625222857750098085996090409363126356132
816207145340610422411208301000858726425211226248014264751942618432
585338675387405474349107271004975428115946601713612259044015899160

0229827801796035194080046513534752698777609527839984368086908989l9
783969353217998013913544255271791022539701081063214304851137829149
851138196914304349750018998068164441212327332830719282436240673319
655469267785119315277511344646890550424811336143498460484905125834
568326644152848971397237604032821266025351669391408204994732048602
162775979177123475109750240307893575993771509502175169355582707253
391189233407022383207758580213717477837877839101523413209848942345
961369234049799827930414446316270721479611745697571968123929191374
098292580556195520743424329598289898052923336641541925636738068949
420147124134052507220406179435525255522500874879008656831454283516
775054229480327478304405643858159195266675828292970522612762871104
013480178722480178968405240792436058274246744307672164527031345135
416764966890127478680101029513386269864974821211862904033769156857
624069929637249309720162870720018983542369036414927023696193854737
248032985504511208919287982987446786412915941753167560253343531062
674525450711418148323988060729714023472552071349079839898235526872
395090936566787899238371257897624875599044322889538837731734894112
275707141095979004791930104674075041143538178246463079598955563899
188477378134134707024674736211204898622699188851745625173251934135
203811586335012391305444191007362844756751416105041097350585276204
448919097890198431548528053398577784431393388399431044446566924455
088594631408175122033139068159659251054685801313383815217641821043
342978882611963044311138879625874609022613090084997543039577124323
061690626291940392143974027089477766370248815549932245882597902063
125743691094639325280624164247686849545532493801763937161563684785
982371590238542126584061536722860713170267474013114526106376538339
031592194346981760535838031061288785205154693363924108846763200956
708971836749057816308515813816196688222204757043759061433804072585
386208356517699842677452319582418268369827016023741493836349662935
157685406139734274647089968561817016055110488097155485911861718966
802597354170542398513556001872033507906094642127114399319604652742
405088222535977348151913543857125325854049394601086579379805862014
336607882521971780902581737087091646045272797715350991034073642502
038638671822052287969445838765294795104866071739022932745542678566
977686593992341683412227466301506215532050265534146099524935605085
492175654913483095890653617569381763747364418337897422970070354520
666317092960759198962773242309025239744386101426309868773391388251
868431650102796491149773758288891345034114886594867021549210108432
808078342808941729800898329753694064496990312539986391958160146899
522088066228540841486427478628197554662927881462160717138188018084
057208471586890683691939338186427845453795671927239797236465166759
201105799566396259853551276355876814021340982901629687342985079247
184605687482833138125916196247615690287590107273310329914062386460
833337863825792630239159000355760903247728133888733917809696660146
961503175422675112599331552967421333630022296490648093458200818106
180210022766458040027821333675857301901137175467276305904435313131
903609248909724642792845554991349000518029570708291905255678188991
389962513866231938005361134622429461024895407240485712325662888893
172211643294781619055486805494344103409068071608802822795968695013
364381426825217047287086301013730115523686141690837567574763723976
318575703810944339056456446852418302814810799837691851212720193504
404180460472162693944578837709010597469321972055811407877598977207
200968938224930323683051586265728111463799698313751793762321511125
234973430524062210524423435373290565516340666950616589287821870775
679417608071297378133518711793165003315552382248773065344417945341
539520242444970341012087407218810938826816751204229940494817944947
273289477011157413944122845552182842492224065875268917227278060711

675404697300803703961878779669488255561467438439257011582954666135
867867189766129731126720007297155361302750355616781776544228744211
472988161480270524380681765357327557860250584708401320883793281600
876908130049249147368251703538221961903901499952349538710599735114
347829233949918793660869230137559636853237380670359114424326856151
210940425958263930167801712866923928323105765885171402021119695706
479981403150563304514156441462316376380990440281625691757648914256
971416359843931743327023781233693804301289262637538266779503416933
432360750024817574180875038847509493945489620974048544263563716499
594992098088429479036366629752600324385635294584472894454716620929
749549661687741412088213047702281611645604400723635158114972973921
896673738264720472264222124201656015028497130633279581430251601369
482556701478093579088965713492615816134690180696508955631012121849
180584792272069187169631633004485802010286065785859126997463766174
146393415956953955420331462802651895116793807457331575984608617370
268786760294367778050024467339133243166988035407323238828184750105
164133118953703648842269027047805274249060349208295475505400345716
018407257453693814553117535421072655783561549987444748042732345788
006187314934156604635297977945507535930479568720931672453654720838
168585560604380197703076424608348987610134570939487700294617579206
195254925575710903852517148852526567104534981341980339064152987634
369542025608027761442191431892139390883454313176968510184010384447
234894886952098194353190650655535461733581404554483788475252625394
966586999205841765278012534103389646981864243003414679138061902805
960785488801078970551694621522877309010446746249797999262712095168
477956848258334140226647721084336243759374161053673404195473896419
789542533503630186140095153476696147625565187382329246854735693580
289601153679178730355315937836308224861517777054157757656175935851
201669294311113886358215966761883032610416465171484697938542262168
716140012237821377977413126897726671299202592201740877007695628347
393220108815935628628192856357189338495885060385315817976067947984
087836097596014973342057270460352179060564760328556927627349518220
323614411258418242624771201203577638889597431823282787131460805353
357449429762179678903456816988955351850447832561638070947695169908
624710001974880920500952194363237871976487033922381154036347548862
684595615975519376541011501406700122692747439388858994385973024541
480106123590803627458528849356325158538438324249325266608758890831
870070910023737710657698505643392885433765834259675065371500533351
448990829388773735205145933304962653141514138612443793588507094468
804548697535817021290849078734780681436632332281941582734567135644
317153796781805819585246484008403290998194378171817730231700398973
305049538735611626102399943325978012689343260558471027876490107092
344388463401173555686590358524491937018104162620850429925869743581
709813389404593447193749387762423240985283276226660494238512970945
324558625210360082928664972417491914198896612955807677097959479530
601311915901177394310420904907942444886851308684449370590902600612
064942574471035354765785924270813041061854621988183009063458818703
875585627491158737542106466795134648758677154383801852134828191581
246259933516019893559516796893285220582479942103451271587716334522
299541883968044883552975336128683722593539007920166694133909116875
880398882886921600237325736158820716351627133281051818760210485218
067552664867390890090719513805862673512431221569163790227732870541
084203784152568328871804698795251307326634027851905941733892035854
039567703561132935448258562828761061069822972142096199350933131217
118789107876687204454887608941017479864713788246215395593333327556
200943958043453791978228059039595992743691379377866494096404877784
174833643268402628293240626008190808180439091455635193685606304508

914228964521998779884934747772913279726602765840166789013649050874
114212686196986204412696528298108704547986155954533802120115564697
997678573892018624359932677768945406050821883822790983362716712449
002676117849826437703300208184459000971723520433199470824209877151
444975101705564302954282181967000920251561584417420593365814813490
269311151709387226002645863056132560579256092733226557934628080568
344392137368840565043430739657406101777937014142461549307074136080
544210029560009566358897789926763051771878194370676149821756418659
011616086540863539151303920131680576903417259645369235080641744656
235152392905040947995318407486215121056183385456617665260639371365
880252166622357613220194170137266496607325201077194793126528276330
241380516490717456596485374835466919452358031530196916048099460681
490403781982973236093008713576079862142542209641900436790547904993
007837242158195453541837112936865843055384271762803527912882112930
835157565659994474178843838156514843422985870424559243469329523282
180350833372628379183021659183618155421715744846577842013432998259
456688455826617197901218084948033244878725818377480552226815101137
174536841787028027445244290547451823467491956418855124442133778352
142386597992598820328708510933838682990657199461490629025742768603
885051103263854454041918495886653854504057132362968106914681484786
965916686184275679846004186876229805556296304595322792305161672159
196867584952363529893578850774608153732145464298479231051167635774
949462295256949766035947396243099534331040499420967788382700271447
849406903707324910644415169605325656058677875741747211082743577431
519406075798356362914332639781221894628744779811980722564671466405
485013100965678631488009030374933887536418316513498254669467331611
812336485439764932502617954935720430540218297487125110740401161140
589991109306249231281311634054926257135672181862893278613883371802
853505650359195274140086951092616754147679266803210923746708721360
627833292238641361959412133927803611827632410600474097111104814000
362334271451448333464167546635469973149475664342365949349684588455
152415075637660508663282742479413606287604129064491382851945640264
315322585862404314183866959063324506300039221319264762596269151090
445769530144405461803785750303668621246227863975274666787012100339
298487337501447560032210062235802934377495503203701273846816306102
657030087227546296679688089058712767636106622572235222973920644309
352432722810085997309513252863060110549791564479184500461804676240
892892568091293059296064235702106152464620502324896659398732493396
737695202399176089847457184353193664652912584806448019652016283879
518949933675924148562613699594530728725453246329152911012876377060
557060953137752775186792329213495524513308986796916512907384130216
757323863757582008036357572800275449032795307990079944254110872569
318801466793559583467643286887696661009739574996783659339784634695
994895061049038364740950469522606385804675807306991229047408987916
687211714752764471160440195271816950828973353714853092893704638442
089329977112585684084660833993404568902678751600877546126798801546
585652206121095349079670736553970257619943137663996060606110640695
933082817187642604357342536175694378484849525010826648839515970049
059838081210522111109194332395113605144645983421079905808209371646
452312770402316007213854372346126726099787038565709199850759563461
324846018840985019428768790226873455650051912154654406382925385127
631766392205093834520430077301702994036261543400132276391091298832
786392041230044555168405488980908077917463609243933491264116424009
388074635660726233669584276458369826873481588196105857183576746200
965052606592926354829149904576830721089324585707370166071739819448
502884260396366074603118478622583105658087087030556759586134170074
540296568763477417643105175103673286924555858208237203860178173940

517513043799486882232004437804310317092103426167499800007301609481
458637448877852227307633049538394434538277060876076354209844500830
624763025357278103278346176697054428715531534001649707665719598504
174819908720149087568603778359199471934335277294728553792578768483
230110185936580071729118696761765505377503029303383070644891281141
202550615089641100762382457448865518258105814034532012475472326908
754750707857765973254284445935304499207001453874894822655644222369
636554419422544133821222547749753549462482768053333698328415613869
236344335855386847111143049824839899180316545863828935379913053522
283343013795337295401625762322808113849949187614414132293376710656
349252881452823950620902235787668465011666009738275366040544694165
342223905210831458584703552935221992827276057482126606529138553034
554974455147034493948686342945965843102419078592368022456076393678
416627051855517870290407355730462063969245330779578224594971042018
804300018388142900817303945050734278701312446686009277858181104091
151172937487362788787490746528556543474888683106411005102302087510
776891878152562273525155037953244485778727761700196485370355516765
520911933934376286628461984402629525218367852236747510880978150709
897841308624588152266096355140187449583692691779904712072649490573
726428600521140358123107600669951853612486274675637589622529911649
606687650826173417848478933729505673900787861792535144062104536625
064046372881569823231750059626108092195521115085930295565496753886
261297233991462835847604862762702730973920200143224870758233735491
524608560821032888297418390647886992327369136004883743661522351705
843770554521081551336126214291181561530175888257359489250710887926
212864139244330938379733386780613179523731526677382085802470143352
700924380326695174211950767088432634644274912755890774686358216216
604274131517021245858605623363149316464691394656249747174195835421
860774871105733845843368993964591374060338215935224359475162623918
868530782282176398323730618020424656047752794310479618972429953302
979249748168405289379104494700459086499187272734541350810198388186
467360939257193051196864560185578245021823106588943798652243205067
737996619695547244058592241795300682045179537004347245176289356677
050849021310773662575169733552746230294303120359626095342357439724
965921101065781782610874531887480318743082357369919515634095716270
099244492974910548985151965866474014822510633536794973714251022934
188258511737199449911509758374613010550506419772153192935487537119
163026203032858865852848019350922587577559742527658401172134232364
808402714335636754204637518255252494432965704386138786590196573880
286840189408767281671413703366173265012057865391578070308871426151
907500149257611292767519309672845397116021360630309054224396632067
432358279788933232440577919927848463333977773765590187057480682867
834796562414610289950848739969297075043275302997287229732793444298
864641272534816060377970729829917302929630869580199631241330493935
049332541235507105446118259114111645453471032988104784406778013807
713146540009938630648126661433085820681139583831916954555825942689
576984142889374346708410794631893253910696395578070602124597489829
356461356078898347241997947856436204209461341238761319886535235831
299686226894860840845665560687695450127448663140505473535174687300
980632278046891224682146080672762770840240226615548502400895289165
711761743902033758487784291128962324705919187469104200584832614067
733375102719565399469716251724831223063391932870798380074848572651
612343493327335666447335855643023528088392434827876088616494328939
916639921048830784777704804572849145630335326507002958890626591549
850940797276756712979501009822947622896189159144152003228387877348
513097908101912926722710377889805396415636236416915498576840839846
886168437540706512103906250612810766379904790887967477806973847317

047525344215639038720123880632368803701794930895490077633152306354
837425681665336160664198003018828712376748189833024683637148830925
928337590227894258806008728603885916884973069394802051122176635913
825152427867009440694235512020156837777885182467002565170850924962
374772681369428435006293881442998790530105621737545918267997321773
502936892806521002539626880749809264345801165571588670044350397650
532347828732736884086354000274067678382196352222653929093980736739
136408289872201777674716811819585613372158311905468293608323697611
345028175783020293484598292500089568263027126329586629214765314223
335179309338795135709534637718368409244442209631933129562030557551
734006797374061416210792363342380564685009203716715264255637185388
957141641977238742261059666739699717316816941543509528319355641770
566862221521799115135563970714331289365755384464832620120642433801
695586269856102246064606933079384785881436740700059976970364901927
332882613532936311240365069865216063898725026723808740339674439783
025829689425689674186433613497947524552629142652284241924308338810
358005378702399954217211368655027534136221169314069466951318692810
257479598560514500502171591331775160995786555198188619321128211070
944228724044248115340605589595835581523201218460582056359269930347
885113206862662758877144603599665610843072569650056306448918759946
659677284717153957361210818084154727314266174893313417463266235422
207260014601270120693463952056444554329166298666078308906811879009
081529506362678207561438881578135113469536630387841209234694286873
083932043233387277549680521030282154432472338884521534372725012858
974769146080831440412586818154004918777228786980185345453700652665
564917091542952275670922221747411206272065662298980603289167206874
365494824610869736722554740481288924247185432360575341167285075755
205713115669795458488739874222813588798584078313506054829055148278
529489112190538319562422871948475940785939804790109419407067176443
903273071213588738504999363883820550168340277749607027684488028191
222063688863681104356952930065219552826152699127163727738841899328
713056346468822739828876319864570983630891778648708667618548568004
767255267541474285102814580740315299219781455775684368111018531749
816701642664788409026268282444825802753209454991510451851771654631
180490456798571325752811791365627815811128881656228587603087597496
384943527567661216895926148503078536204527450775295063101248034180
458405943292607985443562009370809182152392037179067812199228049606
973823874331262673030679594396095495718957721791559730058869364684
557667609245090608820221223571925453671519183487258742391941089044
411595993276004450655620646116465566548759424736925233695599303035
509581762617623184956190649483967300203776387436934399982943020914
707361894793269276244518656023955905370512897816345542332011497599
489627842432748378803270141867695262118097500640514975588965029300
486760520801049153788541390942453169171998762894127722112946456829
486028149318156024967788794981377721622935943781100444806079767242
927624951078415344642915084276452000204276947069804177583220909702
029165734725158290463091035903784297757265172087724474095226716630
600546971638794317119687348468873818665675127929857501636341131462
753049901913564682380432997069577015078933772865803571279091376742
080565549362464641260024379684543777339026472512819416320076848736
251764065967540693621758879307855916478777274739272002910342949562
447661308200729250734529170764226621047673037863169954237455117456
522022783324096803524667663190861011206745856287317413511162292078
865132941244815471628182079877168346341322362234117788231027659825
109358892359162055108763298087993165172528938001237817434896832151
590562493347370206832232100118637395770567473867102173212375224325
241626358034376253606808669163571594551527817803921774322823436633

772811186390511893075901666650742952758384008544635419317190531363
659724905158409106582201814734799022359067138146905116051922301269
482316113417439944714833040862484269139502336713412425123864026657
258130943967621939655407386524229897879782198637918299709557924747
320303239116410445906907977862315518349593035305923789817515891457
650408025109479123421758482841881950138546165680301755035580054944
894884871351605375593402345748979516602442338321406030095937105588
457052515704266284600354402823678768550982678161765520375795655481
677896038927498355608791541177749423573400764161093294003899982199
267257086957326068774974224802023307525187650255968420760693229988
587579898896460744381788170081548895226516722834045277219106991415
764639485231126794730865803195076455197675628957428881796812090026
387145257858315277615109088631740243695680567873015235427804793414
266495223833707117511265375503942372098784668049139473446530714079
622597287130503077258714875570502582573466866613802351426056116197
405543436548698005444879295970287590352258409782683598666446586045
694241390729095266249932902973440568160683805726626057277088407073
471496060064561454070734432782514087474275506722304845357006092214
390002992981608211717047917614505191008132670375214930740567853311
106058352912781007391749949197845112915913681107394055175208019630
539350740248509553772500367054665162330430425087442324262404632115
078997336929985407041656261041976700202415094892411856092409637604
429612002364590706449770627207919019235964807048923636979860198283
087284228564752353162882791324295524814447505521909672046080689545
181712204930321853740627247421519740305769043602686360780792004776
232429551829473522027244376339027721392087767065716241639751785859
254426923428535274328856336850789651962072519416556061870370550218
462845434257850383000095374518292958440464918838685793483961151297
160581665745096703677495836666931218817636796449436171304160372437
050658485131749264055855194018005180908475211868224616976149243238
319486434415908558011073070311201502243416073157929528752936835820
397003389112114170685219366589789459503154389589015303827143001929
589074149943592894083097077078362875914484037045038618966975811201
852319231868659968038583812370329156207578835948780941688205531605
128190152647592807574958154564221341459378167056992868299895611982
353837157880480478704584175394665497690173220310890070303362911767
308448450372145669644401469545173857434157810158618783839278552609
399130570255575559060947051498093487773320072797573038245989466809
680822221348485873822999281794090825665209581655472475244566743697
594474686376332428904269776106791933910983300422310293728298798903
209391092682836306173610173878123679898645149311702437128285882630
486298884492207415640607147059137405524665756971870217355287245439
427714809179364437650637861861324348635797411258520863459927803688
792498354363298457687650165065115345008695721239507544785683173631
557153527046524235259737513408825461609661440746675514226836031959
801072152463551069171871335731685485631280857834435623670959650949
946968820661185118086034202821331801249410991502601435450017432730
793625113070298250499417994284451146479329154599555909587807621636
668591791065435966065253525320273650725989121255686842802077246487
722010996631829559552903393312284364864475973560859840760947298389
542433932623153239918981852264180831296333546356874828863465618504
810632288805596737844562000941465603499280879405115310057587129552
571964111506850340773710604380371259575596985949362058477512026354
947347534748189262254190352671614429284899857536740692165271630086
060654373736823556588626486343689153218095572204456777137368310458
075584529612832832606319629728527966674362974800821318627921869044
284342630735760703999669430789508147269730253817375694922751795354

326156912040594832860949992366412287881226419148504856328072066418
557059520375030322916894489427578306090910852410601400683274205583
969773823150734996108758763704255564964086855071942256344966732430
656259250474581762733281816017019698166542426378763601453035946538
450325476674999737340835665138186025156520283637389171016545414882
674448009105704186162626837971120886141357279611099088292970229692
128180978798951391504270936786444983196420134566833908775943006442
485623012124614511697921939634409508083229281294270436599146482749
984375942113020418297308417178813090379558545603247170819195302771
465794555475544754284434408139388908609776017857389307518661906505
018077165001840744325854024184360501118242990702323417243674525365
349594799063334540754371812699399833719218485418735979845348934592
268515068182662490078029335012658824974226241885352526636702827662
499349829488748331061764208429016923052899608978604130065109028179
805040587107671179041130217482796682353001960220253185576789843317
586806378359968791601538922220236575765581586611409199394861599209
159917553341783033347643131635012705390697079326567812415906434284
721360235218236741214733124499944334155915274315931687477882533155
092770336202901222597794809855392200064527162280855398278906584233
447552821276517650572663267691141075034845871896996434875775138479
148183635100621466818585096348887081456976722020167991199462417776
688907917136865945960726468538810778783002161368276697026223459418
737476733537998884403427046803042551694127158739320398444374604547
816113056625176412759821181939661101850562880555942566060032312116
180994622129301002470913347150682268430458680300904242861682025562
140946087900065191099495570815816505828983340739466084457565780636
690272843462018587328252924796505286681408503538519837523637451925
622795490290557907030283950104854835929834542814487304358047053315
081510503001521428117175393649133166172621235405527863308002083177
055630294963594201654333094094177196326234119387105161570101798053
551679370860291366756986097124120368583812957695307798141365700174
761356966986146068491439699573837631695824602513342108072621713601
943018087209888551415024163818325975259593165531865833117126857941
527206612218422661411825154657484878312610347834546749258308729985
447421206445095233245050877431496166555251797168020991720026409374
921907569936896330281391647208963581771735555848592706524504862516
419540550801343510323389813378302497701822754906381499964723334079
613041469739476372650869273347108415685608430921316240434629863920
841660055904598506491243505264766067600344441618186403670083774114
101094320588955598658670077863671896944089622321374034113597199133
135946553685446692367652589012108413777432482191812747847892287264
892970032371873456157981599834839100412601050746964599430331978810
634913923812490503061433407918328004063907098672596197098311265960
147473725330526853717742146554005873924623727617364905198713368067
723952570781360686683261395014329509474851594724667527201684316586
608807512768584755541184381169011622005552113484488960668259227431
319007963011587084670117654935393046563356225311244727796669005831
190616101972663073970542531439818457379449486780134618217875939076
999602029083965677287846905736401564015047696448993947541474608339
918696889271156942345492651246645507792554028105037622035967530558
601856492056062879090769453339208808849477828894851122154743230191
383245562993881020614490266876010207753210915684977830740859649857
967152617010039475494539917698791323546550106407355816999409756248
149967443278429202762644189793918158394562708173301582160225519659
898769376164019861207466755048861110855726764507052622446130222335
852072273620485057289238815884938754535229186399714380884061757286
220950122506515863104258884134355431973729856217753072022629475552

483044445340434888878581170341345342522354319407877972846760181583
227097745180929342193189815812482832658950040704855206099893783900
341914163044639163880549658786501375046341695655156618298878630705
842306967660254053024811471007899784211830489010464056896539702885
595530925558636052158957375114089564905844156774937105859648014315
874614491250549253191164653821585197370093280194530320572628452658
046046337816631429933076646646530760590548962888724189716060225882
617577539922055131509377200624863085562820493575752724995567089221
6342339836025653287310291940070411769192208500151116735670101958971
001797019578120892910969417754369904368202563024054822625401905696
507710581574240721496339560365270283334407305750073674562260584649
8861151016896121811119058471714461068719761017456587373796740697137
423238753839030317200200207205928488785123911746471673743737923283
881966201687622191346233893762599527025672138622112458980212130501
407288904300322535504095866818724139369938193069148744717186646183
111942603161664070377316487001864799600243044003242241809402278533
309011509880870678268835317200767522553138008818780431690190072804
831799287414125476123089606833095828377667688287578688683092976001
011974533898331952588619630132917094385816615374171794496319177154
312506959853481285684619377669894277459170918802520012749905559407
289696594793331672243621567896776966708035229039018485730806275670
867658627104769409203565593025352743418965927002227049233186829991
560936413757004988537304596396152734629396974951748062696451793018
719986788537581415975799314806608557232568374305282764175670050288
040489429899580948103534833934144927885925262192415547231997143385
086637320926632728243514933640704589683852345624744361175256766987
767597223439206357507471552918102762614012992480422883990297879925
418517499129630283990729635588579890593317795908769073905646025623
533567221552259468838298452882922966275137162422172954678670715840
924184084147557582539385240963302051349704740695399567897981727860
920462286839735779815111868152659884606949758965481314651150392626
377749513761557248195116119877250344564710738513435927355538712462
375598193813214238441581929070046389771683887207916361741432497079
109658162746429717072871725142745898356897095534626820169085356108
944898407100581920302176945120771774588795519510473384184739980796
306767885845167575729904306971542642383498009870869933670912108394
453506245922432312348278549660374657188014892937945147870540607924
575900601219622123928720017215588666345734971409533721151655985757
941724419889026167016101611557834315025460328781198424027484608510
722406676778760855247617773833089502610064388350550205456324346167
859451941795669874968515244883847513618180667108316165564209369270
520611898517292617141714434655508706306063551012949400309759167799
158426049197120954322702678432654296572403272088714321999645313202
587109677165128549669962552698607311763718207498827399770601991362
093083230736838206455732563765982912578131492224220427971241441629
951265945639792759380383804782623160424325399132851123032247037561
942321733047854078576244013291717992979240783390715757981426816864
655382946847399205888631655934919867896962840447344968024077092831
376408103352255242717404107673565424441004483347440101726441052954
787296345898640501203608024451190350994974493973617181575277093780
209236668135841636268319263406714182797421342546220705415600050959
674045616840451771747952790353254932589120483385746590096781730416
000521088934610768754004241977803082885181200173369559127137714195
011361304409753279190504891583246399143483531648681548579178632935
123925552510211182788573696060276931301469661433449642302114382483
705633532793858895267672076688971274435815632088106650149568143558
796576909857765902768707453659276364975553449617308078160987103248

013795136170367763457594975686208013996374551762425147780628722265
971455482906769295713643572152674468987889418820751292225756509143
552828874614195097862427527881571566400763721037803194043095844272
549269987169234331890022141503113998765260688761566740210197201719
602390861082974927639569541153032275460173870795625993579785302443
476716399591462317931239989986928437975702492369551587297683854005
227651495614447105971962889888157109415171701518114743513643854005
116246202131174800791983749700100471363432523281578911355450453371
905275068229156185003328469567926226208190442473340362503892792071
585960039363153368842724375366799698647934741133198328619441460653
922784099903143840354565047056789552024827176011874335643690243503
085631309559055250390492731613311734922584644609024535079190184411
299321699770451832853586480428556822208737213616490586303256368913
084103760215679927020005322355439804653119339775459044045078568021
398465009693429547310269249947586466058091669984160684646087293943
808274308285817479694172872990311013192675573897984091364253479694
943480377703364634958476862982590103470727861218623001986607987782
684245933835638919570206853521603211635230064988744600200170413056
985365154668752023859375183280372851143274811699683692849220447380
570633496618711240947835915869626858643589141359854253577688774932
743634514754488640868818030369652431755688300205860773256959716086
485415834468432489963077011371344675156930244885482077124133557732
306949458067267845235943631507872728157901573070033178796854436279
525719023623274614262868732738009497741122856237663214904653294072
026197539071740422259539242888164559796570030957141389106936845036
268231053986743753240052701534745893325679514941854537808827063457
295962169085383535370381418115573816378209032561519869745357646412
125498076005156141707298046994813593483150568116642793219335279822
714715767340186088721518799669350252700757556099719882863064285448
128275139280694702750148163289727314347348528529504604883271673978
981563678804780443602109007320727369749344630499731442571560433133
690387618100948873120713482710815889857483265854207510077953118326
861708037070935927614936782530858340482351003632166378957426202550
350116861543407379504516482896755698358935522020173679548075781909
502697981271148703431190363112246128295303820512870430929471974594
690821025634788995431771524379696211281224503426066399268852133079
196370277780448857920573046990800923440186638113252097123096476059
989947925759851008173039606822219975327301606582628527582576695078
547260349382981335825281786706085126560022688717811253597829337347
791412736284188656175920832879447410969703879854736984025458063294
835022359393543587480223989760916296250110473931169449100666907230
634693130169711820632535269244043840093724284428209709364856909468
920087371753252557030543539828727812301139808093867015474885803445
631871319602678548793893316205007675264112044390237583342724298699
654786368534102848857370254725502365663418680919038388670787907208
403619402164670121534837978151832826472578628815207101081499558980
338118961569441756761340717046538512170902123777884333649651872119
905407581877394397528364143953044245913903178813004188791887114553
148267469987055587931040240388884083850687341625071657274185134952
084963670955542450439483948045979156228282483787934152720362263369
561805556371076814888893619275742659935823559431530887933052767558
747512365065843969475604297192002319868024351719937868100361102312
568364256079597410574153628297180046497748573718378639037039015397
374911654685499716453941611216417610717145401765190565052520662277
883129045719693205990241375395983861982603205495839501675552509644
137118222561496014003023035407899209698677507867200038074267970530
307167932296015648622808518403352350170608589512912223246117830253

163628943946073652771336511631646446199099021224922412315168992767
855863736315526002503488487813233001910189399616702731416999626511
945742636761965002434737172729028462209798394871065982270009954918
877696188505432653211802219444282228425152556141187434018041946141
394514712872527592391255964437356833972896331267678234910356332961
294719101515714311579549093390326141191865475237624721531102079369
115848742205822747343201735585077122437969857965491580627950274097
716886114807616315161855306856692457171769220443668433127398933794
111629722451699985468562215702417594711769952916550211685500108985
761934639455908826270775311465775223884634351937653973498480245497
607602440308084489010683878697261237097835782451668011714859836794
055290461982621656691720274262854823933960018254599409254308169691
032978411234022885600190549342750223185294712829609693976813734197
704278121300147328677605719405969979275512461718434956985641712872
481183465420642318714551824152867630567513116267717735061751124546
338799426529127010578995671805721436557918350691777930704075732904
397494995822410623810514917650238504182730096620171750940590805408
957283755406355152219965820757351315707592361539863945921115586400
098809755261053838256899272158478504174606516151133788336097601211
484870055601658124924706825684427204547289630942030665044529864622
359422600855499158914995360649842803457949275700949795945060237877
501947062463239495495782308228306684081880252107663907423097372091
628533717680621644693543231791785530583317142084798863034084657264
269395570026857605753934788858709460058272323051910811751423491268
733658596079989173292891589600181509181633740080603547520005151175
102901229924870961545928026206076169827218102916731554892942374085
196743307916607849905578210193571366243599088361385980851615641747
694605478554008195353067080308969763045294686823321053287823743894
411568517627171163630940147990964945635459295013073900362682100732
637008235615069126964318335171625439030469898931426154426359511363
466057378654951244574752621678954703628904830484996804037722513431
937373441236618586944588064018584073147633792940386340435919419872
355263015654608051868676068043160845128459160424413269879125385602
991599672787661951950531764883134693257366894644382558139108486209
663742674579831301222343872583124422033094571457541470479293875858
238997738515213523723895596643122356432626286011474890868171592810
668727084008203377186921535235269263472268090825989889840026208152
178282611229313118208660070996860365409818326807558247767069504109
975861436243552161945353029200254667367996485043373133495208210751
199258926638995647569858707901856123791578864374469037871509500112
550210038845311923652965599461900474846620642347942329670060529003
709175578188708193522146871427235277632559898086948721113845980014
123842163827824412736542446748833381679716201128861914154019367129
094789902646664431560983729615019686242282506723061667209435465714
251493086424887785986827595887490650772602509518295367651811823686
169447243607837642947624692263194989219646440683169287661615060508
138463194151162025779078630718012311594586038965625265542233462344
545073947886902681594975131168851436945210216883190446168629763325
229863851818850049286935727647668238555646365544964006317648285575
785866610228551564859908820958689444362546986795238226861159699100
563660829267915337538160661122478695313261585318717638859893779291
889029987938798100036973078489592706254104848593158543233956831042
390299070263443797875691855434089764407601308444819786265079476440
830134942435834281885915259293471436317533749589701072873501270788
980481635045676667693207553051840432446100740321676471836083708475
065126930707660849825299000317850305853682139512735038638246056425
103377755809864643398017186208142663074172592226000511091342681074

670129014301654101064933212283790827515001003530015654597508323772
965439697382047741626571065740821649960626227496187953347907065988
974871779564334064841745645747906925170149499810095353413548908754
836327579522407206986291024671703579251441766703886609906985726260
581240825336225218992000418975745765315123000064445715931701771688
635483333051921582055946117357716321132233931965320386199005116178
171334001070576652689919708169202219464704323795356411866063920558
609034457064151797782145054722278852987210197858846070047420028468
873795844228949974333656271877991721137916164492541329715652879529
532639759538535920950138633380507561369530899547584883024261962758
985941513780515805025767540401785795852448831172105089277089227273
431973823884687307168230248788688585510108073522781405371406520758
107270848167263977098731455162646911423286103036932984330300323676
162714264067587806731883971515002798163374779078775038307986759404
591073921034587404219617034925808189907205961291586420202885734009
114955238865107911371495334639763988183948804530075074740372280936
820535430494951948332833470075161979008687285439962981575605891637
624723069162871111137676086480323752459664930411753946136464337804
671165055504670671836221285795048067165630427626711429999113487698
447050370637900181096888629721757951732433802780617470496302042492
916619171886243355599282093243919445711886321556320161654247055375
938696624656334121541014032286990930159132885808831241242882876373
872742838038590710292748633351503090445328052597795658920554562434
297982794134891756382400771612173324736428540160610044337641457220
785921715591401037832020132133833096380778904095723810558829392796
374381660686835195059277019515361601722158904287856784820682919441
698718192862730827044416303962547130532843883379133747687358261221
162583602728961624559041896770247453827583966522993712351630489833
012421417455788591594256059792427721819908556279848605617453684478
923796907975594555154646853163024462325674034895845462256744858202
042457391994253094264224504202689038150152683602412559807597523648
162809304891274615119623154611400822056396780658535407668688227542
650381225999162076017089556747446524234452017661650325945665912966
786324621379919222961458671422482492880647680321086477994100410060
033906792752373625460277429600734788038356687522003482457694908456
862696057715701919174892260635208129738797443835483286136939562450
392976805783223402171676555917766840375723484409461762931288492689
936871389838822271060279037990019045583360079739277410926655739233
147025909233890654388422351324115388018559234956139930223919645050
450369352927011566305153351918641864823442499919272027295345959906
304872360804159576002966812111683172366038110542803591445720248256
456105714055462420821343520948108417158289572445072063546816002305
120140848054358742526171017681853883557558717415424775449772221419
261315525269109175563331932322243218525422182729149159810583689702
503522813002141192486014248068079753699647771939490680468355280834
732761030604940973309169031678309793463661183278453186871646268073
883365670456601042376850580139507443647963922284112697945134773004
924987864965636794909929132712528977651918175427962806084932375520
815361113240339713165504391887960198382138585000773242461778849187
581459642642337889793330819488160040113126525635693244659398400636
890315254722923991414474377069633893576192603918924793631780083102
611419548543605157787160049557886565797066588551042882466363057207
778902266777042512681571979533225107638903681976284402861025880539
233932947467202408854127649238644760216116262082421299166036229918
492378223630098347811952291382184732634228575912097980547828525059
183798336801787411242644746002256241498069140074097972102327853957
561512834580616541111792671042799057939449713494632895045651286884

7841871758020504583283874853137369113510255062010277534580943910 50
0102183397324565047288947687929892594501987507671223637918758647 20
1214966061151280487096488630562284408393694438721692120849200851 55
8381251070741955187208093746942459731172811721051928903896370394 23
5776862127668210931827636649840421249381440979598631142254364839 65
4999834790843070217643855543512574368282281530322223808347679511 13
5570148063182004532207237948918635721491062425269939946710153668 46
2341051533381426847706275852035240992079720869914537301095516415 03
3176282001969164115460268207236692552751418429969920539853433073 06
8057372380504167197221127374050789272663406388506867344585607732 66
6483845780277189114758013231055198784133652185190714606813898688 67
1031475982646112937954395266728672759948335902597445878687684964 62
6834844344141359177145877660880778453571839329371937393236408356 33
7576688468211117993505541020855618849010201600505639541687451082 20
6035554108176664605241249662244228045452432160320360194641356097 92
0019590240497929236732989245539901019801121402908686999205758917 77
1880741461222050247285857153675307478143897305717872683663601576 13
6100772286319638852646235125538077319459563567965382362499926551 80
4330796359621106745528521429026294982656755335273100468788657310 47
2466493326567927331345122955059186232937393326086077451350775309 01
5744438294873397796053228493583013618379586264803212973684748175 16
4769136621103603695091066665051717115082782009327883587225983940 46
3068376318118089044236262199881236826807857952621972166872017455 17
4726278180326830585488039709770479348310354398559078435527766760 33
1398846052715031388563324676889271045958519328951391678238577357 72
6581004798256393551935200552040800287059678249739374788605283564 93
5914978380377964960005212445834779001756042465866651998077028839 43
8516380955043049219603244360903400851746604296274309768387151945 98
2644735940234248211044757291117779587731341553609527595708986125 86
7714562523994500759380206093550248920084767332293085742222550206 45
5690239126543663578524272429056053205754030821014512382090217466 97
5797653475172501465837478848080537735150422224042957603613754324 86
1996558919392205046999821062931609675651790751322960777857553310 26
5858425760866867645355209277482755675451771699508789411805936305 24
9944967012375980065534998739666395394417017059698101512719333118 40
7679232718539539809764048527846743872316432910029065495308612833 30
2664007580129618499207022002555972156957588376168784364346792755 86
3573972253564884133060119289574642809357858081132331433115287482 17
9766039712579528900364071989233281316116404169377366280132597382 22
2374268189176489596422703380390592959649696482133114473166765041 97
6781108490966469425717069457007871264014486522428469488976172567 46
5352205061621073001019262483146821203551699501522007316384004132 03
0333242312167082685468931758436630430784350785928104478492663952 65
2398718644173380085681692321347429754583269402161253332837900960 64
8627785494126679513674045877416945596140762656625029900692267267 87
6036587137932796041848883939339346926354341548095183623323317522 937
0352102914641331275203711716675487206347389232937851072902951446 29
2741546761947942747166916030497829288961474587026499797079206387 24
0825023006425544995904011974108535167844409018806462937483544396 14
4003535233103040411784572289029581805810321237438258987027473704 01
0683777715925126453570650830092147925834989247512745362200610585 45
7599736931352970781437428413405519544467214894150574528391716037 15
4530825255583432025125424166244575245629644579107697171521470951 85
0550035505439063168825810578507463565620479146676805569843845520 27
7099697198898072337148695635670317768776378974327349282934390514 55
6706074460797047693164627812141713818274378561462197088087021064 21
1057377851471358837377388240765280451914271374881105597447183100 93

937519765980210024101251123081368260338474491087716132285766026393
884928495989823656572720426357202637482564949491262914191713064628
059566982549360326132019252804346170439028926027993140436137026582
012131285148815857311178210413103357288871817295262711200081475064
026830464189887697478791731737038139991888242416994212152776045185
956711909418073734793310997092831554681656395271010461137625406644
958618385463898220899677832955011143149959368039822230371363295742
321735744647342109741491743641994731958840052638726959231836423254
918455955045343778467094704509594201202114220864191279049359945213
739248711074323149511380429379365543637217263481907571135312709307
952729522112479531498969908089466574769556512436056114200866399056
099000380302506124236077503293413472890501316772809713162683495963
409292243031195084878867103533520023712730202916592975252657039210
421496349523857085605723434621576956985134068304548331545907536471
146996824209102321431171769227738534770417794076441001301048596092
707211320523185382227444870243327103987811479127546080836115687792
151311310450083663631007517511025900280864277150209627136623974010
752884454683316182115027892643072976355761055112462033248005310599
511150543148482955343295983057427245173788652719300073232173623758
732731489091094553740270481185557199051683938745352067970859211896
407854895041094056996598871598863362077955045219321563361246853031
747054439402941829263552401554523160986825531389701880153970459625
016917966481250155593231148267300563383579726032860177847414960045
697257834956205873287301245145557634523029864814954410090788352980
120701265410952518460666201767420452573679946907719084537874820608
029048251670176619820730618331239219353569004070521549893903446593
880904750772416954365185807506649045944318886297872357160302248135
220460109063521450828063974927551284769435499620339916448879197437
902095718886320024750207910237907307296374632633667459427556378453
569136734552401489712590948036856628232100500394007310663207525728
314711519263328928520696723934717509829526021254947643301953574383
509258283111339115390633766173730772363027988986998579945016592376
906754883798892940060516282614004815046948281403308391643424865093
963545890913280595111633455036563482451915058317949808318272813479
505077271733594966337188214919283787116463903566925779942457394355
473044935559396848032790208614196815082606481092468854338332986639
074547805263629161562798803187828270745163032786390756653362197506
322424864576945975359667320060389826293000076125149479800895671245
256955982758548576901246368659494224227727177151849641751071598416
357207241224371968067203927064789427894217128426413342711831847944
133460647243141150155098551171241466824331235206284065722692606904
747919644729752832274956981963277872816259540120205380732958250049
744593080978240952991296542331849879880077168163198608651208831586
725650659441406184468374963189291374599342160348482288315828973094
216147368925585169927155311558888760072170341024458744020844342827
300467309795555666811501300338889583802314643138290026007632285034
758307808788951803139810207627889851743534782251208467594974300244
378958428956807526632036276962994601808349419949127065591308400058
626563996391104068510412820071532462564263714563557576945284927112
635577196325065896545536482125459263355257292595281499341587877651
569223119151023373440716991656476398200089698462984399775938539811
213321810328198969945792617649358297483733877523528594640351382382
306269453634581003193672502069828073843334117528315731434263989641
634712705303477569915580031181591809113788026883854757697292339888
286032302997704306662886955301210272705763395989768941024996847949
816842011992561348075644040655946238370872368881254894914879487348
086141681055211400184551700844448429484755073273664282722206336582

4017454988082913018839140156809050000849546573730003274779720991 75
0746178595157995320223728523592040074251522563861667562031883981 17
6186119602216284743190797025036745928280467817853664739356003540 38
2782818457669478233745711382212193261672950104270694095202650280 52
2898590935002394490874562620534522173119409577830195360518503854 96
1406218253061820365182733706211198939024488975386358180994491815 78
4878336528865436542248302027892417049689651104172759475017812267 85
8143917486494243573009091712648771605959209744581146295542231002 20
0851205225897647781148270394267766642782746259395117438071986187 22
2655865040300284691469278646800318360346381726405702707422620342 97
1875558099386871240465622333891464658305543013155095285109726300 50
8051882652726853353729373385691826937171677303161186474948104242 15
1279159101460656979533313377409593674932644146370242752453933503 01
3099283364854070698403439912124524927558029979882409206644640425 85
9662008887419164987730275403729204215810937814713136226288666694 54
7421244955284909149219337193623402943371255755699886529662364503 53
5192026777637942482082860568936231521523178850145213132149146986 85
4835944706865850109813142058926764161151621094053567807368100897 34
2458729327052108535726763805642288409296658844777952795467107351 93
2954747130150792208403282322044289446782183965471109021173407251 39
7247573570085553127432199967512595825680632358808838843662032622 66
1914149347404364980002473983320924118386674296092694607014183881 78
1107142824396577963884398647823137154249894725830411451495268724 23
6189967630588168208463274374412103905527652187107355645257133601 14
5580455856845586504328599176765196193271143498665407774514500473 07
2711714795712227572018128864464407775174603282423173385337652989 81
0442322404677246320479517980971576025800885768975134059480548268 77
2884776293846454960402703705085394190927699370668045517194160403 76
3511801855136575451095247034602260020741742823849481782254906365 99
2084749037583205744677959106755660640775009347129817005818769408 02
7992690460594987211763415191488225186704395573100179371000466572 92
1803728487979715692278888397041982545657064289089858279586256599 01
3759687500785698534209443995971523667673559911557090061413018853 95
6006933050826115788315979018829128777653969640675392080848582290 47
5561905186375490594176472080908485239299663653777468709856801423 61
3707637046742361802921867959247697776529262929041798392750534329 43
3844765333985012282836279851502637454279667177148419757339065728 71
5430543215752354493205346537542382048444850884634590853386677292 538
5204449844131368637518941176848626136036819373635133932540806852 26
9214743073291344676252932264084533084493864715156181394136343503 64
8177947550976339255988278690369632386330342579445292292377520328 74
4890200405326681393547528550174645317172145995081455613646925266 50
2271153373818175978557950419880754858113362891549009039080607754 15
7573613737559880187573075362487370012912238261134381039234372313 53
6898891533749493786324984941764281417045284082969399172432328677 25
6415048376577311449335215538523001781108276163630370902052595037 79
0925341104705700465652519779256793314108866326405926231788931260 31
5285758716424211903337987257758742901290375936269727234314893572 57
2418837941862768645667758686920276014398050163871435204776738809 00
5789283633817797388457344100149966433235822257925351711059485607 89
1824015219982852269465095876314924712795201644676474027046895454 35
1030698261799914022340728548915468068420957432075066211544876266 44
6757986364438802325863608869187594422715214296506641613849638150 27
9721730712659205782660027847181400342092656930703090445702459646 75
7649018527813931481315092036410498459690602253144748229457070252 70
4363040611144551422276693665012542523720743940182775250894143291 52
1517059974545931259468212143510622763303318504339488951276720637 29

1512493681935703191046935729052762887687825004850548005973230753265
5227792552419913159617911522069419685479187341566997810967025629932
9932081645071741734905643398652199866390557093521198524390679861502
2144862392843873982018760228547123039494596615725875096503200712475
6657593813721248011341535506167547203695791055974610671125417117458
3695430147191419937319722797169021161357262524311647228936664414267
2124385498136236949635712821160368544160710823177510780129830425388
1419089224920859536461082139564811320531607370777207605599349815039
4240640775123315121589992462974978454743857855952270892671024791999
1996450430401660056217629623401492821816115205046438140512010176329
7979026932712227012592708163045794086959388503088585777676988057729
12027746185837281858599701772111603710982739324147197937663864843110
6000841579272530611640850151500165203002001427433763904187886226354
2747022589848494690776947476132763910525994056603823823716369435557
4706581748273071824741827263627240462399440284444736424586444751047
6902997652674973443569857085390578191599585996096750612830910194749
8865650751261397136329276415834913042083009508511004140745574437840
9278985760726105769741819633696790755188383220173443764398053682960
2687328518939530815972138409987536577466354932531139362559789543000
0911914267407538592549690157973419183710401699917900945678359628570
3224471479073204569647197863154908628412333251748127848288098487610
0221009742783475164627905539385196688956965108760628729574590889200
1702386720740106024538941519547393281424662231268923626502720564020
6430217769031895552061127114631467170389157733900654528692327208000
8111578757374991035324446693616535175221246886608059397380546894860
7556025887068710308118989220242174952934582195353009915613553607310
5909567346990699248742680019538217524621053498627010613215907572600
2408043008278683562931983842710521983547275117642330279958926872730
0531183558056875276124091974244476335680956874844410454670283523650
1415276562700804363097477453767809820873498038498259924881067029770
5494953522829951654655985068742831762852085719613937978285057790140
9962321392204623415241682380388944662426737300189654337647650363410
2518285095120888648562947143987795665592807491648962562185926715410
4692176768396054500821642162605610642314443579823069196578047057470
1484600729681823722879775604960891581786867293632379024157920472830
6469702103139751800978415985500070553649387532125749616748758725830
2599259576150743391862284379883013460445408808178096854911945411930
4702689650599198604109976532111965810629665500511618365170620292880
0877609149846167316442686419708923064846305675457388720247601652570
7608529377210933584453871074027292591915246267623538179786930642150
3401316337011357356351110981418211296622107367262696156726748307750
2488744484167665737024004850839370255838591012266948358068391545470
9166016456914863052393597793244672558867174160485503871149031760750
5373219447283058221915580788075245369693274460174736052420586469680
6975770612186776197205874910451651427154954238539202325269751234950
4654630906132946005665072830987280338737351553752235631835702537000
6494092638080317374634854036114660004846876242310894723791650074510
7970524862846727663375517303687368385644037049806617909200831710780
8210498183315526148505373540750351082239392474456301096920422788440
7371696889509111857369268903366597185225377703296220167081065518120
6758009408525150684775792191389321380928696119531220905038018107650
8748836831788278142527862618796676068219770390932600672961512755710
2527864370698983544440961391737903545485180403973331374805235879100
9555830404815348045391878540382432369073043102740626417777626573010
0347033840211296690848180461624964873947345844121553025815222149940
5822249941941954725641031750211442280865230280221342409319393272760
7819599060811259862396733945898961907167977778025951163147757626400

2858826251481582164399441350619608117589046195115853908261335496038
880323713522245169681180597512189590028591797390866524495280407827
1302700453774372678555325048503974637573946460984085658930184822234
161498658315034660821862236058019481145549035154742662660612950268
784097547798140726823956931472487609828034508118938340409615343148
630112486764653154787584549465222275318773560890835043837081120882
441759938586466309397048117253004020305813409044745051156377054103
501416686191248525269493348297851018111472329874045396127540222219
095844050872306623268888497042234567000119497518597964940991489713
853622794588740760990432854228127730581830402494510870633698694686
740089481097539710090849476830410711529550638887652490545659994260
773886347394552511448972036104793757254472396602354774812749416069
835101314764023641949146105980556375704465155667123652568282701574
452847602207817539723371640969862649205576687615644577446446649254
773467297255570538828590789231759706768639824966294555601938731527
103627201242931201764252246448031819544683337639946131383614457041
608883422253715587835807016115602717754142472333152781356694009898
004445823899842006407489589238923892752289147329455312404247755208
380523795101239384358587754549990012720682866599985790984293038460
073296238426290797218233372747669464015269204881430422739438838386
988072365034008809524512726001361525704157749789546427459286696216
415427519072078965765676204708762910259298887712834058061317182068
879509627355230802280366588530930270461940061446449186278566424494
208162102038327611169622442138639731157130118991853169915158165025
834281284874149275360507355014927516496556894986881445782807241540
090116176936589862811374592790322578489093397688160867085700299534
572157942098099722053214575142715411220939886987456280116533207925
455196985191038428157268351201092367995242906867995456830838859301
366721852113536417244228370492060364815444971779988618739061970126
506684370640425124459951909006226082179845415139874086156189246593
084402747014710167254716016686017397691997662011119989301553540628
177813282386798739883185480936514175269040502739923269532293931036
045698425205947108776022321016774679279356253076833772206929809952
133275493410764068293696256538097982992215020076190656713323330719
175311095376967431445827047452191856565617305618532166042594645538
561688375993453276738278878122231537281113417355451707355320827604
407745254423078545374811259665463557459604327036854215738696224447
960925936750083098914000685383635881778748642710688257878740799283
418251977140842230489497915517987678274684754084928993864763498391
753924459329312913808073876500505220066666272734384454049896801183
432553499976250119217678755809806723324167826178257089116301798088
195583791075401180509621601093080422570180549297646784115387691430
708824753121723137940372365928771043455446962665999926233933298641
137100126804081160276969402287136507298106445252016551733860468650
406212924578927147227426763861426823676408516411947662651437101393
855680642700778296596804860775179492212156291738671635464988985383
575153249743158354139913221365051551384109030902755433236441202253
007704282111471419181475709618331378229434207254341031555828186693
283866836607269163836967793201021420290468133704915343805924654711
497083540122724100650394974216418866922744736899506252894502777189
894691329634675858792642352116335464746864260548561315778403611431
490269544275056480384788879432956556048443391840602027045146827824
231514065070221048519592072312004933717673835237093088565264344841
946773453824132968854306302477825543502819595717543326873583172827
933774101026347172525800055108998087920427447783853642749720654309
224796057214003306615979398156970613660983964055202876699917225472
402063960609642994542705915460007353673154988077390830015813351603

573011111410928015412280666670587855509270333850098311567628516164
924255092928303908770988934946072349028658560205422067037156804635
003826052763710823986597931848309367641656360790706605233434111377
931216120205880951461437739476835388395047212945283498654808648378
850194676769456232670199871331845545348373608451276718005678754235
887195105895652797804537834484650468146951677538136951845103083239
037496571621433079638601544816144955239351112121894430238269540578
601164673736647956520658725081592753057131343835699200489996180432
549502052195550206179277993056424583665872167535192817503344992391
833256236162650208149035578612440518344040381599135827173843373404
529744999640599186566641535612424308001626179337509214296580882832
219570578431716979462845513309683824600036989961805929879506603760
712432725597536508820386360958809040038001760475078669744332587723
215438325998399864395011449541507700972822653695839438085091284110
416290966370127424988176163441016674234005068361676482327103889422
394820253086967222925243407506026512988576358781375008510056886874
328274718732324289847733542581504162589550238544890684967676489282
970728115843511676077617260489135585109814789508429849836055936593
710532020599790443697353401662876453206371886938218978015732190762
998103612568387648387269853601294481607317618658066805968373389411
982650087326242669600240908832076226117839991574402105842789845063
036014199339283624554027683509989720421859620902016210156519223584
211948820209123783927557185605541656205455347196978661235058348962
821286082084034973119988107725904545863376610850509582385030751284
259642859749471596754259240349558609796434019664667217572372370707
851846466383706717029954169832988691247281876802738125496293898760
722340846570950989432016548760479339467946851343732630392230933179
068730316994180074048000687251365978579585994780199496523427286889
887178135161715505778391587138640405789565918232137081400587138088
365230471671271822006018608811257260339862403542067521276908921081
552260329300444101890637236591957119530302882485868478256488300525
181260810354213518122471584004627510592444870583709540835318975215
236103420408450764137674234730058822034323160474633043506281423210
829487240902594764411891032233740497947408578277622048261821951428
217981124372676625846895195106998673740227323002602615059706421527
460232699949700615823592828222978328684019972903653781681600288411
730673324496628384032435365041397536205509105219749095799860595726
941384024267555967486377429308583140664803184453153290815321549434
582880442937355680052766701800094788733588609136494945838526892791
365594342881741864555941029617929958126080970645474650902342618403
450108124033539000610734694120978386716277216137083614515110500772
011704214057510295511491370255453350206814116524476917845869435403
411879135071947286833389662476101183017004972618956118398981605390
920089117277245282732995868083801073781314001876067250126926454645
097673374700236767820135235673242624788804823436290099963301097657
305710745086213218779682807434398964835524271448757305830321802494
521092319912041786298321106456189823450495054397161803039568512653
801492251694878479554724186382786275823278212993978207428675547109
249821824468614795808140835500466875596261579061717590219271869723
784547241129855757317937479535182955842991336928140588480421571538
074685311302335494627214184400563239744587537727518071466016570650
353750000780005476100367863699111323985862132218224624643435010363
223985967017289928425234113154343262930390735953429144139338742821
872148418613127907162685826684720595466403565113327927292836704215
333378156489787872434723165771081189058811592205341344776752129774
635506551109801811454708921701244106349239492424226738349439407865
465836386859700260199154168385586155789670127220023220031686195419

7028924757421666766801524808240221111561909829095288293422784064903953396720086499569654470752118461343409778577773642631658691698762749541886831332475145315900233544095171491408135927319114619200677579215856331076125470709339611644150880072729394563684925327185891551688147209601141540566400389210281186485459504119005580079283947161996760030187700072991661348781038918979927793308260333338334057919338601259926635435064710091260634625238574346352684749297906578001728766596825621946854107798742184455047104825113899365427994459320244389898513442567266932786132950485170204267041681042398878776628283501931254549510108703766963812060312761799621889318777830520450194812047427052045732125487339039302866808539289855145395183070167737253391567927690390733624859034335147611787051779766471010750245076816165572539548200948091105863173298917531184160364021950346357321959475586008320829267512378849551667250649220720609741203129313574353745218554549830258041565179862278016468937481723971338112369536373581105739391053691797392934319775188032524352586080827553740999721015400800469799279434223454476897075803131490654997645727199699628033269209089155838176032139892644880237691008274209066808004373992504541223684971940977467046731673788785204941656447370713254372831395409623181337647384889412182775687605827547211534840641119286609198061422822955249075885258711407213414016352381199891274778913139757468280934247282311021898430070244399964290644450844788027668653946357835978633014357430738552248011805785516300305948035170230529176193766804489745519006229814174022546879385980914228583744941429466840567844786299687303736686339751013910079845588319718939840420585178312625560990751642566660914485766068367937448065297240370993339629283434833266104136871344725962944171536616832569298746075193490043675487124501251738822895942643220617183770595166566490388962341590342836592467623892154316210947396500986925708950750411415781971894579948516829239976768526059094084769255556032094730179889261822947383468868847877421474782112462900504876162420975722951786073395988696418605399569127426110537996486482728821472986544793727051143103641539950430249248903898719047380481217370572566371346514715413122205631956995297107448454232578540931960703748062432887305740374143132382158355626714275687557551361820191763301086283797258551156741723050471906087361627708326296442958048279756363082376436161545554061698004581964467066781024334784598806924847727489529826204516943700371120191295353112919713801759557797453217970689981078697996711614064725835573138528037814479461864582163474520398558975123171364079746838514559204145005217721229144669927864765201003653978899709419567795422900041438454871434885285565176308029925167644424768218649062151219172342568685160060585978089662366883201283965312270307465481821199948225388143004016811445036211672024446204828296777616016563789757634979554872551080910578133942034727744847487698984192182808563041649260299176230362632250441829629652154385628760703742186814004738630945015910913254210303256135110757558287347865626080932564507434633723342240855858163385371530694587826920205239506727247536900139801149643165945829716486863220484179521964244983279488063134646201089139328705313455615037887692114592726850514677135599589063223865076477828269016803601306170856982886336353398216641166133554804037038210034458380815055830340179712082249390950385660958557139537463476283240421751934265668639255917743378325548207038610563301262376287698173472822425094615318907021508205042181039774894076572149908324785285459510024679597393084110627252254156964938923682735814346077275980334626431259827888944181849173802687044960388670718647708315647875891178035430820131865658203435407342292834745576965149868391503976141261336078948099755916482440

906255168553679482474050984649608568188917203699873757964398001165
295270277237226019357555720232631014768692847626362851893048492690
926409854724936481814128316893832831257956621359883554452066740895
840923148625755911051962200050308020425737002899660124136355648802
803399956946560958857632199260300046853975598028765558317107063997
506660476148677763563226116127152242671096736184025291082552446153
885776660277960808983028370687781398492381254517178987577906769165
132460310875518147960012167620168554361388753511114464644596594898
628685003842938167759796191272999045913439604283622782145743849108
066267372039815968331145831327755737193964762139470369487134483796
533672088650760949443106748938628101668608093548762040629531426836
790162232434421625009619198865282501847807500930929896168789351440
485278448521019497293149122933664283836109583591179266973210503286
586371961913064985733208661524319891775175613307253369060628944014
036246735791686124190767973072153896099260914778003921829096605678
051574245394812705158278656086176628088767548528264353457929751091
037432431480490509972013400938712099679922667327456972199757397498
352955663444532434557032626027829313689388962967691490051117916415
739641516223459624143879984997239721062591045242665562829601459679
012861764153524786433047855814962571113956032515036318374506194258
790732974799065403378129323435496477095994159702169181036814733833
330641513877132215173398409381746568333237521245212042635149480179
573706485748255881296241114146469266177478173860156155696776808063
542808133926222268057358604395739162738771435084847701866265316974
888647386824309419601892875891202138727709615384880950656532073442
058984978568214481099344327143794129234072975479326476182962040361
443641127465240436917542835856614059594332610091323144864164204976
494795520171710865170698122416084821707217101649482479807749180166
663180760457163952518386095827183272086570529825589266492312740506
731234877203497799829560941063603051658168190384801114703042390182
045758372731652085922539947510938900121122194266654459086779269137
115495078966657667654609628827777519957055450729792366620852350781
689434003204754374040076217990918813510949939669431342798599215806
292704213826756214353405924672023502064258541096859551282959888016
794748534882762322608988214260279669494883399735380911531026157275
260615166467574723112673113045630210164427562827821914879246698975
320978326529216825843304790854783365426975843307795571952000101207
872401988134949844384367638270411742100369511690111801683269994661
201008605320941579019288976139784035165111599346420444148276820545
506341848306161979946027048964895243897025843417177319031533093214
798054202089619512507592936490162781474077322477257322019135045680
559997856927754305465787984285946840858678413411453824124072065675
598264826257619030338341742518485385403847037100690876508085350864
021762101015672829143567367711035116439783634404283023478073545669
143817704745089458721178783915416653092472697951952686392823300371
685067876207877548178391081973218290478799329139607887417683308186
531819994065979267822132271345963247140952946307619739674998463493
636097580672536615518078598145349535821601480260233176252015063663
993913514287751153532124112251505706572311520853765028432210158406
189825700470439171864907241208917145612024917300437993499942065866
379857873460604806192281194643315629256867108796971234962364061937
388112180207379159818010975908011327225784300250111378803495792043
918992883005162429217600337641079337196813319206758299182607848524
757117752420168349348194140053916463935218273710489150036580479259
761583436513553494384319150921462930819950183591670942530265403298
032496761584396347114353247143703922148617843828261138668855215984
613445058033026369143941743559917537871666881400452968934351987652

723008458465501565659895211301104852881693941568670635178319221855
955305000298648325444774777199550165082658896713964088988056795806
691606580609404851392801022276976156138260831907603324548465286614
649429483966773300807073200675104262514142962447145368750970687850
660059394026518778610327654702806325729906196897591887386672305110
123794932925976495748262551959273944717640092556185211857724430888
945893130457097527258670714556514236034181989031519545721886211491
710345305965784508261868074364977358317577008647587996432274454895
007809667119616215136769508530892336123866628348110293980460743553
427272442810490328075676700337727112094912843448745081356882215603
305043883517541081483037534434208412208168360581326234576775427931
619860454305044485105558004116794337671320558147058727208825360473
106496793184796373527884478852058731828660065633493256023590888983
537772507970200505414402105594610720764924409136337227897399466397
512341178836631250900614162322765702854104850679744981271814676430
841410300237525653730495276727548454599978716332533105061902402151
814681001465126285103975983941288236986211318315247764967957774419
133239479855287165302319986980239839847319817881713331034433989083
795800005131965345233833901090970444714347942650262857403151815203
546507282311838519865802936213522437975431938019834329143125027577
667543168698886028656770135003725896964458686834176473878390665444
218192358577310787002319174454287141600302682837240494643603478769
035733261881143101081321885527985897303450534403303722769151404531
823618783217199889890550829089662419765855980578341428737306480985
290782145941126494992196511361256777307699460580206407239180866900
201756956417595527211359337589791160475982315587253564456825714374
658566889820373705497045290715846973763555870609280120176978053293
579678380795022792200105201676898873254108389319250907174288810810
708623207551018480041769696826290392399839381162366384787130819320
185559267865898070985022953739494217542469625354704395473241339247
648521037611777311231385001618713047106477839324875850063619911967
787753268071392468984403882659360510854652369222619272403499121038
316226297241144083556868049980746048371359252075390170144693739164
092864863919053757393294556536775435632948953085479197356181168943
469443443643030871444254910609829482881581159563562993377947392209
785110406721664480320531067091303759488434578734398473707653747404
793080903438244339705830532695856299847938304808177975089019323978
819644747281348548648563997367907690393025212859195095945330313797
518529818662620117612609532139263391827182563275830591189372106915
776438388722784228529009122612514080523150812027262477370667161537
297962365171711830918171522805265375933737558128234864296932266784
713386959887691580950811504993633735690590084289200705482525461768
954164710778011758607143286624044830552364259377579855244869608072
673059076502488514081476189179998962929079540606916509862750703309
100886611993183653478110689500553232123231040994315669757128432110
589272907562665298306834612688174350276344573487313081278785396682
594804502445089945385062622281565720665625908071060090719474158064
342896173131515706055811399896076568427723954812062465492792246644
108673930170526784065224750410536043235086881525438218840578152295
198789560649956069827453289227327038537584520927092429466734689593
377789658067695128590449057399130794876253979899894685344867084276
328476440980465348855120943606428893738371053515595879507510368199
958600924794052205154880777749983061313790264128273715757106128173
624978364745020722775619521267432735816854961196988825831126166950
522240218811466930625749538470869958657459988789278684738719864383
790480463746222816126871276345113094783166175997075950853325746028
493740010436450345565804494429503453183381290785088833385837869771

084982066510206279570766983344517793452718037691141020755747743154
293290326295321149788262035159874125464228843952777954992895647543
471058985851590055084900569690369399463805412744078272079588120610
950182666750528291004286440115969091560260245872117456045510940768
469797368274814597904045521904841801154566347833534380881534140372
398178819077576306472338368480766171878875254440731865830501186475
632030171398339007898754244110262777492594557872631516087487025048
062038162606284156754299711008457236079436838831775697116071774760
197736299860847092256124190334430386806075160778365027891666283609
317675969553014936812797935466652393898654922082126132776378982029
467995816243987059362391705117507050493924429371228752072100479003
695203530541747026881003131427531174456246407354520013033515441611
612845306363822062031827141203471057333057060956104199977441294378
972333619529368071162946497417467460616194428419577150642124491154
067073122138420641412696715456643891594717779694935195834684336783
221413037431073429174373437635441590737738077683355454522041607558
324500141271289974101494705488647243415899129609228298624074551605
891496310210005958713471920979723983683128011017526431868611183517
017358675406492657915137405821629724201883751029772027692280780173
235365852486610373552463605197417587182349087381977451996041351604
688086082725590610482822257576746358191662903439070547597034809044
004304333317413461423454127456779872589232409091510873059202427900
149673701513477215142571480238781897278909931923211885180400304976
289387311988687633977056903190741451762975055829507905515712897726
034354672225187519472277750347806298881580276408830585887321140899
356256544526325626293042854399332825503295028936990777054902947079
622008390293221444112657382089568543447852253558437312693375479376
599430699100569908215603145081988649438948867959773652023776380526
949555871454270658517474445964682352694105685193373700491448623760
659795743742949313762849542374769629842362040406990322328625482822
335420165228291288443421575127060202153831784521856484115066939436
436446339032946286921500120033173722315945993702440466546440107095
463778627366769045642599775860341423376275925853631264370897307579
552699685031320690918306791326542030640031482455986239265759757317
759128625308946541251662284071633701497902673843253016190101372978
864695403425694557263052203876294232648064996238163085500312651680
544788556819973108967957554426839220485130919026882403377120177863
986046398002560372060692953460153673513009351664904759969041534844
228406494643578396273959796970119995996897055007139802671431539123
914611613581834068087605346672553050422397928096566221091111847789
650335190031281930814047064787403671555521140340703039890722323391
594235126529717112144915912874696964544557092280434733841013858874
280507251493201836765498654426190687675030397956939024213437475259
202844493707032198240950852874392941278159586475430366953365464650
438122955385696018708146303600068102231935356775884221706627177875
228953937497394498460688195899260579042663242818188329768257087830
890164354054641753677975214014916981613499304491042042741729907318
379698513124559586063991996596689961080050494007296397098959517574
634950113152395405436384247715767305796899780935112310127000606831
560134705616884208186210590658438546853522653099408095506864518196
431045500569852864036972272644964072209107280506565175900536331942
571882619016852091109444623049387276226013009665098018150216116189
314991755448664845101939640892424535185862966853588072370252086290
396375135442408416767961062540774535439718720220389829258815048817
462632144019324591263846776453878214900321873605288401615814676934
097243424966959679745512952152475413003838241759677554225154868903
498467584610663159419881211797133452509275307014085614263503015271

473708797902296635683001787990288084193893922491884489117670080380
387588878016977011134533491153480210658508757002551736325688200975
955274871225357182551697875315095569086898546483794843035187061492
313573402963136527912761526230610431409239565352297493261018023574
144940020107575292488958929324580351889348336232266211070472227951
789643113533222151331112813026996570565423666607124273606758337678
351910125109944370304629076346614964495599673032125852284006812886
320601384391535239320911579060473413936297323492759180894233656526
093948313364810290643586311830825965878597847150234490787476787995
667424852051040103999757103940220630691734742020896991756005288898
736759396629367401720982195418337128233932862477317196438625665314
551269922236776677708198643496799841526045194640459016395789604927
913929104349027568381726840470522981408906713149152625044175452710
112357868012989368284933913963833660781422917945543449168097066491
318845378120257962155232128839888294830960254154515830155645623132
845031741857697997991078955656799608252916553758612233838070069219
579639419837426117676769100507357501471041273917783596347944115924
160740964918923864162314431509843379999957412386084556879065017966
046590401190093106491459764550874416917093615978054671746589930170
413753904682544419849306977396303361433004032263704413884245648531
960009102403591486043419567188919858561565546577508901443177712861
645686219001284594607421607429571045831400462012463901102101932368
874623187463906390518460908247466122225868317169890636064025404893
508750600193538323584777977777184156692711224004455167705419310730
388369438797889046242175900466660910401636227006450671672563298135
619169577585613333903982775996522509904038709327898622159549437997
063064807096494177080058122705593309162118440046358937856324358641
910615400682047879016214044578771739810295260717300099121797113754
243334882266618671805934535003597940626101694558948798528738239461
925927383005865786236901271929638265926393781959687776344919278138
391527346851031712835011677541289696340176336880334761324250065479
448355160024231256646080107867025860376099390800451756260090655554
130984042735743005006687743313528206170729903389370532225467004205
889640465239361428307918540416966678324070955958770942320094156109
555343344349138543884086108248624289859619741256571704240067876712
368593537227109156704060621943472602040994139547201317552449158345
944274919192913502355834404187206974345886053833701858976572062254
668638991474061713844091114054244489241812528058737844437599033702
714432320785204641931475594758314291941697190629769790449882130801
925875904858757010280498900927646674318174193127387987919086670564
601741410451836547363921120183127264213529907507531674186041139085
079174044172658009288966400350856182993724721368434131495692957040
198130016060875412795746641903179733259392402107416767024235351742
211828571516183297681422260730902963694871330880778555666323972833
422527065650730725189030903950229751455450814134444281654143644104
921750622706436286101757171120483665814970582463578007550456264537
446280525932841567885798506901058045279756262857220830478354366813
133031723323813526470752577952330152891663952865431899957317457801
678267281460222640381899566937994842421098248974200882331114001341
044095160930831309054655031595551547397748022146240676110527161375
799862835439696657835524567007936049751876795850043478594444834874
734552599963239258820104452878957672333911085208137994842347153189
526128187510890512135465496924606655767345185717740511398090050749
322800709405692065544287992897680913853288239231274264963790719799
785249090304609585020328130118819189798753861277050983112679686721
178100609428860334160740802044853244141445794547210546989291664998
194159975081170839975855253125347930707237719482373833676065541850

211333735753571160498408863069626498901511556298277922304333498449
367839151985626850432520084479855462969126299788313029363064633704
503315526375204047392241570728577799880296353289006984007678189697
563540217661942944247537256498457226550678735909340572389793781914
608031982711392480497941100492298143175949919931032808979574725337
681460617454331326448924803701346264266926317342443574270517747565
067556341333600591783137637375920389020426517169186542244841360946
598636267754333221729097280677212181229450177664232716733109192752
337724245059080858927565564344115484438889532132702856054060064352
403401177439426383149269420366767731249233446046152792228711747373
206820737950407753807024875139736974872208079418362724579267158605
875684373825696601528845015936360579976487955466689796317276414458
267140983930260584443731183219527357824299238053046097925321759529
437646696717859956554797526010481116090019255987703160369289053546
421969361790098547207855125725975325768780341842823941930116764712
780200132449054170687194060874864250992490041243777990256723623875
213448754686801805700267716590457174167509358537466327846614717022
291277538164893581403754204131631796620462601683005835840278084250
847061028563214676349216441559656539951244111527225209885576318078
808628374443953733638662891394399045918693562979931691320743108491
238782696708173798380276007328352371305703835388120192178074557053
921312504821976693406394280234533509698054521919641649696642051922
322293325224980990680943829860823933868677395445267363219444015986
590406652867020651004940978671302450896050636311474978975431863273
763793202279530010877176844026182180038590906077029345978640932969
511233853261494565585967711754424619462086741789881434778027023789
183865475073672507012316459542104230368253015499272923049706500688
744552908893664655148193848056374554470319717186422720965870630049
834366571830309458525285629892546132607901723746233601382089476404
721767102107836353063283918528942630970835241842688066639724543519
498745949527236882351106475938370531361494523326299006061354420207
900800784435918514238109540624635928800749174723260142829150664735
646949149075313040411948746127584251725422993376561913228344136159
688451230509792290809347780610001202430793367546069567188678475890
291671628151047910984819968795053757476103438392892981834755913533
728342888492285393965950164594229684902163576984603656667706884979
061493789586623897851395030195525207115947916243038057133910441235
127977174258949971813208993972409457630504381765420237749372929236
666408582635630470188942847136621796280779475814106472039686900573
358837832383938515643676929109532126309530237234188776377595132558
571988684156351143465444921346183625820017739111963565973620917480
289510711911931216161504935661400198915406771914740604502008489007
852104489840715587249131814241237453147390958592854919261955127528
154045555489486053043951830551638652963511435855426789578843322470
303223984629694037003638667059755189622821668494721551679940102372
605276192061750456049663717076263845953005334443878994432854366301
464142075150267652998714841483859242046843515052858926483541295999
641906383622255006162029851790807999551716142892743322162806963512
162902965050345455980024292038066113122499875748777814543334957813
655800830045879054556552375964308994728294156584689806294311272597
554693021887912731035300216864227633661031890511086335963986070974
737419552934178507801365337868776791151473833252513002371910235875
886798039385529704998321830389985333735331510345804434025730422758
682609723983422315017640803327317622631967565989772971839422971652
277619673408573444137475914779317933398924359940581396032281346592
478558756550575159428611613176739552834815080851852071547951439266
728751057441386769718902087776119592459359290863839696200576865099

629303818145491280734180972040320363366766499443919936264145227145
073503705907609385752440000947482297136237721592630836022139158855
909461407406976301297086569690667624421861836355204727903533175309
360779778798470802390218595874487896074523749056283747418931026806
280481743381300198221277706092184700815252327145986723437854310497
839043649305860764535756025983828162540984963998318112971881438639
542654408280086193057291799568887988182572440923086077708626351313
609463097677409970284727668296668542908454052022919003034322471898
204993824806075163872794566894084973666516228133694882858339531350
502170536111817502101016960937372882174683892618068718872117122032
067336498312812545726927631056482587901068575208080633928751364817
583758109695596993384841991062692241136561171129547967778123862393
493414008547053784583782851512327987308840937357211004586036545449
453018681073293761108679782828034366133339780538614863594371635008
771193119559848021828992677797694091393084926892397161087516259813
646427951911630339179612919001760953221655734911037471209457900418
602899221551175915683036249471608650518632279742956136519830351897
142876022375071605999046852270284824202570096299382791478180154066
416917925969650230616749677247841947414200924297729713888325116655
222730338964447305270490241477275647154092376806641652822611221660
551903510495321695382999570174114651029984898251643905699093945986
820498552583128764456838984342109365894310511407555838492789369974
095013891988212479916209888392435587365554523753623890641072663136
573386887150143766765743928298320734613140394952617095308448965800
565584630952329631871245183661663042774985273620234906785915576936
220534724261112532638914302528937667373926286064609916642583999874
647434141639526777322469333134089892282135236716095628251349234859
268040735518153607196567395027069135357634343767443117249084553776
703266698841449114808884801324930258438177011878566635729353987811
406465883694172838736570843375751044799123597365972434455742718384
733620516409860393102195921211225720343651001396389064945296714205
608908617698288316388283825229707658189611895457298258107339454017
277497834540687764110778004407429296639807958026689312946890891500
618618418921853041643322169492782133921182771902167520208059672627
494630028053887779459621856830743842989256463024089063366760647389
704968736267734714319346437826952783760286146583892789336232361603
686965888599440717090143857650085623703570747288123004277647474703
779463200055437274736584724026183902508185020399413109503970812481
221077612832459563995640730378422829494179041799135365337060929535
804128449019567717436326558733430284401481499075465103281813878210
907214339837454150957218087233216393141184885404882476133156499354
030311313197143885666833802176668360829503236040595136775927155165
679680295859733803613440693078137573011613002657970242655917863431
943626466230186872587963057556366078289969536349814522388660073014
771879198641606614390805777255192448707082910976735549911200612317
536184781317654395572950385452923653669413348562178789261547404561
504523088531184389783350748069944802081583047802929139502742186788
691980176555468181445443074191102292721931864440749790317259939771
362180997111761468900013772407009234849963308320304297321967582789
400084665235071155111834810320144835294744885188632413303960676395
857662392727435386476553325926113916010589720694912160419438436276
922502040836018348118271585534392555374582362825523726253314359699
646366678255933821009175987444402718522512906425157453594796130527
189599488847824353172256275413109599850442774753526388871189264977
071705502201056823253071154389564758303122551162876396883514326272
862981524075588799596209804394659688932951904490105741914199814985
879000053348961206916311175468253485829007683953766264145205273936

0786513805722415068971855827765389521513585658976407301488111133373
869245888909822760229733951244135075100387258948206647854453929055
116049254655683017922363526377554626840904947800372684716102649508
826206935748463164396897896270083376303743017561945738907884810424
309285523631029835517451745446606529767081994743205995165291596008
715652115461296735413957327751678443484864598339137584856250554601
750792209883587719338601394896751483376380213903415290428362645376
374580878281537904708544575967614210377236123296196402292022895146
968811447058289309803570015041036948417054728692275197044694697292
034951969766217664143620321098749717299081440003715739281891528408
319742294373367747782587092187172252984069305556935225836786253877
699037108329877979505169169629957607026624877256111532102452287179
703093738005633540592931089018740049575133056457554686458819253443
722717048411076045834505257242917684423561001394566824566042880004
740729261916575440953365000544583331333348665819727492760012423238
225171846893069408572324615542392813887422027661693797935663441045
037115598236757714312491279623141150164528880440942390051734645637
803629395327787801636044104275918642025167711823591081249478448954
880725855125745496079956918012971317205403842490960873636213513109
752862098622426241874243578376772912641791880137675200320563326189
241018616513034810244006856808606110481129427409009375274857858586
840922973157793668860861996442907361574905330345107467921392139357
341469378267840533131992354433034607195155205700661001169301061146
455648916805009145005561378494045436931348591061841933018954548638
521986008082004028633222685779286594749900693607510578023474201503
531773730083649498916728935090935421209752074727250436661880061334
959093061140711046459924475971754240199654073065408416973523925041
56355003902644002922275155519108629413672360002694120712781130876365
316152244335162266919012310171362950133169807700976703122592334099
542352764898442089109243902756481617004072173927256602429583715571
067168541418713003571310230544725937706454206437302838147841910218
688218466567138326128263780697530988608290663303966984683962467476
885114506491315186155246294792481115987311090797711529805880920928
581622770652756777195393112035731943345934347337295189941572147227
619036780043087959047999266424281962016300988837148845043980122446
245560266040861613319972328497876159317126814004045056189668690984
708239413708551813261996376889702124152313781873313001560112199565
703541410653535638452439655642672721743450531708970862034765475867
412814640719792280574469540684927959945904582090187317658661625178
733129693572624876301827480530656002946241810151431318690240874938
411242158215083730741283373100322266839576907350698817682754848177
304995391310318465327838386562671747600180627887580492540088784039
279856464964515527892734502001541003131905096271080962889523768982
872651391408194511671959166631818853373127982279478096384186330812
324934368273270884716848408230651068049840198996614184868219292371
243226293284424830236101798391004269904077447991908376102111123960
672507192997931365177067316450479862322551979702992566531510159660
459669015088706888298252728640598951425047655646438613971390930202
571945855825271392719811327758886955446292060520268767522136796682
746877587452876077863449138269956348008254414413182534720494801421
265432982967846686054377906133891020607653897467837990904198226428
291713569800434724666969930157511495371520437403191810795486894324
062290945862326245220966757449528566016465787368842465402656045769
732900129583787420171151005742659749253328682586625702458378115218
220127757607872278753625441767851681849197994949764910003693490955
081945020556381122496479676624965078580232712368944622866979631971
539024990109911767205329659201024327415836646285103519400541457190

7148638824694469038224568838850078244103925016359715374849056945245
5605312540379176033101653477500199864958058355366142071699741173311
0552540420552110773185810458946104627355807094714668352878352224422
4395195109596480193399728225441237291197533523339788200500320948300
7780662833646063246671001800870666288977157613180394453085177859977
9679161756236424579913187479952951873675602067243360786278316446555
0471333425577456220329705837065208461481461803279556572311289137911
5061078782367241706315742790860275826804832820482530595944865355300
5335573608943668378778877908835773316581566564046333631178965577555
3867451359654743792882443277617766529977537884432122626758789612666
3833068438490058005776137309460432457331415978761655537226301616422
3353451002374635368298942478242558064807664336180523774156314037899
3371269990081154608408142405869284464087423891245775193664669946377
3591584411931779500858480652805204513861789723299109646117709762977
1698805474148640403588839279500405680966882682526783325875358351600
0505794585314848377702967618326360649136605647118508049163591118166
8057356862567675748362796259542314440842686944417808465459001098300
0832470127327673251862965281011987566742512371854719174196446109966
3814369225276487686524296433284880267104880448880155910644769829188
3364432563837983478922499242473473474925585572931518611034534137333
5672274625782767187551285229615719350186325172175999942277944125122
7694916659641176453311307678394358755701511268339788077823089327677
2921967390656501679098849598999718362018377246697916468158884004011
5083264133901702440286390700883106649068349767628800880971315772644
3341647052515364717730661392722405632571001397299899095593747730555
9636348560061598496125351831074504282805991011356152764613718732300
7405486443870951037623912931744139267996447473236182136331185858044
0699365837776065584149533283266028778546968943002292685310193430199
8737058717358218098006693891250766257084746595062899184683469499111
9620505628810062352434005024075121256597621835683455225766840491655
2515707584146144132895209700930687290227163705638590610592169694577
3513122969929258356753188344521095375701735632618166442459183071911
7325928053735184818309872294562621725404441898640397503845136061111
0062107180886892905388556538032123197766450079788089229139071971833
2155337660714688158886146659370802181184864094912441578015869647377
2390959585803117354939639342323981218838583222690622730436915479644
7732903620310231584622821186608285896081690940900061896442134617344
4682521433863060864107649130309630386061561226947756727056616419833
2266128295594054185267009938944181452669981512196539671905138431355
3655032131380682424517348894759250312419248417525574038182351139022
6163553709368646884710152598668200629666043326715884702846725282733
6751363691589349857215149576969573937931293333878685870155864384722
1219088131194713370873382327500056239923744771721034792168999587000
1504698058956236518854268293985666712723058331747394679893879179844
4757263966997256515093350494496239329894118380951152202738593619911
6208931559373521319380127029848188296824569246640158910245224083344
0735294723767660187190835662573439468354704836224454619937129219944
5521607705226537983475106667694632555115664949116807052305281730866
9088268238012941254181467305845934358127343340746347109810169733788
4511370003614666147779737566767622118782539423603706549237225664755
1927002508248888604062234098115451133342239017736841135991533723733
1846766340507156896681938103585480799073996134538888268575672435044
5918997400691044704111628786526792010616132471999844823715233499788
3637523014313513282695539529010864942058186043961590530582597540011
5734752997498272309538705772100053964188697048745289735915687927077
9944165810494426879390222782002617388424638959221139263874954114199
5943300270846714237068128137782298487438922580196067322955766462222

560726500832043734636892069742573101488777832814597005506211252970
943955134820697067809204578900900556359931930300746710425701791847
467995201645098538151015396961735455277804306267757948771097991362
593662234937064837059816841914409008692838417581369607702626526373
984217927518655855340018024947388424795076359369625165815980054901
107970726953244886137434993884408366146859209020138746292972909384
539568930915524703254564948483425584353927500268398089195124385714
727889228818004727979105941649371664175676509443374654097289014406
328130189143863392806334434942400260228810471699972553393957076410
706789505905241632902212917615707202813379630649859882322426710298
264264548227932715480458764992124132126818276723090347559579303115
848248948301417317193431046635619982934226608452419772743000894757
519064436425070401157381317794809599533926915579884005478289536523
956367416572964880463463057367371172158099902098944537332554066492
445556570479772079145812304506188806693477316115492135285980811109
640356420103206503138783298144430856387206579389407056232795868744
608528406980628390128319940403175369817291011930274216487446018619
632159446845380755709872212964758426105804371014414489107488133766
721383545414247871366665387182071284847617070028023077139862001523
285284674980517160094177008483060781630740674129158570458579809143
541609290613494597096889257105679100556752900747504379946338211192
119990091221539655631726332987359358386665001897021037681056553912
581127425650365892142910191935677400796661271382307140818828418649
325456700504789023579983462966520539034526722973679711222964757638
427953370703079415632893117466348996286910518604722726888778758797
953654811330971852577488362549950780896238311682394650511685470862
613640217820445276226218509468771458466676588999479371028457027858
288649455781921024708840980548840494289202758632513512032768369165
509333757568774231103616106683832158080256433346454271722024956218
060593586057783683982546182236449833541991908181754923962168710528
049514224637589120113615979984380345538987436863794164300305130378
895831279248454986839906586006407899335281278519409840167197297270
699322133907184209551782475206802684636165397716512345743403044324
661478177119961085537282430917112635195011915381033226170096078197
922946035526018787669236212486362488512903544283973792325138955506
401423913076654675381145244024706837652806414248720891345137963859
994493516086771074601432747723851028474946663633461941723016077362
976288977251283002580846877265301516820292508730013462199231565387
199041060550741930363390184442397874423384998260696760570205353684
564642727270348943923664845900245979494739486041667113357170281209
226805278156883353132643317590299465385748521847109720477182480567
215619231319966276378282067062797786438225580872740355388755763722
582999050673591541471494743726498397870576633115053342116121745340
896541521554977462478886291183035260403687328220250708935308435234
580815071956958892412605287571839649630550766286009111672617530072
817388845881237359853726929926264266600217297690409322916645780080
286157310501383405996052151802023374674932941095769139999676638521
753746488507214642276836486091831973323639215924903900069678881210
112974635837340525868785445702221462087368587279664145301762633541
558879405907321222539467073782654675608107464960418043395795387211
330646467992861229485713933856329761617850891155827661197902337999
866357704749637968223993509579545082055051118930347793570244303528
304428347024105904612246808113753997074287434351207241798271000829
331913714192887714098986370546271136142170603160388771587341075626
603462603469320575746363265306120596147410967864366328128489246217
276990604400356483137270171843261107628690706296287678248337252181
678495208701873888835266818806885615538210291793846881259759223871

757568737766365217279182935988891248129048499965476445965554595153
192301986734214396269052453374634498603717927205427968168892955587
945755341314658812833102455747928050200866695716939577801534143906
770746884443719972294731420962430984645053185396521906026711006056
621714505652396167629158214100393073338929186256703337144724170924
079448220819579349698115524925573254088088316481951994849251885979
718179165071886497535369431957636602624261722924254800560595721748
153559340925382832433344777942345089465946829548015616400884023550
373234965498786621710766801062510274472340547773872282337063244223
465713099833535636179045129664535920772793879392700954660146105091
802732697555135713654909405170986914333834373538622395662531670508
132212346736878144276185478830585005810785155567880769397324212208
730661826200908305041506079878672078008638748314710467962218043947
575563099086244244382809070751636039213609739671934940819820051893
084634184185137758694213859700251923572103523597814756562837006498
935806194277478376736716568604401242535394254608374734622249608298
272472402187537341510443884271408930329039663170598527274357572249
198043964068936908330704606903363403761135669272008017206016525870
166209246565318321783590348318466849633623177354463039337934892379
583823380148352466207076888417756468257271713619148355289440361157
962468253470999577854148164846673573561133803192065822135496782962
945837948992590906571508585899240368777247095602252060304105945472
235734307619920200387034244022234909496718095119479811812317662161
328126574188879267178040238578005598529232561568824676516359048340
588004483845823024199841762420397502821442033237813646956129181609
088070522692744785023579437156142854961033099970139477214606174500
788247541700679178188133730735538786796010124219243417398732897632
280986762293745343728998117259300822232462437598540018372660873832
647120725544913064336449951001947825445255425611985444689633861923
341088611902366362520061671773407268444876708707863399288518785748
868906955952057560806553597236255486657680659973002696144997913863
949137643343951178186561697245750119555271398766633102419936496159
367342333676593518995108210508545586590240452439501495865709751688
017729800819922259725289161528326432871330191207202622505599302105
520059364272067206743658081959198389468624150753802751656622826042
558448723696342315273704964736012472937470582351894637772876085862
713952359990692232587035991070927536077178731275481509403512701381
707948704002794636433688427716924012826404447538300216806055597399
111532756743042507916896649365346106649030339264547982624507527529
703551170293895493926050261167328050806361911350415038722553548052
495030725922083212991676993938578960521919040226593296893201528053
855848832676736575685837994286855431488484598780431993710784840893
374197790800338636966596327000480075341073313028695828601359287661
350885694130726895270622119444657090135000285078170081732969360699
447808011650899774698383275335446223117890041424456125659236190671
377822188309901262050387138637461107547138243333426066111911249960
431197487300355784675385580931940536564143872408715930702800223362
024034209266924841036541392460325281513910602580690086792469478464
151377425304908113337485925659032521084378705836901803059338532970
010969600087425044814184589259856965345569808272371276255400483792
707641017020870006758524443257752645790361826803605262387899668756
268684575871134948261702787264207740532779178396605930246805376125
287836224216318147642047643334565869242915619461741479293032672745
331987962759051058255643906412796059960516294105583577003536563242
856713972433093599861784854409718181725544777914093209591840501649
984386128073788718816754788756505663196319767304705864894624045949
269766453285109198744337351215664488814513250978299799856828301830

292718126587579974915259421426066384493476182366943613010007783474
504544383940594638253164174696216796375403949152116008355340458730
070341674476885386353724175911919125730296287576998669830602845055
125425577813049196573537081097538898051449828195851720963288792497
596687858557626872836385771428233523466567958926948548919544874241
952228540275810132725725884846046549518516222527214858969727263289
515266100741919597178328836594559768570577262847855954488372407579
162883631484906477914553487265755850111942264869962439109009594842
195050118285457021898741034571838981790486364649082967773150836776
997335515074170081220258053885245195363983453187617781231829233845
161492018946787202174802452815919012422558651698747259021550762497
491226737659456330761660211943484032397991440702488173434330292725
710928657389894240649561810909797654985118424771133900728809299016
301869411421261170343722496674766825988818337774891530013580023146
024260472055275799319899409643161144298528316114869897317486423082
626493416316845278016222869452176524878906995560991510960158794169
103884595635966852936125991245729283769357494996000637454051029331
252353719421156501331547537362809071428157731851185927633100144847
811577305157277411636321762995559710643742787164040829830710463054
191559937148153916125547811264374389039745212073575767777507421150
508298100857375238351838357539933202975989157824880504120705904644
073227688483087435345122645470626940975444513697572570891505730232
425735672721085168470673901113721018280580460322479166007383269145
415931982924325433746486049633965342248172938325475111403759384377
805581002679023593384798958654860787419414168840730434173496904240
691742895829113388157394322771015619624776355190240217127468627824
721979967626629009191769556438105385692640185914761669543194077693
489655590603130341579094455197560296624875454879091117532699370937
126380672256751463060740233445983148205780778552538169343648053568
079452045386888722145805202281371652698201162506165729737974807500
297233921909750122049474941700659392967296028738767195222550630864
385036022864184376624009174719032833908399536747468613101093275450
853701032488164563575489558603679918936112978761908356737312274823
781827018531064263096134724871436054931890377026133291202074118570
203965492336859086327290034787222376598941863189523397575264482623
228467814741678394175878779284134112230198805548371919662085993112
969783033886516758544622791340538447608394235553449033163300012475
799652761685263194532930959627313146726192661819832194566480048912
724042165730413638330422266489785155626456553219711447297326058213
214861528010097276801510402989652020638606860045981614285237499912
085209347292307977350301533905977647834289074748778151734815736268
828728847309608641886645303294760075330935853802770492600732884329
411952086482971131759375253443889588142555483851732952836011377915
329011335759811747590808295590475065765845686049895198699305066250
601709707832987606304681600952109729778751360186320545895578180059
587571719117232350915787137515399125515052606959476059331576350909
179773320833613680719455156407495330357188422563693171183439732516
057365037747321453500563595638262474936382247058368475214260727919
955251074551304244338336405493970033337134880029978594657544942765
183034121119702102998733619911776479300476493264915219099177723625
580527127257799284186221272202594729578364241569518389042618629319
498502398088279018227708670870719353980183576382804721762702614902
491846340252361295645126001797544961312208728483738833193857402018
908281767850298505262156335275083393941014555472125637636854640790
946476538165508050017967373743140990894748416914300650811821039900
941917142905544287434869177808284127163283349333738760189805192382
363730219765007029919984095395364081929393544844337867252570777295

959613871007157921472183707580415005441349860049290749969893790348
810208279250693005742360174677126398250444798794775513836887538882
077572120635319586500300839106544714907549279711557218460901553945
733251863898128582468776959800827417655549925565263787184749887063
291494390803074172603675896802548718373999961968293266122412170677
133971378809252017026230147178208006391621359820529738550555820959
403332647089156195552235663806264125747913463825374925991288014312
614436201171810061047225858418500286341562115688441856620282727660
065536243416531861727054704601829523329536489605733307453064730077
394581740556221801029658695455429623213626808519358450025873573058
666519561744637181113447756361029316422929997712848473992479149975
246975746167652401333988711899350291995072594035417767887842758631
733862021231433122324549995210226464191705902063721563648704410426
983363333138216958848319812093693683591904114931623478727636627592
154568410702417405297925694298191498174063952714478690511842343371
955926123191937579062117858090932058847948363057956121560105651820
752164895293647504997836425968788047609259997018653611113136048448
104343137267327149325176406779591282704180928409930214809574578663
493779227121375537125494983646132191054790119508054816377823175531
880540483447456823482955282130638303595464797553133860371316576407
833408859359457376719674086252518097818178803698601166138834712999
153771123834154528740489956469028260300688542763451896235735546181
582222140719678668431026826557381151949371316182349253043654779188
727730395772916676035989068298497927532644579302056250041982158178
336797583245820167033440163751943613079360668770605961550745818730
074058855418570777129376539546111235520177374526753650277123601026
263711408502493754519972388118497200485295407605375755048633498517
603934340365895296086073448055312295533568821456711805760475884194
205834963384542165377020226288732032814262719241911346980715350623
640604880106101761396430655066646671459774792751275013133465967646
396069944057031186056087812280632896781657653727506296728357626397
482838464729501891798560482491985007991609232399766719647678330126
384650808804283111098502554661296861855650350012361068529743566446
561984920921101266375831195462401126619489300838284386599999928333
379487659821355883933309759653943516874770254203805203373382317893
878282543047736859273772357478886566858736092568691056377446851131
559478673651648492178603892046920573921373965976293426617993875988
610557138473901586953800144003377394259635248692636896090870539526
251096127290887376798222410747678488299026259214172065135443271991
645998333033382050970236703791891297771139000217964645568170138089
418258462959876893635924393798037012604370001954537532094758565668
626186913776932365553855337366401811426040117126345320537251244688
083925045538064254766280934506039108615119488314246477393594536113
462632539790305310615515404757043183580698889116850882783575406260
470081334894277564198811046150339108196697436038560732670871560877
665885891060896072087471582697016905626687199268158483351741024109
506049761333221030468320093162948196664178664108925963354038629241
301524764041519532761824707235278977276957745431491457204054179953
185788374981085050571576711105815852167055220110024031214717157984
645854332489073410987610992956496761565447188062442849337194222747
404498379859647558413348941074260833361521207750192980151294656720
842115507638816459889661764643697603289243245105302982505122426807
037312128083935122022554084151320294799980575137686493365567616784
994713349269562577390784837182482831556792981972877868629036310560
685800990722240215387661471364480196561481124538862716542334288756
197979204855730192999750041758818622035508435269374224183477542357
560534672554956154189883817856029267690850613136595288039173555602

4568797177231060321745760497595023225629419637906309379558104490955
876213591677865829539303065765309230704398675706257606714270638526
055475959525321304780063261071076808321621001457946409776926800691
390719372725319228526274289573895041376854774592960335922726252666
683521707031894962827245652845824142546063037280407774797988541294
635397999246474691335524337231830453538489080808931525181357684852
728589173285917464503656120068829470503204716904153768678001929305
063669577855088550542369890122298087791267061052356297358060222018
294315807355521909375865774736264736992888812797829333934998697735
232413759931554636311929820706537274786072589973120693062721040157
239438426087560393263870639290221903085890987772201985593853726881
479322882922369825904643093397881652299859711143887919168112556374
983131611093190611563255289261205865159851493976127055624087676714
060590627593678972863204655894075319271591295117018443755758535236
978206034603081114085616222042904289052870934871938753668199421196
787160344751165632170440416053513413901731366894638873855531386368
243369975985970616457062670413045912643728498914835689045560909348
101158092318073018459984087990904615749310986143133159197840606356
831884195057075962103268508407539511046071367743150631865568117504
568429109859360948634686959367227758077306072883798814246810034268
587441953320342225922259113156871855129884383997718184817757527652
868727478679975609559814433269798023224692517480084804373540267386
844464825094568371986966198330889858783525793232810047849800001659
240729031466028150564724110345203157652765771714505108046030512975
963903369048782270839013310400538514937353749729516134897226397902
119889634448662018819029576929504346472305784526520058067990645390
049554274873960333111513343423239392815392857552418925427533689936
707673603270769534071539778317693299858002902473809122227024700301
497321483099349332418808211182569586232946518575636897541635746895
986602665172871063731782115440732830840958229371768628036856451591
525703290275690368571298831278118747345960741731009788473156283864
948619310435016618122663037695937267645885383809430494530230302680
142109755025038907214842460093398754399153838421377545972464098687
379266027941662047086632843876627366087827215003598927765170744547
706538396196028343102852384091338723785639795368257883705830489472
663481348213171908883396336724123153639729520379956140542026523557
331822605360301516107672701613667753472021089952406019019073107167
115721315313139910873460499485588793055573290748667569249917791477
776275257215331530591915437576402085562431149445372545956809702564
757642444230904740701449387200931485566126738641899425494931363104
759618933034909499307284324090098660429647764160636212894769517265
674169221041267919762026291755853059616058835981509438139888155464
739539002210859787185924059647802767889239242804773232416801150880
994290751300672861497273785041600155380972786910116538163760299560
019987567710528743417964863494875902284345081024845232428506194564
649282883380246745314360076653939325316906934715341110259091559509
809996077710819240434008174019090499522416945936708415512633504468
374235408291264653803549416953846871915947864482169071971882790453
741758978656539635436417496421138332391272660853829567746264220437
486137508696560381441154467817463182415780125489762580240567221816
519025525646655104178403139931552734970128274640783796773431039575
001167643501232392187217369395615725612096294658612581792259971229
360156048325293246605900074675382891135887696605023043275464415772
720413553534310692302099040958828028424925456609225504736786633535
977670114754779378951221639503917488370060692083214313105651140321
659149716054503315260875624430397512016270444756654974450829108449
142753286512578843201433719161950742434585426712768110260079969773

273109108740407138883985930205685477056812837003241060994880891203
723375156916771294476770105736285175269226738673324904110576188363
433437399317405736193536907770580699187001103875506825865123396341
929847330966787573203290483700569033536216837286915868224849316458
641309955612807613543158394797965036457984422529399803252134609728
622695362672470762899717796327633461411207041541483053044019675458
162359860634665727330574033424675682539988557003842039565097719954
100268376282975119707156928778058823190261710147580089737378346499
210043057076158595322507336108729570271507431229792031372110315120
578694581824201741832056515117533812845799817329613000972285911308
282090905331476011967818503836753034704700057874836099759090912963
034418276550511984294261174212501745310883761527721032091623308833
571020857721625950992529864364182068943965690856477512431829030183
533951091146751371853424630585177074434321613169130454456207295577
914988904854785029494251869923015642048236729967820854327708171399
372971364728551623691028094394904980957111479873532633610861544909
213621071957862718265898464545958700906924924882052343511286873862
691252933569556562440153334475671624094781182657115595475669936842
356249997922772333285678478624526949813038295767158836825390348461
671496801413859919405559791791785828197578481237247802296273427132
738070171213159345402254416861464162064185495562201758027171741932
960403072428557591403748752412558364868478265305790211293015046009
300979113289391102092842221262887439723987929998722171268024426957
043640826917512394728858097663173521903477402078301082500823068674
816599291621420437855969070083963431749157040070491113309702304687
661585748313508014447599285202072786040624690986245818371056631825
492066663392868941642231681397853741745589835502398141347627568661
622118636756113454018506123014505064146476620025479372737016911509
105700588058385528775155356834613555088814313744985636377736943347
307792236920232819512601988334853193084139129692103451156646155817
184516091865304897119538011024852574989315864723399926745372521914
878779978880756267375063872378056469764352686130677476116156403088
981072299006136202913855386468368424583544342072490652694313192636
306455791910328174622465230508681145392237903469993576181922838411
783111273426609317171605472302748587000104786605983536876204234909
356314679354437007086760444160809343038896416912293846293502166110
021076164054661453282613302509899295539192759629946278263263211656
587431955173359427872479954828722781079314977711035342554381663505
021820047559845719470764296782715877268483623611180659244515952829
152301818089716722717634965228375068073131741445335093301055862157
197336759105167204885674541572816321725939792701826776592787907269
759586524444798627848766953949146101776057760360711075086603455755
571296234540663775844877314065805021814441457012161388944294254301
272614399603975154880968417538877870997710531568960577955363596700
780699856501195536169958191091853337403661999066186774586536593782
895158619216835838537205517181966990029062252442971964776076579212
083499798148310842533800664605646546284410595975870105383783766951
341441171157658015291972393283182374190724182705562114292481259500
862193482545185655397012584064777459094161077898448667987879836035
943067050826469850650965071424287984166501330336475959713294583569
058759697058365984023752645595142841527430934760028480597374451154
823040085774538194414235491878380929229783184414022384436112322168
850562433541858843251154472064328496208456328119410827058831893542
884543650548453563300884266856935636428902027669230848663361182991
429872638798806829980861239497632951046359133826912525187946694508
941539649332734549729944898362994739917547441647197173177987268394
360240105216610149815265541625403854517795215840024958798797410495

248004753558164544116079649674374767184221183581573767370489681657
618646684473995745738638952849566518957447866597778195075225888298
702478900964065318520474237695238933550121847859966007408965038385
951470180407234577687838560758095616453392168848975425983059917537
610132320635432534424048860000309082261900373063418486886143876373
649417887401204826095051275986339050977024247252980175882639229387
079367325221116705792644140908543740148530459025037169637477458607
191405425694381561170144378884418883091592292719203584129871622866
850532460389435650023073416708375186459536802527582405209237446765
733512706016011703490806822232723412140846959667332516156575806659
024310130320641153751168740775678740603592587886171973634936771114
265430484708113330323186633985509494314397480484078764776783277053
488015967141016984435669780845487805182319957564073978831770271135
643924204452033300760976436796999004095854955620131358480587537494
725693403309091728323941836921932491518687235477393921275611794664
018511800138075010277721713064204253265553611432390788203509453770
750843488923010206936485172849761293833257931632804024023662247707
358488505586196021481895075688961464986471085846445373294965523337
264188383262127117827240693226571570786417557289614533829164489186
520495527295263300281049823109857339430816022566981711150564218030
749436110781361389682204877365185667020919787109427227650347063385
085500842117094040508256992457562828262781375133270805294552322160
845405765437854007179908127688366953749752286406714615345649011269
387426711403621513820477587549428565722785336658487290869174951010
237587497660723016951857365090579491818691542049514818950633136723
233600179192443975940164167719835945106934272172934837133152708252
285878147644954066168266066328173859064681708480980195630954019100
230303837721074832278139011682082582389277936139561206216213391578
640790409627777430623945887116813593241244337109448308742299489657
270496966891909767872956785683749182662280759470730876390942917918
464672898935038166571603238341300482214907355731011475604391076423
070499714171792722498893625118537718445653611243536680334158347109
999781275045931072949201640040438736891084890000220658968949509883
554543303448063469068362642692622526048050382229656658564454638172
578720242239306031674501605397755165542460307432569145384140667700
093348172625337857836954968801819714207583047902504544932943440806
547069667092081966871809574518223790333116866601065885464616222513
680755807281783990499382032540352222147912787357337924050581704793
436111604657520350964992030094306338515155701039654361560042502091
754083680251075696272405400706130739148399782154975269620067771746
125375177474080770421469498072465669210313803655901391446319337852
495607651289588470395683600524056037732266484889767598647222236870
457260025131465330278949073668317542852793043641684491309014822977
944414539776700050476454539441997442534009022064970795065778667625
625790416787951719322821604842790422281457455552585011050511118532
051282481704493408500651110585967966113480543157990100271163704146
255884514695315016137653098634679351398306442172125391421048484018
069955555893386469844709722072920441600174464574485789885219133254
971330254820980219920946867055130885041123215989403060607764070886
215302252839630610614984492974704512812064392509526839331630165354
068929280565187157265787411940217478091727995418741181137373534823
204924028544437285424144786673531720397284099921075338521376852189
920275476375155088032382034514104490336878610551139745556445344133
528058933149507241545365042536863587651146455776385286184222500373
544338608419457202578083624670516135441219360521249265478557979011
265815919933225542147336102522035640035827908575507305278835431594
674179374264974074094794894477957316609623021732397288402601621550

899074510246296718368591603789059816357439266727829502991817957028
068636510124544515441318142965418452451978873052020028802043389552
095212624250682073625164648296888315050959701000226437213534878582
602533578984284992642598493826986555915745522772230447836700451292
620325907284470070718264639429939710579650492402721513090902016322
578929364662069079114189091709554858581709996939845824188862304346
386468537094692019086644250014237049070605479440163636224484204946
141454073340772056136753779947174346418696144163556429471591970959
124572988939233815001041229439585288124290316381893911829364047567
480132005483777642241308322733790168055134561187865263787390846029
832484496777676526714460909842724092219442087290507772474227128491
998627528840954536122442608122367302636241666463676956582340509347
865011435452230172110431829674611812712477267475584183473918296468
924243908358983041077861222164667413927458084410934467091407688908
115480426990464476617903706913186431644872934811624753142709479512
183711895430801606136867423308652068568392614804784456647494574832
329837112783484945756818482357381296729860250944563100213870768049
043011088410435606595632913551363659537905774508634658418379378550
213855073066062032361892026534379655424091388667805176486602355686
801024443819982174081868308063265793445013660695883116352765901963
710912216830217994317817811597562569334811817590163704539548800254
386919502939484296333878802324540268683115920771472660964081472974
256413523770713265586567292609352131356326973863345139232379491272
741604407165332837276663606992078289885158189007406817883560033839
550249105442191369494384025928975768041647987388754419071010073882
502600250529371571205988217997519052515481351289265070350312953887
973951968071463129797393988552240677107478132966112514244409425462
058656056386484117697376509322232005813738988859893022336308095219
342652281506753067731168349920030749784495333173923562877249889011
049829135380994323467387064792939183829847365091741599344224180136
090702185376839482371972551488138816352825082378087561773037185933
102376901551814895668026451066955667635627033163755042821846935526
079312867717163008152297052501399440411109952375878216898707228324
155404378594936488165971060194170111775308197796006102061075809541
843822637717441589308934402454807763589859838646004481913063291821
212522007280634089056273136156282514259729116909696211674082471631
451891747360069596699142308087833837868659015986702232142869157014
142480704589721910542004790420726183894565916757662433748165233431
013197777875062648144789623796854491833393254452263282389839955214
350864723998824618234678333412034969696346523102970980070312729811
300298748758845155628443101315609908946158784058400383614543062750
283843451683679399431155194067233688033261838130190651593168620191
839636438811828697041164945876942211365769814951731860439447681922
394006701455127928254056530324642352419083789115209165207534501147
751337617613160303463500158304324119830345045973111548023529147267
556528539615498251732218702811891475582192510975188147499627018320
123866466554470962703221196735206682568834873759645072512079691451
687396399872950892928615057450939183524898641711515633710772070437
194298978525854106512202087219851152011968200668515495090775699216
193168057612255084107995644735723621151384426059118785236111157667
462461676058949088473218825118818916537294130184756365083622904096
877270759063075951737344653812358167205699861544933744135511580828
599979725070005425695844829042157032963296954183720611253277818507
824353239187267379753901060421898213335680014917629276358973974915
103361029448548755412659458830826273087297415813599878505897081564
293241595652057224388601584207810475042628112904425526350548296613
431983475578851932222671869303645667271026495994005116630866373172

740445456949737487485211033177549364625380611334474310806832630846
622039370773105244279995137450193526614235225514186805510400502143
876778592990110859251867499131314500087258371166936982497699408416
160624284063083328979971618705057651962404924316599951518966497547
503900114739890318968783264557847453725180452235972687766876242850
753816616792488000823409032034807146522890222308061496574270447722
125026619237142356260929122601825058373181197103907517533857713780
776213177245287947915831714843227314735068371778815798520230352800
599998697766693700822670880420433042717610360443602119574053183239
775082537624353359925874480669523131409508267297420082719591871616
960153406545781475710124329470340498901172403145627070070858913555
130659474830501092675331050476766851006872795324432368964938724349
140188685802176697065515885025617415207031509272651458735885771669
074118956676294168134057842406773388665298433582820992092796000256
053731611957486517297171140435836830233310269244755634963018267857
351110563974947335708175806329870766803421309668272612847950604361
526544217036355406583290195474112632161794143686238782446810885100
608798206571969473153168872765582925484100600262887084707264146369
814546760230690648480001950891529208834752002948330118357071474860
460032318036646630113783461481020801040824162464398628580275352540
541481178772578449824401215358088326311157679388344399416742552671
812706870485790500170018827661154025989664563822695284086125700000
312015134146214627435881881137521596235509096186934825303819680850
849675713080265221001754452150438824469635391354522294838227521939
781610063081571394734757164331002885720115617471919226677195436928
312826604396069925463721960291425377797398316744381208097218818831
236226603387075326789425385591691829772833273126155084174849512359
891579860193104630204088365812328283393282877527485978705364732951
561411429853246103430255531301949643011670379286563766956985479637
443740469514404752486274767380255896740849630272538858173832095777
727044265967645023462419588725735933861552680812047751364027860596
714899368123712011862123490548171292454815430238041036501487535674
543111800604500426130787682215885144267302962084048226136949742620
817609999350033446197688418790304159595153926411196546477482084960
353618894576122048571862646143232749719188085841721650249255612284
867044407945280918253914446987618136633194396064637822450816138177
872928278397648591104634556227172221781769229741153867862146057242
015889821754945547494863631767227436470898021546200732501302370572
121626662522005303961351678831013008568016798771386008087441449608
596103041041197485369831113671070824797474197170808243016916661770
771312763331363815453158913375254168398408478643177506675039488466
367772146792112185361223631672188803806610698593702379096318692240
259119146345846149741712192550199254747960048460063345981864608011
593744703731663195351890879205648107281187772402039744024602129739
110134992696648989782233646553651294973293415434068946943373818266
377860503474934332702908375618011054934690179339428739905663796976
347810695528961987646189850722086345874757753558684468723357249179
047654807751039237363961854667533349597089174705010313969438090236
340457990307072485296328514308887866880742498163585636339314194762
523066152520565896307037142091574467866737683351558224442263717555
290549395328823666896153326331493583928128224584932540555941071950
713799703563742340097316130986462139379530870947165361256508033157
850445730000941413946001474525441403816920993360411596583800506303
682545663080628250094880200341800214558417554634801876535677644115
164771043843669008537061169050325303146835437133581809292400768050
958188888031319229966049866511923553334427159951307690820852662967
740310259473022591776820132591077731585784477312075886450933987756

187266253938362357576251588056203092312138665780721626116181270037
560534462263494983862525666524229234436513969720823782599576261080
998493754227356751224109232447930724282802917623537533863708763873
518155274821112448002459124640511151114996644626198433900579254635
394962288892436232521864025248104905959554083650286893574890542000
912533867434313407342265195998144887626448318552732774941228785613
062258218781200116285735213380860436525201235079083015059632454682
818922475989132871694359851422675732581509249821248990518465907278
237639649232119042056438491725564318734416229620060447190161161278
608069159705072338317990240010621164747758439023757467891316957011
822646217702894571191364126858718686358249327174656270672807513674
315975075657747583764063380449448206683521783321333278967763836574
467462017288395723672110981540162132700681687402313661948332501044
648564646036412531741333237960756729373305212297457933352566168555
892004375962513420306383429430609715847409538019741154953001028216
505595925945919485334822732715544487352136534472942394955964530478
805317945586293418901077793490276022180849918514125716531651374508
750314014667742519764762046166931133260453878964516572908438615194
431140161514230702247163939901004379068641034162367907418506463768
256603895503347734896731133431362942854314887603124731335419670980
008452642740142097631369587622585910093111299737936001355335292074
829853672042761269847640066766986610534552072872187381806791058162
907487010767369652166873448787438277199732718649255424806684238330
274106960918550071153548924174440794337042318254560683867024205233
933058031730647788593322929965546621687057128180663158107596988037
954190286710515896821839986172264565237272159212726998561668843085
968396028717153852669414793173289354584495315021859300866891179713
664949241053953017401360785889154713408500397680364538111157208612
956394709645574270823873126874988730970590053373183461689693417093
000008616802780058956741522844366300229652650701385626568435888629
758589271228973122504501939753988019599295859466744488527923464103
724733413533839025948077395517640674147646580145330375512587839152
060027305459805828008341586750878202182980291241797731523538577064
067711668452133686650109064439918466472914384152284355957780524178
692213439026209703590303502527032839798676548711129716415065768915
393509094042163002921262342347128521083954216649117518876848901601
635079499087251459442840907695196996180377128279292330631394632150
965793664885286718536589854282324046387338281784815302092030883156
972673439255833643216320660898884580711362776399966495706481333243
008044307069228179629683286131639498341581788714262196654990514044
999490513227583290203973389028542575136640742837719838951375846035
685933196763654229787959796756828399831018152542366659857278588886
806485189459707162034673703516804567897410832102068776915310505668
766877329334920023893505744369544516023429794578060306718931576795
190895808112827048686785651794949425317989898545584635110166292415
067016117622197572925577322229957957026951427313412587036021325937
476429476772338553939496080349432963081459079933815943114610237436
482609052748926091149978175992425233969728695252416687315009238204
121285426136163532491366251378662874417287369277732668533899905091
442880593169617682577285592777855488912248808866962902222009071053
198672733203501256083276186546860690046121765511410345328312712044
352295100167947903133505342535567838691922343124905213327943612569
046803304540642593143348598935298788225495318574248810376413754148
449982952274890279695089814986469076164438957523435665064979825941
525032426325529441165969405598958665076121533992974864105280830988
791971237287616972907302953015863380954319401820266910469313930352
663628358321962934195022055821562811510082783702191422318615775289

443074012512069822362570413511621279344747937375070858534490402518
9467769147420649139024731524047392237570356833125539744473636977 59
131016724855642522704985587132991847584382118515249153210866087093
894774655589097681500909155245318437110167970439422720060659347278
649237655946958471716429025786327183436043870606152679931992517807
196060181997889618914413296815327355365655317827878987704548492565
683154048433686635893482791153784996014629433017853591892226871356
021156380668887360245242861517707711106712851439717394625668407770
725858919518657200283026878274880646248625804514333344541330861637
868233257296257953800673509106053396523255759682415048279519619749
459051008217962365670147705645902747898018100630951888962137903769
365337298726812820884788701063082554158504213341014958285427718069
494633813881682451903444805049224355100033141429208942257683134801
951041953956483428383168994699706893612395299336477360596737956301
617803184226182619920816348676196602758664471180876032530070874535
085357549089483316670801325348249711806765228158023607082333904142
811702294135253600330633026112455168649227533897653332750883730873
546591411189798341977081211090804713744235632419974361958142327674
056004446749156949455787149355479222541764298223075736651596039395
678729520830762129957290564633327979056087360196683806841521600534
098228717682054303049482964071437795896778917852651344209014796569
969586033217610283983223252420909187497569528250236244494235687350
103470187419905300293809698609087614945672871126806871959924240064
653277115700461234695506725963015667229090544556889669490363819793
746846586653406795597194462977563164582434386240379348980473005757
098395158216139214440418894226816655348954143282061553926819933381
323414313987908720655644117610051979103079211594464124822986954039
586697896296360224807663263111856093817090755322596581714925458095
004864281930723758653310934741026846088351017655232979279258864296
905772257139082911909071964170853845945443359918962961825813795766
195253377709395930937558695979150585469590600816003435570792205728
418485855996164771561906337685043293655454747429793082284034010421
477940049481806545729224483426104801520489332597893682357594775848
939079653986132009777388783890023066496506731865265056828395821962
580338070209708988714146215856544262375254313938425321275734074533
191162955171187913699270353917235081499866237794428418843345714929
271033322663099327159181177798427378975014789433268497205154307237
560639987729616687253234709907174640540240739876530764999282725555
733397102244685228197440635674154423398952240404254833976955371473
159903911519958160949598512103745365994424396455866218951207314020
177355678185319574500159138619106408997869328313648390096137571062
723478005228242118426427552831612858697601566046431833533610397233
746019991538893157302858826916092049488454130092262588377714048796
551601554359374511078984718088470096060778907622069368407378496336
096342509584708257256336812670064291029822279991576193941230501066
561932438529131227088307156747196820218627201948474469147750995873
774866029631262112393626268432315339171935691378989196606671277097
343228082519847506195406203449333070378426798379941771882384778573
049239862558566116335286152795713435314524810391638351705507787722
297623979208407088711586623991923319336495574109949375410066796880
142650207310666332190372968824698040807054186317885193804782714122
565417999942520847288328203476858489725525747181941141110041741566
799999641975328403240933119063192104713467023378515181682298661343
846179559222892272724792951269711902324963913804404399574050092712
081861325429437494680803495274028786638624393417108857657456509859
476694892184500640546563007857601863379039611427130965704638609176
346038756811696167424770017570120962241599529760603853488570014814

031370011280296945431637235112508802119138585426221056899489951830
180914171906159263693473649530715417590666788072282014882919882051
557077635832956721911220357704249516850618829530889889133774280092
605574823119088319103131939299334559231342822908244952580052392312
035468409591811803767004110412429520600416749760555822753840278557
228994429097079220373479880867350017022354028870748724156877915062
146524891733255247701844863336042379174274985534336281951376593862
764032817426362481472009657057617273393219713701624994376072232561
327874249377778589269330335964016213344136498402711391338427470757
769543778601175664910861942707182917441242654445981363785943440204
322865897546386434827291483675790906124620843234390391923443343496
772773556111421320014394443227320381369085729795736326744778943865
774890385918099259886296977925891374705285779546130320543303677522
033550855052641852468351949293468352432860294168994575328382103070
059714264453901409018029918233366474407788470720216230623856055975
822134483772962995988321194341336945834461478359693702832682714104
848145288290526166403281494081840243768279808314945204633401314793
187522373778064144956575621060530337373631466749971428199074239705
585981535036662090465058448358290370627882179517010954976396032910
465540606926458630212687402703333762870900863607757172312759161950
765391337763291958221560239574342934468871298084612180268971042434
170908330991098588888835254085942276917768288120756179439690119075
663452417006163200810141847533290811300309310975867707303631842545
293345309766615291752366323656474216904228061697515605333059925079
176825022364645999570337747610841475018859988302655204068322532391
058724489413214920420150763661972890004060592720424962760719992999
765156898504788208519098035733115741544655500524131490124398995076
737791147971421276661555365700029980643522358559463340291519655744
773725774525517368467724114822876372680019635844862426037986498657
582130805125486775367180449618700159104473879342430418785461787045
785436649442843850304116481926667184975252670736583993025400618865
946300442593498642188736746677914010289921935190341984732576022585
319484839338206114648070364899786708653140531734815143246518534005
640853019289907636016009140767076874864987866144724164384262549228
598167910812920521882291519447434704103619261982249688650183287881
228655261494487243355986406705534886676421607699601535508232824182
707156181963143431092962804052569380172100643874560935856366533754
096152099368441090064234555949678992586527173749829803717638644155
408339933247328130954900909116944267647099606051366703401744118303
662250489910202822410449800530639392246517643281963200444786431071
064518182924901554707466301366585027750507967666944709231116950742
845792691986465479689769857442471202502619936276904918689385379697
748241302056076304338922473675747538314713417546782974962447706654
093819818294053395278667728983884828299114239277363245716014373375
263048026324942165455657671976751934720546499442516009891508526537
508002510756054326553772723422307196967945272246615973866021741689
039122722547133825915532284525152266946972817303175525367108519113
588765425443579041298241035431744232764343271370654209963215706364
060968713845246245663352691301220789207803854120376020634119553945
346946694930916207958199116593075741982692987786665036590825853102
107170150184413675291384847390819223564708665621950319865198555690
374767109471408761353154871815930278188382078139400086999967045174
005890292947204951246680739095172243055169301048038278147544641937
702694249327243368125202460157153486104406075905633203741788371475
352143957277788274638618416087213432549823690048373821826384009251
021559976282492414832391100246927892536253848077699875241682775157
981445345592180912352016230923561872620356180637137437050124625681

248863511622694756689681361908739138611682781042246641848813774916
377582353071751093363651592078320285074878177329456795722880270292
533039303562960965509081112345990450064098314626001133976600372981
338813161449862460738400410387389523346770156047656476774375309135
303602773064948548181815798555845871362783153768046482215248418050
024360485920424819532883678403638789956319332163183177839752991937
552421965960896506553739404460898228965083088605090890249651264721
191096922940386605909137826663597944840783267636254438297382631612
385127135883189511072580994198572394263896590594982782417809235047
599580728228798338367066100204159537645690875936082090530464645605
498351090377847790876519746000574937826856962268923656473689664002
376142139140408853022853014229240229342391847460728918244015840316
196570370051165037483283612130517927679202949584496107578731219312
362792490708774704940277207668639512899595810379182555275737019903
563985512824029479351343047014985331634148827241470870511372210732
637816770795704244352542402658784910323099442185047657104762926221
526379911773502945540414719797361893916413646795825081052536221009
567308707059953511023282255406880818424246132905503411246368206259
564429291757401920097057467517837870949738346200035152023509658220
513234951881288097417013828007277492706073842957867654565122328069
601873592793842250298239452654566153768909500376120416256518301073
537003907029150204753714277894368805917320302711857789917666634257
164269537166959331831417686469920393292873147806545499610556358587
858035598893825325627842779752774869590582901784353170386419677914
076504812980943838768811633599534749783496325840425665564883523023
097152638961085263284139935517370055701579243314557133926350649126
910328745743368016847088321019831805725899635641749947999141176464
087830985873887601262243929152513512743163114240916595798544231194
074263914199573700819368632439542888918921590733557117772516588695
449446490515695732422360494291061139881878797814569230082568163508
933768853608784915097614076727220176526327006304042988298532360410
002404018299071505820953486678658549147523103917653043924444519665
134251485886593572530618789331732908416340355221647410415435261375
821818187912790652821080566445817008188462120953276418823619373937
158454165450046137634755726916725247610255780211198221219161676924
799468148510221108354686977604706507970232697917944664058254587841
235137839159878685765801747173575840055450021699156624893432775705
316234398574651211255669761595794165500430927839580643678562017610
936953432274420323727782921264107279273315388054265718719523146147
608512412071162145370705234609873528525352639855517375988621522832
527062331717710576468344207112184896971626329212490614166624188760
417868396533520813403993199974584851636867649088685910452680787306
216050214958591937822714926533322860968536505039861403799578393235
926809107789054855586108859242822422592774477365117818270019813885
316073056803365796762717845777429169997919369629629072997268103049
709697061750361784872804915714553234024897008651825057184139097089
981443210863274307629534648301060291760317398316298855807697144339
567729015294792494892573053103628809298857109774203433903894241774
960849678531158757524460721062635221799957944832824964981796880877
703560490697406097558151120951620501327709107803913461147510049698
677195780467282368221758850855512187378823843550239713535647675312
848875111455843944130756166908021940470540250925616388730579959357
100709542152424023897386614498430269643615697593835035800086525206
634482325093428912815946824688131107670648072715392133808549088932
174463059788581127442534488131962175507453904692292260778682863658
751566809447504786267227357076953714897264860136280801508442263265
972211471187217154458187742615869707938869559231035534774484427102

772791812654193912554760484431809343679664633404282833273374185062
986549946001209056686091094950352084418389916340306963343519971372
234045101839365628394905715741199173881420686449188564896816333551
950660009288433325248067355841713374961715055093426371894023253035
425993843941877187420881455435435616430348910314815205765886944478
270644910995335212843251910491246905432173805106794185988054401289
425123258990996231232405387739821014464058496559741586595232058144
988525103769306549748931350603293607448181499898201118274927781520
113240464303834000930223108054725959755121674670665922944438571075
829356865159801179019948045358247172345030176398914902214494890216
019868415175873791916826610983857384537652804189009337550323487675
887576583508168084898048899461346384675835827589450046648026022470
795960731123470870190122939638421992508876853711199854331293724294
847578836115174083358437533109066594270132580329543981526920681054
804215521024796511454543319711530574099549378383693200170656410239
939685203415131733092513860829839610344837564348547094563741106045
616668328026369760559410786005301485403212528253223272517323249355
788226593959508373340095059845300844861549376083077293236978053902
069489843652286792858078158108085806495326331730564681609178514712
540008807225793713598591960203211769851661813820572666448797145605
056476417427368418914506734245675641604829030981897917595674479970
441848154395604702337843568126761771579873748731652445882100164106
192876715295197730961257950401327995125123044607173765330443488975
837750220067414677801697322800545673449942537241384582367759639957
228554593078385191403950474413617589100741462268192976969498861286
529855178802499331966356382483829419247431923558426763507319858030
301534307486182437832522793357993835685378113275565386473002476743
067237584455570664332239670583789750194011098458453031203974160814
952863365122483951151426513952136199492804776145672284844312856596
154497313827859533076736960149415863707036217565867010430358696114
579171483445820548229597116654702113627728249354079462907060140372
016903577892399326303272607254506004036460502838092961007600067621
093582161548809682798180459087699075582797111496748587103659798177
900559920461992108621883339386436767545357823633698908816193564218
210955951100939837537477554658607786559433062248491278978754508135
580009553618632247789455782167285821565583485741692055782234361503
253551913069451960052894986940468655864528839323919612404399594779
057554351905822581270246825732160269935312376217316256389732475711
628596069997082939495981464546812429119289449321675789363587752365
870831262612976895221403712133337137363657009749611146795473894021
625486684146352498148656843712993256610369032098432452443637457892
832745325401013787354608708578491533913301848796502158881092990371
435011496211919724372703633189011799293100919897206605891949918385
269867800580939230917378195429850851684668129923342594667076177767
558862080126141261464088615606370386756461288814378861816884069210
573731007147127556028255238461049428731994983801419274943751006947
906095976275704074256052792040373513225643720532009690271261787884
195824392343316525246682094254662729793482420950273277702953598156
498247338180616393871547749197535049321791743206684340920620175808
477830518875496124423952011896490704766018606357333213987937346739
149080881235134551377407155868222354558845754468634333775403138713
026260714622401171706024010652254911986468430964157219449244602828
173252536670353723004242498660648053112750195435652322568738263515
606179781774903631475049573203258272282087901580037039472207847114
408535302162674050665051256166950057399083273250689952126975261606
027252472836652446769954693569475947257566855811894258537772576809
839768588064964418575387172908716236658429546000645728360531387581

386362944104313462995374182776271853061591934261217713201031002114
525657669028709745553310907385811128955140392716687522479984987499
178502589268902148245957825905186445482530867096054152463916486748
199695691963759719630398096105803354613278943598184350869745259200
054859003037296168307195762268543536417311817450957993316477690774
640274025905255388091862936860458673952113310468554748440381710725
066369101455731473828250535705756613939175526069518689649250344686
647491465261560855050379139420298199422219947354382317832230368471
373302474855942982638040651298489197127731269793994244683681397971
930894515313010228207176024113229639122806181570953761845202287863
361784261035310734175920397829165437023953430922591085010805655918
772527775548002700192946141441537672275682553321417372014074713478
844343631675916143872255943304949771961233842226616048964396242053
267797041430802411640119680891010920634290380279255156967953244161
928348664108382860544153699643659319691377778700593603048202291302
651459229613455802971827243841968767243708449263675507056334050268
371994493547326526563206627438083699582633516760708235495298561583
433119524392297003987910675268314944224875870597119750135716880807
708801638578432778181513027786831168589194611430108958921839289713
359413928885648854509163725939835974207671570746071497524605986398
966957462315777686048797201480357679564845898219702887616123194701
320955924214488355505762723234434842642601175322306182230356585080
470110118991932525717205499629266412977350428504370262289723585281
626756378963020389847435594806121738739066853543845303929312988193
883304118342377836147805975750584066225413362933578093194781966392
974235039084805932006978991767883396869131974825886474708627997131
325613717273081653340613946256855059072754586450686465652776825553
429721408833837278820102890293240313242102002610635664244369661208
304176869322010489934515597321174663009086712008355724205292251062
850302940669270580504400681819227351425634658435481109593207340127
496949000254472079736037916466970319503383284835516767605831036545
270857655498002823947822313718870396521642078414038632005016875592
892442489164321079620031371107462606935918955818239988365915310970
042358174294600735961247432905721092909762924104106566209235037924
431392689030306220340787058475213684434981400664399682817772883283
068082967474851072684228563950311923967939970227828083290403918794
270125640317319867054809038172901093826770327618187333823329928735
425179121467416968444384160995792173492547541151695503632929460672
187983817798488683627829099798430217204175362522299672743257163080
332626794270088346679931237227789280490726906343593863344827373494
687180880694508882406899726165871343751874071244353589993574950576
391055026023488483193010977628751845555614279728428487603938721304
909025418488426977514011626937613955045856899047300398762225695695
285227027007070022363127827564720918907236614533831506450866015716
672503044253134573076142482529934735508200948111074026427032879613
545589972387692438810975970444457279722559558214831857922116838192
022376660147053550332990566389961139502003559003953143148531999733
956110064596295558214961621580455163249615249846254913386661556613
057471073066064947612592513473986724042947052713945870057114461774
359248919999779853985891554580117570754584198570746444171573528708
831815566490671161372052484212406756883334632630939467440591539228
124346865274150763671083329467993079601213226236297192288906112943
956865890674688582258888398916501883553307523319815790355358685515
578206546821833215907429103474695675663392485415223645371500388621
789026343137853026622744881799998738533234152500505075994452916010
384924296473792314485199676400312042619311018390010745597693245743
996519682211157017225000078018520076909279952748195722352249009245

510210083294350604709038217623401235278483873772731431981235331216
735074162478419546325344615208289122378046922908509386280752677373
364891675275108867186907485731511798719112758973717212220069790268
627015397703337623539168573023532778080515008525981753295550807877
886672815650966691615839112721698699388759112688648485453452898384
500172007531788096127347744030045241675032393038367061707101305504
380587173067566833533745378303685599937759086951306218465528579235
933917419171205417969987256132453266577397569709321705621938004614
828574998937523164351347470736588209810605778865416514732489817870
094630138507925592226072971522620388194374843914310594095992584334
465657681739689326110459870100372754352511637744161227299994101861
956605142159694120635513144859719545286080974868254874524459036260
473138064839379734468186624970072155471060193500238648389343756227
635012792584941732643662372023278553594194930450011152493701147634
634157542640955747394306944563542362081212241176373576970867776359
301935638364440288936305078333228036674743943248657079895085250872
741832683527199515779265271987637499790762084389463472126203607830
817381428047878554978289786227472441770030163255013397053724176828
153235161769069219970255699962054642437265357754725102403129943553
864594831470194940156026684943031837836936554661866566254708258607
489483972825155891603855349506451384744221188275629862063313569213
435053541753254622942738570185142216047979181239135818570233638135
445357112771171943216604661431015474198215549290475621090189572080
606234908802904067854566746372417724868119007420655784822192950106
596683535208679087585534490092713251073537813112328600410529188355
048282568212439318097857966641441641974384650359754316704183852145
907794335773149648457421486085488674529131457458931518483420505854
272116027520701053028812182044257185040797177351938264441514303400
003896508354760695211261435151449409699151517833258517247989474052
420610045984073638435113829829335370285516415328184689878043592175
819760111037188260115715212198992803575460838874094737522040639123
362898280661873195323552920401422000951548088070610074538656397258
970803032798551240570967529948775250348381191484476396069023998008
588751011612900600807691194381030260949480659847619690480593217852
139982865901636139729473334245297578429975902328892122887617453643
431583753143784957460887473734258795875821990193538981422942391794
151561315397930251464137986089598876754136943230404870285554197809
229580446989901929045589068465978383379944925127160494133779070648
657858949675759940506175576329347568082892202911154918648820159214
617765449921182725498867656896225170636148321951406030844868842947
490817141227669895297665284671870107291933779292824435324313828520
635706158076925928260322211940276877904292408365323232151023540753
423210947605321017167804788960416851071973969399186187946346189679
713546786722440290516444396478293266946358491866150401165503213795
823884640354533706750014682450893963508407963388339316440021557629
487655451496229849457357045563984582865390103120311995586329789859
964274241654564022155269311761821934040528049770013958185699504506
269083218442209858065603603966505204050926529449163112247412243985
455233459397360215848895956457603560112394722600290911023235818327
077603181928957893191200422829722719276801057856446673340203186065
797599897673630045155344121222746492117841921042993023304754593408
148695733885585311878925724359962470195810494083427130065971636437
516574637102498705362916929006099797979820814714713112899508518492
003986404614653025099491414340358369556884216151820006672539858532
035670787534474101821344997039591787397534962114723677715107506443
419320670978481013906119468142996565946949980301501505043949916581
936434061754712006023253305100568566199539885210969917968103065156

627611400123939441274050406560022170985477796442468587486319694618
955103513339164119590397189387610544264230246441278596632014847955
273227434092863462009840598245338576386151933644320983391819574962
950525271704159411032941605520070797004452742655032910680168291821
505488657297908306573320056671104039316642894607397427613272069913
773588877646840767260164503796909067376249123181569461325842146511
243018088628385018727320829304932053488349080225799962089315382043
458746206252362968122407755716676147083325307435180280156466152412
335772666545968950153512096407409879933525112423683932555080407795
389065135984869314857268748994901408530010625403698440243398573821
267762945491927728192707271007595054194545037909180516361580836288
870015386724394500702749898432185567647403247143923664843411160620
931019601825031780683539857258391335713344930361449170866597972333
881453092174031811747752032581674338945826496752752520361126273672
109764543134023806587201125134514611723801638359472687522817638356
655896188613216729989394014941251035646583363688776090658837696741
829191920311945646978094249838609041603309637645292794234193002301
740054343225854625094743545517096835436975603565019923851473718492
670597233277579791173815247435316334241172984589412910750455504288
587776273734066330416039180826874172606596159893360778633070199222
318466648889304527152405511746120223016036619219393661579378673696
158162597300582128112825576467959494028146674576045577470673902200
197698318259700293819541492759081133733236058858777871610067258359
623260496001605899148893422047361613271007545230048439431098999163
722188623262572247230711979182304944435140335744766397083610698607
144570069276396639734920292183462976443818601893766880534512777038
481569085406140328036150280386094903353489323035792511739353041584
113326547129056739888443593082228303303222116592985419196559797184
885423887158089140369301617172570015570614836906812742295502793463
522645006869343077482074666368747614762002275018155179697826673741
459504387058872387338963291213957303994663054340289132774681687546
695021614124655037009126591798302903887348417613972343394556935660
083801609435561378553746892071454423377646719631384646526315701017
132358397487466544236302779285419045015666457881859979478971251481
140502377690261728979301308065657163121212079142907054215088898379
545365916435512334174598794809276941751149031174605522455785458135
586702153090077031955655899599746805741613338361641691140099233415
564386836225866442807940336267010522666936192467472371364090542898
520518835100369268187997465647052545068268393626406994422311791299
733364106678173591597162898327417728872302052609804248757771006988
196240372912716284558358478403404924364878183372432037161878814931
836632132424242420147187986601290829544902098739959542872139066776
982756308916794217401688235876539750420302448986418896369096316270
120557681969929154992775142543788129467665083250351267168466448444
547240410124528064217832732227760436916102880783588718437100518084
017958014108352816351636038053463076389194761501869867367060501475
565451912556348547440616202739383503562785615295889468170169994014
332311095287212448270472060546025850066704075791114136827906978686
587117792043561148929968719888032590349546258685078645156073721715
399533910705457420844700489981128289942160212220926244947274540561
035820926425126780398190545265944373751942813217137033612591057551
698992847294695342429807232562902588836268426784470298363132949660
544162538614748828347981673228810978487694132343671883348297513277
555209811183566129984856870217344971594558142051676013631681044749
8709163649431566670016341247315263146664694470222860280711813992815
888751637214266832121415092317205731891117328825980525201560900415
547775952404089135009403651970848700749678332743233588694631268790

0985023131720661411321086076048619570635662452304872049297016794 57
814582009036192806782139458937433777693126987686811712481640849105
253884239333690894635409235802310817255763499799694364597544489485
664773280449886762357891730215026987964549842771233602523960136788
902639127631673348690099465888102863102237495535995017161877940595
427203256807509917230406040592447593475587819231150708603864364001
669769358844410773687028457703794092834941402822129586407527063935
399304447238508439688527577798355208317581070948268654551492346771
164511885672238076006299878184487827005272031293884799820971943202
275713635203988800756097935496850722217381909642757568466440784384
976235954164378986071667348604995364292157690926961517095282542108
602668881287621322828870123941112135608499848560226167435034883052
115199522213094722311882454739260808544121534421043454311042835336
107232244610950475490308238497623378772397985764670714850727011550
335079176889428553256555785689141110539376812300764172733233555555
695819795161678765161127158802381737058125843376445496393209033630
888423831346474132541575834085328701621478467527366035329814219899
900103996516639857816270835896248137581128520502746831434621865421
002873579845306419721733111903252007346192981287229517898245111770
328323475986403956270619085455073580791658971007776402290351977055
165146315695428841424375579757096894223288731250154465913235682234
856323088186214869175254442042503115517112520932667209352445385328
575930785720519631126771596563353595646066381215699176134271050357
968934692560977592291135575500449546809395941988076919375288865024
897112468591619511911805736623365074921836732839574906693966899486
388125465885588838303308642792235459716140863913280169686706096747
793497025136967094921185182680683710393297681827934909048809926852
979497855733371545681229119082889999649617367275829677225427182642
232866400132724327309242950923056622134697756027497131137749640216
045186933589599433451701314743167166992535535262519182296068551102
552106617693913058993047044013055539478586631684376918286472343532
485938877973370002374344405223057833850423369748670050160028663716
354807214257274236347165982592000599527350286342941390667926697237
987304373539379577587467043870950735671245544966030978961181945541
702455921930096405938055229427692173509881950338542439019622355656
650959811895084955834758326794413719433477706441743068760728732386
031909376467452918921839273405652449125058695651761156206981250039
315388458184406490819305513822068081023933630856535953832850815185
286024907380888193971974192664563416144842651154131695628352519591
124428382628810103084755454897369025403588236483142440595060433363
721723113697973766253778983291481467685475411897102364658779329452
455366084629871709766714521539359362956508416867938874745177684647
019705601206291119659392716942878200104738422691208420374736338838
627479266343817074600861816517701247380026891028324861454672894643
770339434204648424196702561879164897251838674622230416516000185643
129965411759820850056332395241632046675535001335372968491746764631
941349922374424722463302202185954740646378821188234593940899689958
667766370114295285312707935566323783256196678213665709220602831025
653913540119066214292393816411208069617216043809938799300327913519
396160545906725965724244388667309883949480405001995869954087761066
913890684279935646950245990878656104815262619488029162203772854404
310761915233096761345657898664927602310346708078390992627547645000
231115988151525016675637395740190577034126134204163590448083907653
748582777525966628543162988331420747782612095040776043338836635802
430892448403488354102870614733963283464657835796697459258740113463
457623216081042397622251689597347681742851273772134888431264298689
167069631623873420014694898521423020835510710710502557188462778564

403760534154873713405703530471604771067752932007990830085796335058
913648697747150937612256284483514279338752636745707222002567691274
834223794366061319862676094406210515237198485974737929740617724333
077735380254302218943957667695095667279812485008486264258848457967
719356146646462601496495146347149006188672601302167481074660541119
266891840637883531105630441708083578019992232956434743032959791358
894379380097270442582150692797998883144672532976896720924331096787
787043725470404969378268535332779967817629151867127754136572668369
349108729256606562281591526335044669497567922949764583960403124782
609680807632457291796313570638055301817950615589346192005525020421
276892047265235195908441637059762275805273353990572737729245898431
134662089469356846280770879593423614342618357397284121665260195438
481774502442968737870447818458084566985918167574593630071250992994
559021579797126797928681418361794529381147438345911304949490625457
775739657448250418936610501567223911406337904426932767178357282347
840242922904037674700397134683438554640642707102611753009130847612
735756388934449578014367197801389826534243776067204873056592069332
816973770772050673214000573675534498089554053868887867159112407602
402876493610914648563243513922828961692053847422089604660805903823
099659189334258907900622370408006699792029798194409277173502701273
368468208673831027079479355302208227752154460927356207151719553874
896681908468028606626805266261730739559289324327665608205589264922
811457207893258778236808279305050030741774353514258764320918185432
669406906760079190821342039636895309452563340221307302098645862976
896554724865262428461104736657509041771732052323741407565848993239
270868216794264326875694735191217476911157754079997199926682888850
793903934061031042132964682504077064770521769095572432685966471769
863829141153779769760002581927239446920104966004285085470014809180
810817266504567967186688064620584788093007116714190784971339391499
399525524545209494650784349719810361428778184033220570694639515476
946972767747706424864607939235195654366350830702520798246537427425
699694577564626119873862943453280541508276209906622774358444862703
767092488431396731265635680597853428581984460900825022815051063672
691418876039788319773186265729314218073290550935385624444888087051
585120556194413737032854054757221463407137369326552108693222709423
907542994089944254445906867574114322524261672343521912782585438845
595167978299328323642737457452544546052939896806263513733587214850
808820205518659958034081488329701253781235056793050818818568505731
233257555542419605427358319447976432499228822660435558523349606680
905502905216337784746351934749713022329493965510415987839740167516
618593605179338950392466205245511268837311120785257244245799623294
450168341713595140252095179264681156829820313618827396426623321676
441524695487558164084358212585044247670699693803758573003905790110
515414779557179169312729095998221364115981595201458613678920666663
532183944579112942949372746424648239215477975615733670895761840575
322098504748583570891766352727809495354274482525113739382912378335
184147182784881809377625946725543342069023837559765846744498857297
100153365702593838609837888370559661656612261881245463878074036437
755829259340136451738584462455407649029616220229244791778901424327
249245624610572832994427679678314481934670551757083502942567326335
264906514141210237861093296718863103717170461762893116167259029067
712239858836596414924553081207285708410066076168543516663530341382
801133819677912289974126655244951348338934636181282256499053411503
179141167093830767768774232569803429140799802919107611396530776180
407622194451519402604063470356799353883274378588152011080406490885
175270082056238020512864218424823002632432055997998346926232665644
701956357300679539057244150398164239082136235132717714586191210328

112357269933087662553440894151205179902731473868182626644475280406
727464085723801550389418912595893739926501687752743769741533748172
422037707128664490771162603154417119414108348606899529507444772203
362744266818471196563615713772424615456070479650878312900133434911
136292975583609060175949453796861506817908507607566212738100117918
293076118629911635574502602021275654360951138569094815424476722607
340061037334261273608044855312147578890237559057711317455009411859
748652962705885639173897159515988987014175869648654185324863779433
780506989345553880505233124949841887573046444733144459850552473986
539970734623381939800857730435695476169828265893810030602411218665
685980207253371656135335099218859560107881521955992984830737114161
764839950330037898824790345410532502054955693588016154598918936886
572124748963613671862818854644786179243581710112551851317871774504
307353645029761507292301108330802551534951869294849716900991730394
769733378956502295614877878048366582834827540230192303690385819788
534303828558273006721561304247679650997367389863963084595330994467
366005278953510077510623540518095062072959121477879266263385428792
589775958630580646504484526239133538342627050430867009467036220406
339767252991365187842306583966702262580562122210733541161850293635
641616655779237766395860494693244550805903617986442755741294983021
046969861644931370103702775084860153961665864512853545304815598296
382985981545562592486591863288176301101499737206920153869877418621
655782087885028970856782970192695827695239408257958934666666883918
358815549069436830703532763207934945109365399450972042836730670351
441963155288753214822189325967173707812714051334747386080963694563
512019018439160557338408051663829148862479351379403713197966875856
259482942074632416148196268288849800968875641317790265769105550802
543228031258589984582872083257358894763134926062496271832200731813
542439536437705648192953995700144554383910878449144193680471065163
474031170374482458505185788180686628844170793566042698003163236349
120302919753700996010666193896217318762267071826314852284417279433
406818103101838417534997349697901352604608389864938417085293469279
158345594247787414758186260672246624811772249856862298974404384392
184024560360919123698959782488064463195555559308328167346023120406
670072487747599806326845273202557015621687662840583268894930505193
900504950495870154003485427760246248588466667342385974454567161141
984303835706397426666703855560964523903570201073652328352769206772
213666358574608076159948257589026155644286649673725692080468511746
267024678766860322879651197857616442650025536622079972039998656146
915511996591892609987569195721982755095064759786156264742355786450
113897041993509976406676557120850295842115591494729075235534992741
008512949193855962594032638202524988224921444475588270029003679518
705235762764423558418333071204601246299399154841958135512551467709
344714433092476373215011861279838185602557163141744264421039231841
248615613047098148024733881256960519677269438321490104652409981501
183394145060084222913194160995009964496196330766171680279966145964
908485717408237805713129439661036877272697904349031896749323216657
233190372154146103647188424635680197125709771242045599277189401630
807555791531803886385226329349122868944587124407187398513109807299
600005402969139086326671417923649756297192502128839909708484680439
071763198298386258976031273818102754934261012824458351039724617260
027124726441028393060367775439840384623746557117766042747940447110
253227526070881915259623881035944912100259215675509990359849028736
639465333622278560198785244807812000092267255630431187021878325473
868804409188331048255150339506237035345911575694871584408122253546
614612133683291417713871207911325632996961058630638814550382930706
507642500409597837720091354284328731106694070419993253056831695331

854406218096083461319779933817165917065487955211443993463691039132
585349777380538014249409345036276165813689500309512610570841234456
296013280703948714675890101664115170393932146989030266726605846735
059647527480561780786795393551032684912986766565426312732988529192
700824708774002213743115658696907606589908547798087756486559413089
027045689772974195596550109221935693238497816225875176465524209255
740925717695468860519010003160801289728987052861085422973909396815
077500965971737146008611522092622608527082988364373624387798127745
117082236808061077077413663347955743533547250663440979289899184082
181502006262900581367815452848577595273359535974840872450053882741
039998701952126233169862828034388497269141695862950362027229748868
984900397414716167457511413346027344974235505878072186655258735064
125308324573880356085157662659100847907204770453688975071997435665
063066316758761134751644189050994953044117199851499167397662294269
445166214080877491355367345306518299977582014657530815794081675035
725631308268975276869491317516603141962741227162095782997451259507
368949976478651309830445539167618793163664040969778731171580041226
555288637091406258178846923903643987679438994419596332277331510624
171111117589582042138226824715855862315936615312894321916548928211
959762276658143596743190469318970709546254984802349550186923112936
640292909966700863878400428904420862483661779064302063305933920322
434365160794325702465868466897715343280772170987980118148551579281
644492135430015252996137723601077292108595131459952461659422716415
747632365702571880611706348762926273236008312525699654343218937450
779674452915427894712722894704464813147441242211665900810057217233
044387008737360533164683029287005557200190699431998706454465506242
821727117124592068124294810550504047059241052883574006564845472456
074875624763472596201955416308086991308656786967875539700812791176
866919496838135150988085209582767929487854818158433903895764802898
509257246086253006148886286503065719865793656157955982572991894328
947716189620569354672805441856350184626344267485715560888443376776
775181119587963168418536391233749766123771258705575367714255354528
010236191288246608468567360849341333119579933540423335773588963780
531839093444280492270352162230871494436067300423117979682863905171
951575052097655902730996709989020051300226332647381845202399769112
952460615572933669965418267875614644743693887290887894259922714756
326206666732908094698629295343111076243281643273608630864133864864
668368334034117417243361379086047880568004597543289332721406080344
475032843441146117190967017625398428226686468388170610025364990074
317384700086148176164319642146091993738188776548270699793984153938
974909461030806089521056237233733955299064854565477711132351150583
518723974869707635229334354972561003011215891267832849264645292657
116115146530034496144130407078693714179233116662476964087635487399
017477537102018211428142144824621320489013665523144244134042877529
811835667348556593691796255853153675107980671452796637458994210311
881547454807524651853170218249967058200928170347143305649061103029
660077886218643958620309126219537459319155011169133155954733941172
086135358840520458592736046321982702240715420614033109614862990759
081033133065914757495394365387018430653038342790401430598298810968
662879396068421340105866813687700862550410669655362243076097486920
666744068427555947082594037595454393281264615197860109409221003946
623938100024885780821530539641236263035680445023302479433432134418
808431469281618392368201869189398393330782579391518765988615852658
830313054820647419923861166216919045975656253336318446768950752992
586777308978113220554526893234119637741580704297917296184933765166
937562151464881384172662171532362271080278418137745960978655724521
653492678760880091880707514451795591893207464840761990517355858488

913303280635078797052313167676931577373187959490721237263799259715
349422416504918609591639298051537541530560108354141244266350884117
088954264409770274228232128737818584813773935509749335551140624466
436894204535523793022955699025688892472476482856987927771770439584
369247240062220941325554943292326806265100656067112487799788039988
221458634529591716662481653228741155327526411248966562365362717905
170820153100267353958824702235281639972401534641220320257977808273
135512050193684281552081855499751491511016991412711608445400907620
830051416461882552963462036087371679019058251894683895404682662971
748668008393029512607766929924069435225777438631812759679506943700
156062505627855914341512413394030327712953253107118617480257722349
489292521980974308952122314619576662075923556359726690767986661233
291059527961018343106907702032228716252083611956494811752997132749
730597835528521285785478442861816852571073997916448507379463019479
486010937938364054003035089249948913801089313227030643660409213615
225175033647591255299336234508746206252211615213453346405907315273
240795593956003274879097386942606636143145093479579364252820760576
736682245561277978857985090507465575999523325768019785164732223573
444661249477999064293351032029241706181476957105077280191727166542
272028024548065568292656244457107484434380924735583240595727928137
009317949584280200678166703023483010740547421926860540197880276706
177331169854901005325265807003919332218325517622195004956023295431
880724870989224933073759045534887851895773428251250967651971856799
652910171995101746478143027813335716956422319340757137678346086967
122438121730798969383121704204911241451586221205738198926028132533
616506332709612681127354457645034386271837391993894379695856116712
668383393759855826461542797813317912057829123789989227627725615951
258427540001446320445791065468667324140533658619184280422625821688
273710321538212290016053895557458048149707951428828742756657075814
826054824202210612037688341073437044616953135658473158464995233288
974086138926037436545571031357309787030515797674186488333083334683
061776199649533323434059168678388645247041275531439579402788421613
759684918282328600669289116050761181598098057229676116423560905478
275530999022836011825568757238788125858293421121206435351362342333
545480003763735392284413374664475464899727153248706234324739394940
743678490417272542657426758951827960203343622606184340654829291096
947327758106315005802505689492133983705710619553810369925100616045
006231958956852776338414533870921568787580321274603112849248871469
759238966121654100784516651875999266072990204583456279634204397156
524456500393326975841615274186890528103396227728680145702700318962
787707751372895137492853891601345118147909121245542835114507476620
614502078740552719831064913195084319393794051393560862448712063282
330972563106568067159358712039921409666332251191044508321653543621
993777585843281227230971764972700282533520236033469451608228728472
752281846877737507229883391318768369026382449348885643460614702141
015933553708337592611935438143753258368050686926516021319638590042
494502607779328982929749310257474851915475821236842755637397781015
150277718846739673439741825642715865300921367338800791231126616041
891722846890638267871722469773414700303377094862942467836229172179
125739785889572304938003585912363996896312161385831046483707963766
267992976156682119846593415593391674446886200355689651840618965020
995787949475034213451064682941891357624099495577188337647484493614
890337338736408448766512857990600569180355802175743282237209829640
541398491768614254113578019232843223566220125337569971038210371450
536113521580875443258875177314981234159790077484154852468747186982
843716427756796612188225898363586461233727087316163958782993815527
341580288062228960322744791973151341958948838419529290567529135828

470288997290468242178115881254450027577348975661069369938306002844
248830408556897564911615693828782862045901715920661835559705573502
183092691196050687113637921989163882647003032398559982585297372067
596850212232594796092137013315436900473475800526697316366280876754
686843154412005445181096396331779963270733270078424261594328719836
710018530522110004993585898093472727826132452225547446633652346902
607995201882984865792935643341058619206357658021349497123815423332
633081824963302038636180607430078936284804945727476555968976904796
307725843589609723556268852771769509575485467415631893654443452682
522268733165858336717410453518601689739003705114038721607492565728
669414463434281934220107879944479315289080704416783720859140380787
192020468714895404296577827423277263006754826839257204742895691916
760052052321538211408873240679725588369972297703978174778655445133
936952804673097919875464405405015355984214901764939708993368236817
978618263713774776189924213964754681521802356570084650624621258009
338239375893985352553247370307268761318693261257733337290274919695
015084048179987728373665255064027193614777325988089081494639422730
754621137974252544785730656206162327584566336871604105456555821963
228444258001613092292561169521705856174292971169937298798552686573
679816223076859491733218637615077351715337805336399472531737904670
385755272237382781358856453237660838981202294975179584990141689663
452187860835838411893138472832576864873474621953538997800875424150
586749780156015931136540552070950803525500481212312377181521072980
032310175918378625405659625399485447107620238523408341501421890183
896302766908646062889973158305000605416610521126183324563088749423
761321117383235991026715443333980903010767519215606860915099297579
489847091340484776037253316486633273997745741707870588584989036478
250500607565276677666730181427983462997863115472471904638130827026
950271552434583777132888840113322856123276424758054914145334004307
351368200167103048967407913220417329365588638081990240250424758979
906199739449424061393859002043745081712616036278391241147268209085
690526837422506891099193767722077768737126770152907129682261584375
714966534629615403528980698498199023815881324900728284203166454586
451867787181771772779283212526968322976641245496739715278796804347
658957612653385245739151343813784500518738591532963414053689484439
722550801196079269028116229367043437115837195386577860034194671309
665344253552356135039263743335590248778009316758556650202614245175
520231051803797924160186816532721349074474187926304637935701957254
656870769649025628311394908306598139258771657534329051829883074422
093153945626718913650932778527585614188691505843112818062116453383
461456499861027990887831599923320834970349900964482897361997260841
303050161383437573503350269679199100394576485031398899804053476207
979951035562800942711980771413862537468942006711292903794021105099
312881767863557121288220584525902329882784488972855767643376551320
983720845365197273566294540752078683774825993769508547458537785440
151866870321270325108378857553525327422467456165530175294697049286
034935237663193775815312691121571250545649366284046131575493234361
611438689415519179552116040327941387040597365968287723555493695367
249260335274498928882204488684436527515895468955885890718317292891
292345774428441927250527684755038702706328297997585388259938790678
996367663472636799709113700050045191515070502085744705320311342837
530396450683734947465152543161640695883965696047762481007698125762
324027656324714558678116653563357384133203756328577111457947736117
758910978449597487134549945405008974943123702669160022779621516016
443144632155674657986969134302091737537932953736310293482594184851
531345770064943739097642085895731774231457672882967906750299223152
573286983302634123352631634902064904297082100632648815676763242544

468703921333767894896001251362652354725651702225595569986284251088
668968471078726001673324221562512429272130805593262213072140936864
354996898787430352676884922123183449241907637471574744625215974576
466357242752795222891504064277678656611519193319181783056716465304
813810106667342459156864174457688390624192018654102252669706153890
999072549984285484195668192454519747093061422753151298445309182757
715136118167303580932146032258472352811825504706062154262243245514
468964572693823166555250959895041093425374308599979713700425885834
030449726710962996976323360777674373479878835673010286471384545928
791637490145406647519394899352212362474366131747830486884631516036
592243576762762344666539589796468790552923902702010757218919138214
831626852490495848675432931241826413466272282093653277283976675572
672897319381293419430572396207232920071863867466703063646013311111
642546802512289430533112509853860120123607044969978521095859875329
303277162267982305510767692680002207418849030165005038534475971018
301673782681943612416569639252294741035743185176583656034123276433
900956511863260791733899126277207213516175222255241829612433962825
182328696862544411862381233064034533155601640695747232038365145663
557498734411685994161655182496042597983926781613148318090253450716
466644267026276118597649132476829527278057032238343515063672177066
376374024903046590962859602719797255378001418201998101813981259504
234866248344043921136487236662920206393962884531448374890102608403
614840731200674156229159669636694083603264334149637120985454752501
773669601971461784645155559941672637397085864959877953242158328218
410939164052835679070686421078034660757197989148155400542005107300
962796234727249970112217781656798449194332226334150338567530824467
734104550327428561157455387421400071928430177447314230098365760751
551277796281014722053066817420350596794105098046656313637782517247
091409925552471036812670513824675211720052849429521974886284898527
787835621060048781271144063499088164592445189801044293570832904722
016072696604619842607722478310717143909349289737950750564710538029
161874918869946353013572935018732066873115017315310912967948625497
958151216822075712318919091383383534471023659794480804712338827444
035053467999529133546094139272844651391190836076226579839815642463
829159990441628452768189353279135674740322735150689098775472181557
499848834669462227119434351395727560933187767215742857830330183042
225170496329716122968367527489832947231506974978874140021926700672
065677292131084935729407635928956182812900110978472432830384651974
375857368591230981783603031405282300813026631330413992533992179415
764798534708178636113772001408570838639437703529183497403741835116
223700401731882693932630875054875664529093265665030243944536227279
170800381578513252902365105680962589179424001638714961212169469925
442398674726206005713115387838833883078016537883877521159311944935
956949179394057884886062395944418497289287230849557926072113297712
137238869698636023682916222546471088062109447913239901540667816028
934694282155062721260541798291781738248919973382953016826679061778
013533650471886339784273533585623279185357977922662703802445696829
686254911874868530549785796598918486218623748556393532156304899283
486556154154064951221046610376548180602506765491340332738629416911
776263813834785118364105699966094920204489502629446168466855106066
242088314537401268779478139859577769903987707399417032565319355613
000528143599456061261608322358990324895659567527576985324574403560
761288607968185761977178876556198523752744722359927202060238916718
790814708867068302793989768378023337579683748471679204205611884614
435084238369737859482588497825952141431676898495921319389412875069
596149193271147035874533660814943754697142919529031019389435637183
593749148307423044934029596281116652389958110600093862221622655252

9766106507452713589497334474072816739263486222629713471555329362444
4579946508231979087690744585253703457090077440815341678638701480999
674124003837808523427397788174691080535330509119443313873040838043
067506030686269532124522901667503856318585859317437769494157410810
572749444384001399152295292401680667458424696605569107697596987310
950784518251857689800093942863712191016698078851710571144669507031
273706962004730035675368235205815249186823908397408809264852704581
680063915340134937352547150923527044161926572110042345848085322398
093081970121586417329130532589871715885516842060650340556996859371
591562193954595558557009347711681179835995842798195564356365309389
050941964641889243417661217711754573714429402729377177659183107443
058151531596094826350633655723861413920813075414610740512741348138
890687520896517547286443489020150187201836613841728079882729582018
977486126338360371109414086804414638189975514419051152014024187628
978688233866528874956474011072459905537992175155647819809184955876
752778280803822629818043941563979561725694090929518577447883651594
478720682678596369454763706238206696202396620665921081278183219127
468081453031421779867353368489380826681896912999835199422321272638
771597576428521321515883717146485428812423122468402839056157796819
989785562510271070628379399431907357979753622873719947845210383168
668521420822019266723155810117372442375609151489386343666526579426
037168289281580693159057152379480256619126870887647506950850111370
257880233381801903021002975975592681821635953507064188571900594974
446797417420252130947246191950277213237247025702961631681464762184
643644651799535877759048091724695567396794553734971032219369455962
778937791938340697253788415502062958387483096195420461546990222684
347461767711319737486600087935443607302433663280865368473350668707
408900184703067698214753133731542862215155131814095414979724670676
343697696458309286795212019941406654043266683440819686918622917654
410364920807857292423388755061809836591222653797288411120130691018
576030498329532694214188425942866214695276880632082571964867134224
698526419419022236241186339130284171844724822755723379969707482002
437580371792180734202080536935740618765664169607739120909813494702
120725197213699642344209305478465069237446490420888732630226156357
919606309236991602782364930003449747123779455951240858239709946570
275366759813304777505050536634574715516558372773100785781787153031
613276848925357607846211478860351804029765696058486717567636659308
748016099927950787178913104203849478943286084797051504283326524571
886423198399932856342268607883443745309272893146092544299060787111
736766959849633062177514884899337787867859785265280570548661217379
213552124702395325608190678852803832422968075544717437748950143023
150146961225494895338362756944869304674198022922555065087429772758
076095106879827109193837142290968268728596321942836727242477443909
060036804852784543854819955828743344189095523099265929588482897771
967505439205771668938552397736092582090693430578986742357295312051
485090384652493140068996173731735816222294455416149357871477506270
376192498036384400160913611713729557661808926386467940279365670385
305779912988573944783757639092679443336505496770742285963808721870
399582714758000440222404214003303590360960548004718847304678286807
740989832225262453168032034084435109374319499380299081241792110895
423927096542582195848586679924115788447815219557498322258335674226
798960098032009354865108549467676713405310343499864349758000215286
835835721365978208435732604661260570464409200520643748808684041999
585408697477316017505390253064903620449458476440882040053860571525
182217793518019414711660086532948281060021915944692783460379829268
818677784883782713148160668128480874790430234200377130896464781785
599461837510620688441358628450630346441913942893762354742777586769

0146782289070060926832522503246399533375667289976602542465979519632
260902742615157481865278192977983681101331339651625793318419407026
964988951386923961261275369592060229690087420834720840833188415826
838019383358973224335136412244321174979404766824167809635203566415
433254150964501977910541460943749815990445792838028880133562481814
072611423275972894824141887025957454934254722746989976877162316099
322885042028070838100814091887352633318358420740748446573397838429
805347106002374219987211762683334909209073865337959074928089283030
107207550472450851183334676304759820661789998004462744803370196555
021320441396423674506953708781697379969379061637848201169796270721
270358480479488580658308963231288673402963848241128765952185362411
256969749199057478280326299861231724793050323637705845698785774531
610386670675558440682408910511818429025803298514096157331538756311
438547792152983663838215871358824082012778384097362326475844352630
281664756079993221483927156321249990837098930946329559859928728433
521252427433494379023824949445785164936127032642339094544808620028
353526261752981835525297880465028135399112847161281153414460389703
165467739525876538384445746110351561641809273346254142217903310714
720310599294953895958436885773489495225982103831596420623273071483
716691798967444541841890372511272835300592982739374737571099277652
356370360647348724784839684203742309758998874387876542841593565973
588345060936129924492587467691542804598132815825872999110300780631
592481722052213206010771492336601003182710066727266488949550942336
897935481055796423771544954137177407995177501466695465574100801557
934179598301318715461713838220333287263136997808093756281698575352
925390236568114358655398284283241700051641990051764383512005756933
430421802931523685411424059868057389737717209032816486238395498050
084360235358582554618855942442612928921434147898267094176760452225
134929872997435333820627622406331004883774527381188722581819982219
428293676666000040379914870018568674554412319573518712379305995148
215954867701054047820258539083335640618262225208028648666809763156
107137641890902360603954124553570380667535676524726680367517673845
564696693596022634258001555720896238403647713214296692193472420798
729629861675796746082959712748570679034670391578658581112738257432
519039782995445767430575299283028634186242545022496241979163982734
904359411395898404348957578332464822165249725331811930555856140503
105076548589915525542652886287528895545773678742029770378468475636
642494767084854307354132840361634913471074468329858980951110201242
544884643071227174886586964367223751257407663807577968593851823215
803790138851324567042252785387661013519568286523394604020035673386
025205513475307900746894526143616381246602094339688182998572534654
355285404636104131214993769216302614831518234694209627911549417194
660720665528440044356575326641438934277220905575184236912080347379
886707969228398693750888161460738382464200081539367400188625730736
953499730836725281014943043645634975213545319519500350764823703618
453849756361633974429430988638719898808188086747495831760222984672
501959183717870015464719437744024587964419343305273778617450245249
707149907000518726929283458717863091748438785506397547781397976147
102974805258930692216662225235373449011353986266028141926476293709
768013187204140666876255459542229249384946271177550175862021378876
760029805157411237809551927818159082066363654035686833244556620095
160463375225688255854582920019306381533873656517945743702588756264
732107732276466231522699379582538162507411935992575434703207518963
927929216230912990259044551217209318966179934694954150218683377015
220759113008886890238579915282639867824654608874627852622681424733
188588572416651261959000329224404728408961960264923773072793032869
835071995091733622206904266211379357378789633982192711117924375186

8381757621347292273048411090528931273975665464401599108920563595395
550622684903481778340163888074775859106047358664560729940094200063
120435623081164981455149655513005854611735524052167155666041333475
875987920445592175677563283767227690115416492112246422360395403368
455011342654247448989545996792036442429665248273506879964950157404
621482511116740163812882370549267667972800574632906194561799730944
487237467063062834619376926372843710250629430239838747180411277944
515182108640001558475791284640128739950977629770826226345882505207
818345760505308157127681646160126745615131039107176973845578732241
330030005534719511669012581135208015630373046908093097927353658564
913574711350904412759076490299193882008262173939592861233365729706
646410270587838551318934657962685933047956026011545035967710140057
993336889004022075384825139930863716343366007923712406457617650036
410612205435688688177406253057006023018982911091534071177517124423
703643637158902201162317102635650130243991215404270127303916604348
528921717678005443537960268144769874794055715993778356399662100669
274192714681089620407361116347202589862464744081961204033687520897
010880633542844369252180174251211967856991105833494499916830944946
984707806367546667767825383723040528489291173054802989310613282285
243013974421278401082297992256374991861619095395092292352403872656
334962447446903480575135659465046250309625011185996363024036541878
244570740245894880605074168390715058032424183755862679604489403118
420715618426638993005968351960880991550054081911609426156177996494
555738936233509560216938453029407415354220170088505934108021537744
168969765523900070011310946928000344435606360766131030272873892742
266524989909815901237651570432773192185028448811193320110357105719
444387121835232255486772644086673404544135367403990104641792881141
327732957052332339987800916026700289290467003455063211355182259645
456365580270462153147060321476780387345442039887757315364197294374
658678276336231119864674608317162495938051631791016021743160036372
135135506555681162767164832287962390037143316348095868924384711690
483078965100591104965015992831438312018932525166768955897310518020
709156128212794785768231503099654870137801420342350862188944511309
174155201212503779765726305117588445579181661243191479349987937188
974667677782724332922702482645480284999856755494526946870327503783
940036651442685682081309020949057899622100814077366965566279789587
599381603739294081898326023119790605145978038449412185507347234440
464136333171482978197669866965514005181845419763310556350448849713
422360339130058979717346782373472329230517388505004636025681998062
728258112455591586015018439090409864180971710075461884773934911273
571127107533095079036197946170873344664805241788806067731106455884
142874312055368645075413123789205016418245598529170285529823491756
815198174953565040453735880040973693100210161974099408857233681398
906852305802152257830798584444988490026722154928888612925028852813
527173780318207628086658198702133918612113360246187362649128598385
704246054788599442082401809197362711751540474656341180486288643987
511052601860076320866403208005880981246682872769158288851453555992
972145134318817716645564502666336275157142261212702829023587031467
862427302335998951338331069080367912289759223209005353398361052808
487974347050510512429799469695877329008120707972879653583923242657
673392144380470361706529595672993234416869309201866257158203504592
227460113349178476867831063630236724355370932562694982307261863131
091050164320612674246086791670377930940669607135447772041240171387
152541478713374566022914274536828100929205588900795084837232678718
659556212837654930431227464459773811156396674092749919903096783157
044379273964166675109789264093117468241878846539287943914280719137
228194506211199604942014167567514155226569328596939900541011164776

7529256494404287958357100368450907034580190874999930927342332379066
647410746289811710104027788338214509831606137185058427903895394961
345986945534332173388380442292218684824710117148515834710609975786
976196816012437330230684469271055789326166001295993498597491718450
334461056240840010952490311291513102073536606699142509744167108918
044279263850255766220625664347056888812091343129654781619845396751
548210810244160624449318587351214286010858155871519419397655261062
478092540814247596466270191943785507186983496876926575171350176402
003599383530178302781767102202449288655654620105595674157711590472
858301654225614200548268513719162768982527266000770336835926768927
117466145886443256295441705121686083735716597610278238848606701446
329636821363730331746487176320142788006742493485684457268867825525
550925006154697582885492108122224766822902775116822369502543987324
561861209996738050145752145346770108025915298160421223116328760264
578489208814442541782351787729463684916863787103355988029352879751
316600965034502135008786148165275693425491575825447858789779004210
159280113548097158154932538649021151389857756639270582004783308103
193586172095928503098371977956384664987334554901336566062958993312
667035425517958589534255685222167057206373166820932241554656528706
208202685332600866580058396609069504970302254534936941843479918148
540317521615318893601698982971238272732961881513540418704927348526
265666408136486378871680299743419921840452670036155802038750040963
721886553766105646252585967623112091455580614923744622486559052594
146783412301336488120864513178145054641794164567238577509045217705
499758332360916182468663731199597425637392431936836066334687888366
489399770870992397517694293270431571634050583519899477212598612465
956758031364020077933287978651130119476790122849334559372745446777
306994245626020238875493090223357398303966428565992346239434307543
557661485851861284466173143979975977684470929792773827647093562794
945093757497580940229719554370143859221216058081004239743853304543
467119143871226627091401261538446277366108865182715566402048997387
185384279740871780398587857487216892636293407937055160183714050877
149628160787383362335559788371360809666315218932287510522740371018
412548297128568954164194927943850639454838617154528632987007434474
646146503414460256193649389255719342320962385728409362207205517646
982530400643228756038069773146999660101861018409083474528089280983
391290914925830365117302996765473925151845027724484495376804763886
401906348729677479902124856127316639984427361862308855173182399678
817158183206309699648514729573723694647944254825014483727864303542
669964431539815277168679844685777773176724214993063597651813595392
768068710323045802519156036464184552722886148251459740929971994529
105998334724104185420272085136054307357487622738407920016763466151
090614719108133008769243989050542838285871745960020088457644825190
313755480860179403410944189883726523194071831370537998352344375954
898132153424084287482442809898880471971054529233998476551717751441
096350331443841574283608079013413016396157944559087366278909144275
984522976305439340866678264314016375717056188134506536372888736845
773001897543538641536393817376290182296333049441891940659730575385
121339862756462498470327918415111491211352501046851190089611707902
188891880624882538422836411906558748088381207312323141344233353144
433609656271921082476403927206088886262852588519928301333058905765
272829571426194979164995894363177324749580959841491639960872405594
058974095185184537010842391107823544795389772207975226175997379931
801766025841678345852154531357858420969913069952099187860988612444
010607411986374471530993510334286163756809485035927570474426589679
566193382876884746673876270357798755596549401466289989209986971648
540723033988839367611013303784045113078379970433116053326219954425

770307103968439752796919730812802511262236007775400051308597498304
645404951309704803426138354091344540564134101462193716056552804448
400880453039649492973826865022745282299484577467343378675502800997
560510091528866646587902625776895712418793158394872973887714835384
248129311916831606013543029978483686352773120290302971077830277473
895813465194275616066742843607020400238768610459207769656762678781
970656061203397304722965481373446191321988589232186743912322415257
741929078225709141401815695728457383362291885079486832949330533593
193572091676364595581367992386963556749298651132482713946073162855
012413231173726487739829651492342674132247288632846021041366966644
267728104149594302767238763428606644807904842677191598564512608618
704025727442774514307901736151561773151575005988399640141880497306
997550669101292407530374958155784627683114837351610082642105686878
635684085892011926825243703903525176669009238408264675261709260269
710407047148153102057397997681579182981289235304146491987593615632
212451682746172277968157330253255735223022968339827799416034826498
569382639736059056232139294855074276485329426710589699458926421441
196000845353331145040686537313195714843485415041517234706871596658
893468794776160506525205325518877942762000677929174286295148036393
715562492149219289945067840972054346001956298474409674862465363711
302087381417548333816616561518511191134684732365538248531987858181
814501053869413158042894105310850262582815712311114555123885490445
347986700257077621741380291892762345238939140280529309686455602087
074750296305685666872397749985911356208348594264702238540331396655
512294052067722982107716988749068312321865667889253484373928939824
303927063104601678559287530601787022213306811299142564872664971680
328549439089540115982149377017032767620929876361529476102296386400
390994665174286052716065117214013250959270559294839736129981798102
567138533177106675033131782787325121501327837748650207033135506227
558130481080029460517179886418646938301427222915794350397991778016
490528277130295624570910278494445900502500126475623251401612039820
325502752696951967074235168421191098209014734553452473851605450203
448865261194845794673910324946017546065949133473564878481268188018
707352591838083903679072721987136512691128737953771599527413426674
052986058267277760841997469706419659029959562956055600022176378828
180964658424294431160434101540324161837112411833413369086040738182
186785929660060152609792043026905143222568143657469655420071610492
607105516213629879300555912132665254334472375154831796125640786777
424307070087662202918140655021360191663843859998861232751529035298
703495321075289690611404016598021882803768053487149020830871917804
775313608584141065967519604324017985891535324434233629910033903677
261899140466810276148578721543032757524359320503117165170343024273
760823271009896214950638496910029025774167136585044898207551353446
944194185199121456681506843573075876541271316654235668122273722233
387587767393622874603410636815651866493228134230424204001730539139
580450340596804482575134055549046416335784381605886860227991791515
677699184838574581978981362012970538786726606889518850722007442610
297073712835694266977933820878091270526740228190344887810682804959
591079430888100469561835872093432323304409697612377196896298211991
687870983396113452620176959400345867383397823414732191382499749914
065896773447434028358031537479848996761924969985182240176819305210
022455108578603846905687663641289089751554366506561650619221818558
606395256352043478945916167981232360574968374823438905559643350429
275477260719321983082538071553885217730924299413144190263558021105
357988665362641510146460711985598292895490755148136944093607176494
262910340381718216143960417698528173282088210369061259770468314059
876589814268531700310662742574082809102331168159759586548561781614

606434476519302871734300921800100587395483454403762764601382427634
053294655808884773746683625616908343097270069974817824245741942626
077709798914229003500843321192397735909559457468156646947811010103
696356946867890309337571102762086607087821065555377926088164133752
939155961539106238153813148131766276032319888049792167796110491023
883227506396471007696524744146098226259447672975844810138808410145
215932988735385180730698100946012616786893086024378498607208280266
924451098153916959736018213287944079223067584129848490365630343690
870142583141989910541398522693075466950199902772011993438099809657
194828591987672414559171595955750006024391473464999909496228073208
901853177416621570733389283886391644137593974177979961906452774096
579769282536534878288646972253655754525228031688471039269429944017
744150565410839248185380972246265514689030002078212754945052791543
698175496661875134783191865741255835539740773733416015611445281501
716175117999639940611911008630470479571340953158279114969755061425
259661879019404745287573343889299080029769877893086987339902732472
293618765193297280946392158801058120917330356069608825523217970057
600041590448817939229844535803797460712947076082006515168336564512
412811294002079114608274243109520336002850578510317812969011196732
086099490036742606578833236759989031746784188273762112822615043735
782612823923583260235062150253881205038087610757792341102006638835
964616931815750428606621212402530812757970025787253844905787402407
677517611828280220570076803317314373322249720895322231769914830922
918525246749051877165871928339145127222439107688038146764776825605
199162428994666415868570033589710058172746117001313172720152645395
750670172388733144385271949699753724585045185112124532376009243047
239954398933276325847419966021261252980566184976823050412057268302
788959012984790370101236347773267203908107116393032892689698589802
760428530981257919573240805314535999506802816476376786162049908722
050571792632644701380210327447578509598153769279437353995599069201
108684572761587374741497813219922100979463616836883769800680193267
246356331393619802284466029082574970887611612619391798898914147203
605599369088389305805359369339114503166658376790682533810154946336
850527021605286589896942257096353454924087953244983450152302310368
334930834082351682915189641667157504762901953467655050454331891572
657051498776384149079126728380317905379403906551343242579313304132
494807608810469731249545345457856264329245753975443631106604365289
403443842934131029921856386196903953622936190101639935285350105729
932771839446878649027719241196947766796743216916617401837190656046
390007652119611483507207555929101785378770569542074600725347546329
875918008302027150297749789152839894533255407195166657532309264951
394211425540451153778645696623468005001055766568622256559753200069
485364386223037984856936822387490319549004916657833974366986091833
919987237194725884528872540128464505663054723627109926427857024582
922373042200103989251437607418119767998004961158488903136574404814
727769349793351969079124128680495050177445358305674042673285789757
264025168112914401728938893906007862203398066619650785808534824907
943715105931869232064049673865635312813040791072222135766548218780
519858530019883207194602635121427993700694070856559587246813655434
167121600702677482923620401452985056021224418548337825955416419100
110698441606111936134157284385573768224370273680210549049859651658
297294455519182415160406551183970720272020846402043930729863001390
554348608057272087118125877938449849043705292103749701001663998151
949476294999864284937367525363175218833130871088807978839241770462
788936077376914701380205788950494781158875639904502685755056174160
558994625034600921021093521309476759343508224228736527388837423211
347106010920493956173174885378022731466288416038867881534237539156

003774078668328693984834808067071923600158571920292311134173510221
745594119959835444561375619179631107040180474480380943839754826744
551977505936659329500786951398347929873388781017794560817544738135
591808299812498231500373506626543377645218316617295923566550503629
887119356012041679383725200771593141903519272458016944939389396886
129000119117055885151579807832197586364396223411559124784518708290
402202070552688856767767572084330196215790085294712798233970767046
678343101904313793909567418493179487559919905514096196893922557331
938718224016540438942429761659128259606455657678962695006754576610
574970349472098549641722192264151810279891105903306539154665967022
021495454292522568011997322331862993012889772600548883051801907365
617848724489615573216482574547538161434670840182571136375339420168
400511442960030308232427627244024934395610559393307378279093954401
080585108538114412665516154280952868117050960782891078997195299893
421677946200201699898496514405533694909314415663747898278927807417
117097798317152252276910176290637536782986869272805898815004823069
790734921618995536707907033479375433604945307207964877016335038661
247716798894046172089012433709581716007094122493621549649575492391
338905213792848132560065407087219295204117451146578362108110624285
418078166194941845801094848226063578640095318038055317525908824674
419440837169751263837722218999035166081850378401036964191489110716
279202497884078503577014056163478742264000063558174689957745981617
176542473582133634390557463367004182631314361141816033296676296760
016799420553340364035181666054990897216378910193314935297881620939
541968206581906428364266241323705903925680464546366588202705763264
918291587136360468736384505449748883936255634469025847997339724378
268667920048942544022238694891720046655825732880233249943539810894
646629386210678261585278995737113648254919496669990046514833047867
362138961073979915734993372656791738205067948903357851703480156848
711905733150307323648157543719277078267888498830184864653982118322
884774599068233974621561258538266237228319698602520433786277355751
555072010160597871217465069736999774885058236861823974059628238990
617184581682396699394042340380271521493416458066506094255166330604
931071671973308360331180912226728261653649177815454713336139513693
578970790381291008172086749705669639627505283727439791628764864557
681076979043877788536898437300360143129486649262310772749037059562
142587514293266878284788078762847818624595678168662583026820364459
788509829508925259441721135355859411423995153512414886100581148133
714476205748937224169221906391313782811620178787608643888605065870
832408698639465194511688837952774635359778005996422511881275601601
791590224752139769106798632092833840600861021846713981186612051037
717967858647158891191978082065110498720927329367444664555227833315
561279846519883483619760801583131790674551241002086775238220655461
455939748978692163232155531192906025885276633670028108500403677602
024625577852652669770340069592157761564764259634743356471602185512
767526489221675998015472591183530177901102148470226732507958525275
484231626158929674912801498005754149289437240746443811161096891279
255334866504394777647016689704662497021733473368079477321086193443
422642160858013035024637111089416681026503673752140328243429336919
373726378916898338751375557910265452952313728785719567272503523272
501149088524011122123152239535668141756360827968894201993232452749
115000568066190671007305621131256401829504993342817836112004413870
830454117779908282985239103165217553221739083863377240702608516018
650975472284511975391203976275960199053838294949822684160694237074
685285118596668768797229864602757184502991246920648994694897748305
050135197459222778942804945888936266175575585016684911380345406553
384045092547795648368531413220672805295322177576799732975000077209

030258510443246399340674510943312435873235986285879361322862400827
815076560815539481580746263592719106228645291219548991273889934768
984063069350153058083956513944024323250666224298765923968269410311
308341511967555361378398542211792194114495619165388491859795707643
267369745935938106687751104593905615875963496617956775816312907314
395200211716241602363878096329901332470378593865529140518948540202
174774349411807469378036532613139946208945557490603976970949550080
264968790833922207730630331527199447948997819818289566397872623599
650538450840226160712887069191795534834127291556345078392909554962
176378094144760392676202991209797852610126161587127075355867886070
133229374148009805349019787651172350139260320282831938137530461743
861854870731522878960438016260215193217278125010153660955395939482
662978500964721476963041420928560836755369714576744658251377926893
003498187673095366561540940181812138145157189348521141376323974759
124935970455118111351262638521822684142229057616723362217416385969
594285558415266032581735696873478715282538546866170831715678979869
207966857938520386732793631311097017509091536397157747854669238984
188000859849849311591372836081341437393598408772681388157631645299
040033170061435515871321048490860408630995545829324985126941508965
889662019644103033569857578797191371874747941989023985576445427531
759127821820679194009597944889802165519947491076702194965961007134
306836058843980625029333392918050437874958457839559752191849939915
665684207644401577026373497360798043894373233710357794629495956975
286424169076671625974311702801304335272139209895910162931503144061
676033044871310888930329252095324604243871580713741133334967521894
678420435201200510171558881014072790337090139060829623257365434902
251585715973438396432549682824253927771242235747636514746268630421
600367373905728097415180263325364778806297783650316962478876630494
658904139814536834964837676379724030131546539880841739693614258671
793819140481431262211849010477107002065136340198655824595491518936
088602077543374425879392350378338502501167727052720609919380261179
501593818710043945478642611784251461725602723804763286997966113116
147174598788554203789603048511936947192108774950855386289958503777
799044798797681917449414290009803597502443144572163879873259333474
843304573940812551247937720838298860465524871445206812031443287202
182491713332412389413032203595572780514404956058136514098616007905
100746445574326539394539164730244554090449359189950093007018061723
337167982022317326195486552606537659624069393912796408926084161148
803306464994054074645973148240396568634321593129943937077821600270
955871259263938062653090637227159030214454082789035367016709815238
983270423840016348101274986996593833187719507936973083569436728856
506110250945352047041905954246820198982796106997322621366281673631
229890562473777629237557610116540065593852372739150669064576794639
205897165228649774345022841403508880830934461816836667371572514163
826056268400920108841378388920760123000864027233105874037792368077
723633760999633454914229514026340740695000357192016355410390524035
290727326982389146458549806071219716833951774684572732705783001650
434385226732890660418884113825083413613799619810169705273677247197
959326117762234453981953204724407339455212937548499646212828779894
759263556471124809844788635485768440400796454086534311784469866699
631550715355346753318278942174905295408470023651559371913007076532
061016462428460575445913627408024944264302474203872311368140350116
491673880339796281288237086263147773710950925211669667728400056696
523553312357273447122505849334210006543804671533515249182317846165
102580881801644604999405884890852354086151838940436071934067129236
726069448064599978077724922090290386244074458697014205902219888068
460965151709482306000964657014364407668066372796875694071351567827

9906490790632772090445245032485757928070822520326239683354851586069
3145978385283616945633618631495689575125205427583408433765438773 5
7558113323322445874169130446233328853040341681853276507962953325 67
1968030466262226939292423381761474062176943813018164468362506028 87
8688263884862284407686498705054382292580658487040403556257325674 95
2011143193754775407709196207953718148825061663069254831888871623 68
5251554848108075745353475665069108998902579006747116536104463548 48
6258453296011166055248123665813348443402303383876694730853114682 29
5290092852033970729724784595032639730470969287727556674107879212 70
6769691471916296467784842643755418575698510816587182715147495503 61
5650037132073805452127386073713493283299506794838104667216961316 67
4556498386410665538519571147797989780405313153130469535595601250 12
2307301351228235903089741315318724606576765069273120754053562280 53
9695667094045543310016992009340160301510967007087033089628658695 48
1117116447222429564592624702284383736316827618263814545273819011 57
1508952201669555895255462206792074276777692308115226475110682443 39
1341650025240406933025859894563392703641944075397812008218213585 04
5547352157480438705096537744614781134687165655588835197279213185 04
5506835539430760503690093629623878364086670129443989385444418785 08
8158837508762900011444690128881295585567752375216598684934324220 64
3331265915748872953995338622517538068215345051124474409469110451 16
3239958515057551231258294012367477151579026785466343783299768437 51
8167132466395464302078876838451413313112004383627209472896677974 39
4888903403933393477149165560987844062612358122351295492562595858 31
9163624484491123953657658710507880739670881097669121051336720210 88
4909249834814108085147197931198325601491340711816926537717669488 63
2567738508113099293924279731126967745834906089590146797112197545 32
8687949100384969406070056456723771053491890644506528029557447570 18
5785935333025343731414420530358189472502565974199223900855033384 79
2966237076723346362903759950087543075025796397415020398849590375 85
7682910017344100301639017484856330642201175201778857984274579591 25
0260727814703573118803108254072233705618403981464308667013264139 91
0735002441887725563513180201251858081489754097369730814873054088 71
7373474428409192916434244021024496426392873573982403810584200373 45
8695310703279798502293094662680690179272417870980625238297549267 42
7174010931339084400603177150398839717565171566425066140863519754 57
3459747328546035257708163790805387315806922805330698661071761704 72
3189417223854132675676864108506936197728508808999120593229478701 72
3659957911254740490230421735611643954893538440386619667832273836 30
9911100528583707824962506145518825693851635763993030755907074091 77
9176896009094216626863994593098716651875276280612167765599179102 90
6097798876029113129385895535018018282822842512717674142327943772 49
0834468421570946790104913429397381565935133360706191251839663489 87
8904947087264413445808102413965253897144390891777522524117802201 68
8749824301623732901654238958880298757500628310445539487277012493 08
3152494979747126764811041792369032564979086214759140723385699856 84
8993207228126831503709899193130760222768091775960194196631360653 37
5426514541707897265642169499127767201935651871297423897420077422 70
6008183314686892660294098085839553452981326433742948397137157826 63
4893888175852859964321524684920221705042364386297153170378612025 78
2854723968550109472648686527339361327053170918496084286797306300 43
6165421346267661010170035987579790699862232054880264185324862925 10
9616879659807695389765453614545744554001652239142481489297293814 27
9062558859701223872834890240573855246423443911993450272065771715 21
0499127908992116992426409704094162072318039496941688985426561530 32
8072246825542458111142700957323271901559885378957557116192459631 23
3900138923872721527861242038168148964678214166675876691828545852 44

394137306771464037343309404136447692935783257567547224604923772545
306631226140550175638115999431970278836561469974535618662519921774
758789668022046667762597743833899566039040362829861482702138619053
606636684579151451491296624149189690080815398786558385378115703426
603443048225501319786604767627111519141329606396129679567514855605
359664271764873387754842166807326793446827374535661080150860574339
919862152957878761118559244723527131690090072760229277857204073949
284081028003889856654021555633375622291458982640581718488090352195
923229845591916946392957967530091549871090141039887383479249362893
105797115046206176901054689301366912564960764551910533627317915600
645964827476548057231889471398410986013028648665616266629576250098
178394457435203937949163186162324508410436164555398170233396828075
408160676789235051027647052040995697148193078321599322556225791336
901779370937542504178257657070596223970542412067164187424641557566
178175183211009184626487177650911903345723077873178804849377654425
394524714942409147933707351348787631457698510024967498296725718389
578378464947863985440231214546407023160932103605559461954760831841
078154975855244947322143893205233734975829477293697854244733192165
853383175552249465848759397461203136817692491287900551784037075161
061508632843344567384956658915034942405200789741383221214924671798
085284634286820447027578369882865730447370179875498833918216443632
043836027526113090044610037477990279490761245993811240516191996059
651390077909634293583119034305624356715734095056163628748278205876
154899881362284006319511195201780809674906704976589428203193245913
242559617114164316694416180155240661886331173995068796437781553809
722292974598686743643437724460225008217013149369918140245420915767
683955013168181074034283041126865254986803264579323184502950977452
013898055358194141019131984833867985554819940171661584883611814850
491864675639177286330583746651251909951762786218221778373921604284
381236585503598776831679887691766786403769600339672806404573452597
520193285403903843278475185561475310226363733593846397999451197734
568566544674283895819110350875024475420750117547265579343040641644
816400018548961723573698765002091463124400680506656182113202933685
956754722666466024686854200803926074056629829966228278866733064506
550328841629388295625887554096946807070658121980508578924056678207
301913200670603642168364916525631353776254830895948420536098722955
582752459315009433419009078154671122572710798521222737556158326103
023920531679278861411832982264597557653404542346104902957223958753
311957961950228946050308356974031984824793750389739827953899206897
189129627097026816017999488236851544102490634503793304638505980500
689368850921596092493454617018696647022532619388193016821226484368
777952396181368777350178398760142879720848366410773287642886925358
714697839726188810338450333711815171148471575357282911137713631319
778212024568460969777492196379684737496910945644214623527467527261
285301800789573543032753550589002760724171082427797722732735900626
663866696013522302560850972996315375782433792507162172074406333137
963875171443926623811455393900438867851842471758753790306636660932
688831931210323207235140907033605416575082209060337201668113885031
468464451916950436558866152125950693828434458152870871228293140727
555933699681210990351591016421256071107576563443063511705673167435
289581947549521611425193110025890413452890075077583181812267074861
693705113747405144794546197953017476006106793453483773940552135929
988183465458679825875860431734040554601182336493553306359083224391
666806121029285929309962757245031274894390964296332087307746715007
773300833934315885963701244337695776945482607716097670861548166679
423891035060904614604413039687136894886799835087804068064381621772
406347917811916200629577770139937093439443217249722182319521253794

1326027533674568558608844105908511230270606553796894861190333431182
2933910876196185654145709689387436957061234280197733557389624076812
6315844335848770733607207064012636724168412550983009513819576886155
1246486601910441900040538733356712015287826261145314440019490501155
6417180146235530033460802176758915614799503714673327458150272811277
2118264669225554441318839859509334196239859455611849476747865322077
1492014140435873483891207105258163644906920398813879272899285398844
6067946999733862878432225100374328066659264199306084693616756774844
7179955538224978574655672505567489493096000388111650259900059937400
1738666047062621238852848170109467101387683522002537004909446671044
7557900086274869986075801005598973977527485320741834661939937899977
6107539930251144261568920485519723078407582278483831235864781682866
3472397050703377015510803721686394150717589120252352003093644538166
1000890881305020391693411591082327549299699784135448332296718754244
1822465520037962279043106977024167654829394976164049500283098389399
4260224304616904843558047477224038717866934915392885786302298924311
4368417304703015701090230606750370244720033264134872856010032197233
6565201590949293414826212299982317332073064879601203797276473155633
6303760929383734234682091833203420880375831996892409927493635290733
5649847239275179648356460381131807445271846223458597944972284318055
2740625000578442004830052382387510848554266486618405878804641206811
0359198983960987271311506410818454904555799276094354218400671764533
5486151052824756829626859818060293772829879244252943870854120731022
5294049832789179127749003152175521488252603471416018195384541767111
8062521836875819415407036768156157661817204779986923314640336138033
3465204018426158039026418253618572246844860612887368699927202741622
6806376662112069290346196954581136434474159871401892116604662265822
6615905420697639435931236620455287560342165003473601194342256149144
0320157941711851715427563965172568645384670954524837130594898582555
9745277564378372093903737606448757805380896666613991839630554346355
1531548185886779262912725363426288985256854464698144974618924149588
6366367198140065068588860860224267337988127687969406497029915452455
2721325754281953249173115066208586652077490952965100753404049227355
6548282957025690629358881690414651069717772420955446130258543817866
3048508060589906373809054306950261384242227053753545985909932669677
3321651519481725345327473336027447258527245394785787049054847586333
1157183663323591323475882593406415210390728719363267963759284733133
1612339781549856507745957426301925013613442181778657326845949803922
5741969699998764598249567094095595490645143192997532969902929018111
3346849189397316733740473761021534979028013172233791279986391471011
0573645808824964037793669144260225224329182203596947965229632415044
6259303763664328408656160231216109902717797940482442374377242175455
3274369030749262617258880652233261410603381653209323202669910870844
7586819856399049857501176199636905969925410436875329181907200415755
9826234546672701573697113335704140320937934512660607079906558687966
1615799849341095409032124365443108731615863757273748174501786655733
7939848669229117599204342247600648597600549782806294187391474966455
6601976892636165982896565574458040991426890947249706735220470116199
1536009452736325306664402010023201873227819761486866348989132734700
1444820324293117841009152833330376911197051252511890297082942974888
3981371499778052781649343705604326005352698106918986588689816108899
9269920434547815535740465293822554757923965125781698498673421821855
3124073431152960821411209199994061601015821912737301650176958118611
9036689779275690467857101810593937314388119291474944356522189626022
8632586636519017453659212186387681077742091583646909091651827398077
5310306649980624484927747561884529732947271391489972684077858977866
8656048723305752422857172473443666741818123270841591791478616819788

0032875242194648011931593793515239417409041909841257809909038894077
9420467270491534500024860427455307306836472220758930821994452347
21452184282562092914376814387802139693639978602212632210982207735714
412941264065376526428543482970693655116806728306148155350067799273
428746717408366660205372922048484087025230125857179145696657952396
359686270645903720726805879439813400667670141176581252233481048386
867717405879736896155996217846549730739340954660431458601540495615
776456167344721264274687461408302063879359804284966224722325504660
952317681724586362611284833874076507582889567745895887361095197420
723212623335561519338247176021818683895300679750212076904388381283
562581450125007119027156514434627064814950590196996139040560790673
726072411292447199477028384835318633298176199947312833144915968777
504290327977034761938062955123840138422910035767692969859590544398
289266660878010344059670559052076683702101595219513945447731187410
723527945608443549466760792882681935676466658916136214042478564279
268156254485063166852683275246560027477652412794270534193482805462
670281599245391248739375580940125919778346533655735625937668087699
752574602702166964925299837753819693846254708518861510475226475136
489188335738189169712195832681004195765377021192118272566508896682
467504866699659885042041191615332089885672380926018142811762344795
582942880858136988607372754974912130687437421943014866766259691695
195368856911749382319697559557940217938873722515159971405447289708
395510365486662819650368486846610392745568414363590177744038756512
080771456364877728443833156357249683675631481039438968092119282337
414507618630565777737794145333025782078879337135523281930667781034
744878814533022767115982463014677391318064699017145323181957296401
713829934458665281042390292044042050301085037228897072266732041640
758383521162554729354209770671865262076294672043633643273505663204
112521287225894149976280468914855507597361465051176412579302836974
532036046506156923811972132510561806134521343817681732762841418102
164413417024917558436568114547977751958280662844249750379174772362
042042450573630609111548402426995643360035301436665975118280328039
534210540491910305673142107541302357934877234239073959389300436891
328148546882197053482680640613344760357465909065646098009717176995
752043755635452168504422439082780834807215680031213805137447557386
633580661289825695253557232663073951954063697946913927391950929709
929134880148676072714978516827026905071076789657653044046336262688
872262742931202875173849755421431504998907456461215695542535701520
147462658735882915448693671682109726387703669298762703332692676405
112356591787736324770461161187528378640880382801363490414508513182
955873803365715923755404374036600943126624937447350183694088350123
180570255108941846936668830380623604361689986818150462814543993708
439467237952819530328860609963154780541105397983173910481917987933
763099182400716369535925678358669990852568283461799920448492158286
825542660666948065905588375476747789006303076397732011916264419312
313733282236418119343830505865855449829986899114668131171194218916
017937360257596321853210486874992047347029942678712761333423766834
282256575650157489720280343180320624484957230973900571509314538918
434494382839737345157998051562591643222627014186206236944759302141
050850281203604910993905368478056021662704636855257274132906042289
956351025228475190703082532738499555533044957803309025927531635221
809889882629115980337112570172176766904545680649223051574746891557
171017567240354189350611288873024043144319869586521866760733038549
036027746096354501952529653407030159703240985115025293058865671901
125083284714968064894381300783718623924468179021621735691228872394
802164846473775176818942122207103565559650797948449900827193552814
791434040371387172081760903198856458746108109910593691774379471287

9368950324774186485806481967995614643670824870899368395131507203056530300788685982036072066991673761641475665428771935359104452116916769281639636456297834073706478827406183405435707741216138320287378790378585893274553614956446125505055478266874544550908868894692718598894942344950748382185018434130323620046680700191750459262840838505364312676869803402681158070981034589860413084173550995694415179917543233480633073261339139979788000382109132766014549611157042858028160675162338135386305242956383309503201928781641324922300476117953582495605914530004246447880621302468978655969262925763574028799401356921167553904002699664556025682972369504959099602717097381666168678004832729299059428102968161574696306060610106226717021253966747951389381374853895351757832945136426006936137777440005669930174020113667731787704469450601292260749691106157620763789334504137336511956003290783523596465326574749743528672111629807567585108385016069989693586715225964630570091390876287416492541708169096847309548860233298288800101652962808976987723196907421027009348880934455512188188336519784318535596067476350722161178728735639465655434276140685594124259121417078116303080101925876219938098958943050939682518277130330334926648853295618795266446319063493896492797477963058182377606580354022796691081809322672514261428768508550234036395970562141251513762046722444289799785545413190137205600294567063403824299178075125724484463577152589347223368452680005049057940765926118340462764699835321989331271173271051129387746272008131726320867124724783103695325057116684669339199938383416530133092477294293584707438826342400701321713209728274947961163566782615071566282502125206276389751566585134060455290109261126381662242366899271064904188627001442112873592393998250056580064325060750945893585007218072932230824610825818587467133406733443268051547565276112290094215465561831034126870172286541622690757446663740257850581983903372668539128342511388977610370155470596978428438121104166749642361936898406356138762279595452151468928813282394396366129450138781676590929250897532471669123683482751546078272804451824345375965504925680648532309992814514753455092755527796279414245574405255218825323955625085721179963530195675811774436762550973197511556514845137285424074904838081995588091516117939219104261909284857816139051482314744553101516159178414599947122390516596944103972729574115833974593906205007758070959676589892496143734348781563774420837499914618345134117857213565765100288216534378838906972299886294622686851956288323205705378942178959367844899972838082251295857374295653148704304032195433016472204581397905745288020747285881031140858798747211863286489844734053114604400480011189647421657199931158890372059003146641812617920911940887850066778010999185461909348926691850911899853281758015614963442527274202132308326262537829753747808496486205747377298059504902145550108969348064510974333005997985553203313182691751915919500655848843655165633523507949744148699554593468266676174984193192323919858493142907033972490741043353155071618577128445270455615148720821787901075809945990781903407684845590803485256121124463883238877600772564059505857614506172929101763421062016322763133570869841611333843351915955219934239104565565973100823169947997845631959834114305637058884135857232439459993716084515443224733325747432690293211134055360526090724168837533543614128702342378252708953823576585165964173281100423670224794265894895420024627797793098934507602136241713703106513275975961348992427004704717253332642277426234756632022517984249524982127655951139456814127007662315485158257359633538267179226699363339180668550948028966397016335803063577792061512929958681816023327826828756138695348983385807840486775650291623281022321262862370364711672590911162207449944470337154671719355796034064957218 39

913243157175868905635782011935622777763421623672475667687617220610
1521338942884427554638039142982934097063768466511699684549774924844
2162345498790190059012230711024880588049920820267341521334526194822
2718040452465922884429554190815449214580890457049392729832168834133
4299536825867464108367284683313287432198123007451303144400768357400
2446278097701300214218712351188443907814286457148671303162743814055
3388576038852946905077691124396402844275392116011246848558859087111
1204331369833551298317704475439527351180945626273650721342386754877
8162350966398758989078105843337220397544204986189921453439457001077
6699302333404507062355822832197939121071633904478457406495968373688
3599961027055981093432754571822658191627376408326491944633925414122
5704727893001218140995028817766321849854530856667900703762657705833
8273174956120917523247601272848854422298986799882662839508678945777
1438815809675505801148163295101341784549495324847435024616682604900
8605434986260707695220684576930888101993638860205690810166450518722
1815005743472746924004566280135244242904323796847683264995978599544
1876796098882406497426652295844069729776191462648978315102874006699
7923620332060404453547944198199894752531957170520855316177791641077
7276461392157117740299135555015167097966196524062222914160997227022
9865408714690791932911101746040120652081190334793350740933967335433
8106677644251621091064097827740393472409226971399864193240183367622
5787951661669211485708440347311098577186041438065703058114089652277
9903370706792777717324019606366905990239660061747596602743647723344
1713211256406957304300738718969760826253778407616890456503696412100
1726055110506318058783071771045716789172093155510051312624885074977
1257088277608184629735156660641381318577569232194221616981981833866
1591091112129640683476454149874892596769391552088999743483482510977
7171733477484904241570447657365745775288703137087391907218250577299
9317720421259661778909462781073748939672753336694977597757614013399
0964005994959912477424058226022767434791404365977500711749068727622
6934563752876279153861033480986929574289849008704137552160375946788
7643984362695913728997237720073145336673352699683662926085657058399
0388235938311896147636133170436652976443607494016496971739566002322
4847531278261351162745169349859149728425780115663540112574883834499
5782054756513486752535339309492987778566824738322471363412781566388
2459050230733983253608300387302483963995418402866298087668996005433
6067463747817597385932001097038400943290848252148607855800720302833
9262481484210735676894365084782917239431353773078338286204525607933
7143479890247754480001573891165778949114366003679354363932067762633
0211052152101359215469454499705888762836579334060613239110233812344
7891165133960648232734302761158534325707822596745669263994450654922
8199905402788150706299036213505045231732501367062439410618076676133
7866141456378576604420749242292697703498450126514921671769633105166
7672678488372954900567865723978442763113473249771989060076187591400
8960730665821513844913456155557115108451321597382911001114287389599
9461623938505836032323442082881450433915073780818631937207838031133
6417583734875197650793352053542610648396468002283180323476626782433
8970343828285676740993880122455841828250616588718419177397134842499
5575355361542835106244832821141075660967969951048252279421587069311
5186868228906599054454289767683407842846866351695073592900594465255
1718651841204544327116374524591249405103177497432716433047861042522
0357940327121038480844643633301371529014988427523779498345747998755
2815119651594344029887214917065555918493963736202353463688821813144
3720813493658980418852618146166856463897428391505955837039471238322
1734527348213615696128326308516503821529565084208247108348556368411
5289277977777563665982862156502212507461167590321165420965414701222
9428385457567214173899297998005246418168473348180217325219882119500

351846705828084292711592599970153750974790079509303318805655801013
980812298456546816187153857992812861037660068440830849839727976370
041660306524614826604283117793289355874205593451881326476050299179
833827163739598602358878513460926732319515887297292466770976350989
467701402822922459093649319251931742859694152366564659951119254685
886480010377793163073879444378711516343580868385509803616734117746
795525054156963255517565930011098710343833359200752031771871321169
429737366650481616228139743691943602197933189113714775792846048510
574542832874817932872278710961589682604151910321603588677947479259
298850999499049216484971385441255339167379832698374244874127454709
620633713904740483607941575293633639044817954141117349362026048512
012305360554368887938629144807879100525559893282527733543592470673
999726922739927756533972566967152409677307351761299221420255506531
429549087426170533585033317774602589152893788654307666139718694743
502046969668750567663782500133665443412014978039533409484305880408
087138695315898917544323055761484459929712872562076470023808833082
557863754480673545385987638085847636506952673628098611990040267981
130204610101944598035927435305744929624227377339552016915800533206
697551301973113370391256119133054329794169919294829390557267957952
817726968793291142577732050021476019969815220206152451794238984581
852682797897974405416564805621008330286054730103160503201457405188
876198453502969999264657956500190448278241738609540179103702546381
436244525088702922663923366404351967800356654544364250362507952964
892139065648414018273697145021452643164662100373809950418558874896
308246574073342630025309949781559142128751970527100115710171637749
883378795656865393442661195440774144399248742320604226615977147800
654896433496235839622113531257289820135598481565702045748210917373
786628025393070446554368897474906584779494095981224478743221866015
300973454802469617267129477879519441513440173011883236744872044780
623663700352425861765683808485736885690237092290882122272083417008
979129256543541940782689930557315191699011807050189588596474048139
046260970734195449422706775403353710296483606203275561731021591434
684415539095659097465499279153763329473599602008980264079468292536
127789832058536058561861189451406113222427128611166867250257033634
886315857173971160328821238663749187456626042953189852087917692798
532059687082732060772049087562497623985063918737880636107372115907
573362989705665746883773515985230620783485667267399450197245706160
417028656143126685079755716895080673861961335761307793385665294261
178995576128220396278616303669765729274631760052262488130026201593
446959933230130444390851414406961294909514351132404372818037803052
701614745966697318233961655755091009447720112313016992708211043728
483536465802279843531764876043952080736225958640787345819153105945
582524031075377215743214571344778184309844749991891988572348815392
190452015661719255542998753345400238110974852027005371147123897974
701015854753862680281323170286201290386585144236448649286552358171
372029388017529410102252028569118718607964501087652984253297163117
441865075201876929274642106131317620308506790665882560616162451232
983338560212251996132072858164070209062312718344848223007894040924
391632745240874566781367355700397551427807392003435331321282287328
689542061881883291418904239295829349293059481391941921015430324356
744769924306848954952023954564550306504709712589530864100115696873
272805753462888209289499803769427671523724690745276874941173761124
890701919879296423247494837186391329220403340476272852904805702005
887722635976788174715798214217641766434900548515322233513050200474
266084260275811143081158773578536814136568366713391740316070565037
908528432267821646435930151920709912343384447619748970136375189516
849863063347124393571993453325119243402486722685096712244422809548

620967064207146038923593401068440047536963864975135973583310937832
600190925157443192037612293770890557454362847738453351375649811641
233689229522888668519991591629961786720819183717347307006822812701
860650275302983390146699957479446107026716111602787170650023445485
265531804615279803013588943109664382224754397716230467646353180281
996449375662371151160519787587083429214674980001529714109167257057
969361548756157178235831117710135901253539556871274579972017592606
546190059379608978461902722181450723587954842714991331503962030512
411091650441966975582513218186178356942755406145597270535238267357
110231808197208539486018220548268986636028695668183486685245446144
084069521826332804876044469190082669676296454907545722369233274416
649131955648643994588993387758700988054331863998554049323067761591
828592874389605780464098420897405506832961139723922222697903646977
678755173039666447415747265846547806596395648953581955700357971668
912269469927151284486477227398117418148866331928994659470600892113
189894296771965704861852768613423688150000417238002829767005277922
765540848554333486168898497387186788618987323238004240096386406798
435171625112697259246586787211070538015319495771649485062981579894
694171428204216416558665990728619849384917548026958461964229477931
498122383641538557038089789007613901032349717969632547196564912274
558263541323414243643574594749297927856960776359148472801212182057
123722912544332455660534074849518144676905895980695200349230012498
661937621085005123644254782643573382132966096697316535354256247308
090288177611337397206298364305054086194062218385024498547566872126
006763397437315325783835487482440978097393361487310202390453380947
415977664560313768110629892140901661232700390050502294761351885912
410647065603129801460888994927862354781233707563735243212718006105
308551717034053603307376301871136693532176984282601761121860063584
896534143606709141997792464097211427449546989146355548286434011040
147223008474005897193942555677557844039936570126377009233040177201
570971402261897254902499639625668908485897750415713042927159289338
014627628178042451243346115672917087218116986695871312610665581097
155155569633481984422493772789984900169133406501392255837452536445
871131537749642845154005364042185976909329790072008362962024673223
965883741317529058662626944673521044260379193152110356061561327177
958332423894101137830862454629514095817189416538188260985813625507
028147207441010322838569770121266793214647280115968243771101640588
292038122298228255056488502000903159908409669801425015995974256102
202631836172557111491392144361101853384556828607031576644860576825
091946215850695082849408530180664499120714286759898668841279064653
948357153197916296821916428762691256721694722877436722690746310853
419544061133608487163008322078153715481543546458370259485036167470
707302758499672313280960162936123357408505167586704703228598724739
808647326794039491393791308497363241413902943928457663835198421867
634664301808689606921433831960422100947209843976665228225443683042
220547014325651194268703971992934248063911831147159679288276590160
658481161372294419943326376901682224343559260799088203400234350990
585913929771576049472707702830957584270709136977043713575902026722
712135534497330430506741037054407734595843092276937484039563820488
592647043863621119935422550000256114497085052705009162892960498473
983059770893141204198377018700063858078442617736127875809955159503
846662074848157250182123540825433798202752568074574177955302589468
194577646065374993269932888205395151847408514744363568210924250171
052586349534579159028715221299536595915807697373406864938135614834
686259397425293493723922991126095352789014741520946191693752339607
918005888183785066885788221740893022376707892649055901783573302904
986104756624088404630174420916460792765924033500521369750536665803

340501312807124279897000627372915259070166674643724566787432560019
555424209445336334393919567680459087133098344796212966325811637654
664808900711247402815156434346310814453273397154323345449268619307
448373532903424290227063234450908155379512377571610492712179818535
358509941553871821944942708611496926208222831105450526017646944214
984796916249383350864389979794372572585034947332112364201564544595
832321025867338212082720110236171813291628134769361336231630005551
854169945123703087471769347530638094914882823181146014847359176501
968305714704713971680541712076085415277906148408154352770547111386
619355191825554967376875375655901891589207674352614885293763210787
312387572064840823737530328846402348829287586745751741196425955473
254712998878441337697174478289514806062975015981041096517924873725
424158606070926343451122180515157680503952320798390703844559080248
976751242811186831122353594495362332805156428450911638253284682769
037798940560973049659821677479429060522906427115409075963049075004
578669480644240791416042498973639622383553426568824892490309401353
227598292267618021399446801899603206758034293979479500581123563398
697279023670197762898407331986142970899455340903726057682234474886
920102976488719461875862934213170932727776916518710024989966658550
838113356789617481139240080692044146256653829452233915516045948248
702775240265603080241608406335831049915931308539474269073234720884
119182024847075732911507212454468985268553115998511179393810802097
734738174933999888973856536994038759525336217482394715478348005894
603936659188928996217521047163046603844441237345091038293248389456
001298364934173204224321656427582862696462987054943708647463427711
852938248043935821601986070062171196591832591807574493655660319057
421033069753707322301404429391360729974231482186205712797240843229
742225306478470222877289889172044541364168301862059266947810650015
772730346839982955110599642751983442090994298239413615583265388406
852983750196100267432796083226766089824373992304583819359944552036
471095908251899166291593196398638609984425245591944423740980765055
611750578961464359199255642675963119627783751287465379652386652568
169570032696428785072018471660573792272520952321099076112702419491
396280748169651494320431930648996967523523778013360171535579415272
267440438354774783461541713610807197104730886023745031213890081325
624317204976886802282925502433493959917827467695941155443098503616
431316394425732596746141758066342449250604023220280294698737518293
127065541377829886195848109350266364520750931961525082015023951281
069618830208378779175314247378006661366107125561380956875490976302
248182547336957774425013633346505272962419515030700162982343399091
000615550249467371288432197235339945293806722341962170161634329247
937574459146657715626682851107920980138236027790852490861406132382
047029603361421239678916949923423217152888329799391129466525384726
864053187319793226777027601787151571127131902216836416945329045195
204615033553473446978714152244708770708456141208314980110666716520
746555367187872873746904987162762468053085758352280419199560732766
591756957730028792070628730635622829071093172254124410289965621943
930339359793127298249018850599820753028058182687345362620769884288
389289635517726997755270892807119838327126416498135850566092974668
194143322037636016031702386454010380419337568874559351238398276056
529937969463111573623676580351575643680207979098069735892895033363
102750947847813570006470316765317984374893859319928446797050501465
842227782696067591977743142284898346229638095752245329234359223513
044120345909610127448589140505827476775911036197187481126259602724
586676557147275493941205551336228916904263820835739952061572394645
174449899129702110657095944985564756710539101364046559061659117790
624364595739346071857771170611184517001545450809988500405931558750

951206165545631462007387394433274391565408222265516671149813613507
373995489339174808637419664809327817100263955025914047775193472052
693611721552919289489112851231256310527709723493867708930988562479
735893275980846342321851624985305036273164555086002448011287948708
902187528734539294131614662088148268086141620159155491220419860259
848860991001008935521986004274340573101214273402947594356726977628
542777276759795406783215499987080260583813286902818386210006100337
642379198001944237044206333199893214651697433457699128223182611409
070898614415408199147374743368164498243252660816669669733619695332
127776912977263579843015097108158562779524101403121972539950098548
370069915726381749334231984170867848596330912936697738356288707840
800239223578231036122923133431387087137560726479553068785676787614
086797853884183975085046835092841447196834356692453914539697267038
657031729624183897923545368707062910535840958625288172928169247104
639591376543397751033038618690541627854067967188564523146253468346
430020306636243007728041839150504839977463906523527004766822033701
569158523770139905412638347648466384117910763416394509626576134524
834091389875379348887108440822515024794471987688839920035737926073
657685493015534302684384838893140272196682038727684904065078641498
395483862399144327100354841428571466367581410868575684974964249205
885698437459468657448018493422802795823563775643882682326241877622
162260709045198459326773477350182854360693935241658960117450737611
406406895988292994464538186860664747288899190982296017892978047357
912479632186915368703655952944433499542516058090830492735940881012
512804591065050476649626758222413393315802709420923435482413754573
059087156567567670109209505467111783773210475976697943635702499917
247764099099618422342259389668469915441887720946530070344371831157
287057320673987595782140794073633423608496383233359179022771268263
032769487753200468018475770539434300795119666775243961591663082780
839590538322951127233820755074415307889777628677166251881091187535
197330098637717478618815476411602223903031955967898153733333258298
360045188973413138579600929777458806142401045915014782067973943636
291993558227602367510347827556486627121882555285317825358601035108
225814502611204747092401718602564690068461731767990573490110072728
768926194527588335875822194738432083457863305280755745493828952390
059845682729141346432348817148584606783059482601453596876215967081
249553230576378156493445652578255229382496265751170749498866876544
103827053374089892104036867736560454285845169503140223236337570264
179657785208175448924655709924081323665578698526453538880111889193
286251925922213556676815576092763061557593066264739260898327834768
021460555713159391575134197362381437944978888581196334372829232196
632033578012611307701085721598982028012452701419440551082110912628
261670708062742710620807375623747391179018806303915191898251718666
137575727597103898114628132094118243212011578288178755591908312841
658981012959939724582828850347090530282922251789724313294878973743
215073413895319923645094033008944417799497855061146956152948565531
122294623526306051560149924641646941653581717906597534647747475189
449033886376945491013384753795701243435328321449298275732064946005
703587974137284730855685002414057806994944420965645454206704067126
917703420558935459214751399465865637953244989394807296345359598977
325035224253669755202625966190223911374464701515637749468173440379
453288595394926777638755908647972478088680068172355853131435632975
431766043925383854057568997429850951712778248854066092032655982812
701957135642813925406613098387251913882874323038507006601992157068
887156531369864586671792836573552565862718814401443171436793748105
969137093212168062424716237296617153934399533680541456986793897178
488910159860309541293529874616910919252380974294455148855831849949

8594795902426366425548655563314934689356150341488374884631294653005
565980746769773601945598152863062761262676635577359767581138421612
373314597087298604713841740124888891879713327363626251131133467653
762929984089037789520000853939976358474428197985767807210489634599
077801542669717456754261723840220327733647639755175491665338447273
368535249669156297692483436265047461988233594559385423887390136417
704694539579811875271215977684425117995807169454668617498200389141
367574252951992353630286409958477380806675941697155808335426239966
791371918119745650950142157414450246559428230866854834547550417532
809049243969757733834069200365962698238063210584211683115360806396
000302983486986250141895196159770985309893415906918264474621242983
607543464462434641837589126993823538014384957364332358908803400365
035629450989571731821193875360604033750257331182525704669344702757
566572460202434358051761798043050015766122068591071191644783678775
528755576514955386462900314778433524201822322818628898360499556710
094713073625117504656828874933451108004370570085720732275083196736
841092108726460308626987012176044090402806979491118396436605218431
492307351631588904445480567978322555962857732503063907386237033313
393794864907355954685179650429666182553105264598245173537563250283
739435510180592720530901051429092433527312786900151513055874053955
359526490302813127589266878502683802775398087841969542444707598265
277147636801344512270464696586160140500059813554266004555304125645
385648993160312805596469709727717647751362379318695356428514304456
301276104282649403679748029330190134439986092840586881002688832877
860690700575222916378845954295112712364162904172492592870335181217
772457206347444140710457987011683486538940860879346428858140532372
205220333882782491606550751428498895026730473386894146657715191706
700715462849334130545953261782576247455778605289070556812093921363
602079484001904534822717501991998503517218198291555373940524474881
608401142868298542198154173994615194467566539911086257026617289157
211616708612807864422596878065405524084076980926229798908974388648
718812412152858621071441713146827394151245402315271846416021045875
096948375943180736202192937400119027475027176567343594247367066180
398677673056064018589905357512300230660837087116869147579133638408
623253843492671860661390466843378796516790070950960770044545355631
362405135816161738439970087207800572797374766973300019518157166514
482156340621818656955569523059973209613527960436084916464544009853
402960861674533438096899823943693824949550947169541670641283942451
714126019162473827086697693118069609710155725814785319462574614535
039762605546512543502145241434329824924138121771320340323718671520
627359281633744103154710463963111770834535015448259457608665977571
739145766095877536672498405172457008259582124548521961643789313109
882481700384223320632885004325420849215944237347069301246933339188
876395624142540683244296139656862403164128403058782564652342818336
566518958550369909432595309425060808246841425531437037390665109896
765398087358749937703345895301949519517021752264520732036027546394
131113711611622289900457080284754036140638147708904136189639814679з
609058294820541858067653745684521520114145135847400424917141834979
108526755786923646084051029640568547162911479605166051298601164218
923584706774478369791634369220302198889638490152417264835108736731
345839534421502246261553366336148347864323356138053007496676208428
757530744847676122129520464026842561574021989849634090361092184760
431288829692663808182477416243214918051745760516527671485956723605
854481485440213290753231193378970542137669259894146244375806251615
321799734696371796455473353549249001405607436631064741766799857256
986302528399444346379930518242598412579835864959062789069536518549
591816028252311296488624546624741498780234896199049347281966658307

1475772532015868355470778367282575623992435546393774544779733829602922395391013639248424579908952046563980451217891118683684611173674956595237321588319222476966429594969400736850502840377689062658085002467172958976399152885528712794692079212206720132052809396452263227086822123147580066031785861841069345045525790977739566180123341874179413622157860500783390345912525245404857543632770893637348137625065838802048457015329172877536585102843043037380946458279446317034769613448682880549387474207836072091819669560779780786595574070960443029786093090797207307496070108155868501594809753435305272934116171483174733966100517521700230147990108690345229770487759840572862989418102152969007455565972433483618503777150550860330111505317616416961877236613812722787109865173452038573787302166127222580623945634238951182710638999382819394680890891714268678748870323697423698254355888832460845820284023483626235883643493266480175590460342821517219563963495304300848416621782715144945954090117944885259504947265569119457920367936540376113867493761913528838976548861213181153030471606196867043644288434988225523312968750291635458654268660889460469293705964951284489740485678003585270403993562604898282215255571996993525794545261740743270859891130014290671400225943274690218982995179553442748718111642117429343466185812595775017541353411801559140012523994839390176617521611923006320392693503074408005564853217364811681583302031705897646782329202381824767644909239971574846690066268487079269797454361050266597917187256545818722599567184718953968963563982739116945400828677220839735648520196059606726455519342925230681863759467716574716398510375801026645131490589465320117025939029809267215532618811216870595841647293227196915373233155149878813034739889489625427170463108520020308934976074748096952314381448595233628759639315703476429000525190908752531657407924492946317614112816050060433236781492170244718104090002523572907450940087541909448501323427737790282037687775988388910224289465863071885783632584011400402958201515727775055220497671741806522968128144535963077468399197436150775560849014830488152662261688754968034628330406849672488458314489610898411164185347246790495429842336879295028505356227380869303629064349610638902734239816444371298967524622134998071790983253853751824514318229817014980471474405208206771734829307574244607177847252459461857489049305096509795390542253069212360701703837910857146983022577248525173845914560791055885370470662930526861151496257016777566050987152218931199319086080409589327271465200315991180436374064955449852221163110792402530841208587432750830257360467355905024287620096058217825407072535881942427482290612611565067099069000096462286669193502613356980448499030606977087917964203449470664734358313049859323970595890765212059389769761799954609902557501292529505175646332819377848179827289216268839791503902841548928484050101832934301693930859769188207609832728889211355169823445644473332530729623985792356457676844465574078818475328003206204091248503790790336969679985756985481175481183866884928262489337313463656209623643601760475628848255746879835231668920327581208311926727387077628308791944164060207462803182215764029456583397476087986917525550317049629196191712150721245277331363754728630499003750245934859600321151449928406621582574367422744755010639122242188903912068857149902812503322293010196259879383127482079514574663690869011102131053057387506102876258248047297829759703788665270217441124608373700727640915037133336149717400905160213542870186599060553712590929896988757268780006791586909108457407802739901018725834025027067523492790845564584723383879369483932121937056631027358110963094423462935733587439546101715097484176032594835362175167124900482878786934431786340777895613431476530447271015873083591865442275335060945

454270943829595234500617950815499122260677053695403470872316703773
580038588820185360607740785920309100130736686153320514309483297128
610836602524555926973266001032976141119174374276782789747510302954
650308104060484212662927492258713195804378325583814279728206104671
644545396678275066337611956154718081141066372890445086071121650660
339892385555376753205387993468505034921858653621561162560773785078
336813948450925056970346054311689014345656230772431780451284414990
211879930904828898966619644774295261486897574573204681701313930905
117056129681336246565767032752997884256367261046845139557876174554
261407949927885159419323455730645855363767666277904565194687523590
507070290264235937689217411258335714398554727179693347166990452457
385765734636323402095801122354476444172330199688759484111588591938
802652082412625415775923953557139009940619257885762438343967082535
985086771745203064771259716871629271981108722640716731620311995057
495353350785579058055228056768709400358862145084193945110212966418
030102507190041435180262583918416963342871083924470112172842730327
747013437984117330124469137759748817280837808632835848060410924220
865767728752209963240080429944929304986884989845824998371385891669
131411594805379770420015970689347111831573389010474647987808156521
926441124175366266821681770769432381466336419486790863825847134143
907867852662542025507987500598344208643353203403385407169700485895
423819416463202364499218696935197625148758953644751634449406416198
941671134104435014824843798746391600097858007148865413513572346046
623479297272831424155920800251034678954542752194241325704026306976
946540161354854687985714429486803039101844108638904144811237544371
285330823993732836681962313029569185695856627411377033885853664622
747193167250336110407331565700765207124240797569995015171682190064
511788702874635229298088187710072903397299225664211305601375775977
190139941236326728084538940031909615421499319261336411225553601183
662732783852674019875478187635393573394928471029582528710380997565
439732567129487558224783626807452739034903745390658115194195726455
858788269618859947491839526549635447571365041228605931178327747043
171702175554273381131644612205777914607365779146307623015698777942
799470800066693339080866312852037258042871394552756934418643828321
630754249357674340668984292481754076245634843585997894799507358408
972112726010980185913187269858204360215449353734228209983215127996
754771510867255688821989769067943231991850034564659754689420908586
518688541565005301770434777447943867270393095250807174811438806676
944040880337002762289229403949546456869467365627651215744427275561
854727297092316077100833032761204644001950108825543666118384017506
433079878960184957256409227026453638384878282644377846764678894521
861373535543656377606476678170898450543551146912314274141648367976
459749610075175159580739164799319511126936601648584829390733187973
916908788195618674358831373515539061314098627551521295444877104580
897721910582763398947484910278339169952254377681439407418668237567
124423323514823465867649964519452476330870536440687141456832606639
769454801930943710086795751239891190608598079561897702861704671402
026390040755211696790396797200717133559771467791845713611149407966
712462922999331477634216541227783574825862753499006792111978060307
885749546973284196464487248154923884504168748844032656277470952960
677481195278592514810702849070915018652287534294183631406112370858
732629402433909819838680897918601274620818939502098874883195920209
202041991431102432886184043867214698447218058827477611885531433454
775949915708112154724304881109826753085018792712236067265424722554
951167783499513760704930313675989221645767417615608894882995093114
276568187950445739072603866015581213816955577135842043549347895364
202338974649549276685353620131752865705505880944097716682618778503

5656932488370061916868813257698988921537701642941547703528005611194
8422472985187487774953546599864731283766810231684783864208035715066
610437608027590099241762684102073191041168647523492506036456386777
296180495366105618145387474536473562955760076828385002653903382204
235925539829328419394494205000899887248918062112870490391300294855
651474954344575244822871583406545423074678494274930963470015143263
124161298211097657797808646208963643472088059155364232264831264515
021605196502658472066706130120493386969922060721205507484698313250
445679036197937511451056109940597227061024553164341842315931353905
307277364315636726458013226763772668618633479296099412432700177449
539823043204002544985446412582181492056014921887888485004281841829
538377471703679191289376308701042720721052793407615909556056902878
841543593704129448706773764271263821528379114630861459968813851549
589693494777530091090895645062887987494998791897733005539554996967
223113032996223735743856778002884728964213358326697472583460615280
371262743221724325293392575924924474115450585976031425395401902732
717953482453447118183267533772568831319357002083161783185793469555
062509874148085073837262014483584640035336912705562119589062989355
562779178399088576495624037971430883909711102642258974629317668967
223404012789249994400301464679220203830421619880771734664735164681
098205658445677184987499742916295695277744170956312845961026901454
223339536443247908988275294511632099275307499379381898314756794441
245959637262578848779824592170128005575802716147579216877302876772
414278390459073912739294267884385771923968052299403405334707357333
451836725155426582639619999309836730795037244868646114937304957612
941570707066203289181107238915527538336663817080430330556707275261
677419463060608701555657445230874655839612405030148057910614581630
901314898861882107938274751304764124868278016019084967844218901110
183925596780158884405085393976838736014191230960600868884840958759
093979887545712509890277211540144019262217279654656498959921437569
114290202041115792487312650807559597284727869968278916268278694911
152476745851922811086526770098192794353379135535005146898579382371
388273535727171789383014221648571714102900699728235323288484621928
112894081707974024421905443693038017492997032084340110873321114536
842359999320908951566908596491522776672296396942242423418831803521
099116402806434847354437983200003628081909768558492561175239297741
658204184481090895126836470846247411739612714881019329455867381943
250861265358837368559920259078153960821287907306065333544905988347
470101680869637317737325829139402014992329209692706783167596814766
966752080774826807111167849293584619841862617211092532216068525388
159185598806277687216438183516049553852793642109031310360781624389
147125433165370049295435731311918042841965032161578090425201331248
560532036085914481767170549766907392764895140552152060925413291657
024918171664437203666136857876733251108285903819215447665286225246
359219175013034284393319549122972792697639531748622320787892026844
508352041249612609478597647640505134461645779957974192093941387311
276724057940541046207559701574182718191565611832096658777408146769
169774837664183860817525478596851524694807752817906293992706525231
293089486645014790454710761515539979963895457354995616420964604747
459853772405194520424469515511057601494221445985078562898005200150
144217236030394428342444870888738111756954845868810158847305082029
360514301370104506990268158198945951504537485723487980716132368998
892862049934134778445964826238868934495641306886939680162402256960
972590583690359144783046409691845826547581534945007765160758195664
124007433611728666605780640979068506843839086550136603417156612177
413653524666292403852731631584292475107182073761997425700526636287
342485276970912414632604391164682571938447497652741279128833276475

340045879787567219728508025158776549056558922047149620525210401201
669876445381749387615396217620998186695643493775204078670455027574
954208283438265272799066404046308555601579354158018388708877140523
005777747910133607583463708160374140335816621710523779547780310828
789311389894479586116939228137724820976622315374165551870724300378
446838734446101858764966248302353552906856208893670501291450337471
297708298592055240518783105621652132246122880034754732559325711750
916176594166482394972913352370543886272408483705528170029629809058
650804794954624582240135714158490067330844573881811967445142911521
434279392699655622571986439196067753038374686672221703556890842503
483294766784150367836819897475626360760561739594959045378728870880
119654187892476530782025541234215275554653752784851164219300210400
696015444285500717437035400703359356505398651785707006582099804195
744951235876447812486104147556590450055377874542573276631373882502
017264896961612910104812793263745673134738711663877099845420670270
029601117226376272726745210181186559105258614533881970128991196384
735029017400070680631462301308053975457760287247409909750691788261
928319716472128495873791803549559085450061798813211982114298258375
305635097899123594054486017902486260767194835184423490587190753372
944339592409185352802957201038394209623342775620874772317011752756
872410122453028153879584509634857983910451921318634956903039125641
139059641254019436292949491921353071715344840968420710642282289811
864026763507160796935047021002318781098561356791065930660078977625
531978982500663151562983354439164449258057007801061628032102201957
047579865658116809332423000560664896736948762426172410119907596206
943468594040616410905711553454537680923271287235399907443591953983
973721101334949165692714299302802031477456050544661845753230590170
786156443038197017914956765394045943560606605070173938931321346258
503810731950386744835560194918228051677305768502688432549589089560
814199507525651893554022636610084816146203865446477107121879516306
983362021407461243273856073300741729085341371467646620823326530075
778457801275507872627830161825087008428187745332078797789429648585
975819284204996482962042735407338531005469939541254619473472170399
527022703577938585129683664406788983746565636135444780666838466976
517661499961854398962350237176711027408909193995831451468723612871
384972420690809504422367855102876286804251881635840261629851807211
528332237580970905745356917840193816002439654325782504544519694034
884092434085789998277191512303094738055403082315560818607161583433
955617281063733110606015264964148156840431946235604363017431750920
771304908868560472738551730953808475014486517604975677360783315447
229253433596384563021521710498738592531020397895814333663841559299
255089446027807017962274521055506711913163262652799366963598923830
060969816001670881344300203911771916307016377800383003711264182414
601498704171480566260338497751756038495491915791417929536849597062
863297174522149452643640004011685127587387943486668837572288996134
299386640236405894482452912428201658004781669418478063660478483817
618565155840174603728978215856590831489306511779198572317164764724
189304315319990881549971377420721011833196861968494405184713480510
376244887581817277233442721570874000852493919493398103083199952288
542626308518145514104967489642576817203145774197605540116651437193
376372188186506524854450399937660922677770747939980142258086621498
719124701387469895676580981634240795135703733486839946074001483818
809109122785049874225639471028589036178924869455199904917116231709
297408195172163625062371420825261190713179187638003738209989415516
736290310549402905372537989577370008817865887049043920910261127811
112935519422778192147007436373735190083294733687322396549476329928
275318351812624007118920345658855468095030263042519219879777374432

6372609289111090052198687553722810530557641476148246398586371897727
9777619373087670426497044115114128900621261138853060373672295958 16
1170213950300741417661128483328860167367167320358804701580247848 64
6398079995767647079233106445662603373073615899226178752674260135 36
0072952785114473129927914524506233402909639717592321979580111914 66
9928396066090546200798237452122450360169104115632219532972695445 55
1518284094539550786740409371853236603877962805143126766274036439 82
3983188176059785281346639469560555811845893980705011357516820680 69
4894385529135088285447348281517609715423859522132730861322041292 33
0776565586927909570047843039556819940159642233595945502281056543 77
9954708624485590800370695015608019307214648972673163938925538159 95
8617022059139730270900638588414953461627642604428373891251918478 19
8500254982630358510063410344376334073346990312703558308011243548 15
8661164679904704099547923812878971867801098152049788060504766682 03
6629672509369396073136693374720367243003189666204997506525201754 71
3578657346438364676379268501958461510696765363902447489954321997 23
1906116932962287789461226566830643518956163899574507722109451279 91
8853244493764877890405442242334709795872652176937776370796040732 78
9702455829538696164126324657549210448122380893363807649499671963 48
6155406090914159497678087746191227708286844605325727180192324631 99
9466767892603035979578118279000471394092171939987407600099970695 81
6344792336051061664600778755939545785813561911797348472427564395 44
4690018537030388994721998308058834058367204730105933716458537773 33
7382618819978607406745090629225548899083443584470718683462839079 29
4708011696863948511850811643813460281234771266500937086434980810 61
1925116998390691124112788492250107404670010024987554980352405636 73
7156440483483522461021967504033422680901960919183676975391844888 98
1030769313603684649075185192089980796748495206425281503988219929 45
0163122444192907905821755002124641564387801147363534860323181769 76
9925688623422436511614137835848603457291845645973101458014423391 03
4366190912117514143224004338147146495702803681747815733992552787 67
5813633597536055953938401768676743047462011227916421387901627178 29
3633202573540649829431595005547141144066372802259064990772972153 18
4835396210592075094818702230994825467297018483782461121232263919 43
5007317776200669540599603740376544106287192417866624208821464827 82
7943811361974467588435956400543384035329212785957488140007374970 83
2504832785755627877386652839778888430937242195945555354368165329 37
1988636343681790751801961273509345804109446551725884968026121015 34
6697273811614985607135933184212517820869764413662803131959266299 80
0800499938017991534491839141860014917652009555057429439030632354 05
1291327228528953318386128009002420185920683012455768851599860366 70
8821440361799497576930101581684048963695057071941618192298699854 61
8110664316242154343885744834338880719947667423092554142522046461 32
6333021925412332655422517900396237001187722488012189973986745402 32
7831011155813888762532752346656497928456091175839397247695692295 81
6479170577534606301700752743140171314093470826207580556365138365 77
9777856686672314338997158540512838175395172886726792433519324279 44
6404274845572204271370383384282433585631425510375691018147458356 41
4678953450868562901848676091677061998800659230534436395717282508 88
4259966392897124775740130935543924733240791820455538176637235332 22
0935125401324815902989026429742592787894547500654994692121246662 06
6260821434932002080552240572239843830449363282819228454889328958 74
0225793208207774992126360859118902964660983895888100292388204924 62
2971332292970377519931361009803526705244868532263744780463843256 46
3010008144862912199457156447900994460842936828479652744612765333 24
4881103324202517473862223449069723675537880339959666403072143753 60
2331036965733231523772298744269056689617796282321898718909625100 09

667381607994856169911256164664511017559716379949948745173586586770
840471684474770849909769979447071072216462801394627545923362533618
584457602386869037340402342997958662188971415880457537565078504261
021206974369709692144094113468994263087437856931812699404387145948
959983500248233904352960214104347987103068353429770829833207751807
152848088283370145995157366923408952207467531109020004087766773452
083041072554159390052576034609120814028417742037713070084243715867
293605934806649256089060062140073524622034669434043776297371417295
657738443594005475357783364787173858831995725380639809960264540532
720562873151122978157160862957374684566542360082900430576533154127
168989746228513385107670664275111061263511316160924243466569700709
329952178094757112910514811469846816362099491211915737590934654666
176085925249964296490499530084958760781963600471026739400740732084
362442003461449470324239517678532424534809937752802805259240486576
284671412186729974077030839307426174014500322104972620715170167184
912813438981955969766521920190813700036727820825480844407705488949
773529007409396411521592813098524327606824759522533080282483140911
455034964805588336314363788086926850984022754356109530387770701212
000289803251790104923250778850259083263414354851687722009982947719
960230524388558044873833160358617226920300671018787426069417860407
069990250750049323362692993214094658099646531428589402950507599383
742467138926990433088969689317122152250932961528322314040152247200
696225193121876948328674200291736644356806635821053328041767261515
623021242888554325019347747162804383419392847933486122205735240128
775008941153319230976508281811189635502495846710684529264484555742
771213474285886128655316929049767845662596418247266927783440026607
279474144408370664575851237670920004831219403483729208560022902779
773086485414746185881115702402873149042337471022051225421059966070
353839506482334592609712442501847780809771726739247319401655039607
867012304739576533280658508348412526008894658467311915729174574224
177949335497989190078206213086108038655162237581246483554065072432
929291154509266713185929676930903243805005047057980295747163465461
868596663348164737563758253029528629237343678949466010883529136131
466638328071198371749145500064298208172745061751153316431785068605
599580414470505145134434661354349132377733690004775758504046993549
528650821231068855209618997124393434111680987953962481708529338557
609002702279497412417974047571783589151301019483114208868324943314
817802337650953324299552859443683435519727318517804946558350991943
093702256819318024684488318677087309347278038059155250231204064223
609470988530160758370543677837414644116053421760045932648901251010
943688839493750108078235517849509082358995407264746204374288810508
396455884266548692765048403283121820919225254911472664063622030793
455066039883857248600510852807898750922954152053685929261987791689
221592205220551985320147926147108591884318686574115963789931121609
989761109796335654449027343590983289478678839749661090310579656789
884814633779378097206339058401025151480018804012308861312975542072
153696492705801455275021614678086913660749812251621634354851006334
434910353420533934694524974769550862656936276212610915726891851277
303763839795715936693067949298648386633844544863127608551005181894
581104146470845401536291458227457290153410579881693540552831867360
382508835230473920214607034933191067272651277179914138372267050300
428895154913480292363239288242207957730865773544300787149940796063
032576958992623920596601385554180341966989324367028510494283621790
242444777381925654599726442141645880183324265738561878678959852363
478423536809059927119995597854014483596606215632951638907300427568
254001923588832030019113497523286130065109787692945531139668955583
476437080703315692464770566831708735818394804538875307517147833711

9507687976407728846486649791823184502315381055175873407189625387985376214371724368207104688142052492393655087044891355416556266667131541921763666664454613419706588440480395862840116136033685481345505093590314165725257605552586987870305119319075536363454402515452339582336587160381608528218500714103549936084662784075061236838764462145891921779142593006497312418546365599567512958502030822784103261371511351983906124159646333982390087897387993371672887203567894869612784691802988400077024046141684357096461162379484580024369153446231929702763704581054668618648920064818578844704613762942820614210703480363084411167800614815023913690139665758030939659044159125120969529735812730979032583292747939969282438314920625902933092860103323917403838342745711351398457747832024488386021968076716331653498673034745401399921598221116711151254425853760916734327699904005844974347590556420630769469347283565064991077767958926507983234810840182244891170749665104061875918474857697210367432681514842019569722074734482208792869960836293587631653890478390048742747935151528419727078614321965828417069390496815772568280501220207510923634655176931515723238105018022585517518247822341364317881652068506613942262653446972893597805755792607832166738898066125192388000169534325226200528899561086132879950759573554749552474243083287019180305647708273670143445393759376315501750935185158798505069463905231958292523097514074052545956314007436631365318598857577378878419026141186895445650421603370647862526272470854341759779500692649026951120275026309543674058016472131592679453794369497526101844660858000783127191316021235091382970425870233641604644846128470918634315198653654660902676182247471801225355996813235223866795597369258068959753037126480244820458137018203432869086371659833775710858330103687434657741106218143176556339621006385831674674809188717077376535589866220294998738274442554792411634654679406036502474602456189525909349966735951227127320524011111391852302706761427723092229472881013319296333997818550318293443263220646980101295170455704300632501562504315083657628326741230020495063971736784188910051425253052496886256738738477796628662164973624028836930961735437337313667758358357017944714574708124906980229776815688257225708949890899120660554025206080132245048251208137567437661986796426412986059431128300054088818812331334729747312126744443118675943209106681841781026557335326213877374737553457827904151159313218518285887774417722966204691386602093496942560536450662133317325961987682588594298794267093801141054153993918960836361924874187916930646357844807215658399312037940118324480201556714142859863727859846970740475543618234815879601141366235245480672034561475693978012289565852162256169671298369008539004383451036299591188765554858501038242000728257383191539907527071272412720139581995535663735512890906976251070304892027945259155650048553046678249437412341710845111272716022109419314554015799975257597062357119650920779653514558284969464124712726275202638568898807683516345882147443822121862964661262708267422635057195047392386350754121166483026200971276710048982671613245191035278362070128544446701113052325226930150870306338451974189270634069245458809137680372957533468067793504686478745877073762192530528748136198511385757845429291076654292834071343502250882818892915244527783987472190081314380720430207245467931758778466626656846528861507688403122321218733296072442684943391394823440048794731810015672345261770257670886790779488435759761351817722330324699911665759663561548880404973201297560095265988234960223329496042355117872785529240802858776678063370228800022181033547073381937382622675719292593356370954061572778057244148311164042802001173781045377356971226702822063493126905454981671849950281156890107968802900112565891790555923454722921378528723282181212

503451820595480967722776607131017786034388295733182064235872369934
100981061723496382468683009133256534492346840680693901747353201504
440611383475519042887754060775819161781154130039925740378644359130
190784611315598122874333833098537839728020727286892320298943973394
819817757139247491694646666789612342910937033879325123377397138802
549835070664655016435659685314582650756107057247029983740904860172
437641981422704314803738452936874360053639126726507615680781314200
412241195949403929770163428124078720808521666306459230567032070981
617225290269602306308129260227978177435716138102919298062250972902
342140272119169380327132983200837285066796162815923582866865760999
044159915872039418368224730903669496907177457012177714467268351119
457992357643789469356535420860629730104673071982276607743930230946
886154828109515202159705255023615647835579419688175556091385778521
922259647769941023057003836674762355069788231896556982414650286786
318921131224060618093860488326451730840169501420821573260642922288
691115250254993602180051041932609690738474883239140241558533260115
285070430660932244424825241441746074448844534185528241403762246430
116084929486645829985520542671517405454420206280703433294106933727
264297066891081535848401490945693824621684799297070687378774062892
832545134226040883718721990383555267472209412312676596338155725024
484611269592746975238144932164044468989516224006928370958627380688
833629163724004187595864552046374627569583050798453815347152306641
100725692362934927639367109131351270403054576969966845535847145591
819283771246258352141244581202749660784771810569945704336050816850
958945374630795183950034717251948443599494854468526812973590190690
653598903356956031006447968263120457319101154449655511226841732515
227738630308135975821722905976613762764176616347690912507016199955
375964321155753439662168827108403675119299960008862463219998754180
943600530874133962692998207629668015488090523558718680761698556060
434175392524049679996465176000269269165516987526525067739508513040
805388445060926010964368810894202685615907389985099082501549463918
220970064845536636689968589228638215971107671797678975011542808723
039128878869961867893071982867549919743262709341000268510325929632
688185241489579124432764872180145298218574977142929436668937836438
222965859111417940518494207357064528325988459122593949274445571466
776515114569290313952537580463375857964158116362187227661518982412
205351322422488256167742459676541254033178449883841113760735007720
085697277626487365278338916361424964210630883493089033208487794286
440497222682861859946689343794851334855905828206964612394649757412
236283139773381908745580331675172722386647360336322942216531277635
847730631534297372774923149739427339168139875171650178103261317455
063776577097886959767574221493716352884568741975606953600393373320
206516493697081492295834331163103727409098662574705051470227230962
962287676893693773871239020465167295592539637570422968270137215978
496180362348043379063970358558242210882352987239496885357705045182
895099193763474732035193828111442092546739336782292584965322008001
526318029140864688824845131277306267980815595476482850417271139264
031553850405835488218720632498225683083781144749672788833200028717
670034369690112633377140681492485609922237095518547384457179054176
873927917178516593198682887564181867768768410191491807939961128907
075158854552469947650821767567721164663642768199852241009652130504
650834072757448496619761614608405906074102214449762236679944848377
775461200772349048346804799553637492002228711271851356066168229123
239218005582781418581599044062405262546367710924438317339847632851
470653500079783184915824011759565900535027064038408707123341254904
300589255268336910947101885680630974863894076607300957659146215650
501976073448899217067459599010087108436183443327787653682587723082

2334434543292752645035082751036885278769677924752905435163484717778
306004342306802510416927098404294232615492831376121879256159805549
617993488223404322283765653188612575026407804515295419719419547797
740615546242676714336470510868155403216644525162310712260123089371
047550682508603240463908671443690773244134398492841467882847147933
299621527265676834010400353802720252754184352253722834489706581156
085710599336667745198566047220084160190860000788059526818266913138
417341819905590105823592902013540514610372925984089244405799629261
209829819631751214535332103905565185435755015506330230393983217424
163887658141828375495738248135795353764156486001991020976353392075
484934838869281611240904286051688972415625937579583189895007292459
604679885544190931123329852718446233567773599333480407470372053280
347069763700271572820230730576961414871966420425572750491950366323
004651395418140725108930709443978312110733276687592803776507172513
608755719376485636744855888825788766133918449302119188229270901950
014684234363699275319954611567138685704507441432163390407802999234
905814465652044962335154357201055418206044026298913181811835652148
013865548465039391744227689983209599473453261485153380908818440673
726935784293194085081800541112501203457445303331397380446948852770
989980569600051914114142279477629690392241524461598136812557513984
940301589089128390396906823715967622826543755905616030020457274561
527945965191825007133487156545101752772344850870016671622088134714
559577331251876805648529105407392802221120032862781056402439800380
701905697739652978779098800316200668984037215519624334297992810095
608616020149108819115097937929003694499120621765377482371955324580
636150130098086504424252934783569851494288463384019650862826192681
818133145352271022161786885639796180425572709401969041952782218972
371157604600163990908887257182510468842834618913181202969641334893
176005480461049509279897517631114740226421967576451984887245324003
253302518248307749123252566884756169542393488977846191575794422770
855820578541006163487982613985550919249337634419693864702415434328
232827684568414269943837235402540939373073804634343828207196553140
326715847016941483313914996741090812530998431631207310850501690632
931910182110539558556703982419629169520765719992723071763730813642
389401482326265470550903841961663957458368747626735252558119907191
836237358436871834305909221799544996922233003428708226933056544676
836776755877960837571832810682555956854316804574768968447920124443
974874700573757245740874921782756424733258593382718360118550637271
168238142462458904590760296921428081805778560188655269099927922154
712708959240179476507844514414645517172724548476941607662478326065
735413894461988583756749847678053698392957632660226472399204136521
623736361466640323155185415154811185810844339855150436734807098016
306252475101971504669545974914141011308661681636860421033880745651
994932458611604871116486279983802481253941899013637727311133834266
778532592324533344853759664716208338537412263555308937443901951541
575679942453238033408307216841994789968124268884616597060833397337
177144364986798767187972512615063197288554063191512610386496203137
400515441345721044904467051945156922739366732497685739160310543114
816892225159257668780953462048818191351201284162581472102780965979
991944160344384182326231448081673218912379946597469447371994734475
461447290698588542010162523064196805972372284233732451140654028375
526303970784269804597321019493457002525055959469814542210702836906
765111338008271970430451924780925117856272910352627916974258068402
627307584190214628440917898442561629867390910053700297885506985823
190928855440993457717507878492547917137854322631465566615358702116
916043172098426523231396606548893085383019683401924136867142069727
633671975814778723614330172612555205583002475666557171155769559720

731113661647649212410007432536721117181902698647349658130101367113
732229307682146982330958626017552721672584247759443215834483251667
717953813744964440656738138326645751744905748004650568402111858982
706460025498422293207274982206974769806226082660110961848556935211
806622929940380157261010384282960889874606563046798502292990209291
932461771606160384801422508869123734248586441731267184746634512149
080855321275811894748251785940175844722914259381996647903390875103
666661541646865470072022022545975348098423501364848574947885547459
213375096376782165427914135474670062812767442222991188279981357269
073785469091101556810429717305778842476385374026797415237094624639
434605121639245148210507976032685986609400873234156423535667666375
312276348010107704548905103240579565966741308311579279748096695434
726072474106920153392090933458277744733961650093575247112417075063
503208867717412193495146667638712637372846116040877063015837600111
533649212190203318068500324666379221737979268046636376195583620471
957455881725511200080419911461363395552011300394239159753566741136
702232551901934176455731469482202225229548333297745560513730774251
770977444659807607594546606593103127348715553264389083383702773822
074314568944586437175412106604933774542490470014903959465745943771
237897280058429396210552675039566321492376729814066350061202360793
595072500261188229881702440932306066540097229824335376524377994159
185149339041722501469974253353780504362141093577235490088186907390
269514016697214836261672332385111763897273755722811689919980399572
937460322172819284534093325844116963040623830035426887429021182429
856451245795207347984627346195104552425613736299433014983937291110
870529969519183533650534844242848046310476522083420859365173096584
496130285833654819543598186756220294161384321163257685982562967201
828906781124186868784597313387140418729700711919867701293106293096
949899354813921875928804839845138740758643027656157147335183544073
506255312343664960053109148813032384462652043513629026265933306812
051158885104358569945649938869570706111923572757110294196928994187
655436884256928063861435130310638444334313396196979733561523242666
417066390240362365593574944251038356824938543066369565628381349757
831909024277049909445141111241230206043422328892597491438231575907
984423517784541128724259493533330985710978755386839817548252121751
810308218176505155563452429948453904577562674465785517591489162251
178070532881170459740597598645830080056103223325384300750981134310
120450833190422865468587799440122965616563890815959223940343922260
010197221765736217116359902575752900033866022749259421935596129475
518513699393249692786635065238826768941167638908982314619095968338
612311858671495757270575686399745427113036591818384717808180841752
010065566213047632675249466820599746393688064999076413425808930820
409023632383517830632217617206433632011040344099409158405146878326
260477568040712615484260346833880268094044793089193734239036386440
254924481157390763168026646799679017556718706413633240288705087457
165871395916429253614402597840290871343774441758956655811307376296
889347527173711313779000310082729387122487986914124280084502725122
546352721992018762423508027844796784337023680736143992859048111112
541931101350959312727661124888954689194535563621879329974884586783
481448626980470399009162895288368911374616731561702410045157757001
603778370339572539261354053250114657419224801218243169853035363945
988575041132622240054109705194916292574379281916876204926756847774
860345138396946799094353055861500427944483112063090593443247000937
536710056044926556034727477807907836395045187624483926979873135352
843484638881332304397927748022015296192355486000473427309507867806
253076736433322824196132427056557794522660656950161892625626948238
005695033649150471162428579689682908969058363758278283892895520363

223930960420462287810637658111782742762532340505564585343287393682
881055582302015544340256660561199160833124527637674938321952334956
317862584221341665748262887744717933870329083625039959451591113255
050506004055193310678540221401392893077471031783341055948291837130
769245697952206414022795846705868857757846872528947007508518500453
068757078397466638450736019535737073785356700362585582066737243338
623835066357323527255029874737157104957827619393563501675928367423
085383857351276128826173200948780873129781099401372087532187962176
750723431042040983005430754543089347560999670530062600893958753 98
030047816817127195093934191068331792429451595438511210909172267321
832118162279570595447822536126829509548622172312363166507257218634
531741072397650382647261206586272339002819509088574096005768787459
135373146151589768102894467346086010997367803156129155718923796941
378351231627407516945694908680544178759792003655469263444618177373
227167003444266776046094924812058797064658497352880792415315639324
344125789177935725901786375825693806342504430545882795813741075602
287584447810965427651767062223706972419791802152291454833956256228
460783866292668106052637667735843824873378258642885012123329247207
096075960682756058028935698068009042477941448052246140801929827445
359142613006731539974220398080445375011953972619448484495199114028
190660032628026970954487165779231879915526503112323553639686684530
243015961973492262352274323053604223375606417777316238560718050405
591823508941421612604389373200349753263396931768396397408340876148
966053467650020180180950179015247573815905144668404233204625195859
647960289531559077547204187516804221048827397952482737496742588221
229084184267327354050629747395625186097845807013227661151733251592
801250066103078456552279339066119554676984670693114454341653858729
999117725534075836267307205981923186415819683344077561735876011585
410628859025148597066302566272781881934320443544059426417472874446
384970887538924365482695425677051955005030485739671925936918313224
995238290395190787500747741928834128339315143605456554992740034000
514752860117649136881975405835181301064281918542772397988891155654
420613295214834039746559537469317679712605932622735788936943952814
037155498125622918360289709884483519995909272476142927384761134273
942707646596586099675123050324376092528374535447598558719279745135
456040928446312383889192976387224509486946643316458586117087884072
595663446488772838981448069759334634892092084747933664114769169483
043759599830298448510466971167611803157567043074868319135015108662
681481108066267644488187637341191046301486433951333169438648671912
530511977122226051292720662888283651460221944708196954631978248180
623064295919343803191070756728911303416669390683766514373340098291
769177833502351137723780700801344937512480505007321973812385162506
320810496669536517392868858139774907719078245297941956168869722316
752104506671379192086538936749986314866410170044457629958945321955
986639580917941851056008686137283520554464203327542845960428433290
425439861323590988961610491104037053812955077468163875576813162991
902508157027190764907757843602169772279041728321524831115467377986
753486330097098407188529177293638378968670454493802201715742430599
092277663302429744170450074589944751500765742782902593896377634935
315947832002254243267251842300506882020825497212921405633725581581
127104741570185389317829398787712798274886567150463224664385555348
488786876641355612761048582420589186519723435336395723609948081681
739740311903093045100043961806912344770855514924729667850895219861
090165524898357700496192037386165583736313265234598245319951059160
583790003979969517770697952469522983676074314990085485641433272200
349890338404285312421123402100498162429185892422243495753608082603
067624015469578806472961926684527511160095905378548316367124548486

7788201725205463985586500358235002021508516423663500787760715198561452562649515910555074772785379815406327168195111754102288929837822254533675665190251216823016918198394259899975941176958752150927946376619633608719250944468590221362185710407220499663863587129905305552702841046772620212744667454521545772370823644453357064522514975678705171948005008025678246078181854875838922588816417620490361129043128167483207669348522857760679348464586576690952066100878790643016816753391621152056810844678941591233741463682113883375773261402746246664515098921044063818083056080401370100890741719376629584442169122790893283198267723332127920076809166102683872384324544206867975603948267365820673451550426763088181585580393191617327544295576436516201516644668557593725940971151878369217329993841578827660226709252914746182341866367219311226984236086854520418831280199780334878756588271058702370961302747991323482258137696121704622742249610167337547880106340855148662286995691527162633501789803398273644877428231538148290013432567888322876071651101159587187145010578347629752887433927458182768600045277571772478802098965643852942388173879991874712975874116541332391556510890877525768628661680719210903432650301463542749204474931246520147323197577036120450117479398628215253549720267179089505195085909795621538912180564878996785730688499639032778132294015207305052020960765468832525175264101355065145029802134353365875559161683674942894412148048659982256111987972086693021284995016647952381706495642735155258468462892001418813857435106708068039340064939802782040845015597431112977796802358220439971891827408195202452301617599479708280586003288928867410624713286909469466843904201205774106699462157238511091569237592785586844939773606880019229349147175801631652547472728540411178250031540494164953211474507549665480231018551844742049336821498678673878924957514706902466239047396630200661578109357920463627713503946978434359174142643778031190219547522692089547968878254856457071355666985023275461239882302786890131757321917167849301636501389552913159011742248960737494602029485127985592450773793569081333869747037415739655825885737413490358278143407462554235516439689046077958386649966494450747565796993514935135973200133033720811662891676509869480729440329917612907230111404658911382427272632968517609428418793980260523956540664593300789657415766970867192092945253931552743735282800482345750914485335424049182058302117366937604973842272159134835520404257616992806428547140193685561411027658280857040342325875865694650092023084983082678432727748692779550406611100435976476867865384955027225588542249861365736317396148099893608474097176495471543340623707326586975276459213374297141242070511225644949907914419244483283937913804206362380029700282062393180756192264853973949330832519708731384581198570171002491365252271986840831840478469364290251112927517669939886203438789175172675722174421453857611002834874321905243332939928094883906152940641101879375394113430317191685263553167352985363986776163506611968224723486403409681038585046067296014761310740240074265340243680379210684461534197080808812207680711064389058863421578528258228774367547014083100311384298534935282493585040362345923926688311448077546710591069406547237346587789419248732364370240202401751759704682954025507967730984443179863541346459539022765743203518843111559754635233045235505529285063631152408117678464547141327981340659274673208354528227663430595305473430938175037787231764648909649104425587969404117052776629702325695246367177584587882202846053053054661817220965509818396754440119356702782721083355606446657522809805862870333075787382108211292102103896165231228487920328037665387201958205185618250144240962836609846332252841101574173614882341460287377498491498459046298890328492560839573991405910241206845577

624803459047235953688392746190063530060252868443454660057857456872
500288797407812699501435969649476414931850496255521694445285574529
480723243302773655574561042966088356974253073611130310823800031585
387362868849210917491803390548285054627864100013169471998948894209
530864465026796100715048439262063311711860861208187157327345513700
141867686921967048859010362423315167760172717422330504953061585247
919628896759444213462356519312219428440714309789550559858862442017
362826073505116384635711187846834715883490623342588343614274793829
548341263417416882602888735547816653238321540768359096812054884548
171892692062036709653605640898759284508157427478621941367169943229
458693304953537229679978004871910203478247394917971719767262538849
528173051360089227052430855648745041216033551514931039641863808926
595190343501979503662299371070610980328347286934541513596718150629
766374430994932369570495349591419352727151418737658694512236367107
938011524216624494119800446557212597535804639991023932797708387184
753479985436030661774685481674302535091141422536356338388354354468
600110863848021479276315847935107106227221232890003040085551034607
680665195521686567189181334850680693770039068701376254055246684976
710144599349618422468980417018602351019649901337786508323436869443
782163920218850859965813111265889482917734897361101747392459963978
823770846435932564640554466354564506278165078910000603578958471411
788114001470455657924684793389859044356095193955983048411907085968
390826969646301033129195405483566334707548255971622409572456078995
227513743172920432944214571757021119664927329504589243511542249892
841829309680162790999014391000651606646547657233038464624395113830
677701241619910309399289403981160616742076033829175930656604400871
622422948641209276800548402635460460212864312968617604867685458733
245904904458154468976001291767593717828778157463447497443174722457
141782495933265895990123263165431809785578257753550495717798199024
612577728494463535252170334339313436451383042589815147736236791994
181688328599187157217228765199470314248248787596411631008191276660
288566473109611646667671189367634721290963008692396234207088629338
631255612873406534679097419938288166385060278732800485054491820199
337871130829493390254440845445283110790671755781580093867536003860
355768063981064235751099733184028068507709966620139938302157057490
439491154383090561583001130141099139583290325869583767619707448919
113263121640981843472560087662111596951333890462589050402103971688
752976341156530163761401724174127541567757338515633409689244301406
179749753717442566473493454579246967993011026194337636448667537561
087691613043613748330479441225952612415148981699807681018481895780
038325763387804353118569719951740840404292157320717893877089593155
702274272826581614974080133206343384008689023889391833314200451596
140089861121562924364169472543135617018117920055959285439183334369
451919451431715413500742006390506071676581905824216202897696844090
552454470012818868581435495454205566898387862448320752121741094873
647410915786040991025855586394013091551756002797658653840756823639
735834723364825533520524772296088193054082105328131130488092625504
406239557590391944317141526527540808952986572630716340732243950379
987148815126244606312813852410741435979408576657852516943899274655
621805886920662325044937029212885127459270213767483429277774127189
221554062683300828600901792187538294862915016245407247778866998890
070980505692506985818373901350763943654187232930311836581686333644
779329007078574510611399148091109971279294384939136701584241896910
938623802725764521667814022361322904680977248778268641881228779934
329767071638705695119901896323092458999902179757131345174259360325
136902088395860854675047773229290628464817203195072814911800959505
125813447571570554678484436237769148191799840529066771547929117426

6933488585670881394734484862143811115954754498528040574225069514647
200842462447229932157922646721788145206482083027693611921738523678
567409627910852342295609063266671048028819226371390907376844480931
844498969929310603687009530872724102621367887069726985697340022803
635047552368800495586973590390206919312830707106179135567674215877
257598221912943186457454772051328945878273757752103071194255451752
885836334459358005524008931209918825706554866392314480862374414595
305590030658095292440426176752542067710335536849552465464357701017
897964163130386749523961082890325772448991862299651984232782749959
589340831031293267661027241080737954628188076342698617617033100934
680083065183477132870542549962326032501161928273021299349341397996
342615126485063473483275913631786824728944493214660618479650573040
671874828415191474168416908972295616067007281977661083114106186927
435733553564627254143794098134638322862433641334789788909126415318
730406053172477381035370826694106544406226612937662336325906138381
976319401303989855820948209539186024819909896648627135664987570149
795340067644785868204910762709697757054915087961976919441390159412
568326794263957901827825455689699680322317815897782256576138716770
132148021155272767311173416531189220384514736990231647764759388060
160755374833823285458259506291023936001654473539429828766820737121
927529990736974408113423720201314234045052593169727755905856570031
320224654790866575834512665456826305546193147547187391279239721184
692177837620063262466814563224968776560280104550069682815286575425
982348340092647101283284306430256976526446941350270621458319110491
793194143493017703487026333460168710291836083741253275877631540223
039562887768447232803021429872949464749395031464918041335142023938
815248759373715928383266003540642895354169850619922353038292186104
869182552690255749889319778472061991980501797226224763718144597964
137138462079820908395882118704801556318520813430516852374158421747
814580115630583117678770897709425691536078780911362843548240228283
945658041952201303119772279659598388409363583559011857427044826650
563438421625360498340854389040285430492689930661353029562440020282
673436728719262079402973506179692541012917537626608253968221806216
418124621731189673347430942208876706063054671699631418215590292435
137843643506322620931206801431691638497810122710715021679247205626
346870673908875675394424482708382508788265356558197441663577849241
763188148362164412222323635499389429907840921650996112353251201103
142338355065493889092759611053693980830238610371304756676260555830
927849435785197856390534743267450560490940770859188651065545300819
826445252817408774654789916151163487539306741930233427583650496415
686353883449297026988302128385075011730722531947412188603060660866
565477142449026181091509558307427608294858110352011070330305870925
795123533892215724742478567167678835897376761772117513058693433553
676490367437388170444054369873859392664944715350381525963250553002
049067646244585226052139312196299705782550327045779804485895607020
990215344669537068428452178214452386671046940810750616731747856971
897942787887160528345042902212243983433906947676464131458180704818
421658186036693764098943364938142679991971798152335108415706476165
027604538632999522443033893844869869487964925415099694766465468976
921648614239235682753185096540881335332360315018454309181158979530
096088238018229548364665073083461587537390946753112554261080409659
275271456272255273501217657824322012822173684540188340911256369605
867417354418830302910422954093121391632516652716281214020039348524
629267702533556780132121100074687510492729215067733282463405433051
464110169458015239281064871651193748496284714520592286022164309227
073291131485055146260876549103696897085781125139947748938328842659
805612121831611530304191551869772206964070517065583074542955680200

5586064791985611372083202139733715897180100934195299240863180418626
2996944159001484453489862067964505307736118399136114400730593042055
749678639537317291277835848215629148003084298917636403425821977585
909988615422915064881854893919464924424427073460653662824110438068
746346424452489217270080026988968400977049906879061899434905998791
232993931686542977873405363741086041168212232803214430184507966819
142023711524639482201770931427298845543362729864739836067619735520
646544148606206582731163150571772420887655624872226829266602037148
511214624414964999515202973569634689579349118486138732356737272362
867229569307022272826189362420914468343426468002660771995022165093
651912429912989094967348869160997557084153856326697999287231066968
120038735043570013902925124556125259003322197307426285577090519268
291420781601592068468518949602680324164502321797845493500368685311
200743998786753531880447347851395431773960600553611144063536421618
126021263865730946905932559063972194920380562876788287430919096154
068691521231893627892498701245388290743083816074862738967877453782
363709467889116034175404550891697540592273940492666239120406468558
191112089876130221444569725686254529501304112171998091066911541574
687485849599866199083983781712633106815336413320408361685895059251
501682768475240163473441553578291894992138591091122483181871721948
688386571304048294777424440601099690156383523782761290959674815107
225829181329982874270549873596774842208562067520671599421809118851
021464388153607962345415092134034300612997868682579602938497659187
127068051527071418619605739031888512824338726837664102076717571266
109274582233522905129948528281613592546990669160185027594016816244
982303860880138242498830699639176230939613485459945178006710782255
193242050873901267954978440156989887507912316527747212894791531731
284579690612883700197518951091669085067985676051658730747998414456
849249212797902881242410088408847783731591936132045482630356747492
775654138559987303215905407629514363788522298669818514967083486052
744652644981763753211029230625903686358567994891492488089604126511
073389096634435933844124958326982682427601020989659454604773652398
711801751865136733933944944267677542321191082309423728968680220347
439593248623769437410866602820174765563194951087225889202215249803
245839271724279586677378380658016613729297771184466502501152581240
730709630180406940749655684993087263042183001570412013792245678731
940258213109454610936997492226185837465197323220368127821679785482
540385357995868520967119563235803556744705872326862792820603648717
936660559441175390180898377902808434422479687088565952716127883634
043276080005804509481613762417573420339477986303223673828425719406
058354743783890446415406579099993185608124308463533967991722881263
788799160033833788588455471982316793889336283777320641146617025954
208508851805129008431630715043310753954554199079646509023164428834
474068719718935466735649456812354304961298884537609297708931994214
630482207660235398243215761625487612842541210616113313364882245413
244897545356626534914240822491340206617500721126943061249663413321
878554680294591249172174641038186713621514571649507321984896957276
872688364311053604427157154289136681571274428332133397633430005081
273956718748263504621039314324319975491958090961365625700243201665
807095188730589919787067936829524404853420238652758845077629278714
634221930150056380457251317594012285611355436854201081823715869013
394106131783292979204109913274541054713071745330047233839565461871
634457034018556047181381578089815947036849425786821926363634477428
221860596424745794721701500258173333022732047386573215346948938772
327005556946006475062041487331611568622852690741688093499017469127
606927198938505564840024337032655975293686023874269601591645095650
888549020898484988762500950696676359381231697790345117805540667349

228798064769733991389207356808640524705632218673824785071644611430
980954948809247373180071966058926964767438019702682241032886561113
658492748669631268073768413367434448435491569475817285335944010063
322752305783993875303255072167800795954106798161051287012353251890
481593561721703239862529923914117857155601316674495414313623225134
309093811713897244019512308210327892658362850240295904940492941532
776864235979783872458059395139056795560489022429600734317792826184
751933955564593715046875619975797431690153572144066875808686554524
850048273571308531731244135792320993581940084780355302666178999034
001645004709491013833401772294629926564233454788104605647714030170
786181447811161624796255323924406800969011790922851352731479550364
501613013003828067884533563391135173141024267843977071244855993926
430774456327190903208839351852366033052369976131317334834526825772
849605743916715539515852956333008194184226563499761732066839099307
221655802854054586971189012219660240669460829422781432154324365761
017502059129601843671261833291453458847496239270976581693940402863
874677684859859221382070348649830522504843916857753454819551137494
718952124618141523990215336585113352535414111656440333991014817160
305596064373428680323910031407094111326232632399839699537619227136
973500148398583884971448168151714974590795901774492774451113062728
420131635843764179209332924316744005546123114291616263976070663560
386006560837140438303004134347463989548459451126970333775832905533
641222535927524973455348333723258625709633843342035966408972856443
178958761351810094275452037400888010727884818895951672312621189125
001920873733861336501373434886404252252001770462072668820070446561
847389682355647147107826826300452149043241055363554525591842135419
686511373978866630975008142564319847403775914587895906098457426078
857863202314402576460524637248392024315470427111900318904204033381
700098642286434180747777779834425559893089229069745701872020468182
941675249134855996061980098948447489166287604198006025970012736569
393629754093208594546675623408046150135458215508632072266038934013
767305762534065551698152777855992998824194642665167687761191736222
702092278336052507704807075907180343633570756382836596813995390760
727068181365657591986683751054611521808378119196475540967095824956
017828245672736856312185020980470362464176198682717748478222463490
327810885463141517371814329792883256249937115629715737390115836310
870448602510300496946914258386937065120377046630824216489443358000
596868730214852492879538242286100073642036496791486942425477306447
281042550872919341960667052564506409608790024404064247311413566099
006514678880932791384938464806546101789056276456355644526787973176
600856459859045759450452936327322914034062409343851631402526002102
085325002803141809837523389639583076237367334254811893427718926930
339828412036495177176010034675192081583382936321282066313108914560
201482252304552882944291740051438913118279809819848432290298386962
825148739445820391094065328018875407720949074786117915770017190387
912806376236617440144045207022924523204540576280696579308502039812
183784020672025012026675295531308349435347193634177273406360262579
603136511978554856693728464042046848927715778043458677610085289607
369314413346487377352501592452119765975459087695020605617578193591
077403625835765360080893765328137084369439022722986532221828843740
013882581116297155345756740321498609755428688657987436900949705097
986093770278357223388331453980493989210171433582618967400312252799
730336457106160728496826402668234770455830154585574827171372435847
099486137265871302549402449573855889966053537090338925114540555812
456929413788827165199000437610796725728059987482047989567855938858
499483469651949308978149972776347330585707179027093568227576306393
049702296633955287633799130785859314207811335111432012102601987304

216706260143575841179770790458083808849808816662618535883559242006
305302464346289923082030708064941073041567597710077523985586867594
573174476709455684268903853112849498801814477456650509614898991517
629924164287800047413850804520329530539184097689946319969559127867
694931959273366205430918120556692462152740786651432352659207070867
879558641686045277535750207487671433377060119129403158574310767777
795213590261308082898324883948320949988456830767241759299430340209
439932270827548357388507419917136940049879858619423446279608414447
356652037928295317016335118153029312723025435629105545863957777802
211658866611269335740729443614557490563720071282544811355783402901
604851760524329698135502747147052635429352648136623886958489819516
790476124747446800847725887139455273671088784750842568825983963683
066764766451330823429953840637149396551260259641269166395532942221
627797607874955291748568842182486374632474778324492983235440257156
760792867425952849433898967643436575482307575478403350369653768736
549802239878011920354404912882683594195397184364725540905314210556
663207320463884838276837926105500380573953794021513641366249674935
373241044043486238233624920495354428579053065452772650722034659290
443202201716324235831378351252109576415274124465776261675436094709
743356400769041436221806829935515109138556573734119489032184562204
438771527004821101276120814078245264988636103832650848085252951495
226355426460671844543042653382666861006655771695171442956555905423
681933938717532038641155224288474087963872655996503545316017872842
995906248975694314657253297995656442753810259566672558761130308635
459508684842081702309037760107313710623429337807454750823785605494
798769021390566558589286009199045602603206378272907615539703831101
800844901121481192777967483910272882057559782053508834615002190348
376576463110568401425042106378331650979093472594994266170452072326
910171868068931598950080623997586948389705241612230171728940390466
998494272133929568126161004650902845621267573941439279503195865023
504811047168563578354042648572127540263881287194620920381325464811
617031358676710643658766055165513311331702271823215687736219584821
685646528460697066190543954014065106309733365138119633316594903039
216427085354228049798026714911895636425174891344121426361554780892
145283670822169402598711263211438852993916963048048178929629882011
238074901305294249294801611435330239008067065721378167971985686130
290301299399445124984690100198919360598279169730514759434649602883
328969660815056345056609378129236133490585780550945642103530907360
195844637121650731982015642422013268456687741832331024731921868515
643412032717030573066078517538509706917170791725285511743627871301
600952208920242405030575640215372736959266799747810707279372391235
577709346828475601076301279131199539176281861594303820778398243261
731966313336206379349676875089524023642469231904541673862358360482
837439278866547759485902892040201939593770656732119490991043352855
179871403502030760557820191483882880946496482084241766992456758312
262478070390557653141263260242922436203719532918554718091596443185
685205788235010309107612806044570442514799758960888028125997862387
743549659904929673220844972443458243503689780365184909951214229401
566917453416838309035284779643067608611599763678720495505795636516
693834521021205712467189023635837908339119080206899596896990188122
321855252869348573651888630160452941028179736080689549524036066488
944683485357371170607994305471921648759431314126975952516610252290
957537550950933718544900072907676126346765291664645580371533060205
534741620555668380872331011456706082197136019911669601177265351241
440510936203601001758405334468987565349002447580184990285112905603
628154372796762883123816577437517662456404578370496485690904281846
741434107660754984114657421533437962825237739351775877039942552131

816901739901861642141354392779733470876597369481710103318186376892
728376366023019205919792959179148224416394031804147790028285712517
764484105931564467536330924157970212626481304280838933770672398228
654341731736481424562966180793136953250911287546949801550317994516
691228413844646308741027987820955877346176667793320063616141299836
112387852698449676224949460162224198481882844175972508965043238838
826776211538694490722314080038640966747955659603365865500834501574
668100371549812154559177082855269058782746268018954840985480647767
322593083364643266678951981323034384780554257118933244880337102766
080664261976800040145768192614123421421090837882603488039871589674
691868127595035419040689672781395132198842118325610948747352764866
436713359368373719071671361534428920725273057077805616065916154423
589107846465547369563439707372217818591230109443692313952203010113
674073457059526133029367437932120406159970890681203507862354127805
416826582353742593856966435762710973540865230333395749249771995346
662569428121211926674888665256315169706607240021939626684282515447
561496357933365845237724099687357953227591900979741551721334845333
578681422873993851902093678274021559991420456446438381600099906505
371881484938160865503572270641774386629751678966655499987889572179
026230908454480646518569309255696453172241089451645426796761819728
832958413935133844596041672854573991415080495944661353439845014276
180542209659848671099440825081513239252136069510626733736792233221
425995230222936409047664596154505594842048813114413172046469267049
759749059935116920439027605157446677396870803247804063437778416725
021988849435409828211600072772915050759869365684722016941046189444
582618551160041549451062815887248514034519005556346661524473749607
661135778748374003886293884886101950281280781792745034958405752928
452983890915764913247310105633314781346402650462629156753779092137
247828970031963259689125133021524656120543583762268609282030777416
870045904352635817494636724551789784931750675390464041603363847240
546498075003930024576610714660605719495109140248232735266912214960
160708972207220546288100387307622968906215262971114289273463392143
785758381679957096512975121288247076229375657213489062361860141899
595000293934330117463300332972907834026382527837960530000473559275
468487189299720656136533751537477921962495517969220085573147944574
288225924228767773212885980653704654024619938729649935943563230213
110848242495018006757189398611897262182430778317833445857036118160
941397634465162725658288616878213013425589073818405734222752790944
015079633506963068315858425959758344133931666799730480514710420516
213562175409048777330227396980656495900945695698536584320835620615
934529254241892916173052220979352465712270664005413539212620953741
607025988131267956667461709323717405236296319608936529844425074302
280497664164038282925713716360306176259672499571761536958524866449
317201096085345723423625450385444144127163847672628333308189585593
647600616352498590632887445032551137768181305334664669950154774932
420985686593504901062114129914177309980459978865399855599720886527
297388216508774800198668603163056123011444933193578407633418331385
977273234527021265265772962648846204405032377509270264409159921265
248626771659965913245715413925400153811699661401449792205985286546
311988145874191873375518550958118710196924176642924238937549451631
594772453110198414508008761556264407882172093511259342618446830352
107379400041838289360585440706517264491688578728545265072810491172
241294152234684844898973496533155693932685540211665594490751531039
708324623445957019685643267568038544519358687335149681959769600820
125379900840010546335233641891279605446876357037106514135683715512
448361849192509499414144624632178459676671911648776744489599464431
583958487181884662742027844189992880327512449666964867934589413298

602330348292887626063713644580737134010172699240031409996289875932
823997324878713822652547419034882217749819545570796378004278014587
919441189077071435801103026624542936251505434616515198607934238562
390664551545908689970098727578338564769103346863889942896361916953
313831063514443194692997895215042734302745054891282240465675168373
840917374148437318197118822641196702951400104844973686883604892628
854074537124601578468879477813170839202770185008395994013507875106
453561461548450353467874901534027514090183464567541976045483308692
169390248980675092299229407155069237778782666991230158990938081337
285055529905993471678423507867390580365538952018111477155275161383
726656687055032514568315829590653570060806572699022721433791492375
242219582555155273904766415152423084130932793556194050053244414539
506109491632703871530370152810088754080933294790986591783965408974
119198714373411365127164382405244158428876975714977114147142795082
9588

702992792468332133705152675643942311350262877689034464663632184445
921715758792411319963298754131201832522267869678996413293411317636
653889683205119163622399637364006506242186919822306441981351532197
319859101563625698621817485470888378220216171014912432492165323861
557690852747254785968298124948068606644449351918303748366550817554
225733526851403898786503007040289933438197230196147340864828347612
607301982226861441179898436755838915900846999131405413831939181656
430884349788299151717429748649096383896734306517121736027545375783
431135217215018269592914932278747374257245721360256626384138952626
279302130009966196300323252201313821884482221538525312767676304855
187006831468403992681854876538405638483192100247223191661009134395
076785551383704821428491510169897533907897563233992177890388047633
681374846516892263571623071840641566324924108669239676012160108144
560923213374291457844880612478637738826410208618024951305733883694
158508782319709815158671170951738802867958015106788044933902480689
099052919532844669682882545529207870809050166148536753308133690700
480133882858546165406413320250693835596317424365884064726157576009
934784114084062998236648235748554353359050536126274282001878480529
530447698632263662782963274163701153111823408178673987661072812732
577851392113807681541894440417632946304900618647807598912642832572
998735287161277418336805175637941952440232128885491177415065311168
183622698953190049592292508376260805003317433385637848674958223105
863188940739807614496920179175139335329885885343364499791300165712
868099995155763688357969034499847234260419431859912204658274956441
376367770216114312700143477161201646483213292711825713287910584135
786193118937459532363102391270889013912909166527192377458686417036
480120329532875161201291706095927090777356167401939117441244712460
141784967972824936614589907255008243499708909680963641689156962089
845192562671934304717145630443239981556886935433726230261498003528
371665135912169317838230979648522206285418847348693935943843252998
753765119249233509919666893106839343099291774291126087972830433166
387584023702201121723945611447336541276334027058454177857748524863
164999917048547694843205312092927399866107526313197643376538029522
141637423602372218506779113887258057677755437425357442389979633581
971403227793561397447071194611416517615151238823627905648863589472
686057334479728309257094391377951656305853890416816898769258083650
688250093611926107891124270988122269346853198517066371742046809637
665572893641713249386443340528873527902550868995093761512046498450
930848209464606417794077592727351875061493452818176751710845023652
044236776815132674319325109519200587674918493027769559654098122539
635771169467112606023606943945721364807646499016637843748410973573
009874973387215572695976033113712883158380306249032383304861952114

982623586673336359436081533096204352318069905867253166796719897757
396719850563320391627692961278450432509302784936557570466366500504
235380700021043379054365452676915632116230708153866793287528039918
102228796675492741413814600656548508777948994478550508894914805288
265876884445662729390819614400683983080524037256950641143899331811
663770163075193044500215661609123977876500738743398612137767631637
994991603580029425394150936118287792564890199706361151183343773228
780513781700685461893977078002754504705746574409611518650168872167
815808016185486410808986322233409912474922580811185326998795736203
036360120248633970529467124019239868886269983543109200456227916998
441698832120180955945505348853261754254953638515063118962530921766
529165824315900458349693970687658654243281945647647853735525153068
989109796668878100256983906871131921425419886641928666875453772443
176144635415665762871405535364287851801766219647126689962431948273
100939741710425905524374968733303659687214601889996692802582305000
250494743195788736177439811819412948004602950542736866923100793833
552779750038359156208164728629951618141511824304864955870476420387
157706452758723677080818059040842352377577575400884687756111665813
925119356731909402096142890110964899571503972071590504247857829641
913981864645698069003883646798367981012376946322888360915854430104
942614876035037990344177685999567599330502253234765254688995525806
289317811721823163795087784593437287864151446387303443730098248049
249554003322343437805888464426565167111725408902425165680743457602
957148128224094784605585432107534563821848048375625891575170601371
468196421689717760549530199246953023901996148262601706284818796357
991239697001594441468677531856458312725471743944500821629828304937
569597521339743912031065212616962292811787214991497537254721293068
703850875650615027522642033730412161623496397880994352708041669332
272183593224279111657363092546649671249929614399075000097635710205
091352172102674878381800459683310699995590778255464891283674339451
582478152805746103415113435638105663770354879809403265266548458248
684582906755643586324591807534607758016958399758064881377043434130
105968843929917931741747428671251433132551775956673912061135467364
831151979354208615472228327585604017733891732111418623652027644917
630825994309391671301603555506639664006376991774482383984045272776
417201122912290611855951275066506498354602961029657475437590695555
075101859350758837894692340808844242104044351784510184494697766022
432572757633721382667328318485104191372257279900302301951988145702
121716572276518919027375580323980856028541791086963303805028305825
415520792215467550998816607126379666906266962228804105219437555359
934786322393330880742944031636339297431845742947964530484812667242
960554778937241659254754257272948183035852407989706013833901921881
647311557850526432810671078304253827862550735751441780943794515208
769644180392945053371069580028806009592615542404295384939223669282
518654578715415505437681721619494162439802366970176458516822418482
349498561226122052594069468684335582880004236042671649205198300304
006390821604948418223179378001878971473265413916596941466285446072
011663385275508319000328193491650079157574254157264221073192131424
033453260766000540883242243039536428517010190719596899622216857242
058270080448845866160085246854711766440337454171697257316643571299
349388718199291759466318132864866184797194493997567376889688942187
412505181286522654368902847895239453189075978183784293738692711233
245224027048550113680713014991275390637656776195040824729457795161
472517833405829363143893747277449678965136481140700231327461989829
246746688558984335554557604277573762760912058048480271999849553952
672342626971751222462169690127800810984444255359151750836095039154
280956032294024501253444800135907132943742644076571567194141395791

922713654100901617029910319986570525840925799843414159079094047612
707383047817895510947309066257504993635142278626507467665960409187
273722547794729752121567356857260978856646457541013819301847821233
651569977226361516999711623081473538687445595345401386655999956253
624683462963168340979755045640501027726108378785182034937053327921
389434083704172860535162743180971964185158133463861786405808528993
261626747920282290077980614873787741173358302761312079602560784881
890468622896278439020499837036853688102771127764916480789399444390
409250759048332890872832414244933523646308167981840710198476936630
553895402873674490337398474907585950356060720035878450430168811021
442649884729717744959410584520038230125316607870885990663037128041
215289078551534221312154711394784386313780256937275762215857679289
152126300066971699384726344308284630682783195321247975797640301436
814373461526469198950210342181762593659784532667602506674488467124
609668661730097066252450176922788520569067359008431604124592847480
566894697818276779475588470103788134571631881749442899892987167278
685725466553677372831124446176730408752350650543917283196198305056
380900140711890771221329209083766220493049679457866788418100358637
383427091353528093942551819807934978546448024964273686684335521670
808965836820495433367410868993443622970414443439610988612701962123
616829423893580447197020973891992082302323146423505671064991136035
773195638847191819769880710058067038705725015301906153585559014641
266966919236290595038548687337612191372174427144615555267452282574
000580347074835030814855107153993891683837311092750205817019512313
117767785184487776872680421393928603421323899581851327766693655981
806455715585403801215929712677686438428537188809179099573080680102
254116516429854798597801200530325322575249974103543108838019843220
023575674082733060839664255593659517583051615349713443826367990287
717942890826604259749491147707142297025251125860603900529602402545
826248325755757561216131279581281215685384085591627805709293724661
243672058886815767907693035051789575639340031112592979725357775442
005699664022021383473566037691695441318906191606144682518131601766
098616772320663497456046509728826595127539727333686941755084872178
893886406183984600371686896850918522983446577551641562981490543467
626842114452483994131230385258051848680195708892261883252235536436
873645834791469035678722598255759755960216814522299491973792689788
065727749960206183123619125984229997445917931919070044699554058436
069326731670892612617013398426718889342124987556990243059505953676
654027533075503094906893359337655573217538335664890410728780373174
267309618140745156207212598314724574830121106609479787962949043813
324270611655269733179812220467342712122664138192914732789436609182
787888276414614697642220502911444841844138184923763527714914690697
433608081450429276576158754217052493940928386373294735778423424077
954882095312623534027550350571028903943133681481995153566109244774
270469991167237898955163904637498396603242741993113944290390576059
074155553325065548215179292254764254508718962213113516699330454312
000074718298006506387389892625648905439739686679432127054939232744
427995717336359106333484418514695342981280896868740832375408026260
594329862056291817544122229001840210059258435570500116263341389111
647224103293543067992468631553900279513923299722276621299513099409
795053020739055958119151243330404078852497109253724174743013883031
797018441085704513576815129153624429492503752616110118373210046518
961467826972444261780434649844070818194648857015566472912494001832
315747489212272150548567617331055173286755555137275257228070158444
443069091168420794485271927516752388469452014058436541244190068829
957459005435743080561559465242288193127203292340924903397654714651
811131459251905725804935151124366891654022600627554580176117435281

4314894999161467189352381443368464042767295387167526081339509875962077857277892498559828348232891772081177773383466334241884922791980529683092637567318470970487223370762475836981471774211480432136309414872547814926308746678478952455561005349890788889845921184102235978273731652128019748541341986977054395388749739014574122119048053900855254751776918270607097967712659724884419682338105825994352982382672363173424267155782964601050683100461379274890656030763632598102793661123570622546093038459223095699447464899594352803595728122073590021484674876096284970187989807161708718601131703969843543710968435176649247955442027422470637716000357522942761374328810277374243763384654818232425458586522993701908884747767400268001009673197266849558645446767079878771751353980883983207327701780462499327861888076713309254338928428954733998046782679145981967469019830683989226343929035718573309596628538845031122658632570149517844368139185358392042964337583894923848122175655021035540671058277268875751378435979790444914526917905927035088146718778168140149009915546216901425697803503595872473914976161903348045649916980438948284871605733097080720504665480348755712333122224862473301639986713795127886798643810255425604253579275162413162454955297310236459199301134961429522185316982957104068514803822139888376963907581425519571199359171118755087759625477377513592338703229940139176365803706784400859562468763995140147145722468543401280785856430439394706997121975940645921442901071293191405742653347134164128664510758564588123951140117795508073216367810160373433760157315563492556593937367165619355004588107322335593024482569699655583883053413186676168998085666828277132356870681226254846298210313176077180123905872553472420474152001617666021805882461949664874606456387899631507124429153884042324507560321404776242580365260920519148291010271577459241426287104455972926999565011286066885462748757187665066969779602823041381108469308787168483579092546278034944264254586120459971996080031663034795899289456325531254253443173998536945980583602867451850810533130476475285376287457097777675413077142430023253474040930306942182911681643903916557470032165881100062420718524757974698052765170972745153025094618659937285040116814957781425963612401478096837868885112514712762231791533148704487120579377655030401664297015076738855047738328881787312124600745276123541766657688170101149428992573491012356466763962580651127133964984228245027305669370892373581646095356116434375056502996315167974534093823532899970256271802165624362551179869721624983230956587196829602546680650000467162224023966538241855057306581446063590559554964198201139696528443930157393105206283089149218063428715535370059003504708646096354109788410609656603436535444906170070789958318056145339065047705274315664176097215179194892833648128660460835307188194805344217730423604084119157616446130913675931528639923396387054072054798847957988616996218064420153535317900447652558227276706459363505728780427573485589876829668923357242880868062463248979189584169445790029592863228882938280091603246063532023822312473773678740617940901041381533057610283008848864941592255754380946063025862676989173184615639367995770538251493415304834931224348063333168840269976702447327490618973633454332782808207744026670977817820783120857263445609470855485214265848910184957350318664217482298567340632852564208874664253405339504502310275449342901916000844150398495202153256001639276693664778095841265604290645256806170955852041871281481347434451539374647549634422053892610995494428914636753895787605584248419025831181728850215885837880689893059452153928137465408877753610042351014931084607654329094608679691001884038416225009088883741124483064612377523317654542014868433353152580752667346858217764625547987715800378073715241248408692569070492899

006667811402797916365374333951451614111072264561762822599124788490
992848729888705298083065245993551737408241133677579727233568268033
781163575499834766699082383781455439162155128563855768188044803432
132102939421624081354802623088222419123119256612052550161349899775
372113033318398096362166247186330045413600338330530579386079021129
320328871749951452720450623958005426893173481835408084873470938873
886190102136217565025959113514421270210116480930930374941672915936
245687860034660224003395352251424491516060429976479424234983779611
349866591027178292993124652842563039824406078979869734206039517007
531875786306161264714500100320811594169604357882471847656444135133
850918620897857462180539472705749147588858463426651824146838798580
804824882080550201928877634902053551585624001893464332426863663411
740303122342371725194337451401469092871472905890150615238956228461
520314617026175667585862095154776828356254506431626437458076071417
857800275876080483325967588788531809595965814816008065212981791958
439859252951844584692724664770760915168517463856471876221491932156
230101271310528445074810700265024464178587243567799221303996521838
279141848265281625104614721163047907822420234842176235064391415298
230055436257014763699588784501440513057481801186730872375965246520
464350934313039666558562939251568103816946666203136394399173448967
139829815627411988262723510952512218217047506862533992675377978466
809995420421499113435407010220569268199940425166589339284985656673
473325794934373118520489614803989074911035031394683340777866936873
547549110776112694702987821125647656814915666919095529367320559577
279295129820907151577300917884779633743002145803603144778906200771
554904764805424270513167766893532669437359097224008315940237583883
147635421404408604212995770165367296599020483630577798545770670281
905871864830613825275278600758790702435874381211840974392908362239
891253893167318426595596595484958814557352731191074691798283457437
678588414439809369945323260657259969758824219293587914543693491043
904226378176755732249873147569570134160414988729796068385741483909
738944823408130109565830165946280719178447982633284555363597451218
726033253578179240687001068616506202782368106342928741450813730609
548908924744506622773308385268109020908132431315118495335969689890
391031708643714328426824906481266624069267042133671604705742655313
824243422085609793500650141268388679333024186546223074720253207178
938050317199178734911226776218997084782360811160079801956068213562
664092459514059419198886596052780459618987988978124604450752043911
951087425762535033742853443599668025487721129385619101220742965112
088842954685544392519090409345969976232251366844939593914310582200
549776165119323633557844773870072751670887701833608973105333061674
009407487608485728705025403965220624984387807914212329203806188310
481723210930017201914851255372112309151571901612713740653683546403
459090175169190773763122126257226586645496449591237496183719395515
196650457314903486981404538174573697589822751137745630786723562169
766825239245298159046756218528584558914530148222658405359526390985
393717661971015878387327823837558472442882536372621081866574074402
013077213982940343245984550348898469160893504606046029720752430522
250508848409813445599990758681315475222046561457662331404526326965
352792923797929373929190374869671964630718060724784747396550517097
475096606260234290376468444505822472220213238638855714513234749820
349966040662117777297860644341467366211106480533161430705465164822
946603376435620929127032409021043510275954039706547299792721089618
396731508470303622049840208056686992252465953583737496013314179003
537005246456058694776746889730944136910107442020272238575142052254
708190896349914219443174041123748517288954308018457409103199946112
805564334422622895793405173650295313360283143297024936562201188073

8379659686693856304036554244937571974210249374057019369451384825698600195321516256897140183511652549600636011031202819953496704616097462082917736572997856457130696516500162277788527383407259835596739708240463152591767380422974317852831564944495450369564011093698558179851150272119159176380048296581307898594703973120653780203227603441629732969801205906682469014302949399525015898904771050802538351571584280517815264264006574584027917036556283411551999177884995168857898088140509686764825608157587168921378526143482401986700859594918343799687274938039243990012408929267645452342219220757841378533424878833535474932468597801974307389167814296105044449662857971986849317044974915506755212791116158380570696819657259481529866721333525808676789995964951596061098889306228869661326312175575758648326279685711415335026472140795023598595852764820313639865562813744761293814847740202250445085912182509562477907388965494526502037078510053115696562202984993747508613619043976299599031311900804319752458094000091455821745452662580527403998131693257001827684217223180514068200502309296617727018544600370433014323452516468664561052172069290603672027333539615770828488823728813588940453449022699453876878465724857819287558201702633487954178253554555754906825006997973950595046134205343092698190572553123033871330291285031922813569639601283853455211594356914097746015819877741238198895866727111427295831082708986392046218034537945562433971856249712714095792596192307818840453555297977742210688936733885548588107223676878485938225154035440994822529059283484780136013500915158114532921442353962987554830680155885316596656339447818622239365806973126128512002422047411433759617769910633391463758052035815470306229527721703514821238530493265705844611319656225452385286064449330918167471272369727202950026266949386760673907235744132686071478130632796252252135834514617531970735280901135431467773945347102400608951781555830757211821507995005588377445473192612925383049981743040230702238909816076153110992888652872560217949886633964206182092131604317680117781542966367350787241918340580597801941364138016285792981832086842444697476095946754659351392719202708606667009644691264257896976005037528190966153756618554580626435229492165790834984379257431971587706468682001818232048689982564563340501384966557640297083448061878669689312163513396687831362351177497941993054822898661904006471543595957922754427777943966726337297466277977535731960843472491811902101192943925903802602648417484447820051685684303466144125006122544118553603669682994806572139535133407886924532705912914982801741121071884134268787888298002107119318415476906323213303566470428019983416257261051670413116849386770027750949884410851369316956444860759317083546767369017773894297315455114592277011103608430557718241212234032928229874439864464019195609230001439499345306044257996938491772397816149451131204204868637916752530634900665239580440289843539255578484580722003320292503465974481326140173373348415220872649858367236488056433128304693053048735390596848977694106624899681646551018255627690892330654374747732515748234642076182693720200111288490837408415666378790491771579162617447253356921102796313636396193338303169096058563478651583641040952185421892539384536519000945682188235121967853491290747273345761908795277007145342964288577789197970051773733189425647467787059514167095015125436325458585059092777722357441369061070592541796579407364489401336846212597403776943629267107864806916569414494764962755479752699750611239290659055560299806182775792321198690451590594249076760144944330214475381107886168394173626824737953620485786673661943401837539950788735707695697363348906096623415203303273664416840915597267506068186919542897295549678007420888087319998422933180164226391830114079597049126719567266193876235342306771

837450373992155604973161965453791841362376013666098734374056156461
634598523847828523319730791370198250905853269294286401288966155623
665336680867967626902193385870094706204085027017894505168178682770
319342784307016451931313911485790961696844160662092837320833387867
641488391352989258481845308669975884128896586702428755687731235900
349616499576082923775226893655570763541340826557724889024357548539
752579091134201798302611534745174893942282388277104497423443592282
036621472973991367403671012159709430824875344769801066976990314194
078502080100063845162203542748953285695525801669871401279094554658
446853172976638859223272280239229572551621704395377986809188708511
955501483450065354205895881728190715946327770613634760904731651841
773200177627496686192983004847842225166252681241060317143651945675
283488928109589044695107654103618988534832669434021847931347638061
335551520236021763656182711315453253152483185016002550353002350998
118745684013978413245041292489951063561883988605939985186066266983
743068215608935364080372210569221706210654029033468957152390066799
698439819719944948847363799265627137914408554512627737680336924879
096474511063094304810474408259752902764930190996182867206680083812
477082804253485451549448267335177099158651397207444535596290620297
896514822799643822846241004949253809663171584947464968773242941714
860117757925464809222939256348473448497344768767897255186768445780
419301043588384787449847191575466125277421065198340368876821770985
647989749664179637585327608894833993789803869359050038859150041822
476926213916322211511707329740757299950592161419534179545395648258
069575581914101054740858366976388974854435670380887776225342372523
668586252868607011120737664441770347592390220540292118336359207682
874681916357344362122584685518491173782814989331732943286878667341
277094195061406784309559634661183009377235593155008408188204299011
125362549515865879877793320160602302539963958208885785246406838930
603148815511881851063392801380688294775533868576870062873818717550
962023016789082957729937039481235532251177306514137747970534389379
645194776233680444566103772824237746406531747191228550875257012485
553034958425477551119231041741260896041764530473844861849598768824
455494974223707962742522613785956150815270717355225140609247146628
770765759232800006362366178185182014661299689732045067019387912233
902801967928485764215175360503242804953741260170275740303053422716
418639495786000064599523927669172889510347832507317813674423737276
438574252177536186049961577845164056212512007571126869254391270548
041741306290852654801964879811114373415755475499917082236619650715
279722050896985205136490535547278448297207107814574514568460861115
729565963175793886474842463316376564944811616192160462873702904040
975367288613066251380909350984914309152013685940349903629793136440
331259011869648801208786661412089289781050701755926315932894759333
535558539615357374864732778846929005148375626964569271383010871929
842282561144132628796930855435148219592948067080592226824590669598
704980565202263218860004581338482133838010714011937050319998655891
249460661314089799465045029166977232883060195184978556532435522347
947617679257654458205266051679944760722705502604025380693054988610
650921746556588887301788838412895999596591593227930457380841437898
235779781221663915400107412133609571689636670057484589520547926161
961736661796689247300318163307768429123981774002938069046482005059
305672109704707235857627655971528668574058099115356058690572447224
208349859427076514578043398793416795768137963620833903950832934495
580595363760485462231136251679236438135424774841948043589332145988
194213605792941674122615999836108550167244026493529026929476241342
582563872303197435078616064617695101218541063220308171661124148867
644033887297576584439522022196100737434541485089168713374426783595

270561315212526207386933218305935658930621030492920953553814549511
601214641984397939037189643986934878415890922090939070427578219059
357094307672370243890053453120967003508961922242988160876864329829
397148824960412446513280821124892241883314447492688036342391829666
716628224156781839675243796659674581169914928136901450227978013597
693138653945547206845777717459138536178479266953710369508963772279
061281236547915708886907667689081937493406103684106738600541100262
787008747059471065864514391969805597069505565050151233936665890571
733133644764213070656757319919039388118938253075210882859516147506
809468839245740011135470274786982168621274321497665188300319603334
562235534421417368117005957663493676223290691848803237345192434912
465665329718238417396919865871333134120710517073683417241234472371
867249415108427049615549503795501528738224860538460676720392875868
626261698438228056015875786683092512230401599897538489228360095980
752159490258074717157735374806690050015349853590369767229710437159
210984693912049054262463396085508249182328658439340262938268563715
259623894744717833699966180201154788249913323652215956653404857011
232582770818862150130715779346002743951689275243551823962408391501
234739246686510022276735154153398174438062936818843187021953946745
788068387330450266993482047409308509529400887069518186325483548249
662607066502499564681941064704071227311004215441855491231634073401
961809074987236703389974993439243991658806512836679056416957365216
050282244885217573611331742947356357748308478330984929574305730604
504128402971148973655233370252933328593415448831374005810726242464
775155356118977342742942596840194068133338141610749091640443078052
777297700938276873668269280836283467725910032841281289357876118865
330379943915710991731308768414829814731674389241507081233304663866
652688517152287734958086507090211027130801148807052510861641816152
556748171047862194001056128001346471000489600816181363398613143759
537835734463470097380223970667333178847121742166237978339505084945
840564804300591120184173005022419629811376432555086259936672979212
123968336262543307920197457555379857786033399361139731479735858804
674826631905550317147510740826575455384526005243911716394798545438
546404774452744423208201158058940110410945383309204755983130127803
405876733811345178470423962088493582933994762948927492630761519594
758086352305003906352697550897371963214320279758088695852977316219
835944256689466634986556641828527840530710394603837055319530705781
433206165483720876373054215104981963982316223946155540162448192274
889889915481816161014129111422332742480710512027849723849044026429
680769803440316010136598808564229607540695695571335080053565951888
414562653198365459981493547035333965788049476127320900485531135908
697471453536890157189698415775481177794107604190191456527288840405
188279508490082645360132429152288889379751999559985968288936089112
710910309973067570621865972967346398430619284295504292105466916091
541828035178323684155218186556796340711124306438551541562489751763
977188126209840873609829923836373030275059418770626263573784813688
683682933396988927744468696966294996896602769160036986059689047184
171600019718412362651997930127874191392722798698022724595229401524
322084048175398124008257637136067030334477654114042743699620541251
450482700210515174118908825492609774721462055366779007552008799892
323465359252612737727695456712154449995014845268543259740875744450
235595031758880946786706242795049681223173819531934699556151004209
215360832603215306918572722599298600395392547343180646477064441544
096308598332098942811738979506827495524870662827328053647924741072
354611945944265379787498697959643221449501435206166327360833877895
746269008896094162137344263820026765753391034189247610563598881700
835396449558521922407698130525217319501323741964534289761658135407

331302630302854780224851925520783232374548326796328907125627475246
122929296414094248502905947415575992751242508506996634735376429407
383918207419091625416097284459162561447272170590829385767671304543
843359908261608628467196328751602860804035347208536219374949413665
519915085368923735127485074294814451965416938229179315309180378204
728722389455877264858456583583688835417610564721255643864015185687
695779882751742224347111155262343697211707633450466532724766334237
821195879117615783397228747084512798865992451832791641445982802144
372701894626680357923333751748064104993185218845506821183608568975
632511813875046094241955744326397198431078927752472356672288395527
355236066225987885985396328772844546836949236760648441227353682921
913245547040744216668206746126567079643012005535159904741708546163
733620270386595227380642312621874062689090399816710861502195826500
644977817357318505215771516084763131429710068248249139162492892556
126384767386218233345228302857013815543747650578465690588394825313
419981396295736250191985710580846679236491105929088055068338217718
370944062699938269197068244705320057945408351861003661161560945082
423986504199873162383835746664545218873590261219345316048583392126
663772506208519054623623733732811425816643842498897985966795417592
003691300453703719627536068718301376481212741056148244879598635108
500548734902984477529757534939665530715055154410390938653741666521
591833549973825668932645268620823596214023963409712242682687002533
955826932243805998324269084530478141991498931107101571694749555763
521945874576862963018389905824201278786755796934723185030744610603
483914598794977948711391354629025486282224974389447438682661643606
831812488598723268791076616230538008602921583381443284532240746235
541879988817472381285359683828950062022524646357316108266360364314
856355316050499154144130887215414433174525373210651396119733069487
813913096873318613666961939402572004993080999953482194276558781132
352187781245718342397646806973069793406081383018907785379227621548
466408823126429816421239417456971356661539825555435294981722390145
222359192574194314642182664776888667725021712329415228978446162910
566285420071453883416781489134566744506929129063191356184691533158
558135076487541321859455745770156486652616746620858010700235568168
758105959676998901985472706417531288487494139070866420808062769445
013196701970335518100417192425136442744852197815370357770961797803
655471501006418180502754073583631210075848690420360453063743034388
761523828983557372852602790109658113583990082025106415006848860377
851451703993626938322618882301899591271000879075416628748322394452
285023918486791381569205686354321704163358637035324353038603138245
178894425200804853014804232640065209962960096641776937613082080687
020130883472099991664558057470297265064248590310071846989531069017
432283784757153675098497043483482059931223224751985485354554519808
422814507464169325174171166032932667762278190834897227510030808975
252050302466493512646127848908741183038587799856966390634505200221
239345266865799204423861484757242890105114328883814583700148678228
333016407276114036941362115737169985605841735445608033688890692524
353381053971593150452592094012886826761957851131323839763615662128
576482640972356689220650459488317985864101056438186988942899276314
816131141197839485143896402016161447028222175648273420064615301617
015673045186184377052127062573422587150628959854886176205229616886
565215837784247149479866487707067324817990842497441413030772781221
727570393898531076626569482761976332874465960455935018021232313616
829469105165367996131496561881423079790028197020753072041377449667
453062511078456579246380038273856860224589540614393614994048484286
969806483262108464380743336558398688089988471514295701014512054966
842896674866101866876512973139628321441026834165860359911438931807

625644344609274750282537324722439635823144186618983533732369168086
950292204814362372048123472392174822684291066611784943531672592385
041053779311049081572958008218904109965374052294046201984820594719
565468430076822037328399061467920788031306210807428878267456522279
510397530185492450108066714356522034098520971712751588390486131129
466673396409924349264716231223460568160044054572146286566256168928
699746838216339043317628637080958285081909697417621207405508511001
815330208171813671768543487272089172606743181038687549909642874280
410652857444783139948749789244343537320188375097795346044005281197
852692754424896325741629879428825506076395165108387117664673766387
526975088379398903288357402112295635432087437414162494910515768227
117417711932232945391974092136590860000476202432818881161163644928
715559908299814543584037170956530527567900610385822005025774224292
569773732296609385467336929449681543260568582340850739091504592315
0813226767810636325059586274551489222828565406945222105635580286224
167640557695260322183356239637398808014246118755054609555094122720
020016673290789780007096384828312446295596545022120743326436571869
713451446896888922951080200162568079951218413160983309702178276860
244871443361314459232060147349748148691320774245973643394920073088
574820672241184792682405330459869275458970721315458415404772322220
839208036324127217631162891881643394036869317135582680006351732097
450524378305263342982051585729293729065144082252093140038334428600
943717769650829294111897120873707840935527547594667607700739582996
325838861067374507926180433067251405352116133767896036538579850322
184508372345725893974482449203287338602799204201279950628458617692
934934748645046491968635338391449569329353499139922453664188100631
030710950568773445423096458954361418630876241494447419866698347713
405300957797872079291462389626390884639299690639310163833638321319
539379304280498487596279495977933648358480037841610186331741498133
643427387980302577970218308865036418106221571029282021587181445626
643551912892390746449491042735969276652311469566584458181144763773
752350128593126592576075055650198433567754320917506901135878671619
549365520291390943771733201558080722733319100177931651968154228088
370576507598837597021754117738087137985338962896830262981628055301
107557758978534823854812982810501496288588718232218048882601827461
644879029172841840002936746970665260086282843883088133563358024351
057763528593351544438010102449942174781896553188470873781552236440
714542829548321311895375408182160748659797776227910230823364843617
233660291719339926167882868980057891191156961286113730404222996244
445645228811797471536635791461504943812179699911719553392915467985
888569082819110314718381129967865651453059679813190800422182709005
693044807483008345642515023609363752556383193517427034362926840234
776413899039043362351851350263930095966444898776041743786038172342
060790714371194447539522843551677888570909340590984262800755500248
725830650557511259353896315171826065846001289326829742161791308116
878212721039217579698337007055600479265997432364952544755986234844
740409617147566288275325091737591546032508096011443270411987315969
680079689360407597750180374094171469981885046628982630503406281730
282319799125530918362807799251133065557772589580549721937547685450
346607218411557053096747424723286992072949541768648905189668750773
621842979151157585159066981543346997356951876553230061572819957408
798433268786548387703704838867969634471044881036662552958628343438
480462678122147642516601976422702036294508798790923068997762622023
363411771182015399050173071493996115548403715228268577998385109384
004528263675761260563984391352940873945574277648499241414685824291
385791775623295402016824786676002102151382666411013004217800623443
217919523686177696138805006592509070252900155749948752601372319426

962837691739012328002602992780683106302734901011003140670779004579
276982793136849451630895091829048302965001908928336498837214396180
793208742328768068649099204449507359860528957211699519040408338984
083563306643854128890071475438665670708501846953790032571643627157
135734722510592958651109840684568971565825455725633355594576577747
618020156837852364031497853809831566253185809425785105813904615465
248072719832909577295805530088357643935465714579135927674664325448
384545582730913986167177799594349945503174771436597966834564542345
782349530220337939230896227344286671746679865568253732514537743009
223721202753169385665977610782359801886307507560408367712741871458
966983457027538487036030425842802127788310713511327727774992046483
037340486427902258367600773900836561591221966284269036366602985432
353631799451470339639496138687167177630565460918856551844344516890
334624584682912414317535865749891247595560896040292155393977446428
877279516223061246477930882654235748010717809152774016548710468265
535703098981310831043094866753941511631676658281403700866865547643
833977042757125044749221422969080622787608544404858813995712747561
301902637515073878311885144100537103141831634743367511749232053176
825839150342354505860226305868702779243229691617545953440457447399
711712119207789915812180624709441550694727351401234550204629067783
378176214191890146908807079818100673485939679726693487696523832201
910820873136965799813776062143345608391307991994916188426151766201
151633013365240268650603921725403434552867518082580104629058208364
681107351833729751961456122525371356771188784251994023543962242477
517373345353389150726288232132196100844063151547998599521588884711
599783751001062597243954442905647837242827112768861308729717667450
387784470605049817926326301121793285779630213417290584506938423127
857447098281990368933323225245658784864990971750320221672852149998
827754658306559015958435161855520548978267361357962795749330522011
191610842080236996138900439932835066345181640768389987922413230641
588672500479862191487276091383655534567175784547455676041291332244
609551483125353611287145210743043635547898213697720092793013726170
489082803939099983557408289800561303263280487840702588019085387730
318818712730746136642050910874961241901769134499707745752836339783
231561103564821247090359536816103938413756883377157827938294135462
391627057605602271779835321108182513441990267728610496870350607337
208935530864008142659916508722359726946248604836665891130395850751
047449472699392645264605522665189249764530807213109352096231576084
883113826036479166824680084142235887774104611556932270788793268743
612837957576853818407467782098467762736724469111891654655430484797
104215239779289206763896635896383566418058944214745396226231753265
579725268146631176978012993711098245340522927093300399629513714438
319513505731788056663961042122577872528013252838483308299728818250
749885183147176842056425852484751295545343386763129354644077734050
007219968380140522695947091991189551884053700772316581952105304731
149144913758587914656238871946479845265284802689647131727151501040
126023071212228792246888113632874334667237820558111794202721647922
565370422448776329697012927691315004252022598108009997988559023568
904329023147853873872402094744838539417783679432332561309381772050
173430979624532495103390555419373115567810960057360469040879350621
298748824052849743939646946584677743623702801414300304401661790116
579760269790511369309091941300404399250566495624246838020340508948
029000263762200578640552156227401553880280034689559175431276218613
147605255689989509498932383472879082539984234639757912004701170765
647978008566264746119214932018152685676334858437821473311767753820
642489458096582004134726957162370383720779356597620052278022518225
296320032536927653198445965838103755079283425278582591745643500626

084344163112970195537547485185666661090821301768897917608118674529
452988157107661286021403190196538623956291513139154058784966307201
942185802070548054644775476955678720896015971790736172414061141977
276502529013859928135313797092560361206849838882151922518132179980
933359782131751070483806021942235771089945917470518247086038195757
880028161556161166585331628472637285890244233722087246293327028353
174928410044347263041799008694169287372227838080288266378013920532
928677292804236565912564514894549289320084006096841831783905934902
376205000224339124261918283291801084770695741558673641192801283496
458206833115754626233916641813906198852245734368306773983610104642
316464133135532352273752664453382030040955103219288976104028788257
165434018178388741015541294894921097507774609559771524786912881124
482928425719746882048856549095615768512861059352678026561439383358
592178867356600596530098536546206425434637910629888573898318354369
679219264775780379760991519977631569730191138816967770383136174316
445378545700731936052197001517354100766869601305437275881607049987
789365017422246617438193269192862429301061984254163460485330613122
444410053811904217052950210203949284993280229187520880003182408337
953638642237831826693545467637857036064039922133069977838159195259
555588878191552733115500131708794901667727284263034494974713565876
728143942654920526300619080005910944956218545217579084841829846693
841949558812074700106037683563441033205450016151657240720125298604
958894707972183425970164384759848658280980869054903677261462021539
863629416377179304762721831365968096850029180311410797043113811864
184914158697584986602245464927651310287275862938670400213000595178
163586440778748117806522568506530713507342458944602683462083458031
339214535422338754448630386070872785027777775086776299202224027107
432459134004028928720902658654473562108425271922286631314180112202
868765811959272712835132421508816450191208996690219737367720181554
670989399273542199116273165262450694992002848523663471619210135317
944601819327396072124887398157503934618170208223027956393354316765
552788502935163273459472657951040114997344823774206587573034636025
051615613927268982066048321085542322084072024003091375158254174604
210574559615339198458900273971574375380224264155677787593079348042
453601445500804634412405440897265939966330079979725921292223109419 4
707838420418307596625539432445609635895414225661367379692854237137
647495263375569771626021992267349139427236091784676196587205759703
367639965915756363993425058788943766830142891641757385033888100786
002186250388008817542820476784272595671960484060571210079656164926
916996939208557744994249775621141413332432379515093640966413408 08
447528614157971242508505925805081064620512457221688482019793441153
229915524820485989751301007559884796958676495248802794232312419807
388735906666496491511396292448871057045643419978174371093169216647
620690940566563479122208766735316201439579444576216638684660165500
533947931580877471076476445478396109992723489002851457979744344660
440511176045586177008433876053148008853673570211565036104548799284
037532175914820188299399708652690645538159173954184083082629694214
229603619265688038545999145315531953051939183455018588454934955788
237465098560821298424007951804176372673129537115995329871379480968
186645546885144362583503666244085255859306244147002018821220464219
259172345933989619257901631775292386555197656249237162846568538934
472706908824411028132584191077575505481596675431195699439784151633
240688940704392660811215618619025303220713906467697732683681506611
237692800248968355757137231128842582768928782310956781189966969774
094893487241466149739727949412661076369402958236283034824223717633
199718432399903981284939398586827244646054071699259408451818357188
910943512641768469147790922528378375323956019474534909055101642338

078115996634482620714158723813542032404931757575337079350969461348
285274651377146834205626236321971729619991708666383043815049988726
067172676572483899667394934781864059973119900529660035329941393264
852632809300822108367705019712870766990024781300851305272966844060
610164378230719136307049422049383419600953509993987135158792521973
942806151356564313408161568884901747824857836606800403926759962908
630937903111506727671941876882462830751887950689739054897988939998
836266317622380542165500973438436075892142420468068102248730738778
094787723527390164557430678984175586097805980115965586660818087835
319300271259737913358957897334008763443118861486976837881121510877
126677572310183325111391985166650796809644853255663841758311669493
885921614166745675555382378604424455712633396677214622446741586901
295620545652768104736368260978986496300568279073769198631560129161
425693064781006989197020226538674162603049633997127366767957428955
566314014881184615445820075931678835668267089919455698580240906776
542744450798568453549054758781082742772021979660038202099786595196
994492933543169491649170554412944820929676092514799032258890049539
549957229930180621792621124071101622095785527048886053819284236085
295701406576742213483133260263421770543730953570108907807302213549
826362852887826558691568563466259473132585195659138468924462445834
402277049670665349938723547520909770648817090001106391255718740682
470471367225709217122286721119172532204691459692215612297524374555
068820561736954940666273325260413704462908654461510442560076329179
486145106922588794437481577891250885911134172233031567497381920863
972206513520158280086982468765373753233446669783773281011145261959
958866650108216881597594956660290352758332149372864358745996764765
258208605552447339121171297976729814037989097286506976492032209927
924040206629297956083333483709734371103831364074116484760050698520
156744722778358999608425578842724735306117051602021864568180148423
771285876616591199011868814095160940245806826199051129611212754574
119275346382293994753499107485956141079594010471612965889159165679
925544442250779692987057697058479143040118254545356111724273371399
999432672127719323193391300068902626785230042044775981367284743790
128671709651764782559460090760126770386665955450974046848589127133
239909729337983586535080972670948531616454530790871573529955075169
242502752012548206339883390344782848948625326384370394044505434363
120240495681948503862902856933719155477929628988453250576597682076
434462946898145244334205580449946585823750536595705362244038184299
359354415068135070920577444979990516676905380209621766365606835781
587320379231026760528625950776545290579527210420413852461568605765
628218747553890252057850800740693372942987737463057925699377504026
856615866168040761542216193889794638536338311259582441879709719549
522407479595395194229768582513900769548365478993386356880618290567
934076519758024674217910250332216964377600441282077990490323308123
176112379972572146928331218471752129580119166422739351443766983751
998453064578736640777380699652918703123194595004164514120225826972
469814614881846289049872728361923812720419779161557131344799687575
703393540193254612893602565440312289217822034095434438836935460408
954458024790180847629703419796230216029451611247691650186005981164
172743826673072895297840924401656957765725555729576130242533547909
506761981919701424151665935744603959673618532551061007924434665329
441818070121476460301248629639975333472474598343390086851604672402
252161362633437520040663234254993084214185882609820943615743240845
647108254431018830907726258570251121046551644620072039153746473932
152920633797970985170747730380605362838981511969546064420171139295
668853118832806264334317017170205170264852813184125163439247307171
335549506051586713611010580504697835880611507229261275769395214080

302982839704314172657091329508291125343176943080754686551329222427
649904174047481341076368194957397746437968651830444656683983184841
948244176059863821383782353137304522859498310101762249439405390186
494271323242724894320227208505266704016110654929802726886299503201
407835500681783266124429473379347087040369339474448836401463014307
665488869199951906540631166476781940497301003751985705416725276470
230859199227399842341493349983909786403439076922427293376689266049
349441694715697155470599042174219258825753425929995659864267684514
106123846878806544579177175040277628236063300794375840743669481319
018301570912676662079893317001720205395490686409451497740977410943
734521094285968471727023406450671007142874586355868678236996339079
944880743760883533682031211373244515710404186429258794496377751457
723511758660881749387826753877641303779519060504064763026806474269
068794144744826935195393809701784967319464528914389222386328010121
834314118098075047970243899193572725705270605470472814746474462082
224540747141694065206969516760010559177013648971322784201700335664
320555114622179331323222171193273734777157788658376969907911711317
283537401935719863182444704761544818457702523441248455096812811666
497090604322747183366809811678365157004680187681709568893241844073
623106025662747574796976374720906354840294917347274873081201950527
096375836074625454793529542341712726819813399026419025763373611656
973855087441302411046998364322210012677286821809498907623686892633
844175188562628321296599412137517969890520924751998789466845120578
373584504314890844568816138401588039698729200985408629694713225986
323131712732194289141354943233591229372423096601546164996985579627
632755545779844544032230409049346593466633088573695960232857501802
685021200071271420765556577264079830207291948065129360217761136093
911359393530812177362843189441739621355453605002461387879606760408
053169300250934418257134216136144401191522895306530077790539720033
966289417946596417779835592534222877746564000343935264773517835159
330557199471598121250380175595475777459515207139084336100115379049
015078907056708818445741145088305122997002099696113097121893728533
083594288099049270074679601280969718292839412819896052132336107052
144317601499501995895358971833690782831386342368579567965634192930
497698152099745288783121459736846075674766360600396879174354213850
348953262958205447487692413303661183286891127783175460291279129556
760074187332255429082447596730430080458966345337819875369948633505
377224451590105416566588706989890137538880243275851514118584543536
529874915727188653564082683272251101470090989862716772241528776898
622677036983969959782816557940888253718376453740221818841187448133
828794719644549375700207234696253360159221820280817972604912829242
072671298002423760022464850087988988572315884221469461474910278915
546521230594248610272604712698132414938149901767357489609411826805
047717301316458946823454090750518616610154107017955417597598280422
938627155510777799674591224661638474771460111789648586772191861044
175307319060399730981271821910672442441948147115278343039206536812
214246550226930206567588127647543438557347426328154927705626600665
467118487652072673356547316696621770698336458358268302077663377786
474895873125521947859905262932469843638246857387232842777898399257
375979040382852977873976846638096241754775914830964299155281451658
037282442319575209277265826932305975246124505643557559140534014297
675082443347466243985834376148793899641444025141130024688693719521
578304486934438407345590866909464481382353532042192534791688998014
391786232376017552145946542744591797476063616652401862061888475586
487380583089379600294714755490167949590428156184287251585293982983
632066919799567389478800199587980348283125992532975991050207350736
266025424310513286294034955417639910947632944854290444810268915259

589521457320122663991033216800068635048620073570348589610617902776
607181677068179366318045382379191259561984388576095180289432157965
212056576110939899154968840313775493935408569534499080090127038401
726261801820466737959946829543697194232579220647470975895251070020
377417194263893464967571542725040469387188357277563444876944595084
986388776168355058849700286857269280542129179585813191422838038713
728275528683064543331486880921516972378760137552798110459669882917
779624109707091370378839304506450124598867858957886370910482165298
115205833227808177991560826384334655419760315048884191986084840626
490039958781693294270619622974531271365326944415146362569734275241
608734402697978790021463626962620120377533883677549691572082415463
924241350575749432317953795546323852419930894060511341098518780558
840927355911671616701871181553505823660985691939227000646822883589
944865752267148004631656752194201966183070345216392823182511277834
283289541424721726008101478758030212294751534403712723321670865724
341810804779578414426518997788601140202712329482376233826892096411
116301103221754850809433535043407762834159300300053391341804464235
262400380739510951370111585095347324822374380350893528935216587780
976003257121283541953122550820412698760354189007713651108604718194
108088431110742536391713898813597531932334651579864775046845758698
939196311882411441543035704000826401267779538411066650964079049875
221717226415649043495962670656328990457837601136851326246834602134
845575646260777352188360216622168327326752466009077868093484338791
981564661208248486780506442969584602102930453724633487602599622427
009937073587107459968463323761050293787408079067362688314322240026
342541834946497494337876425107862940494355970889509680133762402481
909558113491329791361379976702061469804350149070673315063787624020
662390702718327904802851482956061154740695997256194929668302102119
305025062268263880896540629845561979338912841975881135820072574356
168576772366593657751853637407687010082486727325827055947358759499
152718354765991563039137857167298544040275171738826587384991774630
988127769334111333640702276667861050716885045092417768179812507691
095090914411583370303122408506723054581245437271259392013793712989
504976889641046583485074819454011857702359172469012966511482150074
342299282812227997873756699200712962845547283485924965768203078846
795064702194730980149497744309949779104146628500906670090421960298
663311030110011132782301805889845558966393460875372851907436002284
230389621517161956418065627000999956013489692855739326265725163640
020407998471412336038886746834087295761469762659715075739705145216
740388083854201531984940935620834941808448216518439071864548579354
119886526224032719177493852757822503822693597054005494545632486688
166937021367054984886527552679637592542953115273943389962168015529
068835137032902484582581507127636005483568596542941065170419630389
669909871302275853459041651175097486133027113604353170371718416809
873141819585031564870772149478854628003926277518456650430912603414
221842304210133140285691502890354177509096542281408332982473259563
282470188681318906977341224009824572047781021244257867941962179708
245494715165738807912130559425579829365910185929521458891989736410
574890894887746130638684259775642325268634634396779838391211928481
559046325726844298069038018489373878662677601466755693021431752909
926805769995789731762891660092351933832885941822434444837337458570
622267504976827361392921256590388559093917896293628679219569856722 0
771145167687115170363840099018030189287795668529739177054160961453
069937591596227833917112798101298430027748909358748945398117353381
576846139508418563804583298672849362869287801275472398663892413528
204505780353885364847097327544925680094275596516029103457751245135
941932152689509014544595241696113698064708110231533338827666229870

2841007248866052876037540430218578429642231635313350340680402784441
475200826890037863547841565363689567311688395043354563178010166155
103643844886149827139560795729139057900864661298244152281347786442
264533490158637174488626108777428373375862772081968306963831805881
107893895728376778301186999700894336560624571898381501767465512480
893494477000837345306194820022438725236049547571173946629136182524
460576260094886690256581329311350674437793232025038020543501852994
980778105259985304488755072493125506510038857190824854783899326602
860337393568736445574675696601191916014388077529876643945135794760
714470988893277660530741163115301391104923282193110588097367047432
344058908828564002679759435346427421078414906154092962408338791081
565789909498815712690236620043280215289589615775222060621457988284
049182338365735125431269368037987268684755236920077772138117964924
003615902345770034941153406833557382487391313539191475815852762541
337589984203618879551380731734622447712358536727905300835514369174
708516100914754482240609224557576103986096635678828945500333604333
720846556725164894623272786930989509455863098301143787825883212299
067132918193976522025724558400814024130932133420950689694190778702
026153575802182105123290813528319509157259925550067198796875146302
345713152953633128866961298875104615085935633839150702622404505679
511688694605110946627672376072375052884555332350474774899801582880
457530050460916902159645238303826292106303225851732156752808913584
883548548712412653274247165752201579356043381984648837766055270265
526784708356010243568608832661178809770313606137790936091130872340
772096181023901578532920354712719691056747947044146433121314395609
675166261128944405036638819340286420485038072860987919829804873133
499004845521940657346541555378014662305783921185114327966512426186
044783706656942465109697462111066255726717641719632000060679461544
447383009587849363123252352851899857198091600068141919186168389015
181248046434719012840007070411738005402484159936710284924075593039
634872403013753519911575118044416261522200880897896833332452200044
042973126122516176556942460302075359589324020852892492435270739656
513885729183164947634488104460321439087648326551672987621999736837
094585493934338332588462059401572984464297862778628233290690449232
765932924499124046133833969015247585601019682761237203430551089792
317528677738782013266845098807180268203922028048492157434242568046
730697177121873456085715203567062170083893698275361917197371079407
399906036839520612792285497138600225654467398562769675644776992563
009495709270131119192982495577576375085942369144906834763454603944
371318679563025883826817928975790738675774381973520813126806852841
944365315510971335681257482834697901789014318277526180883313639973
602829599010000519724377015255864819106123617676411458323693479550
647375250340609927897230719508277849700119603131624755510087288521
738129185608767747856196063893512409250785806286682155371236246489
693259203489219130671347171099770337362895959783509532523598271289
649198711044815613010829185812739292211017926948642819683286246929
210846438959969288165507695822898733723861578329428488075621932309
574063083808914628364138116929229083233675690406787653576163961754
266645938024360197471995403483650856887128855292429351867994655684
451320866302074899531698788879839089895456546759232060581922617788
376612225335473386370967729593023991180556622809264950044987752773
346252173326389389494914654038212432180736158453611404602155525975
366720223919881050284681073770437723293121597536227505157238764529
436348387913528988787905821550111104233584518310227611334335804789
714149771525157789848298936164491828979317790326467228749418675453
269183640879828266619105953142528663092670701732405950706227386670
579287338827184951879760685322806148088186465932879942779746124520

954095267124969044104613107390919211239694068351844696993047168661
742405051922297675298529668486734836811625766352554575224403184392
246233255616522514104235923273201888336360890136050472633749620582
370618484689529986526746636302195871613693678672483535610994037381
399698900440515388959039103282794572815113975877627474453184293053
661363795169817274605208854646923204175911435001350395075348489615
692495090020755605575438417029014607818186992492393911943824110025
705182138823009803545858781164004553031127717926661474377483736623
746020207353840348230968767789362305616789380673178566313716353870
471587401728905272491252082716893043739822965883776322658705827681
347353299478638582774381654779360985613156779341800020147580424559
377378303603956313491357634013503034840739927578659534391275516020
753086523653852745037888597124866716500398774192653741450111604950
710018649301535827573069553026842287584834032104779305348522095490
792573563977027573732045507991015818436798097731303516449897806847
700924124658901717949986390152345242314464073314623970454745260504
301874212994382125706449150735469297093206380290377591188187390157
910382794684926286064935577057927535699984474878454484558005063460
310194327718272203125080977502995191976880246589639811415337135068
436100113109962982510923400768862681738142858204141106078957011495
068943086279652602887953539761168458073043529965627122092196855252
288491697344907527823409037934366431756882408319294978354314731449
399148449444634289657179655332850400946759399635949907338642665621
874810726324787243040629049467920253848591539802660863028206837106
819258636756161674883003149343012810529959988806188629972368964165
204568060779510100917746573081454691925813273129673025592058716565
880420339131539744159172871948757014262221471927891106602750761289
442732242913669946659270657251041936310238598175490798699438924388
900893934634121382813621947180798111450300020433901579204393125539
951922260908899971256309233027142912501440398187050042025960878087
081358686649017724447369521944670349065022384096930518259399680394
210385832160164007694778919242121489543593744009993796437285613036
289431167437089467447379716761820864159316835618424004845427076218
560664395978802142164316651900960728174606413768465552889186181960
348825852074845556619089693189055115991626908725698821763884637459
550647377739141580667407665009778341493484216184403838831093760153
938893631063154871345972529048370368834150168607515857990254115319
535607077038149712274469609689409530526009808174927009219332674213
887448974859582609816278112393479338277056197406663789713662110111
506206417832730909438642104434100156848794624469675999352470493084
992705731112482397592335989864528277041548277629085165037960815057
835098230275874215779597790045920608880043548743473529828147036766
578453926047834167045941769174894680825377283621606685686911351945
238338908918911109127985145874140765028525906720911115279925914212
843554397575899852207175909946241446928463268626340215826602498292
115869480107657666054916190877864527586671942368344343143419381233
500212897771314250005292249716731077710017168511888229988920847294
675210622424553471607991208322047262682159688664508167350961643933
992447751146236967030823020942646253674913470340742458766524088261
910336251980464113711612273934979644756701454581288427010677196263
293691784822862791205618498280909007323886154644578857828584097096
047744112659161889517766291662527168721718762516513631708979617646
484309698655020383274990369013956616772453347773594284105079107689
335238793554981878467812308125958197651326354256394023461702890360
708166424177501440151789871339407195406803684014377753823023274168
651273314467179277067541525937370934213197597040931481491994889872
286782267469651931566305291459571361839749552474801943392794936563

511497990843542657131020197144345952011778759458037507874625180499
505221398981478459503317862578489997751009183675879921922826055038
028507810017854415807312470071381244813199018918287915172974806315
354184027249731986676050304698921400122077849186541670628894614373
987362169714665740339540354657042071325868663336279283212156148810
545073264464398983800241706849219912974800942850816694356492957834
344123652616984823031940948633410216606988284623109833870141892807
820737483205430749541642896324813950945589933704491826186642654150
819005827072358841898280998019151035177063881643966427934704377364
802695785368103679866531939037687765826608503687181035728366643365
057717227866672879309080997221922188813671309348050105257264157381
340641178162104806787143023891668115663107287605369457537784780650
585029952691170323330371671960112352344407475268128928355868286840
263257160569745001944449517018066181081906441054552466219974605510
837665828858129814451526749038022695678115007030523761609761607516
474358393341040779805577229347759913433136721597866105507342278371
167761831994859302758572613970586584709868667953396094629188678055
717113687861007855007438818571064126920509669914928942274974254510
850292688489395447482286306749939427340324868374491455647358303787
886059847569183700454233012866275857927095106789690533359734293614
200328824671488045835314413863079762659740489308711076885123230786
079342451220171545580184169216407608957713287564519943138023272075
005128755637620339753300605391520811588010542944317855589339824635
645831046924158286611788490100463414076094998214465414603928375102
473505894407349196495403702722453457220124463687003138483398423091
832402490157951865933785992829470159857959196859838685981944905441
298097484199553689636996354717206181813585525926232995399169375917
092428613664218558467667720623054441488582625370532082454374482290
302780270657510380017108817832818651459865583258719554645852534197
577697821772923612071333641240281634970014373150088552712917589196
082897388980202176082104877545001333613191713197620856414914813796
406630406540354290848751446093045428797888157247969800565660799594
388364820283160338946679044511365530731423327605787108207926760439
535354664225367818502682922884743863930395837400973858701426510863
446204705175847605499045727257503150850585856819746842929041706716
614133188504384698079735601777104811768366410779396794362026848191
177314824089976925551288263145278012643813913756963948911084647998
499767790629954544951573178700804071248028333711170264272301544239
136020661853406307113082815207497537193146840097106225037195921638
658242822894083649272628245596051552523505912078414670760567587367
336189411174276167915553017199436756847928532673226578045593297864
425666944433892545689917122537729840428963254728255533679890350772
231031642222559368662240293289707900774962130957134962928964929387
875975644766633100100120853804913657780486947710046538421970875553
324956543022798404918623196790625317699314735845280277782058867692
232477965323935598599179926338256860793129715306595539487832777388
807136981497464050662517514314106466975480788825062108036930301495
236024766871701778304594493982135466681201891555895109323779106639
743217171528610129007333518011331114135668468007910399622453150596
207162070402855157026143358103007802778165023775172009678562401690
788151274926741016063023195786733309667419533263179154869008772125
173072357898092522530225632265419023399141038030993435384580270680
334442716519277258234253690592492756444995993189337302024156133921
728688211168862565852709987290601656571088073894875836169521706209
563268246090399618378897872018226870237853568344181001214934617230
676752863599011280889100896473779245979568825007398502380775095912
981555306692489535737276413238566846781778140576387723487604032512

9467647135943665941345531063140695856263463368973106516380743553431261006909674537650144051981183492353188719407993999095538928957798750477277803270846609361548855965799697025956232802846174744164826320487241282989494781029882283774618561858232334667185868834958184219194388322204129256621821361627794490041022380140242165823660436391323122954434656949827222067908232880702415137352416231227477573032561247042685443385322470127977785997835181995430214875947781607618852708382020848349974712755282025796946996655381939593798289613778443007953018540036966166115762868120795797161535606620273576267247120993482629114587258566100302026165460068481438714608372797925961459932392110170397337698734954390474516654195473774411618809167007285249734723534800924594736914410232283436343841037207710013462057946640670753098240855503576886997007848143675510401545336522149188838320213279173749522508591040941264626158726646161917696317331416633744493848851485951358679018700795817364758504070965634445300631086513401545686454609857793768228464230331017327992712144695553139665054817276401972657906219538813253509632509474459898910878590169692258198604873251616314872253320868115250387783903092109639731408701463262774873619992516036903516401813228638410157789138345482086953949114165419212244103725882353735283296622540405395995512541880469553470169279658180842216911467794957709031814719952242004890588559374644161534909346821095273819069249340125854016212983888236067112990472785382510932212676008635678872991110606474438540631307026915793291147168357489308607341762034842422557974325100100386436881605524668277328014816697873496332099634172377923788303516605487167179287400111914472624567124700249762245822402739770702702350323771241691314913084480272640099449725957209235930230699273000522490736514197778118272030525906050536647931018487082839762435976541024547190212964624407218786854291307199115602213435981092612780992449298835321421151688044305242231335172036687591092061218171572150132304915038524312760160267807102779059878363028490995133233325655424283233126970826048284109116462935530797013471599928564268898897007674423346489650045114824894488438119052031620239561251550801142934559384022589044523549160677057526417751973609044020448336788189156897027789366044998316755033346099743453906679681237983313639844586220491826985980185062808365058175856328286723970216470379261157543687834566404659060788858593615726073376479473628394189492835760504833644940113498654912082100481325506837562819702568696995491876219763972045027900446675639511937613156006454486485525074979942085002895444499533574504683662276687208248316413599480307060161182230915617525952849002899529342873761735102674241881593715994890969792225772144013909127224617888387436080519675153031479114143357320736585904930427733798447129195444645430440095975183097418233761863378115291280151786636009016476974544958957323146795549938933751394956436260145495926467373472160218853132654468600885372077221345275103105952625307111023553788569164995911692208388877078051735438398567867015096378088686475757669825323540442454284008826874777703285382619976254258199293420591217977808277870511858452308972985638768651127507276341003599414660122279489574955920360994603780484838552595991081712362827442040178498021103176278778875030363022636160976667580106039555479978745699815797334233997424447588453139334536645917552581347550463442671610948908179968959226704644021691768051005907184473526312354164424864777438787765173853478975014025204069329911353255614813604353296831292899129535615290402759131767734127770463653085221325754863079335478829963834069993715154224943808824064733263123350461388215947951691759254509848097911089233113778953966407460834573009765117060752414362883466091800384906356926853296400551 65

3599785791306066404745571908486625041462763357204425087660332076412
2002768371472025839577572548308176352281706577594153270832662553911
0968973058504562259368984989756227021582652652806200251844164898191
1969095582120789897267176461338008395664877220193204636718817239544
7049302092798661041184695704868470049638641259530673766603894217616
1893875423752240187458159722844252290797737229255101808867399083988
8549214491386356253886378916159188842405129981936517136925916957799
1998849494149771151943157558263070599485758635347496397568559703866
2678054007200897450252705193979698125296883119164590452097563052833
3730948602383296272132256900737675339111682947198127705742624375222
1375825032008736375320464500057389179346592355770836220414528501399
0794640672466736018275379854478140769212560856944810541661956752644
7507452390254517053109406626366824745757346070406527575357774320100
2391334113813577503322561143900976099469521398177028414610884136088
5659183932993931358081952707069270927607721717779098763854634460244
0516904994977475774828730093397894064147369457198504829905134842866
7070991509330445796639195355891478010944345098270173677240979049488
0592883846575269082140684093675224888424661256052695097801012605777
2822873599379849977045731761175869419846747429048640123199674462222
6863633260076411070293488972360126214984596841603187424531584352055
4891859045356941964460633379884931531169547583611157497667740703155
4480578978170504573192258815494311439025793450499895500372704236188
2645680415899700136977093646184318296660690731354763645120346808800
4485446394798810546809849670131795494286681388276584446505851797711
2368142674585475571382290726634603164381375014654291945359934360822
0628279072531886575179734245746612250274430190922429627769366531588
7168094442427862498407494665563526804502768435782113627340694356166
4251537923224666458237107932145904446111092210703976045651010128699
7605935565797997230393938683961799189869179915938694708632424160100
1610309887378543956773148297234896594767142721341284004376210660200
0550566202333951957558645128302417714282371577693287679784522757100
4237281724684454616224472703666186405467249250144671204565478357266
9214470538798054274436506654919003697852300703720061418372571130911
1168102172286721258959485746004353295033114695796564900624462269533
9125112528680378263752083462010919392052994067353165017583782632766
4100489944648907195082147841020836669964415554899731185444595312322
7881988435193646690756191744363874898626362765030272068609251880977
2360884793801625295039225521028318591195209521603087970922306318244
3049051361251785266783098964840762618711211938564523325880156358455
6632568153659741400635166538527833027993327618187316429284343663511
6156632552808774054766967000188148312992649497560617449945560484055
6516920660629441907471164740575561955183453874064046466344652333200
3510377844767588566666090172875209822447115645045567243110919573466
6626779195035111191248491406455543525772549656639267852219176238544
7538197108319832284839469222949537374931725775542580964794985891022
6863594535761355146603751391496845122967455478424717793060749999244
8715039173711331059841824004577425759178667121950517428961196738988
8890457931260778363161297825694113684507888434449786640449589578177
7977537633175038686569214328456590763877035085454922881774592134644
4790364096719378848001565990852627617509773940164374064232153788344
1300502620171319759124864587923006850025338135489151319984710933977
9884365446048272891549710760373174451260971717062154915230935580788
4562839217995093664990440960915699421493871124291466312054691322388
6063352687404641869764975134600318428982574751202584459831039820144
0609484687076916183830862387891061468241972832005261503851106819900
5835176956323656969414236261015215538172503693919882029271368544400
1062943672645120333442448082952850778650223588668479872923363345266

7582654613647644880992776331655021300744945298954339617526611749016912130058109554244912267385285122343836959839780483975246451012058826742830639996089076557344363448014904882983571898164096451011928985398760882296922643542082445684123687523325897783852438454227592056760926079584672793866397640133375298174103800839713669875017925188890050961627253029063851224481562947348667180792167574395023354187971463703413595070688796031015016464474223923286729237172565384290147065906886729406948425427159052053409339014321081313854582597043485809314855063394187054375482019170226882317510901329413617187700580911334579616422030125980220431073829668649070375044538684428440879094580713838962095449207599615536655713068440469527129948783097134507882757248448998973497039622465110498777004179371263198665504248264504271322916123093246164135330391676894514835856927021660319065689993035272966942540932985850471428540838671088927344310873634570026911192432496377298229400944020752024662066447383917204425754834014539408035462734099909640690720756229073746841311985865787988559142521470803517849673589369335350075446723246131252582687046375634396463905947907039289612597648667056907181584602993604285664165237827113760774562109031798086571731999343128179691294296204556952012433154460835957656507832446721125850077609968907142990621463722501837031998516922005081391020537898391562299250064687356797954066278295022474592665617686886293211625656050084542945590329173720098208588173537468783182064470226861276497609063433941566490264262194495999726278798874206865377484001240271202527473344361668130227204754587027046409864346757364149445560401804690256490853251672716709512790052393421702743032886141323309616964755602018386215997872360962122757042109968737000712257994295186963004129541887796287240932784617980486479076998905777338860558382491142283163748692878538148143146224283984962337855773508605110105092612932309949247418926751316188186207532574038684806964904698279991221611386656638203260191359684025156492479064439833300318078952369616518405614103384347993761781821004743519090706548064032056911716643220992154712404616942471043152222051048853663827047208352220722817923077243786214629860668300394431840318971195938758807198115048397750862492845205376609935703511384695978429595440648575150506208497122812336063954148045231830375903923041931293580470253223963911512793759360151408705351460629899519407457553548868619822693246955382102194720212488490442636553953053943533004050613359968320166698794772079525866914331899092118652260584960881496268365467234984048143810943198574036837746637093658063733929458794664451682611483334598089481323014234497363000817700302901541674017957443616201842207605357765423162845642764409375568971553787286959872245740725586288916275422740013939248909372055545616078424153956188399905582479740297074147881435727079149221043557745460934900573768159682819680197715906457966057549425418144532992479819966571196455188565565681215133490980465803768476182660137371756837274130617046443808292439165371329638261653072310606823338899995102553073274412094269941379201101046632087497154105874458261159959068772409428697875946269429880547786077645800522940757030840638516043605931255565855331231165546386554103007269934477311816907866280119553224809956171278815563935190125607711288469473226363577830259656423269738474469674793817191834984412010284235192195947941188864520779602313430632171743540692488623758813507950130195421256853896066931254279329444504604143997511059306830758986663120897091786738144310626732857291352473357373341399649816225605641974178798441560213301230296004214891147848575264386251814296191368983822274941558639578740823780903834140879297644511888802337200988640122361741764305063703810769278341189017294013294623856393085319

532244222768818571728893885168650075904844157097366365393941138141
433007084179831172343974321289826930882817908454608352276168839236
706701819377906387518688982678985926122487707255370774680909173812
195568154246781758249863590845775282210873370947100534470431626453
265098754187048260408504943289449671151155640450375992218315315062
189417680797400402678059163735949230580218910561624590130191307342
309220118774890541763475234787205095750830124580097608944902014228
321517081786382971517875410232779377854072683639518037227273990724
613281166726202385362958044768744894558935561294166787711514445952
150728011245289783898892439805792611339511716337272476322035613413
766554936091076077542886394153750911283550953891017569927348105802
052447498860656941406880598157145534961021164041299207119157382239
649687900615771795957511675590848192969043559344490289369648619008
661184836408445470922988082018696435010241658928067289346189212883
998058867547233822662874674898276007213969179081994180723645143829
894301735530322511478911846799356943769256545351140882462644178781
754058520462752091194551715071532232290031783786392997264579504136
224307388747429588420386537963008878284974910153671404487270605223
983274654434529356528076960477221503024060329960820144287406646309
024369558220175148190212769591948548065002515966276672115626582703
870721458114744697943698506765768823503506327908552602752457845213
931189712195956022277801052170563123963444611270021258672357370900
902467406949257666965304797371427626570535957448790876199299797549
154709567456866266693317816026949924563786133450401286482682564546
781442573431384860066826797672708278086896403276259416788405714594
114804629164881285200102610561984527854316767343019418002873928094
615194818546866310990795150448813365012546122141354279122839130369
472625897800273316800303122198079222723393023339699024932381363017
812136011313683103886773390012252524103762883920011468747397830196
815162344845844170847115405630671221502524006009566845020996544235
77855478800658445306335458651974

517271104686923708210374238344516214463591642683264697674851191611
783934195142162634345728069393696716440345231117981331367472558103
023300335647091931311841549327154187214539550089621519955776480953
224728170568462835256462754305762000017214990289645138438331171165
858417764510618582508210472454698908552605715433473640776605980218
446223023035764928698353547722866911672550929264234953591129778086
706764009141760472511018422954289469724271931395782511177137364661
288610993859615446366855566406324240965511527124487408138633958403
290683016637505159378894470032446794442050062323805678075861405161
794915675878485475379803613320458867201313746842227773933830101592
787382664035207938573727331878722116006978868491056887673735468207
179344205169186912073390602304035953144024848275524988496686390561
518129135491333068919805095831954745243476885587738310414344539933
978264379056007932577903268772389335970408929063798623591326882769
120482353226853311130949276614545789111470718167829879548739779664
939334049995804451114426378780550061812019428565801151160496597514
709360848244784071510165688191515476308537089917774950031546779199
405543023845556843295871228070339303655080520359026902225743269417
733783302077850881645997749984355147030418993109278863628555954986
664521514608322432702939865354711714611209786446464432561800235200
048641692809012519555879677770712014158540324292727965139982142625
427852383618248974400837646571991833956603365094970785232889745881
493347730994863973831820193244687919192275981928705919005907540673
571852348118683464347785054157828224490798584087005861205284471633
587772330438082709137396889505684555352326182211102373127136881420
583983854747049000536093865761777730487830785597217538818617272005

256836873008672176915441262877549503239222116487221786152262091124
259237746705501612558235461544208744584214964776025595727402918471
645315888525882788428685588949650842703942989935442747557848840925
342436759646126543810920255629982051541480193747004803579667745874
100884131811872582385785448488816682771330320509148049902706338669
469099351248792271005092774614149529146261051764859906929923817599
024416187949702356571809514425854995765179296210567446002214133673
754807986035969594685698337977267285287592506044418464357782403623
776670298728323706045274425550681518095558886835891475330457011692
173081904136821961979244460426499343848452732374619113711082446433
501694801550253284184628733492266134568944139002470663355470788141
605485679668656432669813031783621646465882083005036445481292288496
446164101250237576828218945511845805957320909394620648677509380243
791289601800827940474817422063327914712842095137010561943271762928
685790909493218055568979066286289154737548673198693738466419585618
899770827990016924649425190347377703988630149201118352837232791996
507771558163406176196984072223186782701235403499438429168556505151
743837735392032256115992975687965574856371399849841889818723863447
747735515013535079191081808269895360125247825470432140977846932329
438014725512584376086099814602199698631548473576292080996702231230
779999766892614937094813131176126725029020251125017695385831757933
248237475871601959893096899542945715238027789223568504876418241391
023269149165574444845124608305145787417507387176744173551101307645
537897887522221852058613301075912720128415816099012918291185666715
739299809291799149161000466033329225776086756566635965341818542256
059884318442721810942318109063106059677332784039505960669772102777
361411827206434298538442465877284718517883633752819325425830054996
146148373504141918616198629106706387911951762050556410548148530782
364372016539996520950423890411674976436029024341956762244685142089
456568032327777818280402353171727161613847452643425617030040388071
688888421475795728132416306939771904869321017748493439522088977977
460641321606591235428730663498564951384299151119375415682688046403‍4
407400319164875242281289908496049108875248189766295443946375362198
306085302662976776229728237088410640306798395704550798642556241329
569706903126069372722704973858490635481194665353366026431535545612
762002245436501409287070103845024942299682469894819311063805848963
834966842315468958573941781004780274310243436170639373226671414047
645055320685254527772713379959897191293351095335218376237814482821
238983318392269540362944194447793933862947820856539160276865474221
602197454162503479486573308748696362146050796657211558568264712564
019832368722180162737027408546123315314874653193936261343872784984
098267899861969122026697545901203347487171527203423784853201997739
410893991832399353436083831944835040717016050019719407955692916944
124826846029055460248055663749256769023585654963056305499094738338
682002253272751014765382015718968917643861760384669147127050209010
166793143538898179926138949582056843152542717333984584967784219554
228496937753821419875398362804151385327095150706778317618492686749
245187887825652388078755933987418992394106466084284159517680029189
967446045623476841746284361490524099614609132990782507767172994873
799300497060952190291591878815655029486924994826388639682384956086
850057999208125916980957625006325227429775722353244646312991916029
527828387808637437948487816007986691844944952033890911819968400143
601937093305472219047178616199521109291127917001976672020216396691
842224134953526405415034347849373009481075000992303709153882015508
200330120076040367400475028238121723533105469837101009657554881166
142817419714224111146539649408810687135316799674897427937226351358
103899882545160553672510213641692900321073122343007239955691422524

 

643012627356668178228590169033995255886470851754284397934232749253
399892584039232079835993252157435842523037436661389938632000800645
747508807093799846274709665708094369299361070027345381568480143981
800226497961654983924247214953855166490613388699479448764070625660
160551717891131051578981248406744154043863432180804960357763693369
650750249675465965351715008599750764000455954263701196268335042396
940932473254073217465365771218978633545568241703910378182426567244
157818438494538256203497811749471046589508232140820478205399922170
830963792471914357052689273788296301720459841639676597939924684512
021673155759406108501108401501493958481324314326483170638352293389
835732862962500645396532323409016634553497614539777543545510180022
729878166610572423124306235039912669272559398387044682244056902175
2720890597314031719499939375760651704430817843584689023226409067025
582563156527103991987874499600566965311694201789033319307912876404
500245292607775735544830851499121604626040796635700429294141521078
517939512489293113108723403687549333211997169415582242253234526991
651484270807496498243209108709130271922073605282398890333776482440
248216436744892838932717872463012952137775840656766503422548447952
734389296263521706924829572233723726052121486755901243751068863616
862068481075325255190808700823937566799300052564004105686873213457
742011004302127479640462677207960288680754533284461163963670296167
636106120956409159039226759772561277082336910179793240276009477905
049390594990355097623285524569201492338038955511453694537989642439
077531543866107961725493579716448034461266623538041455573676426251
445905719258022229306403304943177399110774599480518484341690301247
105284001145301170159264176031004668798434006763661357541593810739
490233845959978566490063310019258076179659274890217308818654512491
561008456492191733984184936400789242534005288512740978260728184499
362334439677783416430328617074655574470958871066122859798438328988
827786089949825934445706255208466693362073645613299517534649909660
709934312563597490296567184680351887876443719273432284967575348743
806058683938732087107123411960330893060235219350237964753015141593
728621182295259067018575855904869810336131061953704410772086023300
066943559822989972003894205071241309633012473989889865016134460416
369764129918551398564133480244010903820420980509818816370765602535
422885206425047489586808991794668611719325033248230241059805584766
380455213789323057235020097155747602593772076776087468148213452253
163020878882398535566840846201887763338893823940059693823475558119
660440536601708515543140928633570921594481160175329658341333471773
027110597090517811589017086602990160512479450702430123230670262179
701141510682002268139997507258321303561667949126100542012864532298
006726890009482097075854102198848852954596019747306361328429698553
852265238161308896659145091248868131259535362960576603197504295041
188439397247053605789479862831714003968480764211909414275681202732
454233195931119523950562906226110099643989483816464487458668307548
577853287408199375727485219741371809429677774117222393641356033211
909334407556787838113045199845148628980006084838694206218527192801
877804248668080299512897034732944631709460038595125453386835579689
058465172300670448889684061086304061213515520387421392844962022257
546585820866986406049865542588590814553099484349384273384217864505
139854273974290958570085614625618349527002281417325367653979469127
529747013170063835415965446342449683526350594853447447210780561078
108296494264788100259793187756392390432917853276342037522975657527
434082950845479470152452608993138857831239117512692255667572885133
404397696254039311749337139944952935680106037969445956859752498772
673480790732676182452335521216214968023449292542886551457337565576
594555709239533428142462903172781540399834155641983771801898211247

608559555189995062073007140345208155033298149750702442677264360338
737539731484313740709266544922952042319900734594639311996535056807
332981486584110919944394627232845367711284847362246063313602859105
963523719387163459869636443906854053223193152413546932487576730463
381703029447983522602051814944458504961203269092337527162355133526
234320721943009358815033935989744933526957874572783140396703969100
170734149325310220632630169252370180120244226884929098195551171956
120838155014485836571665102690866487173238190148609924699131546082
001992705047305688761418932981083102352648281081024854502208757221
283441343794849997279202583543417204425984693274091417821439492801
799745659873698287428268267484421213715468232751128534165237031653
070432582833721123713760969593993754953622322221974659619332529074
042487602513819524269739101756371975343004479617825043115331506758
256273534347625253914251527570478784376788524187196634624199270080
257610839274976226365490018653206454995155802908398513272627321967
284783025385221904792786893895387803686993188466031043633524373271
546998988111864436701140284262026150473882358997472814933432570654
746370224518872890612550302737919026403965774176068989769834566464
705204716359214483070995843064717275076337180207145974456525141885
050371637738189029696852844092581931744100555760898502923271016008
982572238173945436985296547694901873840464656437307131959011407613
174282203883313602970852614512349073071476245340502454237636666855
757401206040598869556301144154431416969860740322078860031327905539
178696741635552402507676530856322427378471497460377840646093468129
918719028927597630701598408877817451926901476910300302349794585110
001808866062162868011109151161040983273088089954337551187183173786
558776487358854490366879074169182538313306362338205820154885449827
883821742437580549238159729640619631058215167091903263187309338138
501130913327709303425112210972155056104913870504262198052602476116
075059710379436647715293534917186125066116367383304995648787793656
979112931958782777740601075333724327900097324072560703888008711373
096596344570960411750894447911916217455169709648447620461741281545
361284226015513015895258628069570639244435478023905168613385498619
266567622760358234985569192248906901164598660961567955415492157581
283540920253931708073781465078832035266513457070655368569928112426
567084480177864614974045492118431227621845224410884715075701908834
950224375698850494545424105726624609458320959625728720309947765401O7
398558069966198019534500506514501054924018861089134173060759238439
461246569861605609094541772907364009391321956768364333299619997965
424348026569406836986706175874131676505060271358825744337072164588
195226133970545205234412809231730650519899545028585383522873787286
982917275807824209826106060901509252110908989964389297862943014111
400676287749920781723794746209168998389618948630773060274910267038
839433524742434212367121770246101160240611185716870508244049162389
434350470250813649155155104327250747941024737478192265205933551362
553018121964249924882129926017740801037198842125474472160296950027
742685077521758669179938013625842241739856076699165432757061230452
867280707631894705895440618842131571380033984874086809414461845854
230344951448521053991248932455486659305335584578277144237743385339
208241277632165967538326650643063880695569156202622259469414290079
987698344209146999897956832667090414139806863332515652569687878992
257432796139643702654314463933379900081985753079788176133743609483
928302233803279732038653646242498055114022469226478931592944918040
382983649034888638697564414855608560537177228737148228236864278113
657203947496906937239915610036828075141178473782562212775995916775
814038532986888513655232313938431742258535628070191544007763016347
647781261324380248421865669855274007641051190109545289838256348407

0455808090522147697220428738220206445111655802021581372204663476633
335175617990500897780885600932081454176443903235241939731547218920
920202474270405857913543792600976807636298756614782644338926121213
456594456801042227616524183764018673453391488079001363603528432174
780401683146726188067936493046865873646311483282698049202278762554
540178509177497728294675692935451666098641948145836444789096038304
582853698956080665666190360310045304720024226393881572068674690061
929873082248490016816348921255433754447580388736158658859248597558
742783859992954170991722511534025422229692234366177781929653313496
747757220978430193818445059850750805649483189679220583434147890510
257617490997582001234724410285079412318437601471421378295110218735
899391708168680559881335469913794537831377114135491971243465810931
127833266217592227589369934770498435251921073517573702005457345130
587313221438462087602775184053489371323766290711205526949053003888
228042048082108519287610767728145489279440322723628412479431926441
924307968137038294820058697420150132353198720519920353877314215882
211485974318238790989199325393415037876899596958043272517776898661
258893954420139171306418862951066526896062414520844803403474113314
880043138647317158446815754836531670512601746640760728095967213272
942245361042667928094697735836383498228114766916959695573277028279
120997926086381701765421015111581109268328748595064626236299259249
694378182229169234325485361604152514206369252147745980941988926814
776443905376111917463026074170414492241949800170623866816946607989
247516971850009428744446624100586380355863065063609572709797349307
096488907606301907923346170197456656248712884986738267854626894512
094622905482754233025173213282785316517586934054111845715104834632
832008101152525413119367954561261216103197427832103879548253917431
409877065257006037671968383047869291003267483442066840667351508858
609166297657227799692600386827334964187583321180809168618517134591
156850893149404481996107250233789677989918872582686705377574351246
508137986281348350664313246627092452365469835174070426513698824143
308835526319454754253248458840939937846318673381336610310058114645
515187730501413081566601806113226835296397114624010498314846460439
520061637354258469826052125453859150536462014165930615241377433037
246441039759850015689210279093786786031851767240469599157234052900
381676072424770169781521486151947462705461422112569127225381590502
039583051468585003602420054909455026826185095875426210973991322095
029548958289174232981343154069257570588015736545351789274152712894
131431826947690258885478659919689883599904388542274846947311875197
488771215019159190888581326376998121590808969182335059079714874613
336803970635003695553942259073453693326389696162384254104794629483
793746381324612408253069026914650215171965524256788471272297526679
202803841296615750218468110886939399252687943950326728700875818861
049300859750196928095204823757138945438844241621756626373518033643
277401734125942745582026754402788121409286880412030002270631808259
318676648149044725799446704594238281114878611771247129940234353193
476389778948446256041745478020529553081502542980157090392382147214
574805502696844438096038016443726195300440399081842658748795326360
174773439634741333029275581820008464886098183291707862124370345940
428150160414770581856441322231887793921639889612736992400225160535
128293723655737319319389834175384397083090358533308571836931136503
700819056545043298422099381490045445400448618221405506052871683134
142627896441695333980296879517536667847550967256739077347181693399
759001189891113962465206160718856491192664269401606959061610443780
149866699828433246525760882571010899195911118083503036507974281230
709395198402548016944626205923636351071990148156774400012313072541
025605601593168405328169973390707153720880901326541540840848694648

5133762274828499161274747053222550579183371978299802173759142434471486634380845991013925549446596674237301191215691048473306980508171297273138066292296784931657070031083055678897912329813037510317467834011208135309146607336751187621872232478968370382795012395444953967588537384466413472024700158852017613121548143721334792656722446917956258633003069945836289103812648952338880763843818809211807397927683141230868809469171765526719713411290271581467529442762521329501543011533690389221384101337883275393592020905194209393897941289380765953087027355077304221911430043256684624072289034021711512731689053394678518738227848515822470484127739268280565172603764458440068284667373544825924969162142390338893181170113891315019222854107381814522925921851485752524761838480775838298666675567628883100860152635893586357127421777289515445831293470980084717828967273412903707607159708978389934279262557381889563194050727520873259994565456085868553582631337084934064139349137491790772182285311600949827036679278923587884316084918389533623615765768334222895927023939153868119581529960664520818861843896972001893567854894942216512361017184737604606038296164427331173040258699852153721647753632066072061232929323962407800474280678081245429927950935051439760211929113037802170395082950990699443939119550034072157414801775922997193282716303971339380034926791334165089113946424796613209472508981957237504911331291669842737114895866286493361339703036247163012832100708415202627689963068189695266669440516751132937869050034120042841739429541445844475412467718508710301949763730646456618634940656615955590222038813571361768234778463109885474803141607518313054403428112703507195990142030588149232148884129356944529643170313190357793773919016569125771780698512180115203637847182328949534446551462678468202630396663019906922610623240862574936674402658139719248013316060412804309403011781839533845697347778755496505226719892039806465088098765959904026835458290840488743590121024857071905695585182299648163245701570374833507162561778784026024807954364314277409752046296007705952321593783926560584763183164539460869129139029707529324575283112206316530779455997093588019101795478468222029813794967339008709934835236592521531747809149296359576803641645315741984082949704240390235340265922135259853080332431785857740605690039517496624783114615470747101524109270990190694605559239683056148077265373998499618880204526136957223089073682258369725346732930434907962315838626126344424086314103499740365508692160500462809793942595737077522421277559627928584177313693090364594363844939823392918548955367647356087898997197780703866209274631851985085192685262453825870249573805010993816323870820228564474021890350370205158682457112552023153087809016194370538717681644829394491186589768122858228286305889861029605283254438604524159887904370477377371368502135393822653949023421710889783710051749817597020686825702725971239990477731332089067421121200821839867778705656294246938200423781349130666302875875209256477327316746369664746257061200346715640903478963148186821345980612729682565455767498591972867379753810674217385801948693932923297854556100790005472533051670818549550829573316453038966728057387828058258833867439567213201612236427190239990318506978094847298037705172000913056269672052843166496490463110313400903781521749243406714466245262478844479703267080920479660215253622977798413035291824916677547333861097577175208925700627095398419276724681021271464465163618290386785573635507001183672415428954047748343284348374756430452744506808442943288003263534813266047601721422694003496285639702572562837188280089547602386663065497470453498437664038598946458144805319509199259451498233613653904412316740712966326187042419884078656034688944098073565111719088416213133703832847527158014023337408746055090197

3370836047200902016509576637603786372188320038639008631870025211594
432783932847926470562069061394036488309455202394372760011556448767
844754083561603998488513772923034323530097939678336983009127779979
497170462853141004353493338226748496581775235312719601590617282846
213714010305334392027034513019491070344617456577179219132414373649
693969048965732825756691327645310834456871594499005092022404757994
214851413924545725326078271647130569958137234896227241015135814633
935985739176240573446271578414318958068767448800803490104731595819
072414641729115982896970259377776750067320383367599920898141119898
575770545690088066735105347037213293489055455497205353010557324696
610538066099500702754752262676383165272527915483314536193916719551
030251519417178123912448276111453221886677717673417406452378993015
037104211023223884776937314255347983888883741324601694849452299051
071089558793216205632208515653007407950559249445974351034919044113
379156636661772461772342505771351604426630343126850879654103973473
927452905140551241030298362589336235834267865532047780753909090946
014043806764382911478302964651821538618920140071149455186269299132
473757299220611525247829166545756956638325114786725256097578274064
438046070715424617738733768071930679719130310725974717095148873747
469503491520242571874386619420798287288310571028157936402714634532
798473494139024208229738660143735485609080295713469226533118264067
965254434989996978086293470385536157001037969986461806802893285729
725290142829019704050111709396040179940077279073005957406453592391
666388114459764187426920093782970522564055698299485145116253966586
742236308393508148778211469714515626421839723245197256393926186481
618297743853241064349252541686264352270431372380466259855686036939
297507794006992109272687025326458806166692255729635224420485867181
204509342716663189051926245014908460068805223509444346582740225829
051295030497996140166077255644874614627097868897325672101929230098
245476543800864374001097572366609241372318680077447626862945263917
248970267674567927348695426329629330779938306069517425895653753303
319825137466974625871617196767115785959129389464190051959423116255
426558903604042611724998909306405095319996461071997051693828158842
491614923639600111384532591716540276495476617295659031279164951736
029421362818726459267767827689602966497224763374234588532554323573
191763216539724350146857623916565043387680021015694435823608634845
735010253174638070912058156818796838583945104236795876705668608026
594829523255942029210268875291154369222894717898363306284089773039
3136992191114714816289438323424291014432554651237764299212082763929
737715940641397405209230530964078416316554355424023706082178182299
215828215654017676697661208991448060059529906543762363612026305988
951007723575565165921971451678367435512908451113629555953087586708
377800191996181655683100455702282789191613024036183516412231627090
454293979674128235084330945220216062668426891971808149654830769221
468092724377218327397092955067524792981311566988231593310969899391
225434479357745606611269046429656407405419288226478547979797445592
299821353002931553127176172218631970898223531161069406848815755289
481620820918166724813128908104623769907013229353284450081408941518
931109879654072146182757480558580243538161513918772004445850657984
792025456944114779663992297905320277130234997864403442182496163201
891811804326478311151594681114816472645477617634978713086688756952
976260303166684121463430262440794686978285987418395031713942900135
590877225577053738582054889531696018068632325879151070588932716859
422071560763890785976077655084303731907717669314552391351862236311
427116085445804084750002479987582300587088265491462207872672680636
374537598067416479448481497389238754728459343875279286766443272564
795561569831372462510454288850073348951302504367500924192903435436

010856692082942618503883972921380359209785263348133849959272530132
582108608715627994119122426533013518546830147588361727164882181498
350287788557539659788906106832228618619529827640257722566057247446
559340325286581601438651853736161141630755729703799944665114114054
079427147537781111425513397283496115287533038864432816081165190097
196055850403199345652798222234280729918171305432277487592302825294
802655057174086199252370629681498124204263776859881953959968475068
012031703913507600700194920848368879638514240583538606896803775442
070642716519419088448177490953805258104482473913499622829643783561
309374571147615093589594579265351844458244073484489100939557560229
105606244845612560043821227900342790703931871075238085638921136403
935835401058207371156598072563030772823585173136193707794908570998
474013366850020841298191122359596968222596454588321433935711948347
789268345889740076030693945402135727476634284866657596679093779764
676816301584881677064603897065832759236308140929955039458378138514
377201135323628926420377834841213595082140727120895337331687881000
034208405761803890377556602679235794264582504634285826405824664704
136419947470546611833543879107633145242000537808999550347417398247
970896323065778806615087882093271595756544842616883205894028796721
171980537283624065611890799913802883209434331124691268141432182067
023539066525496563617615132401567956891035488079558258253280000374
072431650591530590694165524402644222655346570827097143842841856265
032262749319629589024754165345761282409353540627014400709114820954
833364938657662856625027302154425979845382948191301499938168390326
408029823488774147168249587848181800555206691015613702532736823984
640258918801203376500920647729115868497705912814253936463325614938
138098819347295892191223730295843415750510217738760027425700671307
213271558502718326316567322974165569938789693238288866660475346398
736332850561625487738543568830057262497407546851550544779206649515
963229258022932661722962213907725474952264621797546086820993904542
065712223201937656293829780886180306195284931320849673872332603947
486973079385678500759409394786742549882024204154706671982406807377
080366075125464173710459356950619561033855527322098109391227546654
430715285653966082482186099201307482570769885348946915431971656972
247661616176670651988734448966245862862515222538429015608740899543
421769517541033533634037347503819645696162086050486414145849222445
318556939210460917094993512309706812433674499298196274387393132097
040166953757317336392406620673366066435460951047803390531981705875
771238273780252473499031335004611778877727476072034257314815970711
634540909184231751982744277637794025829492137246161424412299249358
946143400880938914467003203465218983727289742397437971531983072961
242850269656158846639448405567776686058195053148337097686851718630
667649597890678887068315052510880215627001700423292565257755357147
488071703303840646594213132225602881837518818002778199301674099864
410627199825274556959680616423014905837129420328352608681346582068
661120881999425608719239598657559906884794479895728471897115760112
663523321187199746658400358021813404365355789510224096323064467036
239649691027401415384026186040025210407010782659915044971893946376
538974233959444780941259644679388105954017706171034931790601028584
817942869277680251606346981864876158623370152516023637181787999034
379595511508651454025879726423200572504444194331712013746825419070
853107215208512693984662801771110264244563807915882495667434928755
342215336739800701841459689064069363816415346937335804134862168236
281248551962820737251711644710048433926771290470954498217712459973
537949895925018192667009919231981513968720392407813173328822740618
348993689159625882779434181259782237468233565569661617070377394245
553860213043349364007531953398491086996333561330849820046220523794

212611273864697734352984061412029335747698542837985073142302960860
064583902032668329710664748592802807062228941198468523711846288178
252337801817573627386563385765251145897691425173865797681334553312
596108921679675992162004777773660173969815700518930556320934768057
520823924709307505648653540147096925863324475352400235795142080886
099352369049792716495297330731217627022775828058433099277819938043
921726811176593651677463485868115239136038172399380436191370870417
832458368707326879275915124213279306924936806725671640937958115437
410084474318079847981845622953378315920943705859879306743149584212
809177146937159988393383659676333285508452144871734987298280228722
459721110033706788519570863646932674715906123201811286192207037816
689825406153183076538439839566907198048513952994033311865280881232
170777351327009709343772864506905524832018864054459121311179044127
994901780460651193462138351820079194171186947790208647877508811872
244776343972876005334911972357654068682019368086771886415436808009
906851236046326960994085099039694836217157071869815680859943192755
078361763106352286244358297577723971617124439000785272578744254553
882651665801545049441516401692449890426834573456261734020571401179
382531553966917865085328616022779776182844821286729462937149110911
635104493201078007237074496349256912189049313573617672737075794898
819870814803294560802701424574027992891569507497718776325901218558
321168332456383246354264136630474420695339068746180487426957308252
892854977557044655307253726535449091655058544905009080736081330077
728805917621134078127022071577217991846919996476476550010097766017
279646966552244526699337699312900316835211790528327287495447512981
340250629138109549668572838779529050442889661515542282376017449137
351386273975389837428783645708577787917772282941837862509262813945
141402838181071249937085703496006797685633696864767208107940134332
689922920321079715285432230936878389824978469977558977758416212889
666118309718939561805589888734788223858629836061482819706388537663
870236997190568879142001500589327815766795541265615324077751183701
666268023336345078784136697950895864028584925040484933796171180328
045570796932170830887117625919959435644139714952826220987117939305
641225493818743814308084727553083891726934629489967863754936115462
433363099267699468701922308814839034814606660954452470388376120831
651420100763183375893493999620082480099860462830624324904927573357
191805826053249355127411073586030225305769820499460021459863975785
058321391016158208938102536640432838562215605048187456596545074877
137045502581458868787094158414236369582539050044102606727943451061
502477228062235096633157361251426679434140746652063534546583922261
146323557839399370970262019162213473885624539830201655471462084762
972652574642687233863623153135535568166360519035718952446642375866
198041144802521990130259589349990701834644312706805990043256138711
210450689055750679076762563050384262622513729065225654942654827321
349984841605395004718249856560184731449074269196457452658113570265
107162387733468833725899778643672591741155701655292484206315218737
915952464483195251598063394603742186735024198039034291728820585693
526786658158201195876069825239649292348914679443084786574974508366
962329607901893079624458748437251749229859571678125574842331673035
806137323872079009336336925742457891953867586676113412582471603070
894316874964912571672763444303055435879439672798391605502135148333
240544829591240121878313403045929441621292750499845016709464849534
409152471837782557600293979425014893421463386758834589638702611272
977948184530344423147131244078498214846735862732653628625501039736
030179463212553543423298346504287829926979525076211766041627496983
635949960324349579121030004621920146211722288584413301742909151997
456174122142548151012748826300946974835123007217022380251636265424

573166829154744421810027776127607297892368258611620666702210658425
698166382179841203878410264487735566199629191877992434897623591813
120793421262858085245471431809776763721364584043359927672555158766
872926818986466457737181567137271273270691744607683702302787924243
821403830439878125470062137965560074412906471083531304202892912152
146345225675356683968136278189995449676285459172951332462312686271
207307031686740866015957099166315864652238874562344964515990749792
099459034313921494067984830272254572430514353045490785504685756559
850314186308483486501057512449287567182899127645724607259255296433
846454729452076411844381790283425846409298456812175616938935965975
740429295571529150768297078020239789169692521995691674357951072811
013584487803476120458651798666327827480150636490227523192057452153
557288024819586565693666305469970629511442206125550456869148032744
860281726828102742488640261601893418136540881702751903632798220382
703820898351245577903536165344698442851334548386435254810831284998
328941817291612083907139068486878921381010367965044352512042221465
614364722014989420021438344201240970146623634385827269296108625255
251189212907148360456679559516865330531054510197832165741762682855
934691871492472425479123271529093087674353283875056316259536391996
859258022570941304541646785723973762668711162282093474137383953097
453856228395401248478081748766221827151570135695466014514527686148
821945134110598019590863768978510290474547665743821518113451025024
651282130788257311518251357320827342206955041620563142444929775785
418104799619444293639466973981359366911184515777799264350643544477
890786688566763655567510133020392064109944674869723800189018577123
739333851891151761529179033570357835979595544489785949895424664715
432770670827265189437837948064033422143377240478678694063066207205
650277370025852374393455794943717575948222394848213090905392311698
664096483735068307724944504687929063370538796371011704409037520385
264029625703004417508984780077854740069098315941092887358718953394
735828847351202477751441528641433301523760202571654663931351516958
028866473153834042344370579637648669804291749897294330983715121568
619296541976790875435900658851911949101426075596946536884456188099
014507149283559365332865878073446563488103298867967164678135738438
860393567548126731638346326081522267743361034256279904458071024372
908605563941984409751355348193689894438585629536549986258860485713
492088747953260910977030346501294040228602836133422350547868311753
104804378870682882815000408270466690072446076608132834861647163816
967844605155176165371188763515235927858975553158127353916830280196
887220255186609054347841455916346645871317346752404232051378466514
548485210827433728001348672450682567941253261976165988765239668887
392524079984935281412709665420506976947910909196918431017573132250
706433908790786086732900306398353516515980007405308268960241703702
326706976447029760260469815761395292209643118412199081244329745349
697140355250428613898420598735576265543534721231099641807557394304
984758358977867534082777525594534690720294929013861369117193813173
601646476625497435511923723190337566403995542447783944298351828774
246412327916622487261166153119556515318379303744830710564919086376
924643039253332818232102651629843824798894081615315260981783582054
204757574239190790661089061726333635275358836728525323566999568627
018308121674052801800025536899293369386788116744077729916542788044
678413562009362975545691518076713312963755314816579909072931041379
628475994177907248909988399465812988705098836726884172624560065468
114480637174295084587982931253382289570642635558951957479210047487
800990674713490817711659702787400484855846184436218804559755361397
818771100160012097380658520602274673984321980195069095331623045898
291761625860113602182893530594673628712855570420487403580738017522

416010536449207270031358736274465470777935266484464080671832023727
942014344723474168049821435321906618542992546902783902394693675658
550471520114175000886374437528098633553566630531447427801085599461
612399029562865316383085174797943117702616621107506672591136795657
312610790687425271321020893420430686442656219088980102687881677586
333919879360681779680015207386458111864332223002760660979237284918
816522192627682090188547803894435603204243307256873460617370232452
680436617589619974446116911030486059055319970563600863393574676825
493273026102929726522199970137847456683369278196032684120538725039
677338741009430233106594985975756289440887494502324471045141157592
838543190436560997944177869456505908673727940501810358913300780225
183670471294785839325894520337371154096525172614324582136510949286
496372790675667757029078810824521987372794038199950249285273634074
361722349146013133741882615777539449981758244493738170620495051672
294242853747166776178806443475674224096592080380341627847256942682
902292521252384858533734791367159246949973608350100908415999161378
048415807766179309191594718856909961023256006367965097758829543573
818629851803285928477041372436648951461450501920694469100554517531
628065330522640076777089331089867475923631142492119647379838595425
577854479230575068063861269020901325063079395192221338609185950651
259496621115675247703172613236327036342371720466923617527296437171
794845104623856042582227382057466941639979217811594135596464692984
830670920142577974238009352953076421311879630325003384984642860363
407249831285559398096274868244319578185903888755009025913675504375
891472026058362137766642009090107059305338719095934833833029991281
661449330234883242862780945037445941996227719259121297396187159202
084731553469808229179455741106929562277074646829225064076988440475
901917347741466498926352361347170216506656059047328036496824398368
514816737296969861572310728805030865542054653459983217996813769385
218793864713741529934848299188089577576066975496074257348997204999
445924747765506558813098857791532212534825426618429008335815330042
553324053214212483604361281922172957838444800154600298950501182389
646309785607091078801026493793765650947187932258338844608895546152
946266400196083891130912856890749524410992955918508708629877492462
935098430541631892065189010221083687385076860449558367008844971994
147118076441320231950290439872981974058817957555924943246941547994
050095786346491078935958277278660074156011277589271569746691856720
880461585956897392923464608651825973480987627803273578312282423971
491807934995218964891498748911954466018464859793933432798169521734
810473007464831253068075519706380791066795589876645300045068524334
584450141943807605732159724289332940953577690289281327309503733441
374448424049652672649123074576028003390297467260071906965178930568
460857048624192192189552950120649938297904522189071154499699379144
340897775117026140825840144415357391257526878211204779567643328875
396972624473187903295250147526864259374561435487996402355502556241
286564188871149563905477942768587250411279911978525278635555326054
907754163728187879421667567485785614162304336382407650378801560198
809577238048798808776868188531550715521356754582486210745365289042
299172215641243296548596040476034010896079300019701881603401870668
767349301168067625375834101944939599597517992945290138196724876429
435303494038404548902069081145170358019381915900539925385499042811
644320959810429725600989398297814280181586790336160128834089182426
560769657275476319967224533077566356514988924033280178529096715912
155922079660592005166471511308401574719857331559508149313274438609
677728968456286694798136503135660944529386858762164723841947266752
648279780364616646165460093843200963866510587938358408749636141970
634373244074406175963950405430230842045311689261869054774551230814

292867131454787249367226271401948058072089560729540266035730001659
184622869442970735359279779135141545723636680561351033735941605798
693509445930764592536435012949183407465682210680243295447211988604
208897044877259785222935514414359586661710840576191296480249689572
963361908106473429291580124923341595072790860874734729777928310221
170360078554576950931364786905913019289750813682069374766244097973
906085819570369479562173390922423568787195448887076554041753864894
947001250532659549065911585793127048165934568764771061383451657286
356567308144810722413625202977151230115216366436175554153777313531
260736738451161060841513583749649991446718312384781726612783229101
190230569342678897476884530592788790534903105077614255429962938754
841751963997912067148771056699673222538913932234015644585015038358
971663177969650337608726334162566515216857077375304022479440398754
569309976118475950363021128888392344959267003790422257102806512980
545469553211495375827664971867066319707916922605079089218874076177
663472692934300002854445172960164718901564120699430998616936685189
833401054866295948994656903536055415702937086950368322581323917400
113357891228386438186621427639112016762850917015801323940797165867
875199335922606774097310151174226890239632200130165011170089640856
609159641996020206039985951675993361646087251610537383060830138547
011469178633538023410741772497712969498238933474609781466633088906
239419319707976848862203944896652185530855371967667509635988051779
747261793032691283182674862057809265256529034280190882705901405466
374700138330258893616017150154888689359105694404497217202113924564
847498885836600119303093340504248190948084678987600382766921817190
867696601829782035599207189778042923618366306679457260518896053823
472875932823011951586555180178283133565830986137316525935030805823
962559082865729213865472195779312243359147323752403786908253602164
629481320488457398705136724638246505998731146037622534977822103010
145429875113822448213673526737210704666777974242250838584648872949
096005218614774771519966024655226069621270620854168787239515997826
861207922328864955994712943920009967608462614452966881819111809448
899195588147137993148152932958251607601071166249515565937202893034
513965776120215825001792716582114749398982521641313983316292159116
787863114903503708046729113467566457367760316704471187228697777493
720498411552534228368936469948659928163890293333295967050233310631
864547159461989211746960440747930112114166497492276966387934136055
436280135652188591691916012650170347349219857791215599655450788459
028002419792836146886166968729406732657944855141210293316476780504
320302389291620949699409462681126884776194192988872830204532548355
595645610497507526105244255809386273420635892776828442281295814647
347367073622559728294372637748776839928637632345393663445058464032
220274973415024875765991021519544839141489452822383268148398051997
076559268898315447157695118315551061873006768568040571230783243356
862781303169868434085520815414852556772088289519403587858372024544
781686346084119703605994692042050223895050999054746225247328128667
550756059266570238196798544369738430363475513530101422313185966598
355017290912266356068396272443084046523628652842323814234990867660
915808115299856731882700013109382157619132965931457997811998234263
059141198338941256260215214745561859783940816914555513000175131020
838255631736162154590351291061800153799212994811409282642152270031
879995958336372414326471243780519752445258629866091397653631205034
855196870142616427373944255387041040934011786902848317324446696438
392741321758809800049498861502455683932136997226039513159990952783
701454801275952792565706687603394301212911978505936574394130654178
468202190033810503607149529696827193408249954082421616396553900931
007144638876203134913407756275562058777480798439458119495188200713

2052594033442134001243688746110151026668901067251610584232452648 55
1398239240043572195668307365786346362847139477187605142398707775 35
3711988544676572934635846988478103391466784785470873151504290874 24
5923946132610892919503710118254923184207210437942006267224493626 43
5095955033758381719510544311687327960567532982916131257543568252 45
6465008122805226368146115975321199170660364359744808288562193226 73
9368656062542938224900619956077533306524648443072734872088797672 92
6968147974853263746082115171227217434461213726243363240118432918 89
8637112347583073897410591681818816689559537182399583109158955865 15
5107939110515371592823919727238518934595024177790551515157264975 70
8724287679440973145302040959076917387500961326483707455953415351 33
1344900038752803101337856441911474235022452362008865534205354859 56
2097776348591737878062122554402259252738483077651799963738230090 96
1975938017475257830796156323362664637308389573846711167092750644 15
7476328242109681866702142077632683755260776111089889449646732775 34
3901491089616361841443514027645812228960506038155465315732310359 15
7359227589113492569009356071479776887007319541022834271748757490 70
9187163047623887234096963025340782474650972500272224145260335082 791
7050952440893757333123198203021541635078677826550932171378171231 3
7161142123181244080633098153607437639502654255747238777747951603 70
7602548634894828153033520219413464669637514327152808029100281629 34
4182641082759195249518173693711365151453769757463035503968815577 03
9389834871549884013238769153330886083961520387926598342627243177 49
2768626963541310684656244843493116508966874844693471034053482295 48
4404249445480290150087120911679176586065278724812579775347478803 16
6890035108745856817454970704973599571133983455436889482161005371 52
6145300563991242445399625803132802285781555675337051796143359354 83
1260719900258511108667542907999170353700606436838865760343284213 46
7493632847981345995095244594136668858863653580165643967245588975 21
3805763615902148421583350868717691213845760044375608187454847305 37
8791606854309384081019497206105993813537730874309360802543746183 60
4369148741127222098901147672877947895395173377894112656204674800 77
1293805345840765561616367140328136450673896217852090789222464391 67
9860438040198487605953575729784808053646541796474341632080188152 26
2997279175361841901057253910235261006661285793861284828721151144 33
1217481644040056183601867286327932539692823242601400072598995097 05
1264681198513807028811692974703651388278161801811431468727933233 14
5431510250480273769735906929697188889345453153536951518987596889 24
6757887794347506970959483891870919998567821390784326370316579878 40
8076134700595423153306313562919723476311123701263743716988364569 93
9180204023601706548474104482716849915119737619157080068754318896 72
2949153519195619312478770104883649003430712202169327164487378907 48
6971688905566978934955748268599453881593423799010669245538086603 56
9309347485162719970008372666259460916369119186683408760398160534 57
1873044883787844599456410661946492827902987144851382966227706977 10
1867972627483623450552498684334621758253519948935838926400082160 42
5785815010148688691944139135668696883144598621199233497225849337 41
0553246237223178411540422579197837762605724976861180888568657979 80
0450074365599616849105084972307353455998115616755131668419573344 75
1329229644291365157996632553834794507661032896848698762817246534 18
1038300169434521758808549607478490075673039704749799412435126184 21
3715027756166827369026168815088921349350732182693228066051823157 63
0541607230367138987483779334050158419807105831531091345171439567 18
8012503059886950631165440619618064708073612376753683950228243987 52
8605105113518141919737956946936386812745316528106350383468283573 84
4055142293480079936682108044936068621646006766344830319224958931 55
9540458169497241368057496365679330791963671525698071861874731197 45

962143444787453875567679230213614859728630338941823745049891769740
071428842397668062831729011908574032503385452223540337598944008979
329603741205460354384182007632588093628697893595580850949756506799
535033458370680057239672681329462140754013128286368823074537737549
664487670662370586745285605262876843710312085978307077429889423331
966599337067247096895252498544582098143949212079393436556802569455
922608937043796808830592173549902808187239423500831667258629898918
865217070485809184394517416456009022597384114577622103057688690926
001961997563649835723155371164800780419034073499583084414551229428
177602152104935813182396627678715737149982841408036881971422738830
208745015739858523972510668956996234962835492727345082689120271475
257042705061118459464718285320545427233451594086986241199063270746
182667956011701275258350864738849204602785712850234784675339031318
786296649552070645507689584383918676790667856947756213003776080245
180827345252143205516063315040369941548606130675953365971680023592
160894781404681853314710609546833691621848065587071341055193617451
037101599216136199509708650137780533897593988366937873954822789683
336138162870025109398023076921640166695991773931224839082644791280
998578064053243409137186218853230491028901137161083086808748672381
158597421815653709296744655184929287500406515807192028280529922444
162735432238256495251742467157748268961216185256399893656944505583
510328185664131997626697439111677809487179369657369037614319222383
476655463730888517770884496832380581866104908902147878769073115712
614123453649639008426994470802551462468087502320398977365460713304
328417053734413903893234842503181688302691387388458847942035579891
651177287920689338631682700432147008424675785294166046964037538411
912376432743868418340633769086563342469199412844660048651217780432
768985518402277518098790110696764581909532313211287890901497686946
981263359885419545567175712676678837155763126702761525977769925616
437210301084993130354371898992470093957528242987296922410711118009
672641573072618623927137157828061141430020171114264825848892720722
572122032771300998294999206516489224551883661421595958912823752483
606217204449590248575680996915586234438165167146316331004873922932
262219431953654657677812098448625420396083011277674528313406762294
368841354220939496071825983260013557530996909691637349665597450373
805541787929382030075698430766954390311872706744220840025986793092
414366290522730548733203749931817038992564161674496493569266521534
815077105717773031882845221753638550909028760052076444558521723466
926597049347060455327562960679060663231026724420595594961738355220
588146676672261525390990922373470014065613975006335694487509687715
208483235189794212322592920100695072008942754098085726809450590641
548218430923520598808493156199837134863086316081775309934313568261
193911313197553117878918315599227750248461596706646640528488092119
285325699549573270133662891020185295971510209873181846394428005269
519090433002235567601977870530906642648447231165417685422211916748
623508214055524163362856193729156026563037485196337983124937125125
846685449441793989395036130563585381465349742945202428280473039319
639196656867950978121194503715184948395534618570760753296976206042
126445050572723736239756574400005188506438255472818396964755953980
263000973297590967668112501920350862913964308563802687805424226912
067084666956677938084288797590663333851918316580733312886410779699
802773881216321646181972297993823279225034392320715570655636931529
218829355461902365071690769166585341141620278688145206333435182444
586927795980466279701274348819999836714161593004038549093477123216
230853924966881367722657236650480074286645066723197281356544204314
442205442795569289248165106790636054314227622982051060394683907359
874274419025274298058005737842467721405075868932757823896493302953

931675436558263682933422786679969086201880895596168898194833665683
085048883617646031216687630865949198367526097189379850864296154278
013157388422626909720754930123834769332599468506448850358448438659
834930060179435497954684711880581531834838854670090003623901656750
909851974382608917629705175162644632104682240045354860639954363499
876179329543924509327532211671851255361710720256583335435269680085
114896326771841394897101579682237123237779981704531349779534409755
378224041468783103118732043028771398412667428430830099637565151994
256408235324995905280936608017708154802977468046987301844281722489
133366907642573498314953015491797186038684886416413668203152784150
730160382876090478550704679705102972376240049732679654044375743461
492630923299395310213857334039465464313803932847546016682894570398
520289897056199050058566331681025424796122497994161923808081718695
617683355593082034329171118611940661424593023416858928325402281122
375144878383804375333860052459837715219808574847409115965605101261
021357390877587448522307072786751026934059525840044387691660888998
376929711576754644468668682258216315938415334021845430200445567878
616535387790068479648161154614774256766434666786165714321395605805
106852492930203486311187697906757373061308658049805399624983088516
297448323420918709324865566316859988821807634263361803803309370806
856552116308357042659878493962774257427221268652608755377034324279
721316247186562181502127210015338143527640446743840817921398524717
656064532716663053443606587885020021620083222433975474388465690808
482297610959890936151291814324694190177542972016826029260693628677
593944130399807004856247227074616381708027260932449104071616943112
721693245961346699250726493583327369223637207752705679531859869893
932974519234065803202897787347160231747227460805571629448861637690
049880287681783446200622032710191351233577036490080845554425576826
710914815596736553858259438221951358015637711971679367020622245686
348546905987780346589745658447852408819268830922777054604946355615
841409745355423947767342753050083936054265338583429240886791409368
144232858790092230529152799915905009065192474414170910047708499889
030338563394194410486439219020225662877398462669712962868737572216
188171278212356334904715499470758868040594632498061324505338954523
862725524564400813036863468726841379219379578507749890278243158382
732350331096708993301570664195240164048025986195829466611465708789
699312666194868191195168899785713826088972016502211515000045916759
183141379528429240162630759069281025915047690687227211554583699847
244222110127830084214948985427598928757962681408284246202734481156
377615885856666062870759798453898588853973591506784666774407355889
621176490263887730463122881500824148640352512607007505904268551545
873081994483614251750096919881214717769429055846364755781593888066
239542018937490840322751020634892328309341028237894088989531725707
278146698392546761505090113385627347482282653535901008952817868923
851305483370801216375706186876378595480214881006720711402705172446
818076076012994222575783785152623729804437548974460375910029399148
776753477242411230998381469118795725444744960420094875863210496756
226171098065703754579778452875550670681333011940370283684631830050
668075306247064752243618574382697783983354212993579342251352034923
550310322632422449618848671977535580316521471061995841040622119083
596690789796338081213639892843731074315823093529694423351893330134
370824326438532789908261497650024662233601347971746464208079836954
651332945377557662272524462050785169967201989999340101333507207580
771040382655836481700018825204873862694727977686819841244971301436
744461773836037845058867731041552138029551148294138196811165301623
559891014775948075941177157011650869218541147100498530766154450326
362434342050527856128683711788698624228453711227804753731921404895

699108618357580954983844456601308474652765120152251640460086388254
089210102461583536189885561567954555943415393774502910066121558706
401665298168145491504870910453636023369626790074204524510787476711
108581603883350490730198454596575431151627225013288264132732720045
864750400359753884115085871236676733053671651766723592347410822055
662073897145896736124428601318448099009966194185512659140312448268
215050509682117223862123115265230071316586542736092478521373501526
308736450420970868697527750651953873468375231671703179386470783338
125470305674216067595718124481724154900677955395033949743440651101
402668832339813840729952577942686050980385710038847224848237875870
249233921727160672323783759668280655877905336621109097334341997978
443348526532435072253360398719460987064301678895409084338318327380
095549056808509279132189616199663626200962269637110459230585985793
321394571812184970469239746847119409031628654826727816023346641245
867553153722069865707588845615920039276376761595539143811410641071
280366418273848570213166476675524075009491137683189196875945945767
797550505435913958847686279204416073899438660597048755736032076189
399290784732570121893863512434504025611153110615981604106293472125
903381033962210769101359206418442727572563624499218841929692845048
865571680814766789660936346427193755563009580265716674060696704507
005597645239753093566926721347565632231052170979726788201175673384
420258585856309958277223767012426195014021412415170170625748239199
375731539805651844747814978850715687141423536244332730212268108547
082779756822570093257014058836963664043602801865735583944918479033
626350155432400879444552885841494511564094270922406588405815702746
990628262912354038024579975749327018239144762628671972800674151064
615784260870892100884337577739685600881081369285756508018435930996
339224874822734697948078406477677577435081064813113854120266818014
621696063486386935182283330213466133693279168595030799246911478332
513082076691015178579716958660185792729967194005523669049880576522
883405403829572329495666610618163109789226399407301157002457628374
773576308183798161638119079736031587212198313819620344976981620642
398507522832773373258332437288216059788610987355191377855881403729
865083817511632667454759408345296967092628169980844889010443639929
417133550491721853044413612755372740438019661670623338297380240490
629825860951393502749589875052807206731837864730248913057905481562
736693420315336593480354522123759323198928884374803732410786208605
622462175566914066496560325627015246939470098514711600994089128351
947568274832967227217668299349444534067907365525417174886583901039
319287413336870559291380027727314775486977554119840138896045288554
164615529596730625328830411855501188829841586911577081853736377506
071335054326871353825913285097958561423027436039576496067859801089
379556543087594553873213235007603007730107917896408379918870861963
208679051158891374126204838541157848822039592359433270452459141147
350780545504033581903384706481014248689197256381168631933216497629
814849539646083874849543969458515257951809116266545236733517450163
608333529739655892210921156911978316729184425792575755004030749046
664227090664322428513245440807605030997258302179025792182169082377
943883480865654516580322492664139624733960511524759583935636607443
829936677311897124381434507144263490668336746267965144875760421649
004657804566810897623735246630448651394648231966040726712639274053
714806002028814119479141742109645063130559424100563987780307683154
549550715730058201479251595904602466115178393678560161253240627524
204371192506137964850891981909587770580992490842085600103886023943
155706409262296585461940599098696476507408909037102041073773228330
001943441313189898291146076879347947563792607660871483258647930931
942606503765031220789605973721194264580743339322946456217152992869

877572374421745243510593701522448697613048297775612559901751454759
543095729786727400721774104428762419527057513081889666990390251341
804618791396391751999610688039579457814086994355792939886140071141
724989460512023152862732692324098027034403935721351903458402887798
823381422660989331849667478892669887427451477269584954658077358949
663204319684227293905402342069936593465517594644019356968088757365
135655273782755845600317812578547257973901689044629670212624861217
876626477548370653350285918705939390177804647175942432362408204797
958379349852045596799025405159404945477441760839577973686737690585
564791827948871367856297647036197192772736875817422061934212158392
214716939705250724783165836869092120660602977814422914515406119505
865265141288187110649187969794316047996512884740365408399967083236
314679272132449362698570740704713058434826329318845440510586619403
755873250257315665275392902152362207415301446575930722750888326706
370582148843196156531041890179125548457874634053818750561404423146
119784513097056545369126825579444878042588295007696823218986262381
111072368744992142469150404040031332186682305915435954967189013559
031469691373622407761443103122648603764791939267717493540753416257
102558871122830098045539403337048732823588397650909521672656474725
802054809063989279095949756542290618460679476258129147809703755742
924808981654174485509672708892033514269360692215766563468441714251
418841300734634211770913388497281568269755648308409133263367172477
250081903833257398187374366036429341681541608528746458725565350762
115073088506880345696823291535406069272424136126383496243025222734
822076674328244625195343816866329833335123189264153753902689802092
306902469188086616534259713703199646563655178418522520774003775501
336093586141637044909219989129808172359620295384773165945159325457
512762182658826965023083274877952126416176015483903845869845831937
117209368199083288932591601683152378984175095542145657354244770307
986890738854236551194035529997686151218503691185811806196552576296
458247439549463884952305229390431920834700408595906247758692673900
383856751959635718838147734081913671101305078535558976019724131868
873517693888960920970811996086393237611436761070356756751954509856
677260928307830333384947896302610290498277851677349656630179240458
141888901686110371492187075536854421284230029436184629978447099023
892090870282586775997932900240687404128958781800155126238506698352
076101525810292220691850589879780761031752744058602314927111485381
252502212065908659017820258780104224742644030508149340088935536994
215541242794024288330163556008454806114251973600079468367674392891
368037545225852503564337492304061188134789864950179120395213927258
935188503227479728304555377830648563922152548181723320806672527665
964316205418059448070937337627385191779318699473024590811653170846
477848979352443357203806146987009232700653873512378118935558807382
761431387104773213306585242921769520098652215583227076240478674720
185383578343770223504250814245712843756571479689310363418089373299
722019185677528387336013394417726381562202849015960447422841069146
815777966019357848536075667691643346140295482150176278079402653275
401698834354341953169825972572703237672327104388502145755116078107
849036727341375685054751283331828168180687923483942357902830465325
709099698933929319568594221510427531613778589133026238399572492462
565209238098216310022009938517838786291284754647499738084609884915
717838740446198137448390687340591284238313992268355061730953776007
733441551971134477801136367129304953999001983705760561472107745833
441235752258798197320154370849321291768820404507449491093051786970
567117701141965616954874695699554579466490245988058182052267828055
440063055171620109170645496657728091231282730371179344888819275752
509942568057204571560030883512548354531821670031202098881756656024

815643339856121033521803122203872454617649277197607561639899925558
844824712539754441995752875533816075238289074957943408478409819050
499547223491767808998973555428169119866029105054819004663413715557
369930816878792785736669646282662826784498376781127049916168005880
869983507642972740292518890639492218318736923256039915873045117744
833426791251685385329353340557406954661639399223125662373328913082
446605159607568186413772904955157885328899061541234378136169948046
390831109473541619189442527956102391550363062024648582096751952056
686309608898274241602664868431018535792010934148995913294012970080
979209338728524506836770635227193756121070552995770056852165473956
309340145995070906849439995261099503701149114858356584035694439244
018137587295066820507129554209918508765071118127238305255094270970
180836733246047964391637119624816712878168808667228632754357219976
027958550212499604293420723785566103352134288354032472088407536227
477076722657032216145985308480701432711332327955896270335331133019
138930987426335720748101442606041221949987395209820431409400117396
015001163746493739333742500935967983549598081681749426411617589002
974453790246451001157325681153660550492182290718208490667306837347
413540876864688036281053463660636396370508400603225944423680684070
109041479140807437243253754204529454923205488540944727773308677289
572844835199306240623336014894657010295372769319239800791374246128
988062094042510718216870035418271782469358852896936838712339508180
711265203231606942139435044164221180458659728470198747058770491745
236140621664718268422765043098722130253292080624410135651901924297
683194184224795323048872227619999813059343435409634087341494009836
113799290104049021651980016965345105093201186528895001349855481579
764869199753554001996239218303715570495661114074906989061468803162
745650430929296856492049391426632560049095467246245060386702779065
977825588642987245795155182788954929379136186433549495607479606299
394332898956071018500741297402790275983298534453665473738254430506
492187558490547253663137453707765892998875453181707580339014469761
261208012192364849601319145375873842088703277363104544410317520421
681702024924246854339384818323972011733672714375914035732497421907
662839518726209487736422890355550709956806448138539121394944076998
176571221767587769774137476930080385309241470259267309724342514738
979433308220709198444296349368273455599927565430849214500589594985
838897219490804800211031010774694575030279867204560296682902433004
901958656561523385066010860852470512592510723689039144260448041910
688569171156055467655775413133784673435728191355792152125244163426
728793514579872623606847687942449245432959375932256803824124308040
441517032330354680593025545980840181419388391309913137803951658668
856405344250459768630684647038529304228125371288812406383719196825
131550640458658212202703344525150024555697185204494271266175570977
907652201631409924345624965823463274199966965919096303150772162295
973794133044906912354662899976787063964427543970530720101567866765
146256209664985206977071028331992535522210179071542554910668909890
157143522523208824935483264058254433228993388181433246077620211927
635355605540181246640118064490748656792493045753030540635899858103
643050669178836044633760072521059307210192292241895322382915890934
128228750510980146316239573671434576541180542227401565044111311050
586337680869378330384195969453861337328924716025322293697313224937
997292800599267556724797579095349634141700203866341961453441828590
549528053409997763087934339975978910568604133901260650786125608232
043804545448631332510663723910133243023185466526509293911805432574
169027595407190841762886773529998642546058514480703245585088002374
921985388998257635690469402036938827446681840139984177397803802254
291492591957492773178379574501072916189699932883137541980767264918

001306438990549637448406914582846426124204961678749190028707996979
188534126248108795055420743526441794719404034479651091027244817919
032055597758773842727381310581436032811962348249687706680871902988
723417289527936418706406948463980108956431535233422900314798101668
431369479196147206097308580136150705516651333914433244858694690120
492477325571823058188574716991463603187793301384759759861120961707
162675773157297613346857048140979691548600125124206029878855353376
478465112312928998520040610540065834250345163468563030940509789836
252773934123544691012936261701989971395671039397745310096305490105
448365702167199187220346357563638244111617093788893854939355612500
904793637171542240806103438118860330575561248673326845606941752793
440949702599774350146701995027107914478321097845715562188832741071
097653063416812979334593467427567072441346943145162167047337673582
685317196054281712858870830159316048841492190324363058050330721966
018280900940432717917990576993235443881050324067491860691578406289
873447376709234225782244945434828081265677173212580402386928936112
556530820450653066340561490103696865856206381088416211250724374687
218924209263026533476485100648824018753110775238799051914751301701
155512593650950277663865604759932677726955347806327049303948934897
959809117789256537443265439374227850627165326171004913012764765858
878130048084071184414269029062542006789764961699662037240749990183
839249623080167971334236069975708749062665937334634933117472389156
734441286767762850073286742893474298435416914069489814464185413445
247285102226600079613809607527010407727596892661516744436606657917
119518927091206931157006078461310486009590279729514654677233831975
300392998202306775086147937831034092325166793058858094449717802012
406075320584269045332099732793580656207789144551244404825526930353
303513359014814445164701717409678054134220952991809060291260715683
392766168926744561155320928000933552341934762481168750783337505214
486412300469359127245516840949343564359202084008663972887452644764
168122243197900574037675204113145935690829486365028866513866718709
840191265208719382146104962917716056112413262298472918197350192326
469347606735917920473460195021468502042227254990605003905271739830
882393469613295460582355961688596144385517732556825720040864066715
726142874215865629365346667650305399437264337771175524863334654686
617471029474257074711452408406935745933058106647910587257708703941
215958349720801434732021667320029592177831146547941567632358090159
344983934360311394701960236806436471015526548330332290324948488740
174871625554178432345983583131736856741194821648828321983039293782
089006668641656356329990025891242536746598742757842445313505681163
336650379813616103342876913997790939565375874699178205295126606543
587480249531054620790828692382531734870934885092202989974921677075
930466511581133383047832465845377999596422451105520528225985513579
954331407804687382883091817168865047464734200601615944581759276487
831751006154057153340802777001733934869159725448358499570311690890
502347900418269611277438910111368249836511243522173294127706038130
263418165235751483500779868261068935781083578681115816638025428639
454882447431521714465318821226560337168643885527949083722967271505
859983902007370435204519621300668261863897112457539798316748358028
660902437533659703795530174286017098228525434662822605029782281922
967974950706846947014111471827123771794543954247545582317637072002
093952480305502486152919425838074644561247566303293621119406438535
126173363837578519909303377895635070998487264756328815771858778297
353705484562184061665163805211633553595615713655488304023083904849
905346402275363505322131262857984748871208797423919712980651571562
251453573762296496995785161894725860193048018878841407706427789821
115503893404172990784288779139603190909475642774628234645049618558

957186727089305050991750825906016230356085410026150659958294094188
223171176685610343109409015195560359419762952715191446546570114627
356476034166407335530107840661217068804877676582960344592623864758
557477341228559099455126197261503356980467429465446524107479989467
997846489274548144629270461024277249451728542720251707513725879735
089028835651237307514021621311702640482513319750428220989513845528
136268841773267008825254317243579889892752698716039884633307640274
102072542860753914632056334190051780169548164179493173488781224447
251861194100883513137555490494181672864244172188026388165627539857
333600411059599433600445109382525788027664814425790955484257632566
676861865912705148389804415975502020223084423164817145782010230876
136894006217159186369664756680115058939506917948617938811069135739
111929119476457163842439850676760927015601387625473877555130821614
917863311075676996932639836360199843056398867930350363110146212592
618232432920230504873973555103880618396303383920224450218778063418
013902925080016547655990603908806917718524407509635151958193085485
349436375269314283472601286321556955893475903752173339569860535581
813340404683458712039407449236354697080135396702968920564153270576
178507436941042162002813859740994458039484371712237808591610625472
912894185014337332011394192377699272849879216795704857208482621178
953745099590160573191451033015921950477998616399735136343018127076
636196256421829613557147414196825197784512923995180948027615779051
505299624564676859410800319655247777844310184875368377693048120859
493475149575363519083664510383481178383040200872495432943598018399
096116144252080810246154834377215900747465469707895682559178102153
564440601396893159844515933212019827378778074605279848063188533935
925532640568047587139273617127439049444206400176046596009726741995
011180194421994703076386808201891521069608033731147927545046918070
866330683047177127699388843497520361508386403092367707966596240746
653032058855795435358985947775420846585446621311741732136381937611
174526719845377107365956594981659688759535272565530522586777874361
969955452700888850431275909414330236429519830928170463636710577004
082355626345787874785234482399846943780739800388210355197146779367
439484397950422615555306393729577597612139082829477616090698661599
524434740720825487274741637905412032043763264976757883944911594852
617550814823643520144900684490375525495045287112775902440268289660
239913812266687287169439142423356907167219748529854906502866938531
390027800622281054659491949657677340871738526222585319584765741013
650016883548356236992354401223596936006051229704848086706559828336
254616249888405808056838747680592416721489925466769707042797594707
443992401921713587689294557714824440483700282760938444366726557959
205333286363821183436202774646087176456018236920499752142614111949
509141365939939598884968732539054561689863096296277455693159627111
291389068753371428581683265582291531673412889027734335549344788683
553410612823002184662365260252030829905573599629412128403615848769
828447672166506050843093323577916341259867252410741162855560887417
648349820714209069639040582853918262162289982686959759493805904885
753681523517451496466142696587956201997664381005061504180068707658
470453477147005963307233577907943767064211961192058242544441864130
889629668960333915001324327960992277835339589184662575993194526690
242146365986846158650593407148400860403033855263822463815891581183
633596643738185621040582013281656985403167355638163019680564587348
039675160571644904016838278201603100326068032668396046855898129134
031175368012912557689000970360499259145265139775772983468530585536
936351824757233378044007504755143509075612721952284629606722106216
074612377151537118688504003714786281788426461390580536475028946907
239289094722636256621257205691977369329031393413587569782287912428

3350725027285956323478025040789612019789216413238743692991691397743
3472714978009964967297895391487270489581227501458990446238905869645
2949272303541293353238761892115645887644297136389781641322138439455
5803462655791314402914125011688519989228707998820333274588508787398
6201958428491699988096256663978461402160950597299728709612433045767
2531292681564329180373839481915146495291988536197668964987775347008
4098933337972715949051939180303124409381216360642720597499374300959
7961622047067461174085734109744287490240722240719200849118581815188
1242763385231140880919338699052473755179697915334836986077884734177
9237590002069645477898046544209616558245456575726010982927946212011
6035864590980012146110812974865267664937754855501638009363914403877
4704406807417307111491203955955647637863687252125866419965181552722
6826102491047161897279219963728814057729543718948300129206125582500
0880958648234350311584272504471441799240885831604436354263131199888
3815034474732739773265725829183742486825322133620191484736976267555
5076004784747507130263315279144246484583105426179273255959789950211
6364980568016721702398636422151384913678946966518959963698189528922
9209109158145580415830296387791786935412183004099868888707650560666
7578452348837144899580313972269250026344239337293778361219989460
0460805192918157365071406052132436657117486518651095866553176699333
1817383034483252372392809606769052368514645582723843589209066695733
8354627801124291041420564745807139444790481665880981587834729983911
0310275228746947404696773821161510972471275609181821603213271154488
2879902209158099544671791023985775776007593706623699315285106178000
1622280013068950348282438059889742807809786337323753673875156399622
5002026889171560872056819803813215927133464986079783246988263250522
1724677323215850527677276908073951802063323920222893513074342659788
6059370251069263878950489395563219211666113551555981326905757540944
4016636894260092675520406533365539514595944303364729869725224613022
8739834973048301961869455565752979106778727754721134723081066651222
0266183702365900835311812752978241047417681200547328540882448388544
6683741423365059125994228687922948350772627145754704620061650940033
4891292603995543195783268320040354268718280682549652538315835325777
3079887414298463873930588432411167585453287548999719550230033835211
3264235652711070175079374880683078560332541460194332096770637493577
4153953300374788399099007025314629659804152645589779939487647541077
2485093192760329489791717413621378419810350684961640393871356109811
8785335064948225067534562645152529774032989275375616918174853755500
7337163704805113108209276849359945306955812100822853145418170553399
6237627676852364626589367737334280355878578128082111574306197915533
7124356435476888116318086833937758278931522464199549300169784479099
0007976647619878336146456619219757545283023899841128019862103849888
3015774370873841082808014473728766681903237096742894197093402433644
4581613180747722821337753759924689494885688725904871418146023764699
5995080138660434705943517498600905231831220139459184889075304017366
8699612543946672139967231403034936228627011018302110667511115697444
1309369448508843086392094696380055670063404787656103708240980486788
8426585055996477627529334517217948195455073849381133042385946444633
9016837234401990718808607747458465023324552057248971165150373546122
4839533550370716633546955833592208900331481109310503562524157515544
6073932444462024389516294507183976761698709746973277318500836328599
0628633813257734717679708600828636578477101424365570873713729405755
3606851996199014232615351912187818324038266010409932276803870251822
8268990501392874943375476282680559264438064463585291569837975102400
8599405715559620169061180606385304794627810116368837111501855642088
3240988162569805452419611080501075913425742311627438861264992086899
2643935521215084790616735964953417920335729931922987009457311999111

6978422688536651053937230734148336277659461082027507201354847990537719775211020802148813910728443483895833745239607913126446165738853182117046599366534312649590347241970089105720731051403100314200160783683427754926384781255572681147907979017869070658706347495144162525321346591354161159377354271127487844264010320913869535451417510456835940101622677546837090867791763832995134146804688956935286804536200975579858801075441759285242964102754439417498319758454369167154537583187985830646715342764626016617073652015024125094132891717472435772793642305284204915384313671868862378670068866990269549824223482653556886677643797575821735368172417852613962129235281465101903304020295980863199433281222029898589174133129412548255309686872331162921846782131002620265685696863338986031149068251518406535826202849203691108013004510658289976889398622302002987302026668239598343372148343594114186800944102423948059712951621528595803182583624588407389192471713075627136269742883335952005433740229716897756514385002397963122083229688685441518076875750485099198641600385192906490187818432826073803657941537508892247333091289023297839157016547098990259096337756258327711521976990127206542767363431443596338669837899069142731429877121028098135403899051819659025752871711017725535981091889718059690665346225255996108710602903850682610373659519036598094590387568023489581209837818456632847510122625581176153911397278786965663647603878330958458695212974136021230392623072758316201715327098091760294702138897544744047645354181384402323951927105008365411261449874776295766461315292730408262464670170879217673162155902352103397158595470580242283827027971494018602228872477449515019204840639089778470639368376384247027691843714011326399534905539160928436499378627081492308485158569104536572034214111838272419259960984403071513288390846139536707141210527220506102534051019402940749759574527174929539079385860638632271697588309131577548083427308450034582094375678511762382918133228500723956526732881809023821928341494144956554284260221379058861020041883391973178632547226069678634981468979548112924564919562757485899108511676602352010867035720624104191113989650805631017762544678994028211648920629930993950416269193632852505659071223682642913459750001143812662446396194029226124931396646008217838602422263402909882607071413101340225182292518114507453249611798278098090904059866888739465434533741529283527320684520374228670618018757744193084575684590083048668952181850546205836400727652064823160244792294576503502716102402360482760918929259141865443107973061585721689758130145997794166716858356701456279748137762877912019970773376009154885054854373491910724448878268507976727424749887750371695099645685066210523598133155973577096559064049995701376219792921438423190219340151337337146388569975602575260969199204167969823087835133893409721274136179671333180216106553351478401227180500056058996254410874291771059638614888712165342027420219400108982349163214334109664552364564157442547616280614994862262819794712099533265692883575707687423148256547621396657615870188608830873520634213818055080953871062643310979218340123910155873234497899286404340085664332440355206342945708350867459782220190720434918209816527415475561920532871637706698839126538932588300907859330973252798030071390325461116679061262209148495864246313746047429285121225840905884715319438431133107476804463295291014411788533608414724183078822879553889265428666448434674012601752783005323779504717394619894984126586178883899732766773092597723637251124093693571530993445334363159572110004778061319562566494190266100292052756670249815648374796640972093861428742821806717729444668642296989806010450055271820474193533036594764842861974188173599121091811051783171735572336204876797734979795164258297228610893435015799839631133567144207775

122452215944588812353931831789842776790776195747512520272576345924
105999269154185950946053770947153664423368160345377494478203803147
994524854190241582254730780105109221383043888730097415958976243928
516827241735402495335256497883617447651981462148737973733502013899
631749840480314174733112535768108772820544027530157949921224822818
831585990321764218085761179589830507631045793941516754013599164596
088966112035636072409926071387687035353083602313716182758794943707
880262354513499947100575161658408314018141609641484855569557304840
323932205248542084091772149915796670505394094970913094260358442410
735665967515059412976505726814953177565470672315031304636084548358
457214462467208837762651946049230729108575517180870401192629859967
437399667039842997856292449157836794560501938232289199784202291438
461928771033981179532791964008706484999927364161019298282836441987
022831823536960133729526964003143205504271571656300347801719246420
651854607568110387948042645886919236548593033626064402769482209740
683542342439780194853171920260633603021898499877395705143192427941
574283714669171775653622153838039556125883362532556198988813839413
151905940783614415697879733902202666436676056612603417723852733817
170074654328762267357799173442064014595759856058119852043609907487
862010633095050398949713531747581834943611833358525756392124646558
514617733143009987470829349366305014653167457492149127422582208884
946092094232114334628251716078318242748223680631197587626810722779
638741191448120760796135398449987832458778085584707914035804032279
332157013895936581773539678475775385919860590770257149851997929188
620717554066504414367406195975690246107524513634966072493582493815
286236865926413923632758445954235165302660337023066455584086230656
244569711087919783006102976488461105742426529547417648662520787040
049090179046710359849647006034864761711029493672651497009872703284
799059993478928185130602369007493095737937181386951682139546812959
146498623414918326207550263876824895095674867632026469345517551029
281824983911964679091823935241871555252286326831894208769977596787
361174983485889930089824631185447842241011310191145821330652805811
241230053589649036369265243691936406940486516075632836894857192461
337719895892533652652570482026720647698022098371415108748082727121
455265654004946322613711755652255785578543862048439727451281124698
930395385132755720873858613633284515498099912162217608194229832953
752884308497481526598950959603170767549866453741376304678326072883
851651589828190598366244240984123976754338199564138877339025561910
404340709254058733122719515004390733257007402291089271063985702642
339450723016625621780326505250808879203903983023905630409308301813
017261457073083950018428619529012573812442180643661159699702227693
367937704896765160022948925518417169030129907212012965013335062700
714227663549741111999219819664698709566640066532421003947145178129
100001780324540645368945014739497490056690622425714606805692549462
264794670488663628935046253209784701286810903059627837913196010909
078160372575988890915668049431931958905969736237831810429437253396
100728725746329776748022624482511578553027500586014154190875372211
315288767244349548893937126811823576507975737559186226095475879390
068550537922635207130175199884858141373912082390955291049480886320
773452653449560697377315653885478357543068230985809033063451846343
524211935900991772519327329122989298239984803314307134208898676864
918317664827645516485097831831275719666859409654673991686667380311
428772560547672156667644589756821784995803697938800350918275358548
373510238035096603225525565991415554441736919449621569243311265081
247949877523397160098964043204516324156612432501455034316605675360
644354019814710729774780115502323050776586429235572979795505513976
023219507014587792644147392121187155759311788108567349467436775790

869700486860076104855396740093966826692529948537691346709983406583
106232213642074997103676648809063665818289088678365447656052399611
687466435038854549657939336678299942212390575467578961132002146388
875142770428485161410379085362672854329928261900912400426930018423
089741947233718827707653645996344376750730597244890946843733502536
860175083172039515236001787907322728885243637033300444409278129059
345368663141470104659341883474689282629988236301306013766926988217
798851721245414573378488230382467191665951105174632431279031560874
148860708155483110213254013356868540558834310188708893876139373250
234088079659382014804830316448112317620154024345025897217767005259
876857529110799488761703346812320199323113219287434184661259987018
174656117914611868926837025201652991198988874948829242061696496543
089442346341753064626206632041270524790465222259474852629882180166
510377391520956925717676051391512907908330630891313846707678071360
829899189944905399843274940243889710601762751648654324350417468217
404772053579072978819030064762179565605159378531746997543678504299
622806859383605835065216371814375812035946389801353857890087538637
799944252751397164285764558538815095998654259961111212635252183537
375408938382994071476719479556565333810335609209165135879604317564
521490021087374521940701660790742117146389209287184760160902492319
110422671510290601789567464238340951983591142408642645711070748530
076249802206736383779844598841477515071622932192031026050055150907
697894319437834821122313171976968730832874683832939868019319165370
266382003482464988882800995308021917638041975946273043423705049816
862663146331381992449951350409336852132648622166261430456380155416
702997567018107991459837143013400320349765295216438577834202480497
460481356556278767001411676453276570915946987857471095170775617589
719547014691405289876238634466607521691840515292037064341671434458
101488124590410883667693696301612214043030796233418792780707414554
309612195098803307323271225143074674379294908470001118157872176047
256284368744402999903490723523364779561482607275430475073383579416
952085411858141421163366331884361393046086404438120305008737474074
303519812587955651210154379618540181768351639553142978892109793350
644218922063827926017080859661513409231014455095980500497093334182
603462822266136524578624368933828748180808311663214088601896279333
796917967023892600395108849232222624879146995246944822132220716228
187633754117440717644082563597774910049844113158664565521693479469
938534589527648029861584022640999942100043342064493941644651586082
274972790568046591058023199814041816664689710703815899178259905244
379416476766531363703816495568807841719706669088818711189296355409
708944935083808672087408738589167828057846463873013356329005608175
565705186898351828853855818941876184643188554188353220558655149196
084013505109130429643867372670176920946256840482169559422438162836
317605490729939838290187707137864821959627958273728438493021076517
011141209712718951367781133634522511943256406092909203989203031142
869311029961628971574165135312265097656638725415021881894576960633
826540252017462748433137865936683535892728894413722271223237303189
976271218756359030552405933440680406716588549910892233951031852280
400316307779313938878812426373994576617350578045486470971336561226
910545268032335170946578223513263471197754156648001216476189153839
445438270741357110988027382524358192945270638724302898388786237397
269948101909956476339872677974381882407864696372061345750204043865
140481454084863722948089187495333684538332918569261160013609052698
074850778808097199220790549384644912998116044510512482015768134230
369758459793135250764991726718978359204624413558353968020439011298
808208487927059939845208151455527716045554509166391086146598101094
364855299583415894050113221759189182274078858545057370754171980793

576571347642256640078552027123596498418147809185247540517829859835
871945090092645620322145679360032009803658914036592480297059704238
934014178494089834058894208281375410845327194765940157849180879884
127867128834697304445346330011340784244697467610052163252314696074
617972352275188891136610847282504473338769880899788249617457143265
389593198919380945373562006977956600732920737598787739533401224262
824638117604665529549327760151654443398797796575964213036484953802
973362973405409536566027156662095624204018972541002690308873068859
675832363484860800313674933788046988108179243487055585861260443351
113415506834721028038863079884248647959934426910709807053082895065
139289872456094740899115049915932660761263981350418642126839879243
828106390190244271673507646240245768175241297734377047211534086168
041782949967650685806251274752995065595324988186611187221699214720
955606547552197614550491099906975684236752153392973559712252757150
876656596645027191717820529388510936944721032791299729978949595372
179654148220468484710797133152924225658106596490768857512128315157
570089156883907751592339497055571554396120342875806175188670398308
678334081013481683943703392193419742431633468771675540102879059518
554697024410748369099885315922357683605018587567855736374585771484
106340133489759087774905833455397705795352135901682664773827250855
655781354887635988320027857706316422404683951616571696563311771164
541224971808621652553084508026356189132604359629200964032384354637
212951594753702934135578205609103465031482793614106566034544208285
371600231136681319091964102873049208500417437038337446281046462094
277696378558093427578759878418333403996601935420267148826128194886
255395043815153360888198352817494735425296130520588989474529789819
276536230214649271640863202923565929941917524547761440843060223793
185676064830394341621875362704147497613963842986391528708311459385
176684853692245247913397018567966189810070204722123318045419230799
439221508991833972212946648542669182478057987878265388133877917479
992986271645433393042460911284741410076110542008971258536672836314
860898634346456934102417486756764886499932016760769139511745616303
273744980446090780906403046763494443155886989737215023060224087689
628089967772008295400972862196936979990856286378189206873431243425
191257166586084885331322342618432605583673517357559462474494240918
913520207424891718440223182667020736467686101862473648492758014735
888129615711645307777309918790610298886287149302046792275251671037
080716394391237431679286682193444622476572604070545998596828789594
818122960996644984189543550512697462222284055821601781563848932415
629429410235472447440652982759565085230803988104176753109539450829
566866700980596803972387830710888730991670839909866670302161465717
224784085226233338425720816810073396534603214984320697266393091865
149254801370103838705478495805692390809071470146803194411882916774
100108676071463670346097016587747938619865572514916032126199719973
803490164842267544912596739312397990074831055385068661830482906443
355681392530449017556754977224586553701311488545214557527650034001
289474274223755834032167742658602941502854059595734178734907098015
908582653022046578069213686344182383358550580440690789048769469523
016824226895303019503849045740947723785841308094244812638676254526
179071856678494915944757525890432985971556253916870664050033869114
702527528774632307639477366220502124317111976697554070733311267595
581143076643508377661383937418821198728140243019592577233992497745
653599173737048234552569017468386181605906850252368717229255820454
717814319918580749491682119101061410175466753076202891546321342918
722601569145323392446783536092923925956317992477364265588541429930
289457142976436732322262923602401555030564320283705186440270320700
941330893074078971459341135466306263658728571889770055691796392094

089540494967577669166831282615198053868579516388745693396126973669
872220449857426520785733934500552182495973648387278103946120544515
637979612030291659476574699341543271014074745772892654422996600802
191430751632012114712233628868911003141982697620811610237200462099
132116432607069198868028640972266780902380740359354214499157461979
683557148136771420102843682700410344318799421436138119770538705702
515776750087453539287747201965450490621594472377056510619675999908
569487775939149115942015050991367741964053191223539274975510275226
212593290315929202063227431563163988355989476949127802825984508358
367998620353352020685460559216786552835764981566953231585885723872
988882219155944803787090891648567299072137386053604371214396169103
856951761602847570707412208855744548038615549299960111090089529305
615092834665028803983155291889086590281766493385503602113010042614
046121856202729086358517057052077500603308295180906193350336573369
268872311459864004662237348473629802877988102147101924585493748777
453115962897925405501780747491964778406746552790393195565813896692
543928611681270286078016492471757947690040713838418710229217335189
894076408089714318830892216393659687537987014204003784913012750100
361893552864648042380140726687789499470242525139568329366720126727
746887603228486942873013499735546344984108290399024614311248528848
255524681487627399427149890898964065884653827774882015498940055948
650851084658197861933024860833800725503537057526726162627120895748
385707810716790396321406114798575892731652066513874141839901415240
806942716415312484146575073671621014372856615067280484820945901214
115397057048462215390455053205451408649083481693367506628520708504
476168704764247062925198421823405671193175977385071213843566161200
54129148709109996813318550345675525027394805609455333242616500497
427369923689595571203234581644450618398094463681201084189262133146
656721599470819817686659148832682318546016554172883453416704493091
663748465689767634231201898326438391034187584136241967457994649202
221979834593056563692756849359777671093103041411307312539564248638
501455500757943604266544947470225968985102663374383018153260704636
104120350698291007740247523365758424349259806781961067661254989366
947457932038348011891804623993440204860547400539729198870648908353
273846254259781523770165393409066396161418136993626227242206373381
984306775264803874177190613456070869512882942134188943261411559837
419843096506180799248248599557473975865979178350016251247911768205
661124568789795467228944116120724622182150361118719603867594046340
815340520931954899452801363923920455820705023281591771107908638599
432662526833708351622186279069635134610001892728789722396733421122
488552537949623348050174564571416968863601005387174928821497469289
625347403249065911079477469955016629027142984650883917957439011915
442316633387279050548931573371400843033387711793984550288105152253
878558588527678672465468225260139414212638002515110525362020285088
336811671179131453518274582690793621433828736367147855025406183150
742638171351310767393576500651872257966213558484525199814004650496
644293694462643253534227048108735843865153165747836934943817561843
938910192099339207935917302351336134333617409378894332436367662102
057520640498600339476261177306597900717338435086119046672830919191
405487618249035409603611171758738428295310712978874130067815729007
1872028525347373683052683882088851900652888992067114141756148218048
590301612699363022004245730365450630834445212718140481106462655021
833491808728134317000593894546477780717800755411594479566368752313
028096856384976646741642397940380978024006822393043975148776185510
146807492444313049368424027979663806970107218594446946675695263158
838285262613400278056513954164726797847201873928734317431956342714
686128687031868026805130778331133364970514243458619433993760383134

 

891953616522198571734006026268164233315262753256152699866044674282
100016307871335675641760570610365397244034349964075523914459700042
488278070090182478520476973060681827286895011123040202596546463916
882653440624513894380086858263099263707383047836303898086010994899
412575125614015344638442370874909562441301959987563891046520966754
587766008659039521526930724947593463765524999573981368704682383578
222135022751562771743922399554134549014307806588887145132813370761
485025768523236382933147428059668809646209984224762074394269002794
291723758974789327985624247296590853215947205332369490434027966266
307402731316432230471242896578160810904602256804488197247067993494
893743915075505173557882736746630113365128062806763873894435107340
477854284494581032402153026889267092892734321622288665308079172552
536648253192224860467190401188149796691897238390489921449906378342
247258297448757138716393766038353195822125838995005317567009552936
485078884042900036232460798510809447041187766965698527002242365421
484082307424965912899096508885363087254327321514159891816287567811
307051625685105581512671359344832178026783508960472580054261710332
895188363891032447371674832059178733650962829745596943462409255652
816656642813369025930758740440023467313737677792486726102625840368
808169386094183043542160512328994311377533910651173174257919038774
427555774666030406620099040630426051492029870431846013273895090998
152703064336944690410044571202235451171011328756403959370242331710
298393490082072739036495979673246070117441657434325499611780691764
675964746879791515572781516247306058334526364851289816778469808818
991132100393955511186968360232676578194608392777588773560940755982
917754280861145433013950045524655124291004911372885966068671895355
711890373330064908975683351650049482437502013368515728499636967464
259149536037394115496098234431435109320221809709359780329549759598
895081104350136062164200304054253525182009155876233217544217588085
941929940166160003634391015340094039861381614185296591895827468622
176004007540224052349144874115414450603504256362329696036597208236
492559421476520771374574795122002325330757727354406667254606385566
002002468570446003727540392329608743253281392448927596263699974608
198030761215869443681254346476005823451709865886875789643460227054
800708379004133051417219265941576156879115019134029748585051714860
817315609739898187117889639975438593851481271228565920278693528607
609610014500468628214330810028800342379908031603885040608297629418
230827838086035227249810236770590604646347730952402490251187179864
243391902530458957320390858507871952255017770376521626642185281981
740507340026663725152809340520811671011269698677937225985693349519
432693201259024230765182777135271884472532778020551144835864447823
011547118441835229325114932572698861749122603284020727778843300201
824351288952626434850401801176692189400301384623039255957312898153
724381695307731589478556460254890123359844526030584211078366417704
984380422727756181463614970822052978940468419642105195952976344279
449380087623752745873654043686032392568120396815397806203184411751
734063549646449468864312900565992397103980260552719134441217649315
767012502328215868291339917094347218601990614994727041937223244811
365777364784334202259996962798552988234835813451982181425675924349
886313315764355498522016187470094484862457290141545591894888707730
437495867207924838385743401098250062896166079971094418369987478443
956767929238886241602443690271546527600224939349036905471674482965
770830739242100152832723379609356923990338824465601298007919176430
314202194237399396437444250881398720311047330446839944062988196979
371975773532541936499970332980309505730194490517681341165244535932
990515291198614709570353745265578742451856888960135130446546702707
588099460903301835695366013279171879444954101560343692286480222247

044767586960903220968422563613405634836829717434394913450350154562
712113070691281968263867332213184044441497703738450944461754830545
368993606820580388987724741195238929242163746784562498542798503144
932995331585543002766715402629626516695809146078810174714306991744
199865847329040165535665857626308050241495588477533489852364672238
934163656532479436451005902522586321364641258499846796161843552340
352324721110521226636091573602713021329448208976614103780709193655
802622181784957122075851190422878000874592867736276332300969043780
313708952520766671757271829986143936555118371669223725419466798082
166668111039566043933750372807554514848068166043674678943264045371
156658637505315120812713275492053068222000525692985014308858791838
338588827226166775683455460042038732166503756308540835999973834420
318792535151098838338539003290965874054873988529729683799722936601
292312307160205509733930936050345903955144350530779986167924716144
327074762450851301978973869927099332578952464554750676366826464527
152552254333880535483627391626239252966766458754894673447577273356
013838273729005393896656592230598571048482774398049720583821115538
200989209661369468931771991114747170373374826981059627061291313996
060882187721485255788982496057151197409955071399286692015456583834
310142603080858688493271922984158950926435718314092471047051845128
758699884109287359028743120393437627985164110324412262926311001109
691495544503094533576921409803315676548064212577277675625253662101
808506368182957928716083982340214720353625982063645520085231280580
032671686683448151104637370484997348399072102721190358008843242221
164334445080022597795281797172269973237438645179469844576480639489
491833438525180428786932632752902447890475937940428598452749922277
972100023891121548938382391382872989931731194761739061150447827928
769110237647550252257173219481814737063013088417889819598162999541
083390244410692706737595956997119535930938496110286574076506367694
490893018558649870372897272343345722492789153260922324770228772629
642491769808030278236217239379885400503625715548875361008901145686
498282437678150512482820550492067614725271465218966300496885795997
677522593974060305110289858039626218819712821705192632230895174681
586477249400663476252399854173196026161036924195715977601971694902
399328727439746588043656593649688016852863977515522475999764941859
502680405006409698435113073797110441197918005746465493078021521252
981008731406046947356590646892418148391263600007362471055648198258
938088745764536277429937681358765419179735722961270008929684713696
493683678963525182303891310399263375859652579616496449908909552435
508658902553027859907755325901273060023553112413722883395464048657
778331615768298615178650924137474237208870130880543952259278853023
943092165956490984077060959426129628247967788111335332629528747975
409878835566787900429195451576744148678404482363922335095660072754
793914016971072318582441279892338820023779406397575365725162501335
163672644359159774750611925713016230090937345100474527618016380709
677370094376805966714229413589600824755383245974803932060796044905
017692070585123672619845895683093796806254340250957462165951887975
505779654919550494928671233251337556738716057356380028942990248851
218801240568679236189247556048248749553282638731464641642059885385
147743343317259129731711974000426498722243810614211032749924136371
337547432406296672518156579138643702562024303964790489005044298526
244657566236218820854094942368505732727377622836552938642131946178
526062604999062547968847458530441305937394727793077535078193557627
344106921558940727573628596944966388909215851327061017106149797620
538570852812095752763294985766777194759352152421676877868173437055
674237402436509635179971533020571431114640135864028290245151732610
767169202252500633762431074161787476243110180290133180972231123824

0044665270255791343338648233847824083641509142630321466554736617596256169665943312066598512767046145043556505676323192723803451402535421280961853640658606595686500900542984050046093548530620626770476584564323035557962139704012841450715513295891545516692865827838940339152992238823329025388857260584924330742050480774965818966106091810585454197932480203796556828039992614596920546380587713649031487744048091127428165482419174572111024497423161561692475479084730751663266098195237956764638767882534315088220817956674771470680163510596475683188983249712046092085569971337574144650469347830224327100384214768793221424857135656462834010324241282632765420816089448070169154954190788990858389973870706701541666533841958350716971451934192037445743820510407777297327360839324163745628589224133765386367495504954305663770843450836517700464664638153286744482262904960184686050368834407760844823970025677621323572137726913923930959252379422056676983704392607890348267373475452833285765991776101256955535019262055179939802157103124143114530230698589870103035894212885231515064441420652849534936220244215603285094454454628741407401845085733373435077630594261225019252553251299186342147658214038307979527387376105273026392418224264154215090646009883184415256430726001468614601161949130240366938247501714189422592020806707745491575953845423781388608702178664247860286824553825706070078528273322265105633445664908743615822952264506909608316956172605265253491502070413802190340057017883118312374199817868723882510105974751202349065416840157335014317837335248193861982871799710861170481956079258642819561977024967004211000953800473880392004724546787309062927968600542682022838886684029083133520768865052779186562901289213124031511478404650007571261779711587696003625917889958455320352877641847839786316650707375096690883613167391476683106804830017611360594125583902618497547666962172853403585921903452376715116431337260067105594143593321358059343196515463231783380908185782331957168023225636454354657396538915851269617268356652954529933665361650739802987340183886461244163651746666698938924827378264542631427203865011755309707615587334543102676089168151624212648705807750635927882007357177805690888160798433456597061009242403609841782625417202152788307191579766742885145058773813376144840008391264395689171356932276133528160479732561164800243647813394194939199814446345033897730483079017221897876114152675849137827671364048145222417009763802459275416672698590142034111588045151837936470769448992165195823326382816833363255130234263516944400844577342648919320741277155095643226103868910385700958521921628484184898827326865547042366752750752984312290873054198395044089420214166780821968098279767077492898497124238809335414495108294256297327826692300410116180647868542163393012745589223242478674916076157695411688302134542171596584609084801971964948722854229249133226957718991065219268235209734285293627988609211679170762948584749614997835983430872007004771021856897441261723109103558622624994683902497802482310610773890804303172905984770452243032100330495756965955759098089718773551327482963398864571877846910640355644896125273514486823105300277818843106768143634883686881519793591948058645183785865973102712078058781768283476422045804174854652725579259321275422093550670915217460741863450104795444847280432287590427853279892586453224298523386332572078549434410071304918160075095719817838095600028747582755714595912142379824103442011990429800083484667984779173667633916755981233073604499817833000271462079471539626074240190517782696828793073342737263554559682051321475779688516552157856382150610037574421068786981759087972310547187859794509341635317309713427557368480465493684608589327951938780548353518384579551278889710753852648125918197952271446731488978306681441294809043876475417541

720328836793153948731927842820614083782111123855185925737202642344
646616985206338453406008552668716999882546853183684501164335422424
676631974561346008496308560574537359030332058584604742117198315800
728930013561157562071742314893304796447468064963812931642923523581
139029669949468001450688385729504988003174294755623676743764994243
612959018878163634223194934072584973173897184738742749355098506472
696968441265206780502194204287610736288893858850387324568556438816
578846280988661820320357823033380099305913007233341323450960259737
460520043570998600298145509578462832001513573592546027351596756441
636530112264712786403244824007737996917646650602387339665635679340
398356568072219654048851193224882054279809129711007700450022775461
206617166915591398097656598227169631737132380233081894643812813486
645249599544573599602734037495319810341373545859961495498360917612
628539530787384570759463293037148822519303817175115438350026708995
826545263811037252548877439260135406025221454919816995798737164535
132550990520879677994407822530807758169956027111277585448684402760
529394514288800290953802848541101226157784149158140774999841496292
240198891308317859666915388229009946947450247844902571367356972639
792830403286063454681985901480867741408921089040105765750311041922
161494187431458784761367147739183053531438322669545383299223940456
133606017821411886509292207929496640912160035905115388056492162705
446419123651890820653277589199738922293901200268232222369773672330
039382172367465305265074391406830947473212603208840098990148026780
199482685855351480657053914005769345471367320387577245130697596060
567953900372658461138451132306458337250580531679344725994305521750
085317786363398194721774384983941664621448550518877066168902788747
419777507278594616784819648879238392429701230219526438487691711692
941913676453989753022131894427468986445119523361135808699525657384
995132272344858932311386797831195178438771350648230787048299803447
155070141882053104142668229481600816095024682359788933239467695015
594757502235926020424722638494100311367044097453658610308012059308
927527610728526394257529284362186377642535427818993064800665696367
275161697181990722601937571168925947974476124876288821798650136747
507500638323479883964977400488412357566686571614215831108473609139
345000273200513079812815702225616906552683303083665638141347007081
942216648482210415934349190820405640859522403880037807349261650300
231717999314825929118003774744659501565939981386238692869062652382
061233623674596407209835077011082990790280690341091750963573145618
231904447704954866187160692280303501373595224123316964183487990807
480804086899822172755131619587809677521653989830962034894093683856
539421196123081021103471051742416434655171920779277138529506026751
864243969265536723344784100681455951149036782838817570535380038946
002769070563127023230141413066316801746797335097254146260959957881
594107278065966542285301608309809482798087779954151330634185197787
230301266392253999559413949621100419546078252067442508032881805033
938921875652444516995541376477841671637307558479723386593926352240
182260803169276708468269071288406191974911765628699969084970730823
375647797687484667530526919298507928036681821437679607305087380808
301446429759825417007864397304961083418619696619596322018403591635
634118435818598205141363191530912517440662404939092451358851907627
068893662709905594646893766800692046828363046250164021027437917854
480248512861821612512114570003573467406925367903689095025923989154
817162254182524520806003906004061554058929077320687309580061749971
920364712097884192446667092044497498748240886590526693588948775257
516401354367423792014530722023535768345446812068659513932726355927
699659957377744110379091071568358658465622085862107139549354539122
567328062952751900754940904896394388806425455707262211593631243949

1645972564910184257540822004722888846634512803044831901784007401116
7647739561543647139523558199976935901084177521973362030832625761165
9684119366145853311420753211952927669717042067051859842499762834460
4123163908122790890056023914727625472304465613738919348291198454493
0609446294509615911536755252862610591271212204144684177497818630500
1112974003941119350818908357333290551144074304444675853303908198677
7458587064667531058733204448664381954737084809840190145711080151111
1444662950746065233051734594525772575893078637007195767928495422202
3913726568259931838496357371745540503873578054083223542866825098834
0742461917212410659284052811166200923282960301721363849285104773558
5298392087098926316984358857422063744579956105414437052488223358002
6756746099254402277684009359318177750785767334532073118530837973669
5738202460474500960452405560064156835540468641810641559159869257444
8903034714608636868420714152951953996888639944162985012621982654778
9950631292147960564718499931339244495297288337833552253066560811339
1115575999790713828924183735740905193241180832753210575834434078862
8766429488113359530078115142595782796409283781276316746885253232998
0285679247320453209385421015807147401809479461160486277678673437775
7511437592333049254994572062768423364394693270173361084440187565335
6931607880312701567743292110954603746698646305896432996195799083991
6388510735836553973586858039475629404022863520963472170394504703885
2571085313362447545420010525967121783578746333594165923235625703993
3128018819799348769808508853873790156788859249599338041045070956668
1978068909791304753127014469119908171380579382353672715797874399556
4789154906407693819236783667232181905821363990349731439811967421774
0486606919650658688315134834018768134679042643955738590065483758007
1528181289510741440960450170439654853590538278043481358307724451660
0378609737374314721794026495307729429552473216428585864193133904662
2555731428767902253344787868856379770932207047543824471370721081772
8072621619220345167663856985421460029371066131784467434949460342774
5909707794025711988737531399123813260009563206368236285830789874115
3227446212759179354631214921585631006889095807780605937282837406660
4517338147569406689687907446437289032404571746893162279915260767000
8749579463655298108006056320535932346149132211508186917115500655666
6554774549787559290607422761924901312867775801342108401628830872992
1226157765095221015080446637440329782265047958483949290880913783449
1105270189158666597815395224336302038194307797221007492952919014117
5775251699297714793500137189964488911520647362966761218218393084889
9260246004189915466997385219675672930964342169889806341929533111666
0152026890675526392510810172592947411597057246702083623791445765773
0763105504694796613415062949874761664184570782385557437047474057220
1870953392723123250003365765441821501626602351718472672153312107550
9640158510189813774914265452998666920870889036949102304930463034117
5089835146799025697287651150445102675835608349627733345414395387996
1968611228627183777026264999954378975661863845224244739492492150554
8510122167075552405102103873300284593613184584427867338231426176997
3563642708421202831884367381928347131950871731221910120316721141110
9395899922884674801741656760993787819687707634475970187870115363550
7042680620343222196248189679109056279926872063157344359507897852992
3069671951104333055667838495384096125277958389105487968484862086779
7174930084521443594253462001124108426656675868978082776276840134669
8294192958020330574004749139789710591226422104073255789131404774667
0952163373109546710714788243474697322536208971843414016895152093329
3728957961799009745313228076318182899433189695689530472370399538990
5839657483550150819470100336494607541568093909482754499811810031115
1431124371620602850821167716052901503038399817787498619635004890880
5220896906827949155038157223974665114420407121328005606536244601996

8573857325813809450794347406603605435911681038547455413901005210856826964174364592697573011123142761569164064382930414419125809700150147626045084302994739777044340602558483155183709862104371824449093244999094123969680727355749909747543929025579847970934821903280850591023318505659588569341036975217879661677104230494235235108630072812871321479327804020664614262300785614084032598348925571208511898538223851362097287919518774650641861010501100015239214019881155010333190671539149661273638135349062018988011860626488814169435292751302012074448506939497156569637005281044364579654008558044162484257185448372086643338665752522858109482892172578391581914769136460326844762022558337884307066268201365625670604291660967399373963337255981754023690188353530079901593967249287745723100178133888506294267768452361064262085472070806053673762684766876846210436566255254577155820968489551256042709483869900453706023638867136791042491149199630147564672600279406939362920852680415939165569428310137017215002461341255538803212017480246619940571602598114205384973309909585864771311219005778516821354656769254369586839553959226979119815105678624278738635596963515965257801008877751613948594765302893365917624022970657836985360711004953475675722840793387469639698205275488541386380912804655679578673802477962455807493572388749181720103008919889932379533927562492951430639175417565236205655375337478403547514349918016962421277305751753172714089928417997105437997664693048399857656970388916180268894828664983964738224030523683857879176549873616284716015227511055535642270930341290634121405037470653876110440576312776776879558283969360687974929924730557570145071286487760372167136663996479516812181508956359322145080853486264524413804231937636533552748353332155834128888664778013962249460243584302230591757415527544778471665151580601596831434699386022411670339610331434441421523781212705290041529683283581427457205480763417399768540321142787027099465821456696142049358600517832030749599849994536775963901544332983729598770215879840453042417236885395654311324912800166886143213359018145988153451156496930872268799815440163790362584744940276762231405838302463232783555897049122876375516099352286387594826470923454896604043955282969349632732961945392634125404435830649127279699414425771537866021215962838480080776486006844211951284281111860656338162758796685046790939303024381941471345044461099623814170804588938597963438244761200943147501391451102903534584642339866533775034032887511784456217019070082687537123489425484526795290596728991141621687172072527895413036625313121616871840029084914010882474192903310039585332809030568981619595841464035008818383544776616176408343356576282916036527855053342920173444239999129821560656392330968312326061134984745904753481757247935228998935009434950753963734828911547110172984407907116384882298841792185428317498575601644356222646122594640283086477663873594598842450470990867877167500913930038211751981118425649944996192501939380472533739945933377312525246306404342992510063627726440425221293353639838887125586502821483935195378291219232513295504794270774798175730690981398175836426749156756380340241635030089974588466445595105263773038875334873440217725854816570326003356204904177355790973475984394759958454297654636741210753515070138512126171017094388163868180032534456078011389315457232587631687591414183933656822296246600914620551459783379115646479266635436278233025485821978207099747310916035110647009748740007315222876647396291277862184468355500202043071914200728462790183186397870257027722687823910369724454864110588891669111059220294449329436270354133098805268800879346170956304846028827660119070894073002820066435986694309912883866952379298666281788984272697048886044737676094202615377177917909677512787197471044080915599067919077234172081

080859904286004545456751422771384737823411005311824430632388715284
408626875660506972347847736219620237658441103372159043811894698293
130692861159856453139893139948999833404400924228379125175552174621
891287605139468988472677187466504785270664362574831916908491537125
880541454036326747869539649103724005746130220293199503101987750602
880237975002552157499644642453349885915909369543958084528045004936
639830563782254105626241683217301132374663650818321551390498019391
996251482034852336035202979892243773111150091658570103260035364444
751774246989158935734705658751497625632680396958169694903975994610
639763432305422721308762466857346704606223493784199198380130993928
023652274191986054264249711792282050370537587427136667271485530946
080779629080935838546546834984036355521684570343035006341023502853
487766353047125068844087232667590565579334784591133212607890192869
809935963677578312895726970428837993551303926951240589199844906046
319277629905646039476875652776188987807508202115485364253791970754
729071126344281360599281191735709921525555198027605603718090518902
071857735055523271391396250159427253930237186445017661783595005367
424528353346296600400846807272853318083527248634331602064968738739
216160955927770747209186383619128575571939484457227933909841306594
059996512638479997333289827244713523630011731945879729854695574966
414860678319364121215726453407658070668960253185401478248747972806
312019166738072237763920872324754210132174021931705246883119566130
365670703052191237861779392569076272238477050523927062222837494238
143061034403779823821088774143963139015107082031275456607954643371
353459928062871969469725559248762340560859976025423380535602919869
909560761373682770704428667046412247405699674920985983836128293650
677449802452216780957009937928110107393230867893546477556514877507
479466500875692695049132556126428060059883949951551625764082779816
057275574439612018147497800451321782129786374375109974767337631313
444066932216989790648141522459605796036374929385390580458098260355
681952893952216695741564220430366437229914696760438644194213013675
900169324226934913049246702707782481845523113461103453489273315060
001230285383342303638247155025551368745632166936656044414642455569
818231927411945082796887046941767029660195074502498516529806186805
463813475251438433278991996092710858122008935766222569799359869922
149925464717682101276519959597824700501422174754586194296039239459
092882841814687748419136141898738281264835534324101696493465526295
345563461708335109501680694022867505677634457147413217775167306207
782187706492244447520828000983425570457784919191688417677178688630
332126895491976457394075370098837140048702542926032963877928754377
069560437339990100294852638150032628997285511301036985819326744885
052228421918054554082277475276074653898905064374798169834717774907
610376006282890619457639678129928802002759672944986154770652047321
954189029670858378060569502688599152022861683177931813811133700846
648282316429401940350166748929939240870575647942513199958612783309
735265384335938416752475309684246977819186243437711155992528282731
329513697878214074254516312686452327578082174391542146889435909773
181565802205796404419421225370147991892788537903377743287340955117
413783520191979152796500139386884855693747482161292716729572785638
473863246938584052924674904022413438951883238010793146018342916216
331965737001597942739004500063841651314517655908597002647003221302
219852249741391577952987929096349728985117601811374469220942531031
313834496135599318178835441647145038785547166597698246724797440311
660606198912250415690904476466245712836382061667427564702775968974
627841810514767013580425903857530620365729378401649166948271359285
692735430676917886700049220273231626404070255027956209349621622733
861948681106084493589560178708588313384417288763890931537407240007

280253256276428402648656501968697974430425922584958047417922792534
005525247449502340839265617239093094230060936630323480202108678868
089659181684792736833014327146956844570493654212738523641976274894
176037602975201615359389448762202357391354683427259462829509057651
431942095955160726127413535983319184123578419642134288725668738970
843831141046585600376882203246308656515410799296469046577706523795
053459602461494020615605448430643787299452582262636091970063423456
958121081018804294851368286739852132534519851986806527920161753896
561841182522425296893463498323878626573832248821467182212392161452
163325275670017042893990524654825877851241251856125788689455531665
497546430475350319035590232143812858179275339840124608238907170546
058359605867719902183465283057186827751076250665370945298883021196
273029318588927084757014856899852966505733847103862059963894320941
335957796447699221415378655112464853794392540736219275246848238284
997312571864576555150869582415134979815701743782733663799343065090
606498092983863033353942502182256638127320974354662244588764349940
735538863587706720633681111322942298365405268821561270245962885723
548264218314546143319125458331181255979147364840129146862219867375
818977195188232785208093327828052850343881380195284554650513932469
026911560267684358544393507628566726126650839453589830932080370010
789324365829155080132238129887146480913564402924712524410024525254
450802324615782206358687167110556932854380162468346196749237552277
513105100126776057643879915719948597065176021389146406317350223384
643458394835435027981902728797303202850846884019875949870378146179
668646287546670399896304248334225490492446701329392472583236231531
199712398944621765884271933825466621610382140069902302774264438571
417574587943978979594815804972905977772621874827919154213901567104
042498796038383987308071550425303932011381726233669143418847662675
503258634492672941635544061641605812600689785048902465409536738448
508044199481231522643777835892801077052872357981319176422544079026
297752232994316244056822824048979585862042095903016753077009841255
041439517370577205755550817551260179018120073513341772372476220812
000860440795123951426598964340376424506082959966615608890385710684
640291412717376571513488794464268910769410895310119099929995630930
905035222777233262914701401786445146353118738378495543882500856927
308783947452874920176886447311783104110199160063149881892999061015
277816870842162138183955707918405119806759776959987531377577268878
910886459165446898313347423547929805191092151468307163238553510387
271875446767082952974905345953765259319251659451479336850638167973
478663688327078954395966772983270966800627905395999829457773168238
326073880180654102514617216288678835870661909367729796642225593369
082458671032121453015761406563848832046204655115731003310627177636
632725355105114011372947974242341799659537348942142140023658440811
338831976175255058900924545313775605884224762865238760627246990302
126704707809451241471629495570270401899866663201798423005507008440
753327962569991771876542652570331254951397086494471914527294488305
094601841529556251474040952579800990146338379776902129394085310248
856156735060633863492368448950752823340100752025828306207113719059
426781552141092186057054209610307132937255536822579473558746256777
651645331092982287602837922593025131851658133770605209210865756174
301233428908469922349735151163142174525426713978924805002517223209
082124574110776116353591686046523764118520831045560051390958949873
097070872311142547023121673320381085480920178739148793448883726854
568921487783039001654774176228126058072835541533136900793139630006
376970200762535050726123344151011142807093681940223698999130824742
465401270194011322299993204833287467135538349457963583689928862329
043972258449381710772590580394971625950663691604242881282548386971

596653055474254354559734332016501747169426140864138038046659532238
806099596893049398139891441778108044017768041263118730703803284078
136515237865950551008740358384973781723210016623052721994787990743
605742314099283345866153030265910880284894388262719286059268854625
261181150655431439186047386383201495201419924016510173976740922604
325484294565925858177689977165202674986419890749336425882430300822
991408842303703349200032109476423574937082515388359612855402857151
199968412130951329760106062238446785330430360528332459477151752110
913218469296890135992039906751746663771754089316263526915922316675
852838151330957335182944234019485759992887571589611373525007335299
446864517727781072935550662001116627864068458347421220153546184274
562778139563100350380090185222039972627590546827269914375360065865
512634531653422399403325698761990327001829322904538021646980531553
098829533761896730953445713037712859925458180227261374655690582259
578692098980461167400939173233575445142418155942790416484050121752
751116222484137648793952894876891106208346787576323688199506508172
349368185004920139539693115045084063183316979565001151633008378271
107497728604641519331149777186200581721183571765889164635570184488
733065674121671104599185285061221968011073225482951877407666997960
230384720072533276005946786952679051431952573547714111157306283794
871723879901011073719703379511138790244228576611951347093824055168
672986987094588552809896555090500583947977681636213599589645466936
774116795236559330196254317145982816376377348304158535288710628200
928673451317867057905586242287769770380335867189664400760452105077
801090263740143632780046286289324312169848956969268126996557009611
629781048808333226401158444986578869198915511649877595008201165471
079495476162725359744314069895014347915521487018052440688805318244
505486151055750824583348306015305152714103401346158717620493273768
228117936382237726367695089960600576457607434908380867249533034011
936473642216403187735017426283830918160337130530819470054814566633
422929439437912961361179742997959789822201838204339375151390081879
567578084988196711699577981480046861111020299855976962841938868761
232745152462773308044657336954636549384040081977760970663913237654
253918686820356685427661932684390288591996788147248350231950588774
756415910641899124069125309416312561954109543530881464234340833160
970495044930981167353983129373553934118732008867086710676292802662
313136660983836430756156824337100324761286608742139189356752130595
062633620498264655008206650187746333184048109653726939935499250846
093222363891818790058724923861078321577979026003556222664391725444
460628932945945429583100156730055075437247426211846516371207702459
968277475890212707746082328108777465643762205089221176286259492333
732230679917615024643599135638162060740858439742513315938986338310
272411438507532080538973380115912508795623407291394530386270706817
801468194772402893961722164417584863020451648879583761092985067605
371677640104122787817955001823319726057461761188377946845473203989
183811701977866220808018101648347143140329254503142495220082111433
074466401362422531925987509157512173913243296534940120953928653470
846315882150495516801442870649484831563843727263048169479579203556
684457786382972288953534411852061006954504177044547449259708669886
360993447006199388647273449927912722231658528362329253648259342107
355249952854844231273220467471078064243669958423852863743227324420
182834397340003224185901923803059005872229289610551499388306141350
064936910473902129154397749453605108064872080131190490223110707230
770624283391952893722091148778390879044959631522298968270822053048
965601639594558607553522222159573834959609286492041366112049876816
520941632691258940484528222903607027727550910423476071510260847037
204995330735661652016080315883563879622431208900709419217345047787

8774094071468706792259425905227518180949282295331821489040420843933
3377285890253665084263277258143948601959376487549244711520859661666
5883085955336160717058520424797750579059521204948991346273733393511
7973537490955401805020862425294715561008799154147069653545729992244
0709325803842553897467763514808951876988364635894254942842207312033
6451005027160780398336131700022763357322058050472099901287776893533
3759857416645852007639216878048573675392949503384098229397970658311
4255553928295919229698068777227966397293907779082178517324761087355
5641896708494182323029269132494491340375769778800008521206899488511
9501187042430819704776776564770516660073820649884857171048322723455
7119259180652711670489692290985807515362751709550528429039224365000
4824880744813185743646566984452180536664675483798735679164220132966
1903517086414797337157754106151617424044495799580315561115791030877
3134720990353018949994658219299219647710568822829861410142019463900
5423285844381712408363322656243251238385947763567301206764410850144
7539814463428593104949686936382640046416259646951490319611104854477
7591917065843927067602400311452127176470833320094175688738759477700
6324099809206846305347743324194522002176300046622820238082778041977
7949338939188985224408550686669098726150999343275594219513614894600
3275485400282474638185574303867224848145712041289402200141526884777
0962461222114999228876439191910899400076450042673636033595644644277
0818978527417707745133958409576044621143276559892571212464070497600
6068894752177888846753657731308884831704130847083028117792594667011
2087718412865941990187787509632002811023755143635612304865546153299
8828299904617451774858147760123133434173138771090557709367065736555
0203175790043067229303144502419919774280967622124251992863274025833
7040075297281743548041063934506373267506843468818388748332354112166
6341880424123303403490967577941653779084125868798288610323527885733
3215533815198830588045853153469043130898096369406641813704154859311
4966671159813089944082545715355230065250822849617287239674650825199
0045324558235748687720066747949712163602820852354302783865361171122
4532148648794241321331700852315433727746076806637669961889512288044
9108911176595515736498473886069524716684752375144641521336548924677
2761225853936148416514385818691738416754348278131766314291169378555
6461817166096634029127205365302544476383065335504511464152247086511
2121312900999001968151695921524303910229496964390635521990651394322
1630365345397471515735014459156097003147953738250722286432679118022
2285454450510066868382649729074813258480871020887495051426964293733
9258136771841690654521561087615737802053527958004468491361369174688
2537172803536784350361890124577775833864677004871875515418115037144
1294549114272696877208861952903110006521480604793894304261211250477
4636222567539347681922221920063516876682582150682798801607357061100
8055578616867049474864042027000614400977944187614785497645823956244
9805444955125709106402708323908144600925117778765206380393713571177
6447632922162141265648373947107451322905073720554233262086352301211
1192300993282164753643692379063250335682531355433034789629153304499
2311538091995755532944987052801903351167407527636655981472206121800
4385730030729787921735685000125623318067425988724010996896981385233
9730619195592833694861190323949253594415836595816138391218541195155
1992655070437222451106336712668962567275866773882387907913364509388
6511722013962859447865442962183266784517002027818841924009364903666
2723574437287448563310872878958458482352508201562742207923922033922
0450828194622615291844607061975822852133877969632367864013313041099
9556453747740645777576849035137916732532182650044015006462416364044
6311782779660535756676037161374420266916172189142991639230484973822
5428942219985454786894825670545771208306069664015175470113984382899
9319336352288857298115482869135960324285116362192220766798190063888

4048427152608659071553704971859335226057118104150457934735396327639
9988723256063689608410315441364214878261192854183849957430442768668
3851459149189187424006619028314479859226445963347995310286302780188
3115008930007657628088707768885566711361061861689962499638799370299
1136195006215509591002663942980584231778964965066275652978344151499
7338825523633644652036220132162803213500493619597507026917278323700
1383715764323028881013296332873938245738746245096895082238330844177
6192408476051027246860191447430391510803777481923871052911279590555
1749882293907551274408036416932829212553780088491928702854675425466
6697357397053653624540072223989562013067604811339156349727760567144
4964090640451148094824868511796216404428068971957629753562236181688
8850027285694336528800131844121214112389838519527851194814679016655
2840688382186958683066129590397745990561487036122898098411382006155
8591424712862298600417189064530100820327940885803857608905122698766
0086424606482694850486186296517221848751835565288146631275237687066
7466752691724416729735456956733166771849284394313859957738504850611
0973138057829209449944463239430606875958119003860261904921098398711
9699336474633114066294511147152055694804027987358243091859738263977
7134041141601662377526935772236147756347905552752166482414609981488
6281328766311875241074174329874362753850457777425420575766273931566
9840438567729143837835901823517368770880480343742863236659074522888
5395228357786813472195376605008468619896263300503309360409978222911
4815147525771837952813848915680491921812383604122713582961164972477
1080261254592059524865114227833911564975466627448671852187561816299
4711964713806687771536085417869418386146607485365395525809016966233
7780000655836818847197698244458732298445308869902993378877952657199
7280899159793941934367522718663437829079368244403206246396018669900
4972319031502436250408130553533830653161092378952733391436979259366
9072869740426234042475870337917002214925834352410157186453983478455
4517589224123613673529136260171215544108493033216442300759697110588
8546958695711726320379851371929401448711950153715879163321253830799
3896944127468922739861011837208514286931971502864690987328481720733
8738152015911637945123010101966662036445412956291903554810519125344
3871316001524124785504522454804170858009744164360840375963801883866
0748953526626950353281648096816794488017615939929356306431457111488
3516674756546277594216725378229613379520048290422881659995670507600
7348704290859084996849095294910463268517636522463170134879989376888
7798420929485129627852301598830153361268342991776614639254947705199
3020500310556054936776339163283953895578869977697143135446101324966
1890191705701201820667021165776654146051368534345117330284374109755
2675183557592471851518890916898948657604164533212417028081148467599
0773013272547946094155097286789671879618012204433502968796219644044
8327886379960409838825362938230395839698373949610171235821842177433
9742703646911258107515945266355464675143678868797822902295599477155
7643067126525971855615110357476610420964178412476830158403397936011
1211878112008231745037140757004092710837435401089199345949837567066
1274097176992139541109521012508398136549562045150243668431133989733
8587361130651247452423215425715091709831141400860264890539370712777
4412440669076831670854240573003611786905243232054426823568650032700
3030650150774804738700240267292414480020515306773270191114548987399
6349292489206289712904783044926853800283148753581059970561483806922
7373009686610988863789029557324737732183929682372659640999994766799
5576053071821618693945992778164452536969658122450093564589944321911
7279168676398557892539969660988248722705869024920017849027121486355
3955328059468288469933578566896852991438034105283369383898081065411
6312507494946094474088864690836521657106852902937901140010171041877
5820439261982433726156111356858417307628652063100312749714469978199

円周率の最初の百万桁

103881992609016646179754069102972565847469045071925244946583352764
174639951788616905673265931633412458545178258082449007188501785142
887176672083115995559292672621178256119044595069348961757228325071
147520441276776575050868936709803366686786798668095854516356450456
700098282130467124423758025533584949678345502763107561618567611024
200622908622178680112434591564775661362731079617325234681409070011
050097945863457244190266200577367179046123274420853797609726268687
700946422725868500716364595723606381633847494349975206543190488268
758253505156910742713458684179456955827177098027528168620203131954
435974916468654922876308046662143131853417398650352264519025805451
724237931971335479894431301843024011898085682842876356115113592545
051759006609029317534197237037316626763104552677057284108266195395
396768023500467639232238198895390409926916785915668921976462053713
869576979999088841317689151137434627023755761356023595321292951339
330688041066225809559753015227590711430726120998040611204959544702
529022458298103260460366610790784614562477180721220945378224379608
920847836988153399857843835847623311114552944993163589565451707434
941008645637568236524522552890279717199986729963816213783471325388
298076612871462553478352971463013937978843229852958454395196768038
647708119996215817080944398958038250707113582707983347809856610300
809248363340106643785171705008672856057256658249006303816659250276
035940142072432533503290715340643720991049554417219296172851893187
876675409135877109975306839422832961708480658343497111814009227825
302615934813947551736035584089426644749330958461998620681292484299
900690495309560199167359270034227705807777257942989192483507500026
253575382687483236342276724808711441393032576445162636301415773729
913585526476183106154750550543500397887915345327702159604456635703
06770661001920179321401714796971673846973339707056058598922830925
312952649427953618367607928799401770860176084753039347911247886123
969453298233627503274176462432178205058631210032808102535309052281
121335769067348278937719290836686403502827994706248624768867044020
859538534724137046928259372275289596415597499167757872687009614379
339091219386991136301973189710945603730161110976662442440018178065
055572462339859256865538611682612704334070095180088689713989492131
948076545616095446512264314966934969743616983961687411240926925087
916495101225186752483635616057123486384689279645666764984846476716
504656126699086548540370528105028232541582319648245828614979004180
345759695865716578935991202692404754468625626567071441627711432070
572623204570586425486485386428718325923588272100501781925910321862
102525429061064196493219738482292467214508802767736310025106146589
875281845672592050079006099263317935029302633914975478998055915983
874072282012111603184744607313092642236057201406831874074143684735
669302813859684496367816355466904575253185482659911617918864750699
221326838807888021781507987526270959165282807676731436874076260554
027715833284666790562252441503160456864894181125999979503530707283
995418800406218376904052860463782206835537443655485694778361506263
598993634787027909030997462772184241100176482159012705671182087668
782275764676994285411305424284697967712936556371908112434752499188
941044238998876558149098163133828344398678830561422069948656437056
345681695102097143423812653705290231148917416269759846890675493815
136882312553178553493746115050458035667819443184768513482917267953
046515495980756411689982379368626545225447682319382165559881689756
544989847223360804023621521263789857002732047970983507338475588088
526560046011136366410695357973449086862143285777692977138838668754
917368355359148530578245719109983029831395137570525256209580954017
897695413946151720261764966079521063305486458118903323277535560804
209288079548131044308314254117564693796449370088051788439064650598

699529934562288497813679005684246906689823480376722839141414639383
441970505255527456615243070311689399586409521846800689011361913009
089342682782883757056395195330125180182350049293106972725805703196
6431977564341418649195709519441152022257960157942174332998712495398
481643215884016823180156768220588903344340576906238372620605419470
830269886808831940015177925067757175174593722384717722050820930704
159311736220200038813060788840091117739664188836733320446529646445
934419768596428126244512562577886323153831909565428679230834512402
761688835965251028829254701745885087785467432335413143581398900523
422703880060771431783425266802996652515958052673968256629757854112
732459999634827193710570217727679088300584907363364013164799368378
780942754761608277906353980263547708948992177734451897291008461649
056912644584004920708308526064556605541887941017689160277283372571
529263391248090560002823379201775264068935118044977919973237802038
054845153464214411215740926117175317752534252312656527895654799495
249996613418668561137172657535761612467563936363465852902198835935
831392192491393418642454135934428166038405794303405858305951612584
120866417970404500557090151031427979014579958567197456136453537244
757325971762416221665609815477651079243328459730350221418019104377
848724061746812837199614628391664253480309667240241178483790511869
883383917902679307649564913279665781977169564574759333133134262607
748971367197005879051641105756086803903926865826348706345405515763
139861676381077414451225941285507544942159529485739898630568471553
514877119332279431038600662876069707269223883921101042205418231418
783870028474888838905667506331222092051480787061361084283744060089
044614667973715826272029111684229324748247891789685877780597760941
818644316340028850264536445513550671213401188690785557499410205012
020584369359438338431421187984966957966712318296941911718158049435
257952406018375850997934371130880264021542881644344306720286303061
244985371567180909678367412752020111345413499839171117253538517021
424306732100031441372887105544078958247023764904752320309705960620
761202742331730176569032003677492694227330322757762751700794150691
302352338229522938042374299195531100137570087357404896049301491001
310514828563869984292941736475578552941533379493920244023171942716
029023127159436936461304778015704697510260615433560235322727132552
378164940552536518894649839034517885744396354358013434976027147384
385511984781089286682294577257535978429545434990952690776186980501
260973242575667396516641860943350384149618387370350938070380101695
366304616092407294362211337355372256317992452086818271670641961004
506900017835172681539217865847481240698829943944692847539212047696
704008917516980044735013401137800552105630498825434932067996417341
838113208226066190871983360217148256562393710727708004426030257864
375469141406467379988133306274980434048844433937285851420929071406
931327851505346968127345232046363566630091702633597632388614244380
188240491008510158252293256556727930099661715167571103702279090057
724322645193485395815336762018043079066346938595228276348528073739
266954153406812865943469956911804724376608938315621924386564103131
340589115080721932867391688323814944776071992081035475388423453896
732654849684408063510671575237120307503288768536916612388601773535
404009108803958927512100254971669370797871866429220140145588245623
424144670313230350128103244201632163057653771387099052725968494087
829811861525888492527218603289522182402628298323270081763455612997
145774658378547242967461824664384902978653007763159379196442547839
488282680655017633162340101463270947259720188233353881335302545653
904634831051730084970426153736764062033013790647873873712146452555
336583558282531298690853960026366890725505682714100041735228984821
717599940268074649141888703063814711532964678955931808651223026636

9972047113174786349052776694142734227232795808700025982805258013788
5387832003118087215098462322707431627761529412804042731738766997690
5548191538084277357093281373760561766937072880612119558068900815990
3982648764512003321785648698432090637602562999928889730761247741220
8383269616110751648915228250644546268306417227180338343173765819710
2463951447878320009351333186552223389556602516470810190022446747700
9398750108774616269889409502813107485697512863709006577191414377020
9675485623143832515950385251731366442655028598105764183707048240600
7320787117705529545309698183519729294115418251958353083363474955990
7898763199425104174380877385642307717332540519763611239063521989490
1743905255002477559239394461077761413186765509240689222302864431710
5623756205532535947588834188411031832605661608570780124121329727490
1660000489927474140215834370124815741912988770947116933111041130460
4645731987871069570113548766016847239555580887290897174691220369250
1189724680591711257457394391145651806106080563786530895784773539110
8878095224396978001845823644395448244656556278922902372298460832550
4705494068221878803473178991834160540268599674872180081320778855330
8243052788952528970977080260850788175268441974747503008944242700270
7303247293819695799127666762690253597622952462332687883138948400390
3681704468721851013957132476754082232304378228175049812122184923810
1060720044101737240292002257194762803149945154783344703033464531630
7313152749162692772871965807579765624902962412134273947494949960580
0458288719222182437360162808616446829421784486643308194165490980500
3506193935373441844498848185595049650263222645086225208709839417950
1613729261563166641163790862599661958483269538206406102682517040490
4898838579192421686509829170475839529326011944310572999700948820000
6462825064142980885784611984385093174349933158754056846184430872480
1690382849694454914912112838991744269803554425667205923759401508520
8758412056238186705431189016681809717891902212293518874279092195510
5518088868903134477084577771454928357845296172487465733320431666060
4130222407809409924086148619661646179157317812411352085815169918240
5541054412567621643344107017351203236836922470239475223198646809460
6576700844147762711278182037067394773027252712992031143845135201990
4634708981058146681732870787756102442048074753084204104430163487260
3326788345044502448423109177551673670760528410517521452293493248020
8426483884846900209944528626464184203472216570956864347798111036620
2042605284032034121534186240396136792653976305723917678082394197380
7937396993118579045446878731500279916476825885174078440005612703420
8031312415940062560080603168967960775267805585158444773757320409860
8661508956832617959871934719108242562218826890023341053971891760360
3056471342188593599166100404311956899866854709529630760786863475180
0887668213990046769273709484748663262578526322996526490290475572650
5642628171067361227793268188511621382424146385141980061848256020210
6207964774601224999669672286852450602851380061764826341859670837630
6160177178787584787211352425712748345276492317626462574367092266210
1307733555205683386054307054158740244929003575611165555716998579310
3100068193328538001828777472325091411581985057695450951287072005760
5226634271771499575351994237585201083275572559101341983066117809200
8403270159630241973591496606810901929538788649629120915479131840920
7623462313114441025278015853644351302631195924384614550783343687130
2109051148727123095875779712220718360713602361416279336302762006610
5130143175584243644725271284482860833476749411206799900184731931900
4696130141786043225526710083095029661516123391400723248127406943370
4848131945857018441948519546090713962540695926556536231923829498570
2212861264509463919495411072692219061756817721293282395098163294230
6973124724084346206764151658372429522369301743268413874102094132230
1590431123090085591780898098639811472423431259772730725874965450790

884608503649403556360642136024636725029758258821423970906963894751
585219601005670875761743422200688184018678289640797134211987989424
200542623226391091608083282217206238321815660095637661311507035253
943137043847640671257073659863704705747299557705633292492870667671
578426397484164818987464420627326291809186345695140821112621118307
784231880550483902301823855961986897258663753836854851880890027567
239148796757475871447704496390596664763884055513983208511051808694
673344214696438893651987429294500796357933677630658354791344094374
984874917811052595293494608869603961792375636352705682866323356938
754782849604914955943558112337629627949110896272845630669590312923
738949873906464548234526530112459709369166368198429401975703961105
018093963707677695746134167365949186840715979940977492129514475364
355705104049071822680477534689219219223966559889264013833854256494
287750824045655818033979875280750093213251659556264896843264720950
845726942676196203246524253611380812855410809861388993231752761000
593682748189193057268792705270668165094738441124135225224621640589
669773776626694722306047925937658904054510890872719669296026156460
569223470830776597249422251734490049588103258711734985129334074828
896282286845140658705958220885463566222379692684577270800624286247
083910001271322746693291077595784116055523253942755096006076083705
334480806961357479866100345694290504874288654158520571824749343029
266450201290152285085761374552109727391108825404901954679022537325
594370109330222334353367924791554865089056103150920105329770033114
909933191441582540393767103856151258970841315151528321798116250944
078384463599269824851477998262383671542281850696667162662017616097
056709486112509359420925767250273704083583389316097505678303544284
000039700202864233335323800308367275769471670632072715632881451354
026654528053705616337565756556156045683973582112723349302665713737
615780888148416954606951892450897761458277305644711560367234013737
512391133422213509952010356177643077090804473048268999177976468760
034480364441486413463468999507845551020302988863338483281810726992
000889828571936841389153981116763523701359960477679432735219462494
183398303417727528719732165352397478366615988300018701354800725499
677948156412225073198207773749493693405159261512147252409133124328
535226609509917886242062147076181444365168205906693702697284844303
506025219140497755126145044657256971231595797642958217968313207204
976676286570471311714659716899414141941558552792132916553410803586
453942360439763461695335289846339014437097710317188526335297860098
669308669843526393418436970318857439062865471068519080023824792265
970669579691292282779776008111989619170518765770471548040762342014
690147470123007236720063747941465248848800218697254454637056860047
232674220196980822142277847213930550996393066658835120573420953623
270683351905374323509642416928024349246375291319682400703838920994
682079708205085530265060841729064678943292489042266623714939148718
520453336050928192722002667835450900672192934483571874004864525843
619500945520255338530150193608275455081483677629431734666870183989
663273687066717388978381705851435561662657530589349283799568837156
619051174693401985358752506727461577175427929766541124306616885792
146630482653762362917863634478732060481168564451331963377597452108
914206426210773371687162905791090473783763999340317610132958656601
786861508413202599439184688026600919412070156736705275210446025424
647662225537968562211299822221366194969278051234613589388009378700
644588895530093096780802205671222911732449621946663360850150959491
680911944318831887557272880726049204842257269502347772736256681742
643079240727324305549238831405486394592952167346120593473310812267
074435854430639051354861245846923527729555959508163391240344880846
155748316511028056596912604738220096242987861895952287301938329285

962799349844728509583416182154386610869136544064259089115896981298
974427147086063734408895081120792563243439121604867098037269298223
248558249957089431108637654840373752138369775403725350930868402408
318659218947543425465681993319202869736416876380780559427264909405
431860868835870623993038093248937760639588088169278821723284010080
077874468552849300953561681336987821881319879609157078006065875120
413681055150138991407216054540732098424457112407869027529556371764
996922732097345339032749384224697177560429121963794004392913939936
963834312381057271231601654623818608034169377923236080648416685167
008845800707990539901913898692886788685012546791682529572979509077
814007758372919595259230778985290095374969314464885604201830724836
681645348889006164184872131401761979206738425388528296023984285540
130893392381411757012080830155418887191011712203543960412588136888
048929394096629476679405622656481939225363716863010600798228698905
371847071955248636144245298398605497226673813992712323269791352678
194750815424751582595707182151747793330838053854225259358687900112
017697150694846872323977569602190530277291344179895332845717225695
951393984500808185505028461731209346332389767439668678411629825366
441222235054206323638997861301160460642764252472119953879776525470
989913875733370958754446068818103330791592335169400268050996900920
168136950287589393771494933112157241590212362251549726987858042362
441274878998655931459382697569314305549817950653144186683273288195
130275199567217538237057152252291788997389839063017399172994785964
732882451480573157662397274681272069283546859972049158200654932142
637378536537776577631054256491563772800189810994441267947276921150
956072802362828488060198203017705573603550343134769074127602842407
027856245018676049368092179666630506285791925690321609215503829815
738436504956833388199142037563207628943768460247661039435202294481
010140411684096352222244652669840429640253001700640703723317193522
076178313500357425684523102015448618474112946240496328898364055154
538023000657624314766841533398052677981987237595528463455943508759
753081225407831152856459138266985406198907598592026853727923008414
753034616218457484881555487518028075008701148602056630051107952626
218165099970462460938200305624610355311040342287433668786969896589
571460526360133947402955027742886004823589976160326074985704712218
455866713227141006978846958171262714993858982858592146253686919607
865356133568450075766467433310863247115800710250863570422004275510
279692222982886795051603903278422738873811183032977329682416042683
236925334343948056151302774756556422435386312834139392655972966202
638496945337587293946902596287388740148807094633806597996983165111
929088025119256028581730499108412164179968432523640204120266603390
613564414013138932212028730629445326131983133356541252058211952929
321494053648823003371378130699337526267525734272054718259851934397
122847549742322825404076626173085591797748712629887002266741047470
611468698028702735148198879330690780405185216982872231913175583775
553832930641934332767058711857276687145649647500467923706677199070
691387000871163039442974822989518150941074191583828498300089051563
374997092344581268411890557203901380937449267263259914733455221666
514058384741593179377470138831092920729725748072689274863625450102
261803654579949694183630518520334858306138860891537475768145068904
830504743231041756725444567867754056535324624426384501125401588113
376287922791445769993245490207100571938902433231581806774444726672
317664560768234838627921390923872430415110888337404826020756447675
776852313457857843464984582933624074648014159794645214350928554441
465662367260070571074429471480899305462524615053954667294574547752
230988593834922732118140121819937289727478363913024222954228322658
127299397886975817429336440054623339798479236619185224022625456201

012629622742562381753005177632863755395427686041957675848786829356
580164847516468108506725307386935018654431860678211748070671023860
613289732571244782397944323926851468558707175932678693358768547160
344896167761171634129966733645058979211075460183012363336069114496
418838793412184219493537874996652379751539176305915964610347152121
465642747239185396502131632591123081652835029486819565713588747677
239629019169319916776864587305875528874759709015918885841340231494
453516371582046119392953865006309019687811487252002463250058595509
732656697594088092488527662674442466726398494549409633358854494438
550708277866043263766955889909423392133453243745869236955358408441
578541048678823088765914992585877613493789393381723956612673264586
058860998331302388177066929334834048048944814411828434656375280816
656029472988769848951911289727995059763032773051776937678299759925
957344752814862839444189362992099002413580600242332685520325343646
493589775270690343598809038877648352811417289852206157665771897459
969312690499427459585774890071501771028005051021850874633374802818
267238663761105936721215117891006644603828092457244431417385808314
417365876863724975750172418050556481564588826944241362569737929225
594590205061321039231722794686286895619967419234007390131687938180
418212831728509935919804705998908531525506061112902960745527654160
555432346261016708812851520318516352330546845016309787686886251609
553921820193843043220857880847407848236511516852457920537636285830
047248894990623220277150103893542479206727218039032318085454935230
021570322404830357516834614195045183770461312945022064049232543372
082330956689578982080018613350050687537855173898229608645792613460
122933642789412934723737724118347105671994749881325566302417485511
254461353073138250801775959002057552568829353541033294058247633459
548911914800263059411228562902099198297089226752024511822200112557
157924073365057461275883823812394802411040449071889793901792134917
798575028751711212449707103662889052674505062509392601996539954670
766856145659300467217310496756990455624866338937724735088968724553
086783819397974149839080870071248444061484882489613102697330738591
249879037418706260010514215839040887612370365371352029294878765054
888518285342824841003839855366231337645767092370447705443448028249
088623220965866449859194336311920583162054531014457848223373995095
568172734145085035650280593064829271852974721285323881753240007762
565488990111484683462321804607071758237816362115737939333656351436
126557882430018387059786827453486224103312709824869444225463205182
429773306319378288052473627727901023657515838777044573638023243101
059133025223974603254422842530476392499368741225941252534427457191
435790426198559803235541075551717960222573100794037929632241778553
617780508804949631587383212867555429706886595155552168285084918184
671511976087907235697860364620410919720649300412315018883777045831
139762918700923805268182097875166508952119937827049455139920444798
943378848423122248762725989299789548257466434857557926460375862242
308540160622023123958379396790618608202073848623338500638603716795
394641282798171911311961478216700083080895078544581326695481816638
625695092523164821917822134624141759133543797902834142377835388892
059566846197981052319282576652938328809119668761048185889645442440
220542748969112069333534552351730720139527954521612369056345572702
560858266064853839180881791607076066138641953390753463104231631434
614551495468392152545717652301762790713467029896411934810468624873
109129058828693056154855010986571699431794832040020461502892242832
539872040350919383645420568065798193492377797399236164339232844122
291241613102368123841230940085955594392123890261014800241184367325
721856692868521171174389577355671369440365534188266303219673712204
778461396724242393438206557571014652108390411058025499057430927093

659718121325372945327612925571603381159932729512007956007811205331
463611272220893115014719251795352428209704638353628132373305039579
921425714309960203390688005783518739818893141181303060737189155369
873116976049855114076377510951304991139839324182677506786129309334
341944600471092978714189848380110311027418843783292048283906220114
592454197652212689145317872121451331267798784556044561595952497545
298575352221546817148984145111384250814105501308548962342436284979
104194400095354198478294098804365041833757195053081693362546548668
506765948602108440320888369791785745623588814599483392712832581756
647814893076301831884503175187702543381512172174738086474183691780
511854271392830592551520369615442655792743340951740879029284689484
767512818289936936963800520966258096309522447841141623347063886751
542015041317535385000813287716280810470018834689655555443257656803
765673502026726529968266884467810665749563509998596178894324430751
583105497717634532380639058204773181162089074001240149200801923869
544920213679302425802464651769831056714850197856958739975556787502
966173286707949082756613216383025793652727117235764937197729881838
765016004696019807626071729733871958649870990996872471749476111410
147825901880118245361021522042204981976181635300339885999787260560
375797598680307331475224756400757151879220164485890554090220069215
710067763592498572399552763201444121684915435778005526595484999851
247978090199909088142554531420111741169391548331482057382804145436
271804646866262913735823496648287522089699583629003659621294068548
508879007970609715361504930307097144793566401490311205530808240950
244384198758241647086058648990739406875441311017445035194648723317
674626024900661157888610971626885032390425642166579301971423307771
445355387862843251433602125018990945261445400526852137717787667494
322391925935590651440122799532365738785963366718867982100511224848
175402924750136695005047596708441801263734588010662253040018506698
181097190490881302291872876366011259816340730258132566262078794293
937730883405816982294048034393246806755200085304321405383703681196
744973642664329903378153525502252468254277644827260490649082697721
388698375592442072377285780670194840754825024590313667177787679458
280971200747091410334539792304070212470478959724163063167939042624
636533153824680278462999849295582970677703673617809127448651096131
947837554214734726097785221422069774417333930237588915451744621841
465888174063321925106639986263693688001561290539774891786922752271
866000006486886069438433416956897619104793155040737906994805414239
314034277212056417610191846519831622755248470937887500888830317863
573072829187673035632713538749271862784783688027045784857087073472
818436550765235117062567559404561475108174628886513889489019616918
735866440178911396503312482862821277323414956625703814366703949649
642201742696525412503138667154925779242582471839304062211931552939
524729565961088349107731184650661085378223722765072330072986433681
676406634827126596611335519405462150242795988260339343777851368966
589207774770380912306198797675448538884934886151790229895133551513
178169447938984480551016044753872934602081056423999956531329438181
181794916820664342298614174888862468891091040157838357890464703385
062422545091526178581720960154959041901980817249863332365323996203
529983358128818444003123166844128209215710365003177932767165548592
678876429119443885218233896509449510829929260775654351813998833350
031659441874901573825151534911730252921091190759492242574830715970
710339463947729017711111795483875324543082191957109711631365585111
361677992674500225456746172702619265822809693016765263536797856218
150440685524250206327743120789245928073083160954493228199057876042
271412546989922037225580941931329073979529846907496688497302828612
768342445094025419733427838637133216298271886802877048859039816542

665131221746650688390343880540662876132415147364980113225683524539
6445917788087746545702095388905755986962043372578858288766430401048
602881347856677752231677008528156703135170869936872283959797761427
0430443387536740461034096265981400795953733803766082066807101929888
0983464611253521726264746148090624508435609183266233286147657178887
3670704326449642375583111810861353206304527313550133893258469803396
5075894599527870986867736616656527294096627095361899238083435232450
6453540653636670081238084314212916084893926064757504243607733700766
978010486226866973272061313087712428838079513682325960493546269875
478506976087090621394446709870504353997170682855777324556183385967
258415295843880954100363797690748326392232269676310863039981067968
923416082594660541196578250833791005176430719600669142267780803108
635894954912666019682168984872798099736518826787773105328505919123
036083903834063911136575293847387327396475869511903909612921446578
009656278230854852576498319237213841985818804914914081220298366647
625638953591530954244210238114009422010543587336021765607515378419
898361830584080950957923288723131448256881159002930870419488419522
251557714253601969600071163474474393500568456344376900335741760282
554910888521532392506087844859788167278966902631720010672064720740
459424890050807628233972035138346041011685589515018945459228325869
990993583184838883334959057125432197139992855669836826270542692775
987881498938895553277521957161988467584092669237122724294525243982
523836417638668895023936487670293181515076725859767848492337458449
430892319353106512504708445945982293233904494552069195194753050359
746278833569846132022212993897490693428402335529626356027699332292
725089430202063972785105589058443007897205048804412923489474672886
783891502622888529128742952750435565020962942247367934640352551269
544793314931432012374843865246657866338104602907702516740675225470
354471781686148529224587986189617232446589528197151406141012192732
756948471047837285769460924518169168799535580404984124110491975743
929251100959314280976592191588701463865514029775960129535847007686
116829226443748883090358961861126606849828180729560094573218650739
506343957012535482591503536895771466916509576445043362651251199168
204088534882183992149037468832063892195839677180721260732788561951
313557657524341345366570848659341598443546453769453590903140796550
810660494682247214518383466501317890674110392803618900144192600451
772699029465191226253027545038060324885188360479364632249905482580
495776019740854482383090288704159731204703163934836548926547230251
529080407727077303618518251961201662424935513390875866910423295025
219622274262425667159298289304043119006795704120100840947826597883
650327603103028484313256421105347720758350314603861753293827376171
032952138127566993973744418533716325063558390500476440504318465550
507304089903892699362886204694026958443150631088978643382529879170
065955281987833755417779176288761977750252490672963806218479450140
143711027157594365404088338258179644194308333085998477598891768522
529027457842168969003684371389240369032563217458039652881882758186
777509035040778567728215280374417828553924639303017935575994696195
281418099816035856227245541275974536963753619557098053523451326657
464468262355483975934275684583454305809159838250894738928769210297
688742998711895415173204358065191585613271735168111490983541922118
283470365728867448815599802621633472873434300014617603878659001368
802558127766026346001449208170959073372666103607362423085988438525
246934735966099379697569178349256036933896156460246531209080086702
727847741561036000878975336766394492456229509234066383358361325146
393239122021141047583736381538827391201590659474888481804948983636
636223485421468944007752508002307778637642480862819102818203471183
174373034933442617797543695377194812821564298546505610964355938031

147766430355133888294851698137863875130749910740463176728759532365533291265947640487356284411750797139047400551332393896195551285697859802047769760052520606805483520547158124294736280121908831151208169368170922796178050408945578359913093476322808015149969889135696881361110514023419878417059507765640482463118885901480833776111552376819383063571431940964257422671435498184739540779481350877889548854413001331746125100043073325401075314242536243267779801060578340073046225673594886885619126692356012329843557726500006474319751470222670528280388950057002152053908057026851688179096653597758126368885914769419797482970011325857658785726696799680032089677189952205029203490718021401691020056286547729600869263802729111469401471195506772843968772487327158127480428597810302450513289974410757541535707520610369102909431370692300027584895321251197846884642301068044903732891922605837738861309121071177058775287031874653045525558154038878565241732495736977488760767011950492894183245918218070770062249502878998405996609728435314033200749819370748032083424556361863165997415001581892543723584147565843571193494334859756354649191752511745608308191804386335764683071924141075004094886850106059961850142045861653689695511475873960660607619517162625250236781435059299927432365421787159533803175923627889878294913269018960179615887369958353631530305030483258619209352221459420820741303977987383790906406212477970343951141630488008217868194136392839249637892044245671039999528975670486179028806273423845473978447281935512811607338126327917421992832097218939696111281497697228426437027540750347640790134533313313245649630288115713553811281549952388263090680098257040325222482141895457311947105049339274555935132042065621536892949366468640905631095853659861276550296528504908502547745982156692951273711332174559075315718029099432588340538699481640996723253122460832108993175248992344381194820664316769432057280142533520526218782872148908350656108741927216443745740883270167599430945650145995388325564824040661128333229346944738229814758202131797535505554577624296325512225636139644685499789403443974936816101659194123565017327701212257496652664631173071157348366699751314182591158461432810857875813421737613298382076751955597554195717239664222676454746520021198627822878202403645259902635461770596464704118323000965795490248713711791563189956210816754283526888091179891832700151008943093350226550988041726814890881229128708295210976641544476183309811369127897747712298020213321274658985263467192662455538831927714499914083410105952487256903065476732185557814100283844205889041468210966905433755520653291342320411149444100772459855641528901216225842635255114707859555321360988093289506964483761877632525942710870131467907675027632598732576679119043428262705147524536494231169042157035922697585321023117194458974786817232156114440928449874481225597231616794441503445868448206178121426891723482568747787662783616836774324940877324494898869106311260038047886581813424621072084554473642151847287687459371382984280350920827521176899384594910962462437545367749182746541846734745927049744842547339625754198994080811398880961788701145201432449909586952926214021933973003160651735918939332358754137954654082138809127473065435451735664490932758490061726388976458421845913459045197700840345225999096188791933984028895432356279060824936894154632361167752940382683462355519428633099565126369680011564888048929462661936465231843409883458602730585413338744627054535383502039757154252212852521282183013029933266179041222692387061468284264574806844585557582486688721350254173093712604179691242764813199746114026534138005020247181395569397702665136484009479262014589759138181669048177231659380550527069076839774618455309912602312300839997984107604782938514159887872479842239091437645430731876545

8909532650231094774263686363967956510279954330455019629951028984142909911558001888557617770337346744546784876147552509669944506590337393015003131608383205997298445703580164953993575687340656022199212181567045592086580305446081036536888051972130577603369779128213097605368580630079515176056476299641062473983496958999491685187097498944409345983593523263468128802598854253196513163595894431454200681572435605398018596809437149428655669441490034911155697973461530423686606894504700045389192164359456291222042045415548339781836115512898331262102507696743692985516832037854186774223763371695145553084726091429391925640068094877398787536390431328452109577870245721680367654253697556693376916893721596826427575374494974180054169944270856774686279433457412781934597508929237014499253445514353396620616846162869463188341163816873263566096684426618168508783583022017268272795159491962988946547141503006699417879085694450273240803777842715034138537355605050774296153837658200559422209594072775101931880464424558912948593645383784405015959209169180992093220851226729247492051440151722161097921221026915723023656934985512430923066030593657798502968717352913344997241629647348256737640787833029427750736521959651753951173284253848099934666697011854131164051894952655495008143931482664881444646402094078323539342361234953898624815016462628725140684415403232410303812921202843427583407715871458381042016886254561952959225028937503794382926040209740029765913066860659527553275106987944541433996555161949869209406591523820117276786661628344383124816662520388365762541266998454645663056269563005241453508164490795914799096477820024481302876707249446871007039715991137593470149710862440766515214719893306301860213050480860703451838006279564187122853624232806654123242592970910977002929721219947444262285433086841273379116269847520854823004156905721012202655469803567154815773525190469140430937889334079783576638924079458310538093398617146133213150026795797258189622905766151199162409991932632150599824681596120350861961621851409553835077370973816551296513520263189529392435623951453903175442236331306573901918412314589429905606842925375989779182457369869473304239369233735211154133584762038181426924586220681605170577372233329961192988887052130039696680004463367180969237088530503608758432040275575677296700500709344562921987559009851741611710104989587970844695219578481169471998915071084496263525467031605791774211693822077220932352600571823423623934394111679245840915260616864130025591430568111117797082777361518323078893856675090928097083693313274270041040190294614437259108134835491707410473230297562216932801692770491932893191411149088697243890420492218758259799706756439265596940213811426712898167295742804076468583369870354233990641206190892587349011664057030824007649122612850101872935100246046182225683153238261980699821183840107194822899896073720109075703401473266785003056258389980498071984977342319019174724659837227207421085576954325059034070334050482242261430876280888342016729941844956162886958921347234185767972108198054618158397333178314797813928850648258250881896576169717918714150170609154500399663989704484130921254691232004758442453751004184464771049347738441125798496196654994341689026437129512680562302820852708780439998811778775264384182314057616524661931188606904051324232395317331395144937095686946093074693141642761616609318597058895663525960237753074830431316525457281206579123672849821857534745553875476826027002266247481546710531782539114273717207458271650962764009915847504336343182654635440264040597328437116507225403265136655394981890509934793798198580697821865502181327039315360049815369763298650553658774363415217958775612451858034830994833708860254890915258282377983668348739557098706627632980572519218791453602855717737671378299615779605186852177

746247279774458945612549743742831904815350809536033451762018622246
012604624880226814489030208699540534068141543851849396599038459111
745869040957358146683360303234564462806343052444122209949711134702
414560239693118152077552892874878936396189283729487007933111713325
796976022839831774557754586129931105181072396948765794282037558844
620777071732341338904151955540464755763270276533801079265904501991
399911148631955713222124599327298591184973501322417377527672498332
161573711800569092997008018124471868966578772680054555115368197971
988268480789452275424334870367231884210352035048530872411544593847
549658620092222075697993203380369371970118620686785419495255563324
660911586550421706176765066648772023067335212871229572864628593292
686770613076925551413724934001927652248539432700595619641090703916
208440328327989866193987592464676893911495031828083479399860466583
725069502132569217564902388765615240185217012211621274685894817898
502864744778728805223523568228520359372244127993663796742824483964
378068084949230172094688777742518660795932453717290802613994109697
676546634094312714343688065892069923889663399237781474789350280943
736602759003646241613009187349859596342804784736956735049651242784
358854222294503380011326200397158461145519604154209120235447053382
014780387410007225248623183888193780192165821037441670975857353741
134083939552285787470682184294374504489182475143887812334555863450
776262702177165763086242091747050040170866401275592307039259902570
961549547425743327576518018968833828549557132288485916402907228197
474390843291625499233603130937725911624471648741422681576199443246
160572956060077755727121477555028219570885987610308616526997434567
736849345330753107855095203683421538202686763679904808755129976825
548332690005219503130028482569368881011500900708334010090541605439
705010448801241231425172792669780942466246160895311361541680530976
880079062255312749586495569879991888536255300611324583354828575063
694882255737304037192527978009324019657545394260194974997779469639
167367418736987987825059437117506136845125583580071465597991832278
671542835371934195490622248935956224872350015965515958203602782874
174520513574548409743275382575552195680734777891272429525285475377
416310543712273922030540663165394607929542801194972285986886262095
970577136576745769464229858567404085499316146892335485678633144181
922122136886299706540317111527979213893436282996378841327782939509
892054955684786747301183738455056131478157054163011814605181258318
152660993266856564474948642723611100639902015319341288259832107369
494952916086270297793904223636251591408247034324703681924639827518
952691022795031493373089983779927924543941160471591197331541232099
717813372288860153630328005321283493922821942798595545541667925851
085320640320984885062781566162148812846676727041620168984368806948
599100745257530198237645384205604722679798456326015055493416189255
332635667717529430341119018787056822355471201598295028936095633683
611856083769270231506933402659423041956204596724407701136473169496
910613049728321764084695335392064815005835018255851030854903488038
337481831944218813095847742203769522647144417245993959341190705441
636307972141768559382864112094716562019410130765693954697559964008
297600535418866178823111020172715573022550595290335013740258692854
277197466984463603029814118345183219329346621191049720611973683629
567033419427791676238341546392166558972067100211039085968668390528
173719652781392134501547568786291318332843345475807220124754674876
828981892346880324971215786221858465238181791603387622054450261053
527730169177366478088241739088445258913852404189170539301360562050
253228909091314659975223046546496264872705050427985635524999568943
548465629053352838905240747682823469442512422052432146049691151599
502745119211568291361987775744299750819945714978774047543664667121

836718639985938647758480497379574310313556106922648893323794188621
034303009967129575625060330359032217667494155356337239116889032366
927392379605559478222318350257576956904849957835534199270800453710
290967308048719319218734905095783279092933409790112305095355177878
797425730259126615147330971950212836644394579639594272143484791826
563859652532019504389724159269468392524242186038072871266166423738
352176839344656894225000557581315184030850597256194696235696507258
485093481378292837221706822897942641654257844542009284748645428513
828372778381335135819408279535792283988973991137735931487315643412
685577389382827974403739403858089054758537646920265681816610003762
245923078253690283197605974266134558262895200074717519866139348452
285860670989229139860073767216427450218418990687512821051640714206
606389587802832431977581088443726138355462961246061281033813110128
147483064925001565512390649263760563155724150594446447578971934930
991026680957081484238104884185792550051367684291351141125175793902
226258740088453641633871277575302581962372271590742555475734011936
308352925466276945714811338665484639021230369169058049540678417310
559465918598303503065831399068316976483876101199519366253613888976
226616508466733759478466304203938446589038464883472822845237953170
699411613641081944696996724440746928392364130567933923015291910836
075357808954407226578423150840588341954782356879973662184218680496
876430753139516367036626375443913518542939738639303504732241669528
654384395492271047001209217380103835760953115694497464875956857723
939594612549508301794218645124976069095855328481413039828332195744
156994123083932663795175897709125491779731184593992615345221399614
109834910618405773674148244441335724652915031005080446257502537452
754598551539294860423302145828071311737531913940893517121551804301
704622055447973766966747893173096271481780432052415373985016954090
511688306812531486809043952323243760231622525043883668986857066165
306618190456852747466558716177265851650734155065945175613667842590
715951852649232661198941992769783302883777941111750144741042290808
902366083391940652111393237267613597885389234282889008977305473363
126803325171091298392614849700054268616029942960963848864440600491
029455039665291702342363466065042222960210987858800694421569857705
366984484108686731050696302960906193423160663874899001882894951256
155911024044628205315937709684265648034603378173148140538450449907
592035509064459099090914452597256714953028272645215273966122182604
134614750102864922445726576575452903240547143706012344312177520657
776455271900115395334250541807539121915059837985261573370516229544
119703078887431739989145794825349987158969437877343737675161566395
464762435208186531597510366689707775832838650575235805017140232362
041820853877746798302950844233833110374580653641907944749706284770
654767948296218866925906821760067313916066581607858328425138624683
306260336679546791249223032388929568772894761215153639603094062765
311976690109113804874054937787515860827573236354566858067490627165
972159902992186708613896895137370683173156800919554827792046505577
775066888521186692976521103907786318443369590672352028399996432396
387686732036137916466867950311217912679120494226863196952264941526
031838460165370450925925788004244059443494676228555085452556602069
422687732189463339027671535820222547033122347985668270282524598801
234683953776355174689122536788123818919954637844127033241873737633
256130422332711844450749742422378266197046104011122653275889557238
498505763648049409248040111162770871555279884079036125727883591241
446081033368567697834958256973338399561692398900085029353534299965
740696377950214085190300644954777473548411684055102877611086419856
726622678722878593933583970287883595451263588076265414634051480829
780026991158114186054762951288199430838665320484267405555510253322

7461342219931036194777204952433882117850322504622922142456955550003
3137758428571026505201688448712793185637412607277411417869893971544
2267276322865848616967758187395294670929434525373350650056960134600
7318025776790991551345034841583984675265057374239747147481254009355
7819535459734584707650074470973254939310359524408780242766698463088
4264446386736380162865119392598513341956303926559571167112304497999
2321173606848975917558263162239022622489846228657935727962491037644
0382310408048197494285927024632127390069050749887731732188546893644
2438942096492856644246175264232707272793308155715588664841631953166
1411736909081320190273895284251549967224303489023763280543729161399
8227252990836908892497388522995923775450126780887326119546163620900
0490104565727238121860734029185447799535289959211945518805213829566
2617740804127330379420903678075311256760080426049507406190564878088
0502343735589161553899274656330762008009969129076100632053732312699
3727962007390543343746221025899572139788919097031755019735593786922
4046361116027206338338409032239894189167224940658460386883599127255
2142008927927430986616350795728379051438551387295271129836678961611
9181394864073685794226166711785990514038234729140090097922491302499
9787040038054145640642906637903922523044921716095890520281781615999
0117043582891340913588943930495096599605113324294482509836510749855
1489015128230584721525802518501199967290923019534159104663497514800
9765758541954441938660301023932894081909479278480783045240452965722
1750860347225859417577247107124427077986907209955806822251978998644
7932984732830779343237408852481802412599360762807499552231046321999
1068299808118204157702024037867235236304158690964281330364662533944
9494024268686257659183352224135410200488785056997471685240672865755
1943425706257347366754736503125572083747217077731732426112803077599
0654692395022906758282061276734984710635197644664427167209384615600
7255682037913752094903953881686272030842192749330119689065021855422
4299174257922262045088519366428928772287755130094773646300064241099
9299000459324667735313744405486684875877715788647542882513257102499
9583552305099040681646341314573144849393869833134777427352150116666
9767950323492087026670633342677121526488087953659299373518992420677
2251194807313265923343577207964529777754867438424768926160681733911
6928124635913549460964501115658857292538244691171975572851078655299
8454278716583023412111155300074663525550482452345410485731877910033
4762330588407257833498442549880584587627134845326920402256838316422
3222370976454714050912364134406361959220500003871490019578335980788
1008598886055972848479116532070874593435630802187162111489589626800
0897330821420606706376919309905812237161050163381359939183593187133
0304492618018971089282042610031614996598585966795900943374721233344
4389517882139213168961373456008847211834055370417390886550221553899
7742480597895417234353658614901584283694749006043088952560611138755
5438584962726915091086239755480590136238040358262600530735745124877
1077414263477512509773977309390725282336321002648028822972706410955
2010528838078676946203715639576047661145005808047717642728780013133
1277413244302723408851298968560383152465747436798237046012790757800
6089242271283222644030799006153231410207971238005338205305121911733
8709301983853679081734700155973475132833216025461225027248671258344
9531573900562069353295402359717153946924644274388027596148649412922
4752773374134950714878033537786636311856230615348675776706325490188
6829580038258788485176455630870877721920831838898622536779155140400
3649128193327234646410410420881109312609839618401855846370235435944
6724857491530908048594183126096729940667484419440084259832175480333
4598617400200431378508286183299756817765710311963158186599504906722
3797917873672190751564065343776447630621705766985670874922707502800
8767246204225353894474142413436311016643663969988087857335045346722

4540669218104268811566954384513391960569769130745213394121929508769
911121752555502502270789147173800685423650303237374867787025583890

064145402317939063173828518903652398629007099830986252248923437122
606098581030409576388510924389509763364947748584167476644141210442
699677685198498165067537953954532870805499052982680916273410272402
610841956946273759163057030693604930495517602916771452567323503367
130957078176961089025569013133837451158173426087208091976896237615
824723279969676265949176968903500018108711473857434983640990927933
694547181562903452870089331778646260018484583502750939465657435197
966246939627896713327530010336216705802806020327174553177354932757
128128972230169431756595295821313773640765032582412095839422766174
898757281848476302875186074619815953091451776753761422878153832469
158203968556471318706824864146943554341864240898653402265297935042
531053074556474458598776518827085892094219965186703306605540243235
853057412498897188396465826949814140327296804009856740944722029444
144102681929134110942187415132828733107982329251450661078279210121
80103111970427769076943035449752830570950893363533331851096902389
069806293571634303881507485149898279017106593644127074761129851868
177731370472344540374560028621916791322136578270702407950996791418
033482196255862669519743611248846594658272876564498977159444421182
349275517498968274483846421554452254335777101571115312646908838680
103921379271888579610984245440176035892736009257986197434102460936
289896955972601919021738070097558023753808355062111992331474090884
681435199033503297762255410262247665024469857171353572652882185686
112393022122353021905162773569741286349835408390327735481050807116
389655729447668457921741120944840199655614355306898308612084948698
645171066737076918157254460466820282052648523358699249990805955192
782881458694136822989769294696665752303826034310488580760551170830
091971011984925364807283615697678187742215071103739953692766152452
449653509100345288959777029742778854153397858810660715689492621308
277949265494362107345696787855068738556113335206511000951672238444
435331586671798353595357645119668095745274000424340154400490626661
379629574706527407578371460940023326556772078370794501025269804793
497599536312147248881206599950447324540529569491611354376512759235
712601428038891439971320628419546819688588417529292266886442621434
063384323544903587183699050534709475844958153940545298839146518631
815093973623321405450969089453531162350231626454242878880321886191
725362579809217969251069766315534866721289025535342766321179954188
944080231117124107891063911791380111690841561471043264120324352019
466878197773271630704885109519004363450847138672677153789281655621
250931993308461735522700918562419626104815284640455268181769832360
332944871799050874485624405258466705707820296738438699369354654364
564447230044536227375266531452992196223098811764568067671397854379
165847320950469443043848837077186501843256927011517134949617369807
824269408040645009225068239337956837176121539057082385854829100457
156285405230944770923367992115848871886152442294590478039610523547
752945184329182177647040126741902556257847710396875503365299622144
881793526405867813332621592091349044189412312552153995977952657068
257462407649548661139248146700657227719602495734508058408702213078
799454350725560360218895109924837033130076618530852539127407692038
9698099676917560701484757577914252713802209415938774888494049646831
202572153355580648888199949024491248744387026964819045617856715182
153214214586889657263425577957562652700629297845964506174896425300
021092247981808889462516757327350029677147050327998757989962912792
874660757819647948475239203522264559406312628324841753975481745701
065709260225931723208740932749140097978186970260143742147863179385
313081557116718016184198850077060828811446496753514621719552138523
925110419841081641404822044249417827953801735743096369443649506351
874820396050910708920984431416784064461910936771361505772143004751

642927846276061258793264955586447186590298481822016021004997719836
180377821189595651689225393418263501037136321157781214602370936691
063219118839169527053631999425358449086023980831429872436326258410
691536617915011710034582739884502300190025577477431214334215609102
142563004729295216805128221564798791314836123033461102775203382979
698476487510753086209628464767863531202306860509871808751282265505
281989169994450545825287427459706340229603356853886949799382828014
710998600870595684841215196473343476633762743513560052413635371901
147912029922253153318866025153770683310154889099953699017173694298
447066677048279322448234182065674258791467811151897477490725584891
554664700433292220398950649452770755329322994262674332988281428255
689657332667865756193371959390806642919147503111328446751487396357
728793429897564133604265814305092134813679852888292572515952463686
670526471898396196359849211341569531986380455814847907178090786952
927279184045229430102942836711083950634842506382085558653923276545
286227266488341850748741393854930741763027955503102908136770694302
897012025317701849418209149792382963165602229836198034820405795231
938132665460972135883930448521662872143525751137236845059292982495
611474226829218305794265334692259325226372031701919998447675715410
489691608200556092938804385615393938861080003889314155142519880728
134675709393315430052569037837144515997302344291450569986414675950
303181271527278942502383466726331733374558809943544395003677567031
091909407161141154055734088483428335359931921443710600685936602646
993465720093603162344426382151424428391715961465813174247317051563
253482379314749449200697954801646821898843327591528070953988212683
989364231810654890448048927684892185471067697886135033352449811386
163739573102680251642313394115498106267049750201361285327167945064
131000846851005211213639958390314022619108072899098163070206354131
115422666078695487177382021410547401402403263196456393009621855171
291432652442745944144182756021445515344045400287432495777058449408
098403302725818096317965249173507014948466841572546592899494762363
700598048903965763138240276942366626226901514789471169049802549490
252587822206853726045733035973090775835393170308887085423495312230
318022928795990640501773733442130627431431286152209051808992390909
028791205122311868460241332786097500246750791712605774045752925643
648232591599931664450989019146148028600254823438719690337398705360
037631100238503088551562739426231573907145932473869850297213477822
607116809960060440749909341853400572171993409130820882341230507612
352696212454550842224014986166215731602997904014966994917274623782
673017894094249596068843773894743154058947327147016961985825091282
157140530857846619186132280610365034200390130814037928612843022537
881128448946883053710330312357004346231659076876308980839541591685
205458809476237119278899074678575366992814235247044117166525289100
360537755973558843542542374651769418514470731452547687692899700595
461349680397382329362389980198620565056246066813102252036805483248
433496956896531003852375466758785679940094642537266615054675709129
876236192670083598762678555030286306687993922650993773988460839066
820820662301246129973037801157482964498260524705900201388562441463
341058145336313282560532052005929264808303132120350787766295846454
418916953734242813903516292914225048390362614442557358107486834892
518539656531498196305571241999503513238219511869672381514583393490
828597559919669721704534304327316193571896762686397897886844388611
904180944185825869579602634563037552477583111543114762035938698507
377670742765108248192897681013385969978614342443000676843942075955
495740760932501678239929600457403577583331065860411555508146908508
483995958616766251290531530322439401172444887403452240718053522187
971473853132168896260285312534875858556725137078186863521169633110

572031722370604678119508611426666560265806290848488172315565972646
242491374667624461437195284569352215618440020898130159548600299025
188585073573071529323123181318499178936373414539913411022035565410
510107724359860556317482778472401379834746309724538260700785102526
381660274367109349768677960974264539232419633798976824844220980191
330548596452868142462908735370534116434769696472966752583007869309
307984984271168790440833818632677597338032526824224332968073950641
806715656027142682112303123429485516536532152694576106468247007076
793291110119601654687799208741506218692435255860566081435007054636
572825128990898652988276265682300743770361058062226645479965700376
271442571577258126868254662946872399564065097283240776143891877042
497676234221451309179368774606291685183902468031364398974169613588
291859736553890645775130811934551982918149128457651522996407262983
389641873938024632247073639276859512913289625226756903128989820889
247134957014294468682265559575277458228284299728097773832127325305
141699246552250666146559135759865547489426015712380877942847279114
372236711153038274775334142424071794886020283405775938586047439950
943326511364877543242214726631364859057771943537278581043718337900
951798179631135089599605570568421753214407989559231848085248780836
755006834594839342478328565635247641894933649224929770885816242315
020491398043590449810043149323301059449024747184763989316316844434
740475056811723746439216134318381268547094021092795718799369313860
000384685143684582116680021828201299917480926398909895665394058295
888600282744802699916980106424049242658107592127246906309924560742
166116941838972040284553170733152315111420567850949657561203900768
315674762721070457356617187840296262487211591769263270635913876784
655361999859831823045145540096974268503775012008321332069588601973
051218708541843880610883814334713432566689792627702443419921807686
310016485733840408240758539913655790811783908542062933068122947293
355971639367946203353915270906372069467342338151383426947141024398
224388308667689896244157150644747905669323318085246429562923101600
511186409568800680522593965491379781356366627865848254046068731516
751685658713053052115870559273837534786890808148447224684033527700
001191254671233038886156296696015872181330247282478791621978491164
332860672224463528831053208583604580514784985209442235498471314113
188173524407691698381700780317068336361510531335515330958466236553
926008021258336209667955544462962234869224431908474639193517496015
959286204453799127924439547619127992304158443289127305216912408131
923408866168091854338242402945446101708827516088104274721924920945
394697026860285263079403107069099130922043115964504298191085799442
609001524514242833415815488227675820036415251050279035800480534280
923023699820894145946331693593899070015559835064469082244498619717
044307628693201445951564848777012594850115140539797963393010043840
531906790743647129958471833213887110909982356672212638054868387418
940101075400137881018393159148808747865878795001515539644076162577
508186358217931011726144046668884818219456044051379248831971545712
438419343896724755144423665893647185182260718836387507045929451981
123641178097230743409552194140524464220090222166686548356081018514
431715550874520307066813582038884352154987944960394947296065470806 3
982456273947063974406405137892953357285866899900859908690670394343
487080081760714050432569032008815369471670760999678083787526081073
299247949817333213953183877832823591673701258312428906473547421508
878255149841414235013016726750821791110025579725174276007393731921
421039260329708107698190589880389161813825799144434322105291569057
878847458211103826605498946693764305728200945740752925336116365750
936006367349850284388726581710725994107849303081301175864861158329
066057327427060306999694824005860864033250510745707713620352068864

9462344119056316806989240695412565563981942471888922035224322609723175488853172826677391037572371010673933766380898151584267604685203620367240789149018792735561807661755878181538307145722038817729718759389566296149750567853450813459765928283718236719243140097410543729784451016257543958762457903820890293493150148104836451353888928030438603690164265892316220721896665193559162749795504800925551595190461860679188081872269702979622020888002487787177912581021178942507276131979543109624664019772097232261002686374553001861908859825656562652793660854078228115251551182617048217569561541627851396377824799523943593124697524369059218677942638333073373920923189034739655757396649098205261877727084616955873614559295219812689331644338239731423847261594530885254088718865776402238510510879731017225228452997694761737582499526324714118173016020183311191811222813508856982100481816114616760485187369995611471710489695145284969675812583453612978034773231329653596522390633574214202049904797794971403687215328070643579877121283723586718612328481014289386688570376207234844796759291442195386422012108207798876551102503115293716932919965153887804251625602574632408504228844997762389469269631528657293741343016936007603532936970641782778773779306501056973945611621924033667640309078354145513831643488944997923755781587501445520648693471308649833007389808805689434606520734875952488738145285633118869663717726065392901299624512136216182124975855109246086067032927819860265252326322826483572273239183834925820212759389405715304112736281883610271502536481549937009962498261244882629179867282497649487437523772188232702328607878674144646760756001820948906734657407576764552556364224302120916796372613211785524325445167266178454961087379037460663294176926463458502392755446300306386677951156431097661700950080536746629214903192289315461344795220517567305078224066541216430977472513044952288499254238165437964069910930372676864436987715967455838788178236999390729136295113565859212624706051237992070984453068067510219235976258038209179599403622932241600021449483069498884798402571157588664260148826172477609227552782493180061245468044327036949428051996932474056765621398689679454104577806793818986787438960315493080875448508708413969377697387704317742865816964018711318755551398374341494804367385069109968928340845548658831507829804444292178135196816520654596288592489947217333292060737007254838521659865898890770988354659504458514681125195787272983135614348787393577890165063107586440694448397384650888544124079935717189272387604339267541421182404624139090542938706128239046744918290461763858177673659738693310685073570068839226144004967522441094393867947431047301757352214306870791138992751983374317080328301799688937442731252158213563170635121945802432086185211252156360948410862749282768825625016862899405981589304199588164286788710762011095607597412872305221317126050716005368280281377723429999177300500943273641748740893193172289404803345998552264108929822154491181471363488518083295243711560960510757651097870387631281243959587830946173490398347583369466057915452205895914405691865609642765085245895705877482881204132612392858948735235603381043140003572891237856274325025046365007438900955727406369494461883652866605437261524541722058298308509659364828419586961691157259324198273583245853831440167068161487347508612648751989780776187917496827001171248189184661389879780761149572613782398415346224573473913376690617788060546347492480215010001624112121713945435621200002729273788090686389119833516081162870910443237307015978376805284281909521539008995468145604809347727238999210771270883119994083118190220414788829239645428650979881116428598216955662881290310706500009320237365625675484437417993110218176231008020140461666848991344989424122449701917555764928542399239724820650410

525370392288105886341191972034439414870165759984553384786876567773
477091766714680382367313401639828407880205349546832959001441780461
553940129223593044699854458941497443909752401223342354965425154758
972141848937914350277894140168852816498143955298295540112830729059
554776122500088200251227256136937374376926594900873746044344756874
791717024790073562716781833766636490104058900490891903746456201786
773831536991028400082287598197485352472502014372421047928487967599
705577863311114044746980788275213095399080803117091873922137847363
226332007664951635051082589788722053445147150516363923455862358747
744662242736212811092579582876119166254153684657318540677262662818
074645612365270570261399929161653055198046526503055454849917940375
541108398913905394966914995624130865765744020383965166355787306178
906142079724617567147885358069361700198445798435091165510200227365
198453484798249644618744625830476746482617361233386321767888312504
912779200926688484238181854808972739446180692274654904673210947494
745911730963142655993105118144649849164657348892990956236056918074
537823430166274316235950034507637186799869307186295069833110875567
687675209574031434859002288112378236242261019467416930842492958188
229097115975301249041505839344052802235065103086218445972740352939
276989646953854696237284285171887006227343371697645499882868235530
232764350376352044233031219185947358945604266835449612689909240130
899833787013512452394879538459690393424706092469339833594451428338
166876839060145419707922473108628216859276547233642121807873842997
293257587252274196921100888994834956422769640231142753912447443241
958951046868251384157117226630817803408346944469160547679329388942
043396620864727227134058503469476983784811165925615771535228404276
482497291625573147864088200401471973450965477703012847556814101632
861813732440985906856266371605889070719967656969369555777186970008
478267984657239831280624856641195835594668646336824101470663496905
455558926516296221007684166189734544232485587531576541157523508244
197744050894099009451558682966610670967090242188567263513022076946
164741961012483500488324399099685855418687667730961363628557499053
167283427905552087494170066782095830556996249477733433635071383166
500916099445860307019912063620947261628162815430505579730019787551
337883522833593019170150243774923829395637935896295495380106173507
005062115379411613692454017793311067313680790629158577115343529063
417402733746525121883693915935520571525480391410141160760734932551
286532242006682870834932947027112382304481910806367017055551681660
516170852577538970942707296686930226006489657414662072615047086137
372372464532543782557590092567538422619308420193014170554457973751
975300470416861185897332422455389379399588897257396558578662120421
137705850100415363247338063484930878170555660615334112886073767434
207140406875176845301024918944788228924670924764545357811472726834
119812515793747938590136536319222853772590745949489165008906353103
732934604820812754766554480334689750994173377227300800883513866121
639608769508033277446327520211238336638907570173658688340714324957
376376131890231795720119331834684075713003556003589101914426717948
486409750703489157155788012167219481317424387469848401936835506425
753888595363540645784595258026348940536848524566120713520282183609
121072824486035709848598621499110720560382459194859829823543664747
724431874436259385244319349885976950847699830301144277916640235362
440694889364336665191206330022706964314289141781565157624136606794
086442773931508764532782000051431144169384502136024538595273582412
808228405148007249950595042158198022032119117038060227262285315277
822507982816018484804463884542381877821710453476165937626072970888
421769980440600360950716305937923533727603256790842966377149031844
698075924229306159288757880937545566441609888103227332432611609552

152055865572880841228200008754923083828398024930370185292062238770
987704278101256226828645825820748937450657346805895735712702446993
304075235454486384826117949774906522988066396915491619456757341717
414665666776155891302285172493749891423154404203600837602319326891
099755462658514424413069169998816280890748596904830687724150091092
482260722119536627835626888806669171455147204065469867244613418392
754666639492422275787260538619426620379390926492695130808143167659
282504876472104863583938056093091373069208483881377562730641491551
091108441252688428224477997658280451670887896100155962325457841694
603139229878054528721555967498040850462270826259860992156066567760
591964786619653501186103387301206818626988983175553856349333496203
625458890583539704996418141434400220806029988614134685842391393401
535642324721425301428591205657638569356277624708771726378207859531
814331466842886144057787948439418544145539011896337566375370590242
787878298698149149790489982181020529068797424909942843227323929273
792293589493756346044711741346181187637755675531713533286944678866
336852529977913388840625205355767274522687590942502698802623029029
591980071872715439050757092048947427880811216175370570817778606572
327394436896759719613240934977338071774850676806611000249709483177
585048961316817104715760132811599797966971179648937493658018282931
468853266706863564738459193816300614124738538845590045829273118304
531949237507394953597139353273415735585162108563929472189809593934
148208358495693346918311894798014433218146335283910776628884496086
869637826510737550363616449216691808790491033399484824422074745087
379193547456961564410207232332009042650394967045947946721723223141
046197781792322796891151603338708596999475128428050100075079366668
644883362672503775902521102625881334848928731366640495934702802062
967005570773406220297557733498918427780848503294924150006562102268
729921694084302378690711214874594089050476760915559737701406543115
136419939101532216931977506053626463245629378601040851025972253251
730926509659234796949922483311768116594806088000826189237040594980
770400173967458218924295489507168771331001039785153353453147106859
5709445060537335919536586171963149700601821601511167816445877799372
327454843702167196983240352158951685355139247820559128279615349166
301514580517888411480971867069842722647325396278568856218601357551
480258411912578616981540276091270507419511403965637928982882852274
086014503953521126538953883867793995172958629270947841273911524331
129259464000726134649249972681810945151440336063005287128811763455
747440049685242334339885902991306423665017309231172549322356936462
708264736539614701936146564880823663856871274311814628024296708416
102187589986096496923503129824468202286241015811833808695873215776
018223789618015767799892633527484089573104084610685377186963984413
185846115041482873050231180669598634179338953174698177066866352511
778784457585311149522528920915042815749224555913847113304271589135
534111423495667324043853073572462286846922284083793734484706029169
360139930409506545961900308183802527282563082209372697527529895207
663388958110039346705019550272152540707842220315869001599513082638
484197487776849916923922196537231665447574407641010099650617126279
590178098819258884779270810165459373325352841280200757510482591165
251375783401008951847685249101862211735553486369698415740199556028
651242236187405834090844768789715421259530355913270720760615089738
197994811856383567450625729469513436916789182630665079524311558263
643719976037744462018791016135424477006273647656549196267616444680
772190922929080866228112959884924781148671534257155367603119524547
561565236967703853704768866046980213852480305611763820687575067581
364128628780137765140619072670023309784587766918228333916512907870
760866937517116891741627690809551757279698052016821027162621360697

060416091561788705305407209797684930266376389686627360501139889883
673359135139603154742889747138541696939293183086800212328963295993
812716537221185295145016710843207469420490209766700742282746672221
568338634130232860911046024015612304984559140952392104609756543648
344461508550374997059553366602213462604839960122732736419106949439
922465245700052391362273333832849727557393356495943155230901233230
563434152351056962822867788210930846121568661144438707609582840671
518753498089714331027439670232072868301053055854740611207109035935
222453189737748928721223938874431654802090390081081088526692277246
193143825290972586311246157795502759822070616687080487695005424198
755620466992746639886393484868401422335287282144403954784228917454
765827194543973721716746000608536862066597343051524283327289391251
077992281717140591722360207385278926420803737929278643557802115835
757358359060207378135471081449504904591832117553015450198368358598
699232679936322436043562460202847050065834538669263343147898299146
785381491643329373377064728561197775471780210572065624167806204924
960506810145055444000836915853863991964055830272863321210271592547
804919890670890668715121943494416990158181216296916452965667288822
617346469987438060666365012549193529951563426706148368629787919482
858285181278413770269402216755806828356762152712510027225321755011
753916761857082441000569786355201545717750960983903500128251287302
913885175974609715463747851581629121900284214937284094101651557061
686206462220736689554939314543518226625017737147979968920612065325
275418413914476113922152134614069286419355821654479670253694488544
417123943334998602980270985027141815954167802543245054515169222688
322276807058416857108824894008108059824363880693049401400360540588
251472745588258232852976555436600609761418817454395068351899430644
076770973415827497543346074110326888197363251029598689127139183273
239406546776520570126856021583738546587562512867371973052008354520
571151156379671524228543756123193671768567009006373542503094551019
185119622995140325974379209354374209118431551168349851325491586543
819283995573831259453672482506711473896296729908788858488825997010
742272525040354818049628522570520823634851226938315628067283671474
350559839279732606684295072635138275104197468897676725913690173065
123657317195324310128695610725805283363158900958266984173539638487
201652004906490640354985449237229427418378411033080777386940393450
466333220017422240536339407527505982935749108698818541052273129910
222333976612533246907300802700490258911978660954614122133412138919
626388266617865561463442108132633077176078663806363424319091832541
943227473241152377048775613809279604835764996953687485113088070624
761273257503766591078316587857685506619883979458302690860270196411
220225736605864073929143877225989074073598764473315527068466191670
819909421086085140332806017878514301499679947363423662222918206903
244530152501557857601522884736715182349449265482885717976992631635
275384557655764406775448906682489966134559521800978142208672688630
564291540138296534685734899671972420171760414562999130251414447524
884878859521922268437236453296433880788511069933976961277826916254
630973235354514622641376521392975068099247765973472612690939787221
392807455856470999815894296685155627040336605876230534031098345932
290012698322692050220158143430280800022365801546328825529047068250
736300630781189568719809407671585126103344019382962718808600861169
707239670394318126130974247111717901985743012399075403547165062880
512649200956055134533362029263066498091540875817634021299600161949
111034937515765588752482721423767972642564269773681988908821722699
265553049872479047981000650468434265519305954864635159658341932560
199539427254246373171515176352439514038074244238577247656596152456
746699316286028264855040685912246340769663976942701366938829185607

675820086694383375631459329417145519966697728221814706209062034976
317120864660306056756149331091673596869262998033651598521300888024
046181683318608779296650027792213476011617481352000602598951502189
632641538513117752107146410707257793497182252726790059933701865961
579327800661769111831676147157964648741069522453761145688792311508
863036238407176919599890035658075472701071991664477592277306588961
119394275860246657291646477829595177925217284078607443295113156581
166361862904473631555156558233734102054109705539810551185877748472
553177016945619773274000762746629160155781498938499154800670015880
287271396477885553340501525788846719648020524672424493955186437255
844099960063063002898185781127353194003444827534004296065595089225
351860155422289176429463530972839057155251922006718225204483456957
283024858158777835437195126859654267081696079823466167925926073561
893989559028954229820069011350119992783370576175407125834805827806
812389428561931111413250493316426052802330398141690067988980373376
032099516438489058699369606830710123179615266924530464923746322846
279908242334798330374034450178644803988127559225902046536608469102
137948423688814526296968662135664767020142672532056443503131171444
137713514673671697265452265465106144038202743516102254601111621957
755376909012981481368832862481603668992773908339405147143384874769
201164261948192396449463200446384746884791115170448439193867653031
100824238704981524520405573962058183162486945032953509198580564589
890874425683122925434507473734151952742364764180281995487317377212
901252421446754042945855402423906471702257004464248759363876636706
774796202442768094377854825766512843776900931420986660710187029338
593310437732853034371688951848025477991273331396336672506976240044
439998428715482735400213622800363878357808619303281309994905965891
889375075383442692557033208903758324628467949947720161618492448067
072606642394323219232071760037252313600260079381178885240250457731
492535024973994254405139909972427789185118923895556724908833225321
079886270815640003225278031510976686622833467773834941746122589454
209800029093296907437726013869091027914062598515250597766818440 10
781670669340007514934828540555614304755391105331437574642294862097
446790844758764683631789277308598851113550957947449542186298667749
669615947444409273113200669786113808590545317626494590167819697149
861399492269722338452705143809389513504644375512254861117089139668
089366777973099438488086193319091043578607208496730738259379239635
993284751004072727938626271670447540757192025039341919725451894831
172790246140496689551790799869102537648909648459816709017139351206
782839579961226311973314913377818343384193185236753866290190046334
332853283434182492107191609276730801323536947264848927644297987068
112565462806117260460733219176304741215064030201789320579568760510
277525053043612227096046758453127386616521424194086834083758914009
511413392954577009473174811688536409418352861099710341672355817860
282349820203149986794017404171914028393621051948060481901824518008
170137104219745921279840402426896300533553685494164008639217745676
953445865088328629821658460164507800003598985212901239590070420266
074498878506271760776222550606390745319477188925099058100936729891
954099576633538658378098044793537799187712142977461976409472721214
023532655177723616341966074376391538660194501776914006240684127316
295860806350676293775125293436759607342719967513520158008737395483
897343990123825656829078591144258828521366169201402990041314621368
063235265086541121808474998758441118362909790891983411875376649604
809362648932910439059772563295581388776744695461815797870419159755
833500037728672460735185350885495464202930971585636949785764048374
150555809918840209343333512819551455518573334888164916769442778240
555433697731192014372254154192745059760137984144373599420287605255

5718937804114892612579830361838010771100500423923926441569227790057
702794740136494229184793369253543248404878023177744518417795835582
575476184254957539587854945834308480441737087984926741952893230314
895899160068542287957892948159000687353733333386381390842099487 25
511726171087294408886844785081163455852692141540299672098869371588
623222033148558174268263595068936234481342247378693946092325660075
472125674141034218490131189639676547329167424718993424330280290926
985075229490797094430092386728774393625511131362876159197383241349
167226826122826312779381175080740895894397190025426412664947980176
442016454158813176018972659624614413913192067850352463830657764016
522973204708920114691713372287863037038453134194264414249664984474
404861773851352937310809985947281511173650719139881269307482690614
039286422766278494329558828593837214847507077835511989622491195588
237045064582005610170205324844490215022945617655618592145743990095
548229413751544136132915043046914179941224609338165136262790282788
421381220775894240388406229433172798925941836682936792596042241845
941770653019548643948170335524102874704473117150703477508343237333
116325876727636834685844486562539187239460827324713500448957086803
150325038676401735315079400345572855037001845602769961506156829141
611706104616174082484626703351891525518824821272600725957656788991
256787020149786679084710663107487646730989091471979879259859062573
364973498235031260983098734686162739358057907354908246830497284097
732381167082491516373468087051052191917620541698826254760544581771
117993776778696542169925785577204263442443042074495489703390434507
206119007697363517401952656322139282583120528240037466954590928045
259687984608140870719534254761388363353511911214414314850552012358
138062649231353833876758091889237975855157320365883176242411691675
238145885920751640352366843726791759063705392197981126597708113947
351671962999970520901709075898569163890664270423570074450277512010
490394814832945744380974626035105789819540763987060787581774072491
184506978842994138342060812428390148814872599854181480292949227878
324356105549156410917488770670678201198591095890983868839511718380
134914825499274914269855259517765361262421572662448896096148297970
308420210516027967147856159406461363824775890201102519923421532100
601752302574212237542107495918728675189552155329945322689425188409
422826757744222275528207615607277103947182566802471066067738312063
031466284744338620474325956850568928716265329083278784399650716724
220613829453291660046380872563059524153288120937009922989600698139
627968627956763519874182401856293198492262333643189930901704881995
258827338807953265885144939381241154327320589164578642294526841175
188081840509569046913813443077848902114879712116283977344305484614
980793562435496714129473332666422483050043644545470274917232078399
565086801876173270331906565795475395206929252015307064350471306881
289032053854556398799210109566729828730479466100543163584623448744
155540713381432344131178842419601903702868696242276246502400420813
713504640159934720532755679503533906712721617790603021623997804185
763348100544838870317307162552564799599998693531968130101562970978
711673069649402749166572674943432081323146138869255334949294118316
387788990325940109341115727429801331814578281687913514243955787342
059156145877368988080791707114551154762661682081777574724842787971
298154823852036895916524054373052466728731303019258295249876393209
857312091610561357220176392716995986861088676061338436496169518654
848604616848482407438381180741734222448394789399827801473422230578
654102177292648209140948503501322415155999901630714781485270516144
322582547801434401095336602393626424931385229405475364168364670415
743005583729847040181455710029696234698505997788557369980218223035
492383187976298941569772123638440889178927527752847144776218920574

254531510374799777068623624218990630309628221177321970823034774545
506023858591140389896916662207787683260123961741999762365506363266
016990661168908868774133378091951614977054921417118191101495434786
938206209808278789573132789906002086339112784715368430438149815097
030477088688163597419253413412219139628745781099342483271410917827
631765420963125071366926365882135751199875401157902802850780669833
384183382667394553683196565717031946293364109272667274244992747322
913800983574450913407993085683604846778665354210586680052115426486
749723953793642156653587208185541259819454742751611841693662556324
193591585695088905353141218336623998780221150424566001502364691081
599741920254437873610226712941228298888053367943950329404804961677
110728788103161467730371502183528902414648175430954905944887541042
501680406999981967193798208277334648558158591077617882849750546856
791399040113845624360403574402461912376944022007604214335733872603
925372466408966491471465473007219529273741767961356523306780426820
002423074121866748669462805878878738299523278050107066101385402880
119138557309113805727558936819403093807188637937582154443516265599
120308784820523937493518955971581551828048148078313105350968235671
612355096316152866585785901952871775464250641298494510573035332433
489097997209457291700958784083221404405014741143817095657712526715
779817097676384786420648761367939457844238586035649664463140131048
667056134627690174928322900432711208192295641589481528265584221926
189025305138159118034231088514912266539179448174339043227005068742
888199670619606885006733283536146804985960814028791196311274825466
404370384782884007981579134452321016686737411212944968134510122379
842940219479469166481503124318739691196021567121142279430682010408
767568093738982054684214785601427768820188071717414127493674678175
132277109046730015309467773069223290953495694491601169046818182723
477816197512572785153556986162922029188474530269830156638749177021
947605094174866841197276604440854832975049890782580615390200301035
218027179209950817839121233970070027832906193713368218336961540826
520392716151802279152864076831503299740609280483105062551572262871
313276818247801169154937862483224017238370727160886419294211817185
646748118569400870529961131410594582938703305286297918826493247420
179551244232947629034883495272292830804012226372276110275203800120
937520885624064531125037264015399643712337079037439512032028535025
474827798093030219663250932909448819057451029852172830699622421 9
547101651939329769370654576333432433256433136391221083529135557700
812650539793164681494513412075121883505473968595553878091947374656
627903186816171364161521554077453543804147984545840634474745085680
280862324126969399311229640560327310927938491691879333596148535170
018149698261648003440278228139858790148628521286746175384850348068
386520168074767440211476655696438739675796644295886409577559154192
615071966537341081706497482220419135035223932036927792390736955880
577997552601903081435508492475981857797980298126412519269808310756
574659469351128562797590578003419323476001369611447290131137293265
188773146721410741275221010515155586571349391276885573006456556663 5
935253545094573789688358002770721080754685197902156776635596085899
524492722049775299815458625359295568858655219086203488574294435488
340176616830553266024583599445433095297362056428294745396641017593
878078757904014319567264450256538964052007148706853706562711746676
157191810642280464382686780641781701710145579987859492981028674877
471679017435503993169683528592116481487861286289116375992768471088
743661617762393098294982340641378280711217412378342224144069984863
288239240656377438980846317043398141901704177045856467859934941137
671018510482883458475911298599113261806311665209771093260254577766
404781139798120273962790521780796565933483031963863726360548172617

5440262684357264514741114361974748853281352543231321040655374753560
914051335764484512650315994993984759123386762589988628267424214106
56317028268420274277535478527849806255477967309562135010751357010
814376712097361065693389811287700643950868226352419579899875244531
513268435771252695511656842606249795300564134236794032686943202212
771552845229455906013166300233297861842729369705425640895722473147
960842279960643121155722898884134069015706079169855397062706949869
226131550595458162406654276265360989882469228424022170510920884522
641938004050647235141065446293973629500626870691857435034689078702
526688990310590307332020997707019556267080078421417500402487764369
382704966754069144895634000929852354991296996046540283212995128817
182931733802589343360888639561881453054936332102246702371234907974
068125687248833528018208796868376748932865951563500158437345427148
615342497125226151780864718350199049932178199155353873785623455087
143139050384328696513876903290534015238428243963913256867292722487
084779696809273656042151690402300750173661949935854471440415221410
647497242161523037246612553017965334543540889800869016307189158808
455522198431157422312945196703758626058776263336684850752752847903
442501653764916331792832073572043631496293326217198412041496939002
157898758405506883631318978280327068182062011470970782464776027629
635132451352251922427860447660178455463586895641834408259553254334
088710161510703674682452922046780848531852956030260393369987912529
602307327858469371627037491448388916337500526216973323321524007087
580984856462897791809848253427212024812725655515050305700418119895
186092167878092709372414804711203209275216382196930053667750846835
893865445281522353475575590763802378521519460182724568236395490568
125932747289545698934471141809813153649597485154106854609786330324
864298777018635531367450811076763860473346402957688211528898135664
493094931043589036451413175524147809925350591481309531471226234135
406460905980393007295409692136945644985787813148498347106185885802
583353800866348220745875475776920674100675717787021480249068099354
034049780869747523182136878867192069420344186215299004686685357497
787101475284582152153509827098635277035756293849313931604238871689
907398239561898872218842061190277094299032275736687186079770707721
559232641813601697172777407028841345717732062530298816172640649801
780192696415503872932862487451156694400901469103714665895280769075
063099165801904028249123963456798392695655715947613669438739333006
837383081812309420441592959517187192492679792971295029491581185269
446544888160644890910857473849722526625613598337391783194959915065
439983793983509005174338788171829551618447325706942293753652551534
711785761849774779733167716071499421452638170475227272955705001733
744013560297812168718886130729572008682704728150994493655761353006
382030072487238918604555823405676318762623625890434079602395529144
081868873503916372993471628157658628534654447671897796640094342024
901643410848630536408494091288771199650698045788071379779515912042
538025709198604559673886019016344148290099729713922827786387126308
017669213704934976904380819565618801297909146507544068453180516940
496248454952518633632422222614586995009297904562688659703930983969
560235643889686329923323765908114248603580354516978206769488924866
383306879176594263820092637789031658270502911378572975097400493867
535805163232169847363385841973520487633945539464273928852497451674
899046514594738849778743657589470771779435627074325722855361014929
296756502658510060032181461536129285910693432148786863743429770205
982545109580541744556250811648819563443233555509154070228734506176
634898004928111484860336673588052242980276245065806416616460933096
583227741201687004618647087354607594600235537343636685846300082989
115932174654321735117553157555101863096588560274473288174361764536

559262461764387774037997688608018414576447643035712983995556915655
942311745306594836250206036438221735440965535395090457436938651043
129342716658105214647736285604104271523729397812487106059859320178
075773843670656311350685930588860836202347780649879758531784016729
059787657028138758026032333379883203038968539991452029129125226423
489661976339718268106023709597596629809185348190125040315899625204
717076766399868353153196608687529125423115375034755005153674068684
699567677330577510792350490345778778263396473876429056401644333168
224565090395700668568009825182733058190424322611289485184918822142
539686131003371372243018683955964417346708417832040075715124168083
755413148247924004524308125367729689704440679643179742681593592031
358215146396789238533146916848019237856136657063609422132962567182
221408537658070683461685834963756556481521327880020825169618079848
404748675428648124718923245727848809951784920023813214950559768609
780439227213656679143255838729396288555753189851339047123780845594
071844832836115336157802570583643859337129234780510580916071579237
173588327126164560656794503480990799720508422730547419077811064940
216016666629509459324696808278858738268960848774456118379844865730
454320536892684034914234508815351016785757066687495637606663072936
364979840910528400845462332617818149797614121818728612686534607116
650955135477832306274118114820717164665265427099148478807776892823
457954861106715049473647399736480665299537367799934023532749648010
344600085639769736337322294714697302776409407753962883901258246629
396938987701586208937991855169330846381599653959133926292450056440
676097423169030780271559700744418327838639200591504192666472875278
979549277034150826391547896926883308166047956420911237931251245238
262891323911425925924887235313534140371673379930617119964803740766
444036108277815093719892667899588375052554760929420018430744438964
934968142535424422875482634672599399787959797254722441172876007712
608840939504811921596748873955586267106549030213240224770792652497
769449552051080564104822068021729276356152237738510636020972031378
948389087608773044443391070371387133163749092821549212966094355995
765425050659702392398001339719254398835335819326042355334640709072
858048652141533903522297060471220130494123455357789547124863000470
556288945504460862226648523847310733172230385641865311802179351207
883678931632431925806448500511452822769747028812975567230419389696
691151684034252191266686056130038452053893369112100812050252410879
522034623660139062940958680638104861567034918952889959443421807536
331295702241260765662837857763105841332497008021096395134916086420
519405513798037382651472598999021247513597282764870480302409576924
624369255111392235317869482928421855572437473618265779560035189015
876875981442665762658258377735379880116858111611885458719903282377
257659747925555015170352252043295945668950459779859313354603058046
287121050992002653919990220328029855134990558952962035081185191162
393317684154510610655162478821980694146953140216385429484650993057
590184254772587685764147409170800507658641633769358146607818722445
058379424375762870854540335011053709267102160168897425190172664771
091187734019658761319238244016778669447316036433235910530463926925
486473405762211664842699383303050481743973119350053676164505084476
304732563764216661398181721671531112891024558516207319700700311254
050520823829089312875756421875416786156917970097009380501429846668
521200159151132720592321337362451009271857273494135289481232311599
234615896909789674454130627626872563304682335313715965130004061533
200562642138432231482703547358635091988446533835684004841684653835
147529872668521047590091051673159246264853570708194303523598755049
297733307531722035573470236517079315932787444549816445932473938377
943652780031092775354373492970112030888508113851103629856205948834

6961563623208283108425028737613641284672645036795749821634469459924
4402320386636095796527312504891201235999628480875170027135590882 12
8244592123659726362362619317174993060278006727038520443869442023 96
2659430717338754484396493573940165446942543891831593959675009932 98
4755318320197095868111474034114643077490787323473238318431697758 00
6951047596253478039290531227897202831710307704415204096202753606 61
6877509538749135648654899352851081375466230230104416440607874337 99
3886594343197397276280988725535964218368862525286842920940766935 31
0174676061436150402241061006575183857818459430973816665274228223 59
5232656315600436346060661799295434268127824698023110783192217548 82
8248443489421559050962496809551681614178408105806817300900263152 72
1796074723457974475343900826623840807048876766201256697542263247 68
4144360299612706320364247672556623958413633466963420183396378254 22
5447430632805351464492080284011693507171925134344917591634464815 47
3816005896456760840579801659025574897671187722539527000178383461 80
7683357425061963779397290718664165775655492239895116050443618102 05
9416850541876584715902962594030767718693860546243793895291773829 74
1484639269221118535479059909509729976074738729626472760521045951 12
8274356312709605950237557318061954525987653198881915837078060946 07
3010461531407967225257577860927309190246919298845173987163150768 57
6635186493797629738066031650319861817206511878673359197652395674 43
1888795336522908865200801404998114956576645013571486997392219460 31
6658901192022613706395492150000809680804936515617904441399365473 21
1942270762716806623267993172218125745760915245516705097654927987 57
9284966167376193685343546860426007927821050502935106026991107729 25
8332233138942398087165405046314658617867219949974969729059791579 18
4648037035187388643820270609804934004556786093076538261926526318 11
2021863859251656925865948327448316434614594036961723580597179588 82
9058381523697885331682301331452292999154059230227405855037406285 35
9045976578596457380652160026315917742888124801830766646377077199 85
4694714324604154308710677882187690707969413136784605770183828392 83
0947916091577622835129330815994526976068402659423392885871105440 86
8306366385810204736320944965349887762757862699053539155327911881 19
2633510691931273397666740914861397456145254527568838051822852660 87
1349632838841836848480136264582895400730650791560741028890834546 59
6253808696255262637115923594826384545608725836860376198170672633 74
4812876372682998877722944540407706789940164381250027554201698302 30
6954511629983134310718899098625410160029355244154862591376159747 87
0918515340256888813019892188445661116491063268883242344830962888 04
9657974271034082237366738282557725076771530518606164830633559801 93
4071098971630988408746725910445988875959605303292488993638521193 94
9096828371086457135234560158043864297103538466830596898796808358 73
4978576267855658883836495162723545207087795334676586720491617208 79
8131491416989137566464545697421666338802887093115965529089096858 32
4662094236872595520958765867639645258106276095395529149176518173 76
7291898766779842511921680755258160046926728928376965028649208798 78
2224421071404646730748519743713976053074322345155253212123587085 16
1628521453800836861246295154803945332968377364248629645702435818 92
3168622649949921863498324681214946737511994819504507449659704327 17
6040133835522236081534000479598193685223092588145754597956696947 56
2389495724732524848660706542882562876735928839761419619059132908 39
9469163841005321889186943256572066776523238247316438079769604445 72
9694465028343061665221698708026175757051241641110920735772620397 04
1168885940376105843313029314448290659556842964872963771613219507 32
1997164144170256546894610127030824597238418283604031166034891537 16
0762328639666165618560009467155491519746730842325586767410973340 29
8461696756421076322315367897998858068319892283085976337509294649 03

8791074370774008463493623624008300849500735581649669167597778658O8
1118230477074246964360473279351820384719889611703590083004556851 25
280509551066769960237387823537663727822677405205106153201899838061
149198595287500266294554227352605814894880997940795238178862244330
133236455432574103883704232398092141614963275539566361768675243817
655662510133743046480820755285156491167182834541304723879598488899
915627591908215219594535894398739198788544787855883930195317034712
402500720728681966631889154092375629824773736358962930373027486492
513691978890676358246153690757238118890003868340893039793751993065
381722873667753851141716182146406300539934079367210950941233283505
714265283194967469485021225058627404548110939587405372888096652279
949131350411485737581899491522734135204022017717426975610324053900
259385589578491549406875910851090044566987790296358999578580439959
472228433554403913845515754590510122367709490042907251632725064389
114149403143929338160492141148298696151260756811930048851604289256
533437306862399621812008375911431730894419899802933772305065225027
098497205959635360606930155405423580935622219990176155133694756828
973901009351898868910230562033456067478159556373737243150513104638
843684616602221058076605501633844395133927539050471981112677893784
252742930717142873760554379041535781461948559847060404010163365311
893068369659397595008458513327284730880048487740393171839649232121
257591559863968310050334405605278988766114724308920739067717133448
999590499556528668704313897455638641950652562633820072560532502544
979125893728660693665274756954585549379365494669059562648221660110
907222716643362714785994645999926749049549615126423085297640404369
503078388756766522322785359375567721700544176152275789006884922246
472581006854831676168705370471402932937942957597129456134524552754
565682494397143313858049509737206075394125741562910110232605185216
108762961134662379674361123425177993400596014944329479641646003108
837766887059200488620180196337697614505829217689137668547554193811
607470643646183550950427836763844727462071613819711917704444879751
377889228995884738200829650704622312728062105126991039445893607890
442906612891216488673293277124505955764999531645688888539374049657
657168809130392423485693764450199912028784002735463631080280488390
398644628663159407840102917796877741898286222270285329191455035549
524356674461195336689703928030763361342278481300805902452322986453
653475937924700977123725148559789622335055037140823738855989996357
257681528249857323029102096633655298097518691642928076192749832296
521944816960437154884759085527235864404802017581425754005293438794
619643196734902934702696186973283056021266285835941429141764327043
883997140379848629650744072265264163463428982919154069458223840053
228719781301203428465115000214159693875605989584674337883215104458
173349102931408492619625443010694755863267361339601315493600270288
226537550169131948172167727277488797907130864591251768962270234348
267173744476254036044361238342663685290979347302622177434409361004
734383259470556179624247014795775993839612828218670404659473671346
740038028868906734350560654196291543982323319166341577275777262556
671272875677647403587825186324014293512309926524186105365262390689
805767959009378267212512205511131583478239251417189326668486967410
493386288058933141258364873085596852364870957352273551564173160005
704356833751285864867987776268789119701741989262975037390169668114
553105639638913349194784911260028872720224362955411330210328883125
217903860915341167857762338801385636434712302531331275834921496268
168434618056550643768648443216916009932979358869713263459480476580
167302876236263754046417737117123337555290761684576098412031481490
671265447881308749669265249507283763395824831279554241699844491415
609082123420144663561151439878692836764403819999607361303565876406

833411029087823685230451771621814804943262467842034037569121810020
485713346838603164091890493318702825651133422596513951836285179232
653400316253031177685830439058553031434700094995404289931062006909
384298598494625764243642747550200929598219970537138567540242399582
249361468818357839052925627662578147628254905215311884516726792585
106299641121890474290326898290300195391955649073481812466843389938
765229124423119814574662009378080796511082080920250037221765646622
654628516780697561651229846904028763819653602313563613649766389022
197923617233885491819809573522970142320454913947600203098311826513
470831957908274217797322911001498110420929199727079391310541688430
564766806828814326393122924847528035155632827952732656083410881616
979610239630665231004370268230915339990110185178408534796664576963
995643862325907256630756039470551358975851270259376353252345454607
115787656777517132314071984930870727417259903834799083775222662385
016189000136966533102252957386519369099362589633379104117758605187
819207087776560999410980515517605243383814985788441580214830037738
072942220576114221873419120173809741916039089694570812869196186877
182344133397780597593991704085257402459527953589551683671046122414
148488235070420989494640533461029814818149838496287485469500407432
484301004237023770269359497780909390095551642812541683795122263408
103402400601731856228367117879128635057651221052346487547089228654
757979919866349134336745731780800010159228032458041560620405881497
336905468838305683111885642692744666825628260569318271149711079080
222167427372520560852398097051928761728182949170796810849563420922
156800522265765905027081010596468960041915941397134432079748752006
197036214365310768194923146657468333019425617725802965628710574635
667936196429335090417591547605643722848231520544883264267630871114
746063603473283432300941904208674812321963355980892981390137432172
319029440338021383503784665824784928237160284570901850939986308768
974636121392228744643728222306898144271080876739847451986859735656
832475850237902290438743386565016354309204949751394651712042399638
048515240438271400499873660922159516794366552097162467190287849723
430687941462209330654035151465333534381762121409749952908133436688
742196085463005629418718571989796549038922609940064581345769898902
937525260315947935205172873837166700721547961956375740701285592607
563335804361178569570327151086097332660021100882712319916375934099
712303202613810988996422209731755274142553634130615972948437204856
730536334535661832196025697236774376640419855390845866547731334424
306172126008629760529672078593225622923558462628463331892928319836
100025921871137039971505577493204875978319767136286320184428233653
934716363794571277158840984176877770551144694652404220885382028249
892963950846704657019347597460108210900223798138939388917366199587
023532221962941499139604842992793411658670487785711133726534928566
536892887508962608405860497308118077965006010068109796230455954801
189768566196762423893127565241655983194566147167582205720515073318
743864995920772921715411527070251573742932740603038899701817639249
284449614498921199600874145592011971106191781356008311793943700218
567880801261181157994641471730354790676703916264480369152300163809
750954986478577153019332075870767280738241627299798565721981668444
519311512147215394626062415474788449253147452223428981444393566896
520817283520184910446850123635346659443910177128605907892320369817
781441406576579531416934275662744275647924957225617711224415082059
057260848147140459239530795970604271724592752165506005137153967772
426318259343164959994084881348962944398019280504469903074332958696
420234779944060855529802601687627459481652470013204750956993158251
056595655451124681216741044189201497129170591132046486929952189360
787257198954332687027642112079711125806343717907028536568681881306

4931529035864912313662571902811608044992533173093318861973891372 11
8396348879203809214817739751512155506071421237847824951464949328 58
5000899517323133417944919571954937381022516204335585096404429995 06
5494821817491829820980285016135764697993067913222478498512958741 98
9762340204826428706202051130484543207456436305468298589979035884 05
5646100674589972300286489589524145330379221860767572196030001998 40
5346104236967394846598198903322644713641778288583186156410899810 63
3325669588014908754891185529444754877770703325428165404870114529 02
5916253519801238741401043603630920528139960818578217505919920444 07
1679901533844586401542054227660394950985253171464765665886681458 84
2246276815471774897706020161939694773855297795179206393425938196 35
5238038842483958103927567056400517745841545364779201707342682078 95
3784241931871811251340019135490752230188536642456151886403026504 15
2062258752697464483059606000866480846739758746940310044305071100 80
3285756185260033706833217834100697307370364032129825039545915664 51
6251801635854889250188649041767130862347416451200097805267165914 09
4586669529719432662613627554666276397479883132420766002470825655 51
6863465415732273037984633497435417605339118055495848517100306504 71
4657091740008220220333420842716210255069982951669623227920520679 01
2499910597901723864217585369064213618772371091338814995600185227 36
2965360920637316839784737149841162314047954571631028508309649294 65
6142890777360309568914137573724220084319536767372075167234021174 32
7264670777570720566446538170861043049130199330474798596351648879 64
6194492952890582573097904095062772066683569442798805496198375127 32
7465076018212152053349220808519176266170836135723334251006968310 41
7820797186065027973257761157165072402736511990861376703898866503 27
5577438942275815661730769721836436801942195847681141757576578022 59
4122936937628548376150113712094447772678839072637650618932744947 41
0926405869319895905855996960097204635671095586425942225071342281 08
3161078785456208386552686224968775589567428400965170789743998364 52
1940287896992967688552250992454811316798119609584499945128301743 95
6586455425349246733192769929221149864428842742821896234377707149 14
3857760805808485642730371713537642453067937869457905752335076438 81
5218106566079270751572528839918515710526005618833910853622127568 84
2615368679981807360170875673642170133324263530619346354543601726 03
8855255677458062131463820548899779437994865925280732477127701533 56
6724305128745511130522707692262151065261479813961301205482595539 84
9829038221658540002787182817945275934575981606268256693535910919 70
2531758789585078642512381690228684408855504623386176809374387125 50
0306276779114460427175023690482605349682200346806279793975282372 35
1973107085666232473255481566912018466156539344860475403574057353 26
4973565944918990736160811763133524918574724029491422191055346694 23
0286637390630837957952652291658230260997650740918733400133052343 10
1030377785078752063516583462778448353683665590270558349479612983 50
5612394339024757396930505229513081104670913249882048315378942261 32
2355663430981141830986684768102825715502868274838339757192587347 40
1153664671682629370155268224421277110523909179693192391277379771 76
8801542246883496201400997322757593293917724086463489283646444353 87
6181138341439888235343530623717836037727092220679014913157494612 35
2486498036806094484885719893841191968471524836899608147222418754 31
7335333742369490081762643689316367885345454285713963603275099228 95
7125803241463056342872931869971175945658363103616835157351924115 29
1745856865483974709206998158899997133603670512517832216587046941 56
5206271294188303672861697327759547489832700933761709103805515938 60
7797518316479113151091832801275251593651504886079398848586099308 11
9349380127789670910847840847094315489455770550455036182181154602 65
0233359866262119075457284333340654655923652677967900972402255903 76

662770157178745301067836845974624241194146092702551816535744964080
370763592182048070317078004950305152791980468414802926237591441093
882117584542230025871050989743405380196080967060017294461315943539
319021552498639177030603251093959660382062356444137941788427652406
438997872152898548739082541948112684974003413805877029331600234975
233143783250683468323902948629612891771070449877062308584555830072
538581936999562749473165520895617944627647768827751115761470499019
482284323868027347074673862814752675333720121010716466861961600633
771352137821138857212155477397216933044019471665348302682850980553
100367604179853359108399121356009460421182548283826080594511633337
459993309854009095675531282250406764600734126635440624826166056357
691252799813016159259426864869950047247753327706499938464441139295
589691465220429908122439062860004650357381269521702256392168217733
673202091586750450047889816870364609615184600485574143988172609738
447212746441954501983355932317688295578306458020898295276315490735
500546541111371947630436261732978590284651319161466655167663506410
193345758667137818109841564659296236576908362716072233814788508550
638863177490787234919198767989674636254547126044095416819779922071
042764025154843319647739055810496100016470598951578529439919179851
978060893956786471973638900985242234000544223763116403151864279380
217952656842997814288383213895982439395887701557990783944892067091
706552034967699860541559021057651477157873786751371254730446603349
942396378779627117683623689624459677644019969786930278957043516744
315098022898650128774540393407397242671605002558785498888940993842
091001681738748983584562893527517079117054900054362196217064294043
278062798737866767302228520183704159213524224275962837503729973495
914312511292396853190129753561162967230848617432317638929881754024
703915228062546847910309796282934304213394022884129310475940434608
356683432324956136475425798625445544988963516713644459379357350070
277317673488451748870996682508104389915567709984887401788299074948
442331678830180605973715188996429503241991398806477821402001041117
774789688395551080742111648042275079877931031511510843383177288722
525585366801323192752339690786930159258085241915908837680453626089
750834211044419117285563214646123720291167406146603573964319013326
735113831808685442753061156822006420507762762431630907633957468027
315291779908101253549436125914719887523866639937485253979788879307
769281320874570272961219939081254625546254109008343052040387108383
857226421767563029049301769295115288579085478954134272967908455152
662497710743422153765699549216931190035675588797196959360894440560
279853228297459230057292902250191869049960515196346658738457662861
655837092622954905255871509887801915359854417167213573070063569746
236645069994385958653045816955766814151886375167295828551947025681
486752161213458539326242521744695255070076927008328053505369516383
702482620563452119086436094550878637455568841651474777446606868027
320905274568175395157132037546217069826261484759071069250556887184
036300053051386810957538874806334632999487695537434810824541310981
083736907075104526381461571373620350563741206115436983956431136731
850971749634340583229072358340161829060871658710160130421591917139
023645897059027348156810722898671953025796837645639897187692251759
331558679733407737330432167556539107557542389161607021227173759207
005630713684374782121352889897986682177628325725333451832303927476
186540391920879656525892860819307040357396420809893210894322008519
941676117175273539788820266187445622820220531528314278483033868602
799651751797558198833310256254382304160189423391703863378357921032
037786682180618908632648674196620083453772672138030048353496696010
662241386427252925300053729177370611623486543873603335731512271393
004752577030921799026910568336986814700700466807131900900638769068

942035418676510749733938247585986386289190118498516056762720635681
836412579224498280289965361861777668677814102903988473476271790234
863835367198841815377642843579068363587905670058581213427848601734
299273114985258294263813065849793217196027188839888813672103025293
737306872842842526768184950327932957470704537523032086408891882046
920257811437470677421043931464527865896380704085307448240780539431
479682354362054098652425446130960956897299253200046937227651926452
523471043868061628441502632729061257192725776763140224201856235148
905903061312244081943896347125981067222308073624874038823446428048
391759971189069304948686931188157335894633373137830646307582206036
072722165120394083173607712722910894553099727713041310614156773024
875503030331197459367823569692069290086840655178435506990979613012
085913420825236538319721640025784386531552685180455950652762182978
072927001626238075398453178749321457176744284224049806304873363455
955714192165559906931601168545680475785694458258146525410569094213
041518607874243640505075700116978451599285143636331419198562203928
363637698073696424802317505295501373358979603598744425903636907172
462752084031212380308926131880232071030140461195590396734783221472
762103942851915451503469923928686060878948272040131551785488924211
858750326012076622758794866107806199431669460231246670036640694569
880337894191692790930563800771255696111385511106823071862635087813
016591596657199561663926952401328193712268673839971023130237186061
442402816750002785237013297428005731412337710767305263002918854321
849520377262517251966548985863027520198580555286556701741242478139
844114794561403613372359291002402880016954282527637001726055817408
445343080511456901070920068537510749800562299567939370360942165585
240126826086201398966399798182668381464268876294549868698695601835
872133246870517519561716040850360702192659349072702510994757252219
108424455952078308514342748979583140906113813687321865624780519973
309894011004757071818985229378443814143454127508270984979196457929
208023550364363535096012517177168056554998278836687203057953323354
892273581439095605122292942545110596156659899801588064005422943187
694927076222111028476180826159644660270430972905492918095775775902
696247824342719684252106673708953912879269571039131701552419895665
937962888409428690519523491907549396833743385108678868311297484077
425614288802420254564707508574033953987674644706472412244050841574
598773169274280657938451080829334713697457317170780121504655607730
879875787050244201825130662513284579379669342674659176754473212872
979925532293956541582868358625639296227016169581436104796463370168
169038370025573649440139581902290259043029179330141319851960060539
395930151180348550630214863817390059278659377962839746005016600245
619242505593516523938993857858329225917116476018331586739589226917
986771992642677072280445165745545012821713074850073677934454702487
148837188476688243781859855683230039182925072221247233954381450812
495920572738582163867174121455444072000774625667799993033885814383
952246841860609946505511749493126247475454114900899298880244751171
439414717156204843166161483490190460011909296255685162877604368512
092217653725203066326102792604571211234638430897691005760760382050
626948945183133681297570084946503627830445034242988558033635619845
445054185239483989082514808667971595308723718732952461752619649890
592054696908404522519746654776340655367050839612952694377982971982
255074008724675796073755929885119227004014089922309976925072908243
725293025365545849629334370195169448316009981695382175397508939318
308818349025619452689772640110604134908045313145010713937697105463
476654293873327884965077889115704433899875968620677669411702353257
219697006335598012767963217354057017373873456002788461555755391888
881901579378055441731521247110485252795976660872618979299145615755

209797040480867560544694283122745402563321911571044554296315225230
436082636308442210335683371003474828646197343120322024724439322933
802978839273166096657341966481397117329057631860775941914189828747
832911366843302535292524964792110196464906521782428021658444801194
148375608706264682217052788555866609397308492117248898807055295004
138866907636839943008188779348037755411804546951933743693074015004
386915629027469361458814570456637297627949440616093119931117418045
204492835456146997128768235017514453738928383768007204168069639536
492505786930809325864323795839791850836678526870939433960987834815
131423664526254152492755877990653256163320812718635364405049101813
148648797280648360849666502489207356975362171904757205540792696638
443542621309943524325188309713530823407873141549480966574879196207
042981321762437810817966000036278059616864585833110248343312510293
526638577653971473510052211816165672635135384136775558921388335613
754616690150611753776496372976412757297961854600653058815433746646
375024676618736828601359389979661048870373212998988077189303455828
424798632586508329716478813687836934043158699441584056073105170080
740906242322983421483645937540666898879902452967750380630886424623
540006792050169402576684226733377623470073850861041947110699435804
534455704891685726842546490009371256247610593669638899731278465862
443799144139951569466810839263252231819117286400745587634104562885
751255056808152522939279259781486174754526947763804476995955050607
030405723074802347057423446724103122965349505065170116543132428521
975922325039634918024654316346612918022256977140890212339328788604
173941013526311520369111453920038754109001217400800370764068065824
627805087557204105425815704573154793095847220829190461794537539554
705589553490462381008166373194550235848101992227192912016177520244
466860590096640142655724768436533186703522065580145891365214214884
279565586627059338874918786393912310949856121262994129219570550982
159041459138611252665621879456917858641408418466291812312771701856
076429841403475924859795364139295700295399600044765241741180636090
891070329935760123567450289489667243683113234827356381370078481809
220454448786971363944071406838108537502379067925491990743545391118
754416978797744588070612794679102610597267850687549686191026642898
726604155400035593706209614687774802119559012974434756190369015032
298765074421165940749484642116358360774214267964398310275681555461
210571679153107221777930254573228745372929891949546444430214743494
433991526199764617560500446876141445197137848176211789772414355467
354670242507347836422189788430240648952846314388163435075296533334
782074398744784424394834378621580005295941201695844997595662195314
594638517065744940644541377088385322747539546226747217816410785971
506263948291174373316912308779475584016245243467316076527923038336
108403393227859230437069614233618515120201630037106473392360159409
348761413931578014737552099930571439690936141780868692008127299950
126894063381545942618042524870705529369512012093385006182670089611
255740262928428939779819953658533467689013525133165447848621138975
793953376384770437896000543746315267922612655403500132944795933203
899504403691234100895651264183332718963511651306511767120225793729
061014842352467437854740469612582211063998326045158125475467792932
216010039689183516686733683039313629853299887287731336514009920077
181159495852996478186606788956873041297968193338686403654299825024
897608389872787996832247994861290621538119527811750653500768127034
638069985321345239607040850382203113837312467354408540035498055988
976284821825502984175192421381995295183553440312578431076669819823
628904985956993976147201950407415341828849716367955572998115769289
902945365175441526532860972531124706097743100642810215723199143928
724718284093996741383269759137019206039345242446281820941620536688

3589174586151994610289297586116332625393634857916508954974755610887043082657833533954872060436193138168742118417529818004502462401321388921541354063163302382161565464533991219188665880282830367309947128978081654878897206258768190147486576432647455435864796605054419314007833058157665753933917660149690172511013519303276412543790817246689999810787074329882860632105428729230684618965421625785755601612552340300580197329431255534421488652069980970043014298345079053809234458243679438749162814834015294287829919084621132239087623502463789187701226754763087919453241491141091253487734704529022285676973757021670272351520368322814498653030193362473582464002265301781786230613182673475745562719183138593703869423224060783415856173750148103203795100191326222685916207583999928414258360755023703675143734725006108456521231782069026932327170717018071750076671070243830088213495621142096666279257629475353656122311963034872979923961295610014411768430991443598065566847331837711111489825166860528824315829668157736742930175053096196635158767553864128836864640168032901020983641453901361820123106000007757966076771445323744903666453819033035659640537748486377056891952143606796432870265114198205871409962188495412759055289662717437163787015463118234995808051672638789869011697057433252523306688114102309063716096539338291754247405722813182485286562201408429483589030543317686693886272529901374301298828533204149259647248708428870868121562155659055520118766992099534928858695129349256205885299759459814735055255033151457349813024963566600571562129412882016229998481452915802727452943367134613398954992519726142954671341106550874868735678990505261841864946700362615455651785900747434683022033530621263319828205481038832943772784801543529854234069099151220711408191653284216286828263663561083432356662184583496584243511408252713418446704388546056408915331118311239118605398781167627676137036584284818073139200562490471623282329910806606066470626403542859190079697347301887058565429921291410650831050249211811525610063742292432939047324285859043691099780873687016127156576086252725630413794618685327159089484682802764387819688303469013986309935348904399396141313859646288438544854517861469894836359302502333888613866057882534938204297542053481966053943726434779791355298709044097516714256549173418657402833105637868993037656181566235182047554994194349715215489121425206470792904376212845403635654004264438858799154465265045884415022083481899808252376263783493919299087741863311950233355350795095501985044294646003792077032647231653837167797632255104615083447057278649843104069195521190290898190955066437540036659891571296690373826058688622094315856762141694627700344614655883709614541838367816532646717988704751624200276984105681049934797417474275556623834482187239492559872480817902886979178082113078266738822717569953681581006834944177014110353141107098279679604574215573467737293131835742900988172510707001027056816105909256197738725262954967064382697487631527099633231538978021419584628370235855228029775802140619125039390009549720689692293515487099579621681865172941430023651007141027555894312623499945262174251834073149518226654136707112054359504770529840551641440823160400941485932276718335610410319523348484607952364661069986963176588502819331709092775438097502969129282902871827186867656056560103883625974768993319181508684635102020444319141590772364683025539168088913774267233213994712884977597953977347922967893621930992511200663011566173906575736837676365937189211422368499120214755719722305574100572545257245385556505686460537112268226795019296310394584417455806521223889346737778117487711085358563651048040070235138414083943449149587336317033745247442076903104658940280706520404901026101806307144095089011836528291001042631126121723016073039142782998260548259374871

970789455908633421705653769115599133716964152529125865507192748345
937113075626822331441930750599400673536365037293550076798042151214
351972532560562264394541411316747298778368714099675896563070199695
608246280145049119912407121857480537069396403892123464697871225506
696069651615068130060629410740080470757013091617350773347556487725
473691225215098135033192993383343821078855438332361873569071608054
558098436700574350850753199409765965336872104349332228061883499200
482787381125275030492088881748464283190165396006304665029156208905
322947319996678910429991774534128768910309099767188148030932716269
812365720604331596496493420535930974995546353415998438238620494250
693932014266637836894812021997614179860830589838293900673951455175
735499971707538924803152941090118514926140875944737211593932892637
050695832991810086208404102864899234632603456423704248242570639091
293808017046596536307241449281837553304794862335063366363758865610
589066033531629111765979002365301217285753662018901016498159777247
290540226707862683387773011170094318514035776219454816762064375319
687841485184258934481405295839963849702539597621263597859456691106
370601332279533419105303795404259783041376675167497687874652996491
783423364270007454754819494713598668069156666458532914903082320598
902812058781268157674309307210176135822631899928879732309320101492
321263732671517964955489689247766118431545671617574939384016165229
078440894231508766870546652757932388055491266616937775989539255610
804069381182248000513508093720466860200390550091411653944819959417
321871903409718825590726295842837197700858179418507010239247599882
896135737787564358854963425611467807833405187109513125759999318051
909219022665615695039282619479016017023122433057544312606544646250
086866227480438667441944201539426038115578275400004040207121819013
157464010934273357483361014694036854512564432034707528448389317545
617646315722092878102799120290218922382824703505463383094194477974
691308829245720502922062498555235510565416430457629886417680620174
113480892342272883474543201198072660689569258822932702454477534721
765528390806174300254282815982876747135983139248677545318468446083
804815081566354194625658132963595505948290763301068156449665178803
283777234426495734762093975759557930638671004777439340064983405507
236218119894844821271727778513899568490447627008613126978157757229
546476033592735563430185152565958292013820915022620088003174972853
899821503906535593312828283530229104248499101040960080812922737134
515814582959625143817175466341676306580012467619302739397496828271
609649437231135575629078101961242402981117679826186714048395466852
385580727594056093297312405555373044799293256493279811483183320213
731115623240409254441936217129357321551955582693070362086939103095
626257928849446571817529163361050844013855636792071157188857988513
496298042756138550082816695303908698962080290303553800625563214036
681779081802116484387794827851293781711519531292060253499397876175
464080018854911265094773779403380813851658217736547421223193282082
698080401490534839550396438927820292472373482716964374678135415623
079293493072403367516992521889224056696146996814738788518603142897
635379762432426981910159665618186293922048809589153523367722568736
438466816976741773574492402773244271852172458249037944402883067384
456400185365607465417560537108254681792569364696441802072207679501
529746750838413523113561625499529176351416883845818879384276920770
036330816674413405717150430764455055708620196218750902138849321558
849314636118516681921933331068710415721922258451362322199002670838
022234873215757971191139682680384884040281459269592328395964188662
679614930515982037118628310945019769133557938815895114153272504224
953588864505295251885697664767754064198964612563278225970170233375
585208862221826002853592814463086109070674171612612300225306229432

6943978032683573008816248684496380618338129063172066698253927339740049475856958735139345476951134818732264175263119057768859219802373209352298817249598232180205141646542331746026771047957385695174672602807096815250437335898205504740080301330175581522716953096751972016120092056623087754287106964586347137428066751678319373513256522148383317367230811981653422398026247437655894767569216343687766915649479989449089533354826086379823253949166726899416749983477046990214640899683758249505829081453314220062263702658890856758926305062177250459027499099932791976237866665291918639558768793566387776474276695160789608393162352529278325036415584678024618159880514292691440698965247194819339632313685463418650909284138271725216953836200632300921099620624942506081118148675129816086548637849168389142024407461253734991180744446800456578072347621011306844607797942213204417518481601019084311857783736923028533939927561111606255009383801593115111359078521625604853869143238122459042997729469643227371518952580297336604535600707534380412669670586791436932809218304113925179378607725904330105369386056453122825753943173722335852211681543044363584974277208363422787961783015362502801858578484425971986713283424851276948108214828989987454317220977924036083261987325361585956014193841365176258823231664971366187149882091304281551016224391160452496338425654078620540396847598413729509315814877737124018717977838047898994943654297767325701570538126378522274697246787424130079364232849781847838418709500092027232765464981769718563115946830120997154727353173557025264097429486253814814007859420937562638394686737163244650066947567053159947268781125617046006407444558074290199970126210536944280714092216615182130793486989728370011952930810736667285487985787148223531687967478735752661938542362400071391130567555033885290142377185416489229415567163845886141110633338312041108527645828402610255558454722593759618723463643099396380123444892556529898272029900367843915104186874958244295462621261555251986745094446529022196496329554000070385210563219676582484226507331253620546260268684522660968880438380474372623233161666015912793688199594050257199993291767339310271001259536094694379663859680832664319316496584963397729194414518373166757368853645182023023814826377065301139112891369134624913279126032535345919916323452775814247666027954795407043305095730585710512198291209443165335943240846813807488753872970853754416828066098849350666996372897944316567926876367066059226649550352104308343571403351838775617420963086662250481525113784858825700250405158386183616450763591975664564712150619898520627461072077885340900897413337888452905606432467837237844238116245396078973114333370609605259730199650937439545624668662812432752778817857645097868654913892339614539387201609954727731688759973321677118441995894848614261038915187575363531390084472167159313610565905523068822701639006046465423719340430985082507735015485199317471835737304491506949757248007908426935982914383093138985548754942322744949162792191174416817622585153292309062702886262732717271373674728853638621232215215659814014346174420864122382487018421762113798480012891846115029134072351040099682816355155884962593470228424529656446314581220877964148139740521318982878542842696578224348921862124534021422918738248798312836552083881102235045871328965119752972393956001142529640219606769679575814793597999314184981204111154282216513239255907098748163233710191611397919813113343628756085191368235626377581119520159283010980245617011022257367211180753783939970561978347858998010395864273294684313310109468796463429787772268219444805699924553685460167533539940861811762259294277647153412400002769010274117619239922487172129321988282132145815583308103276766568215762232861023578888664955757065519767142309504205762010616009270364200

023404509720835648577181668241511926944850681518629351905611712803
659267821369850750877498220731933486197900725897758266414280631975
955986314537097065477664768007258785006309940108789455470972063803
894836930369700269745829254188935682769767592328677671016980350973
276936027288312103987040472950733573175722327139128868230896977588
125791454937934298535944730061655931505590245069290180294939653193
727641307597943503018619518284940068279455659277338106214901644988
342847501530408357214322458926520002752148468861352026832020123565
045190191187232355916703723297903459787550694692772157114718237996
680746390722945122990853465326174679733821683940916461117621210756
826473382614614878022120885461094160724950146164718017557452315757
256491655201696462797061834737046196119470719316611275377707519894
464868916112464067799340622219650686591370531036233918759281965741
610783982987951386477074064514224493029252407623686643359498661139
330968200431501561171744028457058929342504889972302803590243885579
715131545883284619046631488813005446165010619163392539632499566891
885581207683296137502319540263309630469405124798684956587276452876
970991565736177473391905312486844946258722691209550207072170716218
796791877607055804810151922950743263378200279183115536826437678875
799119811679688739631778145299544256657730927567143291248470230227
864752245335402514079094918254625352910143935228966648242984559934
255755917775857582423523389737474844633400472593135729262448398487
770176548131880669706150228893096106568820300579282477684565057591
640181294558696880326458117051128812605060822201102948137886762347
888324825282503946688656047914724349593624085753393149412855950658
025762800089063568814923209519216400318809729991980254670328632185
674487704766797400805244494123019257706168607933337726166795237231
022560304560734945720635603131707037596272146490194250879542596683
656734967847796401786277500941708392596517921137188850269605808592
871546564185389115112448280957513693327438297878402591292425270152
380183942827764230778659980071499001127186267256977974935585858827
620784419210115012275557417797638627058527065459889378332964951877
011526441421644875208632942410854193186111409682762851290143784802
343912480472466682815277274311548964625567080291229410470366544127
961945872451600591100008959934764826857346824604969511368019113143
213023072466341637342509019213619905879348610301168491367031251593
211223143289163231551486390389204907304675379060333848146223790476
336372022317683354114329733331141893942473793198755133365951923692
060556418153629274571724953820445747470974338111998252069390559257
390707774360691544834954645439455506517513046593883516308482474634
109905199496236797103589927135620109785056162499523189050215581468
446772463615546978316832482756963135717558314707897091728778337180
485198954598438285966997768692505943828099531163809644381799776035
011308707394485192851625490589031108723329631488255920742740143440
238814712545595907001193665470967389125872702735685273077751939688
620387064305373419963678594085215789772443560955383209737122234993
636234092989901253196033994721429578747514768554321732167127462276
803323300056382327072275452949421725751941251053916721864335859445
349268769220823873314300392613546630057296367331556490979598048992
472669386456437462022496833800005055789826856676967114280187672621
778655766491577003524611009327946825636771615396243792771294838137
972344729096852205312331820157895844795748404966542625020395674682
354733532589667464821188622077302441641396400574395899344512407081
002310766672834298600575549363747498649085556304880457349808974578
492631977514473595857773563077254678529823332546870200957197489619
002324974468772535045331727309242308890578830620727285549856746790
484861180492665365738111300318254729987787422632245052354172183013

2563417954396498386793829456411967522772180797079505564445083804357892004410159910087105620865457535861988133754425521273028942416530758030330807963603979606664242815793244860528724956074874090361813640624302017652262395586836828920962749246091188942919022126987681974610643447889946335490493675843048514349980646095449673288773001522154402956812345344894693259234979855786079219347904248738644206792284192513273004963905388381579374791162995933734710442586573721918359134231189246812151005641755378356731275277203394208457733093229393377414746291204143364237584532278001041819917548416469079889666380349031404208579751276702343697309017820412023120163323706816098096193762383531664281467808566072208949378140585082658256120641566908039133014503787374700861916342078689658413132733633143633823725986924785670108198872061494310116009326430205345194366867309888936587361852746283046848650865893166284417428158134399120583431847933143825136125768653093775747737196608082413879789095686319242787821365341453517151201241563214557726125717115423757523043561118558919663144423086936670511991381534032262106215943974271207654652317651989664244752620471519096989174455118437433125604112060004810628341774495189990610221341264453400653485761580063364046688273922022619214475711159414547570565243538867082174995562889089016770823973102051948388718354983432880888607110361769033231078137963055727389811291277038682799321659040531468963259863919429152076441218374053356689581994265209152060722347870111507849459926379425827381004560937340373847005260432400476515103397442629158978594216190276546124371007314153313395606701209923570558935555864373324662393682733813766609885613860817560855257518818229823656205930398480268468925648315727203819634275024490538138712272836538138174118903818629370668796552740183516011067772154427487631866938516652689190966932412414576525175477138616790707468769050286308364149318965595623542786245515875993374048688880593635094764046404226690237394346938131980945539830596379527850040281880171518968731583106825414735475048320937668798878682016249772079654622965998697092863444271187840432634846582416724416037900486290633522739626326436896952186374585547737927708108320998006560378549786179281682380184437377739659675829132206012553928697061311830757497364982101473139995137801195836304657845862188194414978493700984027560068549802633573502769035013349159994106340615470787332906037072311612403418705507883790008981769470259740812636634023320523475949462864772027962521136864483778421277547089060751025530145464807254596276113743167930832271444495182515532025306889930585319483180619097628180166772303612166067813695171764875979064176720782749004474566711439030261848117098822188891664963938685131934691125989498624773419222103929318565373462824471898957875867961128151109965937010037834603669908366054995393142099942349260195172005600349859404096353991054727739469799041357870226320692025454984165726774279463961297439136852179485034061807728509874281227690114136816402846752887542766483471728545123898591571606211062103861150414532497879130121380688937808878574113569402360108611727474907686345867962597361001991170298696396753605633035859850590240448570523144308227985585804210667606978466858561399205325248703555458537010107735008864951963541191453995475570655262775843576574584612584156310747495367701904508846045178961035630096449832567980305263711009034833683273800925855783963976978875745504097761666099027954291885893089179509868123115630538921168142337958131082941913018538766498384326660489096880186078698996946395195235541223544449510914904279326593168916538452464761210297732380494910269720631973144576872230188864547231035203360880327345189251460428378272357373813799044513964614587724157800991829452769114892564495544578208112 58

5497462991227232646490397507964230600261945260981238603894172852569764474274292893781644102259782780808093811884898286656450750469903550368236404570287861926400784608310625668967210515107875998062605331021001223580899087864525527739274544838949424609773097681032881810483775584905357543698547824872097962396028564633703672244472560265313928132432260277494460178011800643538046561772418288441537932797330316564262549644575247852251514033329218029943636689200450280879301458362655927453036932085819923685824058244928679704700489293410367432496807871678052871557152697953873176161393561325930030985187458526074604280714530295334442483635278630915145811167703384349810903471380868798951289092704710360333677107781408348446246860614725498836547671435078971650144527699386002279228873124616118886865145487571245875831948668196071351297809734289009348299609161372171840805688912848320307378043990298011977674459526087245017878848275822031416079664684533840137300363393522391326174642283971469201272934108032240148629789074135636204355195830151240608782357990545993705598339963964272542888444321935083739604441268034988549867801424120139847994694742672513457504328416115283189343362578255557624860446989208108295158121308074724848831737971440657552370929620468722922975057390432552935848119802663290934039894973580929027356502652096862827876692654166187793651464999633518918591982811237177058085129088914798950229698022775369781832643658030659460809240080176890723258414412971928242472038004865907624832984326661253026851033499026576578579963305728578158044815065341472910340118651075275759146213859575557984653317465242124797035629657648497169968778459841432813641506265880323735372672051002039187208654889404916333923844805717563887250930123137906973034464028369489145321874796890368908009191076964875226793196883973083136328551644284854543895511923516267055241661011619193956232121540447458844931776033264586483326999953276131156081986730317987770968854732069736111069687352300866613257328235545132889270735840381580895934095400477668633738822098999477588872525139289471025761158113058137307925695089111060363374714300481807454470712358569670187616304402485928102941244816533043001976781251848873242914654653747653084078562990904537378476391634106971349483164149431772592573598987741410425852565064699225753338667022937999299024833844979636165826017703760240428543525146892938266773788401005040778149801065156552974765023025304818482902235166349070894498768111961215106508070884528940298303191343694788607197230910879065454559290442696210241265089620800237754863792190058221375417994513677375502934421394783438454088249683005596980722742714752346186384496330037201105848884442628228471835669510578364180709087118119763413467923048279991929423344434337452657118519582758172429556975365547653558571537158788673155823731791203581943368590246116895493584548438102182098056456671152278111152866314879791224104671503454122635917402310507267578156516907949753545695466102343506351789262820073876715784184485323312647481696410450093295263939107255140263809723450742145266346791248799219504249506398350575631670024222097888845014235493326447708542073295642006479990456728288273089736342401635598151271655857087602631934760357479711367322844254495461412410314411213653295907318446626781110627401990080057408513360217113291910191481723858110359763233621594459068606885817458272106636078324721105539882285311162308307722493207187603142835549723999909543867479119041206409581635030692153653952559398291083644405778947686559064269590785558892780148115312960528297396378305223965687979329134158295623155010561975005747882584350683894802720131680054492417655413415536722967818672262975219357296762159745729299827845769995818570124704106527552347093167602108874620189498309990562680354

7323919174388035285239451968559022629912340556236681684202614065946
6016614268981636489632267056714545276155208403199775521811222283062
9464028275458309078800952553826700117480894400858244223448409014434
9309950760458749929609291944867872842446552942603550401536630485728
7845750678903342063754856518026058646545350492315463660672149559797
2319961283892566068624538219662137909561418094819626802348373704862
4453909857960411713107012433147227706943816242616077917473589306049
0322161173190236290108124146346823909101474784534812647369393780341
5086690201178540922691890721139084273626400840225609527953662226877
8036310749929518963349372478078424620773854564629746985678187794641
1332775595949591985874191668447830186688758259850633580953047305921
6279587882662813566957418566351836629677963353661625690006588345282
4789326123079425333212093431309861700139402245159398630153300275883
5744826155520116321655830540110902479913174431860947888944247191763
5658573938336152938916463157877752069260989922377842721076226754716
3629677265283382604580315488184291834579056205585231384674868809872
4757418299514360895275711489696984659133055157182490172640634694733
8316224845702956882134783218600502197579493279575371401946919871032
3919215034601174895493500576483118480038321070455100031972994606261
6908170328465232638024224858174035422985108136931116248203781568243
0267054026506092762957413003945906744527919799664729933275003238781
5344552182030969527725411833131949298374542996743450834945692079451
5833089572194166974255446825338646561066514161947402732330689180553
4887144239701482488141302433322116028228928803159132754604063931446
7565045102470784782700310083062398337903505920853878236743848746903
7159107166138352709755851584349132103501222558659285742960510769142
6892529022359382791271100717798787378979020601040537927126554260272
8572353850665444666703866631450870991655715371206920784426287258031
2345585653143785432590390181683860053275496579257260690379957598883
1347306888807474475471119322401485057132580064528148510649450621782
7971736653675812418556178181865092565915089678588385373460069351493
7669402008541424119586157738199026180199575558106225483616404106205
7630901758560745738847326450713338575654604173253371130280137894077
9385793643399533627809231210839700233028364694233862029910331376970
4507251928193044810605361488981272372755345364515179843869973757292
7234479617541226385432501523178083972557268785022568712168135342531
9028347810191915420343242593460913311364251073193994337038432388614
3758805682715616485493653802378509039348336224822731820740996845326
9664200662680372687820264867057829851192845030221581505303564175688
9377542106313879430081690861925874286987546755092349447396156707598
2501916836911293037748049551990970398233638263648913505843039964813
9572362115740772576823369907023744639354292702053460448038310231440
4811459137953847492391572943127807412044060803097587296697310718199
8441066933408260496984151577165929551948655816486757794233936898820
7759003578942127616047047342116721879204887694233196384054499475115
1593254796176239384985382401964770818520948648559242287732496687306
0301024626104466769085254560976052527675426097221758042315321576737
5329075348153641113756403344937644773157010744177623582318651700353
4720537594043178245991335983391817819096329898151391257543191389836
3725440528150815457031022896802995772275083312116597704221998268962
5832469412245112832949898729700252886927820088561271599497751356218
5241446212011857260152524697229091514046407531921992817342803276181
5996457025802115601746209063589075186175753000042491967200921485671
6401596976159704057369425903568270576217269808261258458059616706184
8663328402633856482864261038593074900732614647683459041578797930497
9820505904321300238863933029787387361962755332185958012662216325848
6640775464765793633808544964957096554919468161205115569439108079688

135393846059750067179506310256122479527199604657086253843127219194
520031050931912369479545856122379295846744832208038385192663153238

6147744535679373207145334080832496103686003164871160455763852964000

800651730515295633826327932127180626959480634164969102111602364643
2358904772434776651725043701882621158437644226666204751278252351188
702178980272672802771182277315210303587264208245289884331683157916
664992568216114499034246695153246391357047807685268989984893205253
372101246744855945116869825165086315065590233506089461332596475857
404743071645102198896466685765093083300456818727572416807670592160
435546810092925593956489533295027971567218920273257081506277090717
387103132384249600991967666572621248871349920569723586933240738111
770557323460902157984722345213827715795803472205402589664415390534
121374470050890338715383493907836511458079202721014790629798992357
303403249969762406078897321843108824493082661908026220499901128597
492955627721746461146899392940105949420973381759438287802504440996
875340190388601771701245912276768846757152369655212200577242450365
397376969028517858272010843359833984544568178406257490431917087743
824104031867141420417203681142989503677256546071050128601831884330
590267041359144689996884717833470408291468124154743093009981538425
850563276047390876890492793224924095349919034162115446082138983645
436273452554213715789152132060376564346128773346423265279490788381
923864447557705950091194441422576047487273346424607959246298170464
153460651330840957147648715521286086578470735295517681275823209533
816373144290474179840268935951138362336190365221936869489539292986
105606543505797027155112426086430859272820573203824528633753600405
371597766322099134912226229821552464413415294565515770151918986924
072986258052706984831289548079625435319741712858425766114028200953
496918021677875090640963889389104845046640865750372940522104112800
095473196600465004394421684859422090144524292722255849059366382440
277332836264503030533539930969877703430907123325762494149601610792
428731668526388452751267060300570764109526142989664881812039606387
340849855500941732198779667532749962011869772569041446902062477656
553506566423759146917333072748915434058300807072214809831677481930
217368453700212286491519944808643918607136506738526628029015686800
738658482695676254210529864116593386924825383378787521349222969889
549770334204786174098071621018441516177221481911004373337116936743
087732669730859901037197397794961028429161868412757569913986492114
247878143531088307012871037747664524240630432837083773152561194473
055755237910984617735312906442410447089451669048806950914607318268
944927878884930939500099507022903534353921332558947652503280710528
542412429468783066310827995140399264853819433461802956014311243285
648469653171701739125387897466609714539422772741011442393879589598
789105456641042681478911626857280359967830398709786663444404744950
237805374940891697917385372097470734527397946057249275908249278258
335068256908378083545693636681739559150054891171229458934250193970
208963987204233608131092995278188504027712873857443547058197144905
713041591925075571511856871245138617084613762199481388155508293884
837569145259023563970063111260122118004370384777070672157882914472
504703857119508588093475506374838293531777538088558941174192632937
495430008507222483922287543944226262695981911896956305252790993462
946153609361635494478791750377713741590706231759672455836853259984
215588103162562444276554990253275017631362943127796011916430509716
959532112992045271774496546336026515365658288419363879337753552210
007523306249938917088603055134982454203328601498822518924449789713
654388787607325839686941239838808204334626611722043799813307423513
678499084586481666286201110167877285493227258973179629008389380 93
783688622430928160362691807321356465371535050488691647787791858427
737908188613147543573704383964161086684544778605185698836435455394
146744883622569075822976566805177777484874297315217407172224089962
520271344638028938433145251698363807311799214678365333421747888059

772842616020358430828924451439079548741920599467031093767769273460
011572635478653303787050882558626169169547527360426276524262803824
771112903565310920613755010415351635002947736028030426515606870445
034565865327374888313887136360128083391312685040569730582623675060
661853976157041742174275940940477766295856099304644453696935713123
533139018447310167028536689418035023616326193267872577312149724982
450873030342047625852256587138441719279864813496990033682366359258
820601075142130599354051182398221393595842421288680155694960131634
265883922903517029638549314312026857517209243416771675953673854595
891563041515434088850041606705334665408281307008328977614882496962
892401604211416151036179777932102971347626579979402154699780387784
794015988160852142135353041497943485318919528301157500655585264236
187716442360830789734582505232932436402643759245918005632908723050
762970364843550869676213310828770177163493776400157407706192909977
311832715705372092053654029707767867266532779330859965800109221736
238904135842795193350888221454365191134340143428094289321478884830
738725770497425332464660948353516657817670744653783648028470969261
013186450293122961659943735558202928820234450728277138137353108738
681566684680584165539524063151157367921549112632477501265298070868
653207871804612867924288077555706529278259419430075884278012095910
166377504140143144565160939204213995507274987872445710941355550450
157228970947059287154785784237549555530688277162786068182464764719
997298003673328772074752265359103975496408864254765241431378861906
622713920337483035553828434447644598243634065327813631957808343899
184020729563312274240406329113697622685654000106238986047816686297
777840312794899917073967230675221629509652878963150378284676791610
967455848873593475491086691961722460379433265367175326679642757594
399604997668066120400165330285049499728607042754250937207738586370
041544102605952449370758500363784138186077956760668064617234295007
523977651459432948967190018394508535071152508262845453452737577969
122483337192342761582030801462801767562825024071460250971605630931
767245930760486882487900538471580520750744820305264966898199940251
579494232115902784104325425835337177788899239517463665743261372851
811005292757346641848185181569944340408818037687535197406636304783
372844055818192994312492820699574561423826653050981344664300969883
579889993336482496472266767866094838218200691764477995154100648314
950923402313298555020760129765976548251432214277265806665755782452
114351183573372377304924371425957029585515871156388807799567099240
416783945078541847459790898158041308296754681520346603969878439383
081839237477162789771382844434051340951168427734092176907252476310
892244466478911687943251322200736515345623118550138742152335445030
893885398610146110690748910956635966294815046854675622928941510892
372943193195614918231825611290602583642878172194929175345388235279
936285889636367951806699435539473796067883863943299218278556841255
867799549795461330287862146465157139916591402845873487027052610698
170625680635866012816449797246668164161969879886773684747096351963
496757677241171938898911618410167572490652812301639681693150030825
201489745797388900152682402377798309724004631085064997410591209501
570775841414891805283246730618351409517491370788512597534824769265
004236854623584360159707296182804430916802637005785921511372201216
585722336541374444765941395496439553132516160965801809920877908352
579037577267506223225185883060756932318956337473318071536686998849
863869143703937913796902175096258692842571691290542002081554697777
269088469155248117449993657072604850439508091894328530447493989630
060318518772745821052465577410812254858746139841024552315469728605
615990049197301338745304316023246449926512501704259895981825565238
875877954291090967219088355357772498686136615280495876215441732619

3041179249699714236480394563630993072083516922495396202008388151119
183724445227526366889209929576677095667383518896619596160537535008
602323364828721267279457182592717871773248430958282735739819410794
665642841537352097892288900210373172027586642901183835024010382622
694185545174623600553905336844479903780231493500910433515559836118
650126049569602591345769365876222655770632075180259102970974492951
788854202119297169126631041420914010786425238613208134763454729775
317440856732210322546073930167741895602027299203162479753768627807
845971052132685726453736242255319250951861718760134511243376299053
555461959175254804303890441737617913169627434487853115501952536997
807793447126384248899343581917195672961221652053462230855341045461
753516028530353170601408812136373334586374744900712868341362130746
643149919626458766238324794568554952649366465017373025269911908734
889383808220490313999050562754439889044634722325658585987911886688
740806970103202682039916459653939827631397675758675630661191248528
924856994955452747582595838059266980566909315279118773020597897063
137870893388322070950897673353008555615294578493640663912452296012
669596009626249236235435006717356575093246211009787638785940003781
112255481862865919130265466121607498035325602344356367631241181589
646973856150829519318006571541263062289942986318094470882999697782
360083731932759312453730293080319708391679211238220377593869128205
704012577244486157978289703237209824314199521913569339907013764865
723794090189731026773146477049154312463353149231164982846119122320
443297987988654550488550281722412719641296214255244081433833184835
548531648915655594728454941595183299317885179785723333498219716745
220939822794703894830938700688809500950017601865107568261901821225
987911067357657410237188662724699351075758553148758506068892653011
018387189835211172154353512759382643296902223394938045976378558090
731716349568750327089865704509163882052480794235222753568708256026
031828129257727003799185301263523799010619425957035219797869460379
340909076816903937424032942224485649062429240690413555579781762809
939784678087508737889272173505415721686106252435312971752870170021
713892652686261966868712382220018081998105567112872178866928665140
868573073142030260294175800614754339699614454195780173471307453251
846650248739186631226591260156602363786266520161741609131567212837
043023831858011836035956376114402196341988517773587153802798083923
962306959289445028812707711326597922053836475249006386505384673526
547127960139270574253357239928439256682119007592076122827272386085
621382765349933921722883132892944445541855911852332513183003512791
379252076038822932907683177572843476710568432799744762007968785459
609023037060154744372426114673976376141025089181934278782304188311
556795804541243119210344135149026909550179999604207232260994274936
196212594458470157994267384082691680703420037334281735882422048034
577619180553844186706109278647544687110904276564909613367896693206
186509904811679659860550340492059617415840318373662444987889103504
706165000925499423394566216562460486362752367571958462127097101035
867837376285945519035694807841844204611642743268607874808440542518
712273222200262143479895429528267493240381500981848046570078416191
838634925747769264605691767553183675482278920331802726653109312711
643679338196228009595413304787068427586157839815966786353122126491
074162834036375848986732387826613769035930136232429615603116634579
503348069604146809599985141673315641663661063813593337029105580951
861002596596933585381337026672093038574257421678642906364254627773
712451614250089638653859527580132228918653790607932844115312395719
443330597111674626649023894326671796113079458231044119190079783881
715223000670094400240063875922694362285108398908252287558339675045
354327424126564539480106648018793370264779678643563015419592850256

2439369802444070041489810128503847612557665321967998949975116516655256803543642604731499806941576711495717908706191447997252271479529327963073535876112075829068056459270752877176117312662945676036633571335348362257492316090884997339500082390802270834018442186023971562268946975901121116417635281961788002013550898606998035550395507696017523557173491367658050366348098917662374727779443889209867951693893615953250815761042649807718788583191666025875455855802071249602035690143602411606765094417511639955251176046355458354558683733327378353855866576517556532384665889863983862957934979865807839120288373221654180551015045183910468920950564429261871307271889759719852246213142951936737845472512841913917280843195020814872144868180912262141950796248583678725120084959052492536635255753971301282522666319312674727117087401687401981820530095690121079949369324046386341005226062833597847775099361974110216099153341241745632227291428984531546044679324631658508205990084443044529235683561305958572769849765100357637380948890437898149713389441121553404782853834102515862734522092981378958015125267959050168838110797793737852314075453642383267753725911397231685879268790411956752555832558943262474631695959323793280773972152341316510233269555100425671347816568789443259010203076129931870611713111472446847380987616613298215895237336732356716715456141755516238807971200015234531119945417833872460867591965315696494597543435262414717377027351623521869084588169433264954360963069032786367827217343378723421220127791453073615284429176459375754527665511736166249377625834123266947038661801099526416141446943686665541214653557251088231326044430205947829570646964208405066397206393173650735131730038804452622596036548486365969426951483721919405374886648224695513800141661753441310943976696304892594972320831753099626143078452993318016508452080323635826442101627431013661298558705422918469185853580002596570936106888670740836870849076125799471641309963888597728060572543836777759459494879039592655876319211032276505838730439987043541540772170815337122816972534708480460678481530339827425354606736133106255364807823517193731976382923197606879318639973939709329235846525925254878475606695873672602507496468659320534760333026702258789399715593846707346382221087165431159871108323635901506917046254335142205615002339931636212269316141645163467224870089085755978428672090870503505953911028556125649913517596449387846853627188016450215023465660857544006212932808424563547806671370456568519259335922474643444968138939640957288030077415667409023826142450163971489926715058806214047363887717765209161257743011347519545220374908961631221049043534651801900090993521519640471458864773560214651224794178059004235182076679650785800263851082616667884855895074915864512661930983830583482629690713170673107171972808077684848057965875444137992944910704747182972801787259017034033300092303925380610416754846698895731350680386861742639924436900050778323469824069242703312234425338168695545685424131743688576721218523392455145195436629288774904004394559466550740842702513881542258012779936249482761255301095759410701557524570174019788509769995259561720868943409159725896349283592949176418770735118875573352390975338613904611744197549108582378945359488173409788639450617009227355835690040585622723780649116217992575263587677173378254508192811081021590238831184952959703028904546355239277603766971804645500936638939527129375661836498772135574322758352117961769740289374567771171020960197086099888919748227818340645149632401913419859546667518630438217822980536476808596413487848827651335906070316166008073856450236740863265104795655555239056932413659061767319157743940613838008162286942147836605812279660137868810364223934492899015582775604767214528875269651849840975725311412696979996835831311163623016

9676374068208473522076481987519882298630528018228873740084633583 98
3983511917977005782448199586712374407288542554258820673303865935 12
348849979702623134280932584612061873144905739334295261855568315864
723465082335631116899039298074623730185896175127462011024135025301
650473598739129966877316578879331468114620930068822230887206158330
968583647938117175872322118804407563604562665101608344367723134148
461871266939435580944729922205809540034174771169249485722497611316
668715094906013042427878611700218095472391317944418416770245763014
022975018319380448844816047770140408137418939545475965527353961460
351911339301223133299133292565079896523080905985857406951069192032
793347339726614955417056166160815429521787924208501892615890842770
899908154102051635179645981575455968806942601800130355785547027159
876006807331451816194078367221223851733177317836585699996221593848
758839224899291106871277741693137472569565133430063065227379245510
562669218880807811832586731369601120907714665794436628833001440815 8
630986317264190633304404450805822811281548891619832293273181879995
885127378387293850969905006909581505599686237771294231761972940408
139418136027240514820820737951363148433542279393342776536861035254
077258399965486187460681108544159937826344218383938448584852903530
456971510991250442313825249252954008960027765387386635741563882743
141102359953392227466142808950302357630184738996956968785796476148
133852746260001728400766103533599700110742958861790934485688238614
022120262810098784194778556695767060208297297284932172835947885074
785626883541396045205032733900115976899759234882378960037047435094
401262181010948157151330500526967347505159579302414192467718837799
078970967419856206206033657762606620039347514589512123138896768052
158583214858756210049398274337792910008563459608478727443346055618
482163033872291055643309346721926478665631468981442003818721109343
897389863038172129579092991127430767197772915783767485462892852180
820396714378507933637369500772766426675585419995885697258889417188
547324570412654538727929383555423041284137013213116316861676495031
820781233528078670360575316926111114131927428779044645590745310830
304595611994778892976495070646397168145146294531242943635554886863
612488265612400644093270462720991938024993538960597443351284906593
630428301040581746061232043944596786199437588182107887055290972403
150885180446976720704932193264273274749474657352706314008460022706
069559676968769935816122080876142890824382822508271626545101507650
711225487767831271048985812589031480801153234822354857562501636134
324457554897084018525624878558411615590629157064001861938267871916
714542297842701318556353007592339174371504225236871430802869738972
306594087472615583200288560564305436754730126975992391214093078205
163473056839443576608050549539129145864564189519842126675570326140
401652646471819168255617805000436626398681263260515677037375763228
255723722403373265634399261010727774913476271761697800242024174542
196335423683421089982050983996930900966833517291556051800329123750
279741383363465570545278348537476157707297860282642316989566162153
641506119169118695850763008877398413314433235221610864807537627562
795357326192768075059179197538220805055360859214370642558820407949
945680532099845216195290348747172915878804337898027199175755284124
951645538973669036679774585106049237316474933485138913107670478168
931509280056525080740033602625587974658733895886504554910594418711
510789894764277239141320085902731348230514711471086256844244305561
264573131797594669083041340349698418952641280813039237953542339551
451643685832971767270338799660705027538088446666132495208470595623
603513288763569283104042351423073689830225761893982210451471164975
086495793133102305164007027404187229255253125550507519626309014190
428815837860801872268853303342603241887419947430948709809007796896

221521278204036387184986911556892852678851436920811198966991991759
394422276598585296073161102727719303922875037352767460313649872860
148590878010890276964810178419250513768363944327798589783499670751
064591608079978149867462129594299294951034556123952851899664838931
513416634256253872290420785700310050576672387824994229304331876293
310759921633410348818530789457862130438446990225971510953784248396
404519561395264994091054193480278333814105054975038632521344166525
325783462410543137242051343656100709750264749750601879329897004952
635108038488001221708113442311592330182506552329000805329609505296
747617827764990338046492756424607844006224775102298409044645760882
840084383965375725163309086936595011316680590317606539941304678318
604500629809546411793222760643945450974640311900040461013636375665
251476339220564085394881156566515641449954699979896155170851923896
417350486164401960282283702310531954944557157779195675885975303666
098822024968864962402373769741490896227826267171647090545458964342
513581072155099312787001810947933780019428811697138455978130343759
117449830503972720050883851002048645276691759729131715166904145869
909482996397885788471241582151819151311936465926550224699522520658
612371086170777529724800962855738111726435043977239915913533372794
371214939748639792624792457463092688060161268332810801373076067896
388530352476247957729623303632060797531311700321563157739611414172
670968457919889678233174980250090409276983988948694658406197088371
187171626789505980379928186879083596767443867394110895371969861829
767384589543924411217443260728143441568333778396580093324162653119
758863863145759699162822606077903337395378068615499543343966625340
413723933605837613571366314849602284656753473188333959769406024258
503338228269671602514882648376703139366150304655694403590997958808
653064775272076181214153941068185531517358800563179789508106998207
123263571467145311627582525008062009835302998598765345615877265590
577677705235068007347211604498064883912344314969945662968838109923
179375961515198326501205987814416179328900586332095639044967327409
677561565792169512569575734306501117727944676997548463963676474095
197874698574050025666304304969303782864673088907406762172081629100
092708410880219803664690320066048982952654419736165080870899913997
268065256227964180494645415644876701280058394443003877713557078046
564329913218706063220815142750622404635739633230334171292053079551
861594221891341743934642698600396304005080020428704157295937353099
577166776152516245240929006876484094452448708296372347946634083467
678892429045159840508607169534168927276857026100718961752877525160
511457579234875828968827250058296434832572501948870491673293274144
146938616110082120730148945094220915611353196601506009515300421518
796800500925670277461697526917366335884789531048751627925415229157
364741848801293707600826420065741850241704070543171728758494534967
559692560581068000917355323392465539765805611506266857145888623136
877825027075077938929852212898376757339444061238960194625480149686
695371667569202794500414657284567068530994311959103987237024927090
104353255259805011571212263284707450745903405964385528208729191184
983955166804404872154753233912561994593028105975250334168546567651
849453998885243277578350372083477741274638187405458639292544711505
554322799818208681879698647010465613411868005396513134672323812494
414047414596471311007233355202812338522140507238615369316608946059
307567586266790750537016110407034090926282674887750285975237510238
545267796205530602752777436781940577953384076593719123390416122993
896587754050420933165780695965341258929276900210583534723405610651
455542932009170745043947019956698366277022470228830426650690455121
943837056846708382357301181632285434001843049497985826217684156199
179199351241530949158010079374774040392763688826938414993758057175

171344755815931032745774187576371187757132246892272242493377771139
575584843469314320561935228175997645633844635236679326941663652938
292994731554160262278104340459712825822426701976096925423356800253
834894656311249517014689940046400911880740870773299643030944043581
834084141758018478995026247389569075478192665221993496740541728819
110503325279002158545943175734588732769586397741338302654225157488
127285818892732849776969110852593856521723918404258258231447031064
760464814502022210286533308656374402259588047132186945014436681753
853073158920051906575480158234491548443177708176712520461196493945
018862567637414537686456006014215126129242464596730642846488510497
611191884672049866454759999268017756643379003400568470375447562878
249348984087140077023629650417075010454030069683112353172934030263
172213170861762029604344548209543486763695249394153847667538095773
551214637499080503829564670902052304673985564355823807120013405179
535817759266117929746014869213202630600393179956484944444731611937
253694206234756374504782675939732127033728057813431266211173872224
928063336398345193036803892593096889952092520352785719809923805762
361228496065232769709707647903913942314021333686903948086876847433
080122688699462034708237163097247047250281060331416470144741205421
382403081283471910093086202697490915360722527512865977495195070144
683595703426614602530281533848272776449790077688980744583010805807
625802826525398467121849904439425891880218806297599563142816384851
120947134995242272909662562131057200278602521302716524357302013219
950531711204193338562432181159685353143642809886601095854368526010
852934463784118853718262721650745414154290924125763428168346424803
581833399866073577309409498606570661584407016735064684551083448304
103407143306886135064816123133500844233624141744252203847162068581
577800344074422408997737952507722722425221632527079828648342393603
199360077015781454854997327914957152420477718325986255747117217600
047591868613465766800747913882388825260595036961456375550948364552
494331849375795834470825651120297713054890598588936049041984366155
680280639101693150794123984426141463145272074906342167466656220820
733874054410275552773264257266626032543414164518064646201359107463
690481409139488173491501909058878658865756080546331911539579519922
691510175261135535365480449153805235243092095683913392366418602184
865740565313865858918038882901004954410539504281908521709568970985
222660491497703442563415201133543595601620804833457056785828475182
886943264572847094155070663900420218474284148150729321142555253848
768239840596403694675585587065077805288811843705437076685394020436
679087947275769976742717439082411422515170231955326014929205324852
331644303361410581348081211878445401680049841863719537750791225098
168839594398437434905009276907430497219732166826907868189429886554
326039347996027915286663167424520499357683219759829614090609600277
500754116118234136595195436476826597435387250343355756076030942645
937176844352565845618941330436265854933396448813667814189940353781
251863618098614310938046860842389417657170919837530273529460531821
774849806764100727806893539487785620807660764628864349757813849167
549694801333616458553592342187444390487282202327482790004380974372
224090556657982792540792018271917640731568687889908698234433324298
461713480779415792607894378693787932181927623832088562198256262053
706157053365099866604373352780043029785385825777258208143493068950
997469028421232148054362521441099265845132086983569503793412192787
701548376684625884851480353282100576225953123843954998455977183661
774696948771337360294902432014008936954352464284670390628296129253
331756090545801524153362697046334156094771470387833114080455327202
669851691655054580885262347227009185683811529132516075575147329831
048174511690118544738905002707966281357373328915219473513171507142

118196223950640360662507937661011410909757198751950627907671992084
1561838312623278705367794958720934808531033700370796769814433398659
3194730055395503613737169035404412274418482508972554341132914140992
2101050279406078134345274545748910397870395925576771973032662920585
0021841243056110147117266588587585811098013622427191783601505630
084506126095803511462218689703926560067677522712781150869182409312
639832388951433073092080618183670533272221996712213824392494133845
030855374291395100606121406401527729920472162474690601996875361612
930959443531967021387026224274713425295198346411502152585217190733
435287605089694898596618737246471484457540042632111691306610800075
901992768527723122943384537537344556192707318420770035251888198510
000910588697024636141339463736403629167648502431395922261089143124
584310802491853376636547379542810198006394675491656738822093720679
550224539749527936043218760416737125294186890416787560507158191846
283974995177618984701201417284922531659976424913961553463045596737
003669827139244746172240537756388452506057383117220633099522461382
751543842624841830545461614239767958075757928929553582315837910599
881000136355835802538193049608748484062324421301967312857279756963
808915891141510626829367132533904432204439351225627134258357193758
075555470995280586509274891485606150149058672218630181453955271543
377441157484301460454210472371065909374589455601850747065551250496
207976349526296285857419106119868433743595990276751351242842162787
382704073617901822642116190565452355982134650098443468474989342551
941906125685394712155093835778399733985359799208044091401401301969
205884816241657792074385061659298842954287592676532576461278658136
538693023064324951487229156834194893397732577238311018607285992138
274399553167071797786946310241209656299251563690707097976574622302
248111836993379540037289040035528138387916696451463050174466783026
773391565848513133733221345559120169428199446355869119901046702572
488630391431318926902723427880765595671435508100852332873676188833
143306258402854461381790916491511389868861020424410969493039946188
156434692259238227154237325561865763731911138393508298447375787630
908881906697487503462616077362010561476491958588895261757302986600
028449208833098693563896669357365831543219805114630291803035328239
125122651457960451129136204814160742634836890487253477414604979289
686654718043110963702069366180038156492646017632282354675257725100
634810833246049639745818948562507159279851400688234565876643286169
649944702876172786074016278793760031340305365372001633610673119735
402165742745526613772464146797016342322109483927352053992161846684
431657805148578748738995611735615742292710799789378304117463423317
231236870629887993956379693234381409307730316673855875833658948792
192292991702925321953131063137516995648955562792077326334439956069
913401234556618660027238644091295776817456745562042696966397914924
854631761555583478849112031329808109382020016670821426195383939135
194943324558741577258369481163492140484733546704852527626699095914
448570908316042386634335523479952419332174312708264275715015373811
447046489614779234323918836597604173276069183964760678663226749291
933231611318776739191327131564491305693705855153395058229226297936
692800988901273744011072991307584839194837251638752515268120935615
506896612815652785043774385673706596865712904074504021396786409805
016287163242664226733761382152956236522040211884309169244962016703
983772402290077519119901733887256549451670248842314466733016979564
931389538586123981116683082572022333724698573778725176730167468852
701156427758200593935709812258690125889277275347751245969545250389
826116680212877573805636856315644421994581874028106568017531855645
652955822886169552862742002819640306143910590032153797953969302185
194232688079468527914072587719484690411764169152274721106824390965

834936817407243912567260141392055375044387785097186906128308954214
450904545348523815226121360913632796256187136414316494221393554422
060053382734515307986723066880135629301316501765553770471630091506
247921237391937057541387260377844094217302591125049238615493819007
039732269827084459330938371631480611283411794863130846199594307896
849641116870843379334405700795264780255324299882702122395890715726
215449188311989117964922556872579518737643726521041961886235970807
637082519160197482234482099443332365004015103308033450987342082127
921412004204801805010797985617232164735044013698114855410588119726
087395394254908628737839037468098832081722147968307431302693815436
368453784576155752019947911774123367085935717692095928402888000062
917208716273797741535129580502970994424191380762872308506357855702
200290134327092777298737515761662474840473928515508631642153028208
352650155756311959083682307340304392715181050027526500337086894984
288132356849650072493988474010569473433805637338402382436072538873
309111373884076450003773447847091001864804554117110025614054087836
992886952741392619379085138522929789581062839805904499241387273763
985719482912844834765974014041432598188502453910670591768324622694
839736115718148985287706502379213217892695361163793044646771025399
165684431444320202981168593661665925520655979568482691676299777340
317373780308748208117848767254586837334246334524199414107801536921
241598778339974669973954295186818200906496976103678215280989529876
069957103569096028371008599789898946334872095708021792336657487071
467773673609724639922157532194023698804256015000075840411757319574
984167403330352603948097378856539028866590990135840319648037329389
860459420398689661622275489436550760002345814107089615093946926452
773942351146940111277191491369254378585394835272648575521602087204
812491691018527179951837560732844266771847679540711162180153539879
182477498161858356464522803086323997713849928359209270555307866515
564527689591621869203470156455573402876692638413257703601605964596
904032255123102029559970989164180907129145748986244302977071138941
462836484848715767856779487814312512432935502476872684689469338789
309686193721724524216873927185950326411718319813570892707560107929
918514562750286621924369798417811414045403196091642478439214390278
338683726417115549439630419405888067523818774291085517880020788117
679147787731136388027728566969401182727554750200093592740494837691
964174174743764309935882811490241585671721186545181954032744630850
849001867213652717887423627513368543825843572609765763398593536487
906202036888810270158500580830280052905250059204099540095599338281
560551578080569277503764059324228538216945892473083726933480345155
440890818030000971359031387603695064629525581193233191042017397696
851107854510205884117474295667426408627622606677216076333832609244
311716326610442814595860625069986860747754290412444646328607846279
208041631617188773654072051469312121432516923429453543324728241729
604332479029063540574426435510165761886887575528924905830732266885
794063610726347131451280390967940936849793368148757132986978132119
247305994960140277818648319506098399949029248482264519690766949366
809185292465402548007721990891772919609315660548678027148447837660
439060031471464522967233738210187250391731552458699554238861364979
298934057309118689822968756922198783526788848165620121799323557181
193394789972941131625038237716074760122507890913913600736981616449
615507711562475184867186427418752220983699262511079458767442710260
549101837714149395384601730899334493604769733019287791380270313507
073210981882099042177479582446759902008357116817844883047873914753
449351938140117520881370598439846549557055010189474633178513544780
605002453222898695956109812744537200340506843316195198363031817037
478986266327072440653794392777506117384377391003701560450854244171

8294622323098741599261379231030639797519629062149549367514934829553
3425573267340573662545638782087724780170125191080613807632941910488
3768620615503990171057754937943719814986022745743276873586654721199
3724736483688847386369550472304586168757789926241799192428880868466
6327656215489453775846426936601705490410696791396585650472314269799
2668892085692962878423316515400879707948404460626602059142071572644
1491184272577254451851792252299228998925524179313295561629333876100
4160849199666317442308779405887350839478730728309916977398349794366
8477463448015790691042083874953549261759171854122935975189900892222
6217219144593067886197603562218812780638813224563555606806941525522
9789749690521025558711666880394625316581559026470171799000399024833
3401918474186111779142508795783220037431338999438878790174932178322
8570913622593452398799211941358296486042387182406741709862281219011
8573336815685703235943091990841310032742416308560704018396764542199
7565982152583422886796490617533288038337592518802135578893511916333
3635912565307619634468859555567903193134267533833066316434060769722
5033746120456578575427494456057731809473490446364211529985330435366
9838466098461376693430846170005490836101239165487402155201807438322
0463746783904999935185678107922897258746903677495791338535035133600
7550732132560029191031551310728317711625077255153125730496232722088
6022521464840220284279859329283668879907714081923988378503562205299
4533615680282037531395403317643158940563253112358682394728921042811
4777090452957049128759352412051358687603284514258273469448854564311
9334456061039277195821292194131087466667665924574913853915794463555
2398869067679969535565940340083926630948915637051551833293940005033
2264170884889946017449665907668684722866810183423473358074816786088
2569926361457941434157737969727619536251481604750464457139352852599
2175783952785644120276963185951519925370647385437507348419804585233
1099524566402639452567114830535968678311138004081619234069234032600
9897041045680379348360105449292069273132391092894894161225287725411
7258807157698002902327692992653967222231259542378978187961729736922
3126986290413294069304779269034079608593696955308287063349885358988
0631703790655102345550359811047226307843243788750268086652866619700
1235843107548719344699613511024653823076326385989468574353065605822
7530017359129830695156395419433781212111804407015361531438457987311
6667203618404665922914000728615704709231838888371259011377511015466
7281568312617313584544495556934040160625159122144520263040073167866
2421234739841566360615700229575795125960678909491807148721992011511
3386033420124903343269019031524711111770537674903792507047710800077
8072437972199974867805127054386580977383660845571415922313112507699
9438505749572084470616176464289701673424853130726531131411329692244
4997325898693793362053823104304688116727029678179353151479252622777
1508731784134720117508291991814002438516518729332192236713933021833
9371801828431923462068612248771248161446437262384667227387169270433
4322667628213359572086575925299335704693016713770629372316184028122
8146654033939299764799450835563529313404481499746082157314367827700
6020903620002365614794817961669533898203303643151976058938824031311
0458646245390394575637688705927941914463513165656385303413805511600
7383011523496501602628983311752665408951427645487394364290003104644
9756341864670633839370264043271999344450176536211941839809140543544
3120466110710229491479572822300488815098928800520298222195603137155
5531918072367580873515739494158638634659242649298271246874287378877
1072117796093428528221850751761203163287865050956785978469694397066
6857436394417334190563835044072943862175261006067399446571445256500
8218511081123473497709235330607315603438336668128028972835529497833
4686120793065366622984886844589730236869505731807170927104880209366
9886005259423468558242146632371483603347088790508346751416318599788

7318213771136093379679226713048084006357127404476190169902128050362
2495514649375628572555347220155291627360048420717450788079507618
4591360695778824861874794960279482146832553636964805579475195804226
5961817575455372575780063850078828942880154045147286645076936364292
6165614640923760991944230253071776066476460974890130071283206700958
3444148679596428844265653348062698500890014358597934320495470073979
0197624021831864502251873557681953846695713070062888292637561603
278764215965593125292492422161329574504065382201672623986186616485
814342988831519203159057960073366305926447801768242805793775192549
911613874081655519618008061914487729485116625699772451508213714632
819036518087733473753221390179569455469855894609950994481976623160
582738973924308531049444078708472699064031783593529046138482240608
140130673921194035926589229119690168304343622797153048445980731590
371353990852305554135850303305994263075300844749731213292281390041
493729257315810390367157343929813723660967707037239975647113138365
036061040548871609861903961849936105390323056035908952716521688244
120760002937772054200549345059959328476579144513894804179203585085
252993874450064907705032042624603929134791860529641815140735430834
587703620162613635647536716676059747800859031429361333792933191750
084855096043897181104098877520049212223706955858124962571331447606
650693367882768887310324454243982890773510726773326678439323322019
262193656446632205485521963628598869821245905948414538983552431719
342491299006181463959235638285940616902975647631126229146674653662
658235758329722166170996892121526322495409725300927609096890929815
398547781047546039704805640970194386112437832161330172173520169538
667789380518472999611330175309536392020079729438433442713241962980
10719595118940802076078542247534707659726795708604373801337156148
493023257101981328749438961494854878373297094278163362544363330826
939905579688104948920375875078545376405053657575719555719402413921
082687609088769052263686540301870822701883547584723999228940340790
795136796379635072634422455419128095770590315877255589220778969111
186865369280723830240389236271049807288831287553507175113342480969
287697201586675189142171434255763904895946985807500609279810043909
249452408176625095274172741560161454315945185221718557495526847527
727167389139029014720235059895496157417316989042855399440283027838
377623650108590936919201540276948681440882683921593425318596862968
867707355681783603419705184191167919396618337297000193822980150272
483083508010971773091110587089489467230542892715118246415440910664
532953239354505193052789909317281149964927253060347021598719613456
500206310713361365178616544164970357368209762583749438630392248773
435717559667110116693127919204620889828753887107153631368815546679
590155314546236533727710941929274840416913145419700177540191661941
927952326018882537303377523360121961711612555388978356176708377387
852607563134205865681970192980420505034509501358373027020583244706
964639692236906385933110811220139677100067477245536145173982465787
334364145518521246858040728801878105976487177630797893325464580093
215613548419484217791755933093578596719469919505619129316799344119
459729424346000102857975899404969436566619097579329566805424670138
374499909488656972175297862499944403863256488733167600407677690717
691102171332461667136933577677517966874823798119741641389329665109
832191318891230612883213061753473064594326312369021942487650442656
800640372373565200124319482373191116415861199401623456107055588036
662603162216687847134896499772571443635703187500753298600633308289
970512791458197779206078069420505494926820444046342562971575340949
274355797251601572079797266070199691870098612224188969224783312230
698835193026800133351582348097469113783697448676320781546648812639
240828418651602491495497986442720986605182035717645689499356020430

710489295815865063951917305638559382217514301314348075986693326504
874799038056468350956561639841602315510479659885931684745229784532
711563022567963824580570873833598486159426999235303174720562022037
261527089760668460260887447119518675285250056178297288871967524660
489541310791051300257310392626908884742371565183099163546737457239
943835000925165391918101842370641827844631996490552888569939325282
656262824286907604695912293388882636789052588962979926004365835129
285916601681627115850385950992004502382880525787160799914857795117
410714587892789285944554229757489266391490606122559018467424204898
306960326099241605373198039930958031845874187561196551694103025884
274613267715286041675625997166890091974462057078876061938247144306
820078699951582186915234809462059947336728416187438018376244684311
462271997183540419908572126700675220557081779080207642238770083023
145963243769724843022813747480149945967829765245111164756284494882
391126580223207233939672487353483796834709037217278071821993045796
170874846683226075483119464636316295504614289181870344025516066109
960439682279760085105109039362910919942119388266551364311045937739
823375470223489709893823833496062224144588181571744869858007680176
809831354488908073098010459829884067101286138185559779131126585794
627976344020932540464256523214487854998370452126786486295967723599
386702875890628269927949214888088902597529717747890672029936712367
876345198659570801187477179864845108982519553391404526404027575286
220156098390974367883923433686902937949023880629769925569202312504
277051089435097832023702609078772210288838691730652029707426870592
354303768898474913311508457272408927276852932025683038229026985498
309266427981696215482643789646128368380420732092446348106248237628
678481958108547337889172165033709317162300827835446095355000157087
325853718296069755081704358349922043478239737270858232696362370176
097674845003041090604011687748131236415722492541367350659699997435
146831130004790437633894683811507504479836224977568918706331215982
573656934306098101058107512832028464444446692258358776454107654245
446160237778278842301432414837607752722866645863176868757284362034
638726464703378104558038408699001847001329490672016291067320866560
152720035703770087723639337084619152832048823114035058253541286718
497691898740183701119711247408166154018970145776023023745038112311
099710264661414041857261089563696058312446625103344217698695531230
691835330056188518487114675653747128425378375360270025404781526769
638680028149067082684714366270449383420886829795605591530914319592
305379389709091235016831752315693892208172366779477179713627192414
555888808601903804074946015109518157321992631630815367277863953398
265037693509319621749307103605468274638519238401085893804821537960
570375541363419453179102144027724400228595051052507885300563625487
962039630514167505389028154839893826056184605969254309230501184482
024440573533399486462324698616427152552041418394545883390645070021
120281626903764372367863270923848083570492855665422565700417166434
679427056693169465903559002500981102046159970692226960430393134150
112385202084330783492768521280232291152519737913751743284056717195
786548200968348394935498706334104510911558023997896555372867167199
806356218822908985971359456599565839007199084113529007032127984868
173787637691975015965034762104926792800297988281614426247045499318
735873796114461220750417737680384233088995124892738217191170599517
713453429945729725215214038343046073402932129297183599023367167551
902048367988934857854281307409171121274913518896650388059503648866
001930517747973772006038594794431466501041077192351722447258169876
135731553947360636102260817195494774873346575307697623829299706659
381130355666982838308327669547610966886531811220411325508888982062
797980648030112172279233418196079841299972072008841839387221139034

7247310851532774836698378248679654485396054673324517828218373712906
684884322609750319063553017941264823895351147387863995054860224600
033576913603183825695223930439416276778650226367159054260821794162
606278653413781787284203815659300744636406739896675492687649395718
490313212113656202390261522984062873095648128169303501869685037131
095472329376747222478572964170819858940521696598105253378892335031
987258494889372864076832966453384003413973368465664299812962074532
556516610754825373816739692277169563653668258137853929592804863934
624068004561289736777656499264445275561622239943174891109978681413
003408786160964068909193446601068578173996496691929407151979770619
673556327808303748676242818953299379935017437703304126784639410742
390004075198605918156465947758609699994125596896228698815789024265
778977792045289457268597880151203918786449716049993622264612495868
772143477181778272154033157908743833318094502935381915728145418326
821124819723259721432234940262895469574762101080787425847657147801
608833404962554650632414744423711596789923705898277665685897719457
925992692904083389327233247930254203274120827944369363547913979579
720396366395782104958416314403965424093860475283325924343500781306
594917949907703881670567144856475901470819362884606343870830873013
999253725298366891041033135943943477132545251112552111092798727785
951382708916366590952074170927525129902620455410308034810322700046
208199313497741033969935705200813490694208037872203790464382890249
902401221380463397980242182106839346850884930167918289662130425493
338799654874386109320851491053327587732269026724129296625673645906
875591489631205017424394526389397902442323703264903596852578213780
965150454498931866068559097566323944226182229519656421572541809032
099804496613813953120985347967114699342694938245149667475159852900
475180527661226007197757224967081515058039143461824012521809293563
442697690775936654520908202506027804671493363267787205816815970250
481840076454284365495003371942335655317061100284423030042053052952
933086763760286456546110382753741547484910093128725956442056976109
993020881040353186694892623960995356572233574757431587861845904831
966429563222726105271648198398546337943708365729640939488820397486
960694333315145791639720748072343344270697628656850889473094981597
190683110612001028675230952011106399785970418819427843873191795483
746036719035569303839940154837381862624892618158175467230946628362
055651216917470327887284570315345444858522369606979868892249345328
209693435676167926010847238262589759905263792325916415032763625594
607746274170433254493457444889477216876271827727072947967992940703
725682106129508999370246217199889894467876686273457941352264033498
177530833993906702966521338034698372728905324760066193925458206592
897014152612950727426292279324657917043837162693207536501119601557
525946940619181818487377713426834444240529306600573344588869058880
393177484511774102397358775282284385958672028239874374352959211556
243224389289630027291056872887268161611773035695272316977436959291
424844621189894575011690312957425148284517441987133717486576746353
974745761595416087815219493803821906317197854636480687724886181039
189448975073053855804909207963214830893523184803790906668134527178
233532246612521949926765291427590890922621175108174670500059568093
135195284008043900757261786657751257452884330535531748414291753374
248775094899335437358359554578827060373973912922693703012439656897
123773945167318596704193173930742310205394492793725566951434978805
545703305908340113045524208837745301823471483685405703839803008349
014666157562782972454384494736538947399853428754328227478538137311
632469929383670295832152967629316901577016376459707311545568276634
901948250420327162355437616062896101031778920813007133134968338654
865407252699942438188746548272867272278105469899924363853838917100

915927170823049066727659616237816864044108587574547936667543859698
670955474999659120236471863025134234286603123083288725426148465049
133391408455713489742121332627956375141588593834370232883676361427
210910916326438119930711805813705320521818716890340408422833149561
397141000910171509937355016250498698021280775524186200458708968444
383063445989495551440098765192200443482688701270198303940692242853
914434437692525690603785633163635916959756362855116855631624525027
754537619629428904366194589680239185158067914386065545763066653855
089791671967227739752076358291905766479671803885645388188660350645
431683355124532052382832782772109259629794743650827334190694841174
771358669416235515154189766502736524377829273750109051093082586789
846241868494722187945092867305656472937265721055693249737530172030
034298462939903576040553269480197521260030669803843503995362245864
967571735364486622960867665022114761971906683670007878619525727724
960774953015827040191563034896276315535912935217020929815099957118
977712469085446761448508350541333397848261343953149537191502413214
925257011457627010326835919788551641036147376475962509762230288111
889540471348042461791153854163232840054371084642690950362186833728
775644555584451321260709365088896899626104066097271490158259265168
477635062365733527671953832978920009067298565323545222748165410194
800740749839188230279326391449423695735288995277041099533947552827
010819433573369718431950816575181773136178920372220046232022502571
019599757952402244477732146208376008348553877306273902091886835251
019639767078418503278393034561640141876545693800041666721878598301
833249780430668413708789977806097087513122453733179210477653219632
269292062444118602403823939582693848769438647992158275076780160750
653635601924781632884895067393170475081966462719511896879259504855
981422537353491882022522322545270640311004505864934019626832439967
502709419772579996211263154981806629354071558361027497190651842740
656593725451257474213565274061255142087368319535891534018300564376
147556000590188755943248998734235441853629889772464142911298518495
310609053070368529095174747046621759278212702844272027632422188650
036282932734481277819082473719717873312282624529339033105661231369
437672159701905627862510231496508385051784954746257928633548467647
505619389560487127247631535427130602573246197073058891449957628661
080519401608773839935947596879342063061649761016289384743787627083
980936528689093624135397422309740440123377345283506225830076819495
350573727124729146302429342011820559428587540967299824774332995253
289388910288262385002918686066223060076954145344014154378027435465
277981124805950108815688653909581055179251789261685947619890185128
854853300197191365805093430865137339156714425310693345585359369068
057311121352209014898432261639643263077611402495957275755180179589
419401319774573422892233099739196245423781531637399205324766455348
061014367306832579576051667436473662023462120548832579620677794658
961534666628496225125599883736635615457380994239822341397785731811
852669450921933340027839566052219043439079521876952862953625834511
428833741880138976683348345199235437275950997248847549985348212875
416021214200071674252732281865847130243740380124721275771551735438
068693217817098469304772138693436239351851772094380919024767919123
501634197498300194349251439227328399895275284543098006139755700791
417081678257933982580345053035043559971630184552816829264227963795
173998262569721393103488869523650338876723534591792138831157879766
244404445856862661187618660778544234578255621751391515121750699702
826712148235376167533902997247943869400984398033723926082575914971
225249699909162516822418830277064831538112236871275612260858402325
217728238991975461696687100468066683951394054683014706632437280971
730852617500405405846357996438713060250466532450985137113504784066

696740812062280849524708273677848967506686806656952046159359064032
782602281023655208379777490999881339305724930668665438786938362894
312535175161385304765696084834268921637953176445418916273051752216
789720804110223722838862096566304326937505381260580743571556442520
301536065982737244631942002726368400072903913523216097806820898002
503971154135638074184333838437755945688993432757328763589953934333
013215225900120838600512520109318668826735672604998799535122658646
076878454488418338341366254221969714632518921172825009741219838894
379964774246111828756492740080109580681071631909055544066376841992
483030382445386120476391807877747840955329367731266650623046349154
209455030131869928385870404977694987623086816011982250603784077829
331371486931955769041248096002894285901471563003599521187511349609
284646438827763668164442908723542365626241849131109707115881107599
568488241862765942931155326435533657810786249366068097352567283282
438804714953365163044632204199356237763659235469498248612224043693
305064454708669838194561327173167062872112922330882782287685661129
367040431097366815821566525309531927357606575536633813081141261504
182742591979158468609756617111553592650472452890139797307483656845
667637660750300080388682744809256019525018228778677511683518513900
923990735105970327066961915407328728911684660750520909200607145646
383935659156554266871106258607999663404577588827698230347449917712
787416589237797961170443306654990881949703719928121853092042455010
101872809707443290433948270288632007292968230071606130096726729562
697918386254192392746603900071210997349610532335584725675941583353
650389695788836122277161020990818078499423562309210965202007496819
097023368204647962109385232105587621508865676768483543211634698215
738765508378320373381431990074202634978428101168489575401021897545
070983266542762146933390803990467531115202415024832005665615806359
792361819323007628827294668878379078853974048969533931470031131324
493093227705326130028850543429077890063403191002285599374199590545
341982948388657641910838216642991461141910541040721718375771550615
135153927714008775520012284097818725816627089312739645464772598088
949046387444120338340398470547482648434216601506040978703871976045
332968159456039741792770386611691754030605604275947492737317580608
753112966079880717230218830918163103554699678999676814113223840584
872150451109777541309273348085613994313891956459179137461296122743
264902894505828696018397663266768184863672978442961082457532735323
785581012799169576075366163284457154796775700222592039479012456471
885952733235380132049867071615509158782889567274613439615495902481
052675789916395615629228002473414729092945654241442384279751348945
730605833955546620662702100141027670794584352116489088168624369796
568234197708223331301580282187684116710285191137349625550441565003
220132187807208363215672758328941194293009420176277343107493222163
016969037110211968178145961129850803567824717557225952337646404023
992449941171332270648140922089039340677416590793358224796176127195
757906232160753334804425925247216637653281249173787913554545318283
886538707564763973408162444498793361431231856965340138644220930574
391287276338158138712550673712242883009985818632101563534940227831
056311703310767124990400513200129348970272130995215492391507859042
140268931300460986561523614052530392725431314097867037236715981350
870414441556847409342428580682669188705870133146463205081915056248
476004435207080754087821149494621150927923356416767368335016422842
786529339283279284533215152892040943012000817086185841075044157621
681026060833568283697384319713651082936212468002579767991155399907
648403804992817180375653459518384595099340093392603110508797537641
335490529395708765991342899729770181614294760801328372843715905906
287968664004706149178465951433808979790174722888221305314151452675

0479695173436233472615330300093049742656539457947474078856366781944
7087581203460486212211973268398503198398806751235560721231422483977
6820693357970254541142678568828685762181461668246755029523775266144
0894926217941023421516354117757026907294430769570908960644149658811
6717421216683181149637091447791393408677917203636047183375907382000
9969094501230844029782431989830742991247475096595054024321134629833
3441563938684666384511304171688046800828350179909695445574285813277
7440301400336368378712361162753223918520093151086954785404060385144
2967533705144922858168231754675785993324897043319474811631365687622
2442092119616398478074939906325506586104726499462785709118482930766
4005230239571694045302297748433753449693479104278804649755091689288
4811027335593809440469348957848319661916191568767866474420917676966
1460159614300711876371159818435709487634197399138085628617818195166
8335660513197809453225854265525165340525641898360419180987756475477
0093335456463863745881837071930899277747477765194007121001602129244
2904288437751885569693798413746195948786640495288517970299440341700
9225712698364347792342000445089724019564277684357400046918068857888
2963825556857695524334810592353696323776654121361365941658964893600
1269083039121890796693463878269946256898943238426947900195449176499
0799259672833320150204055056395822883229865421520127390385712551155
8338946014788267961307059368446271407317663585074877351536087854711
0599450815737503768721757586689747637142045085859347552037159289411
4490384555188824778224888605676817948448850542482711765602041275622
5108169873029478991692904177807320820294539123872885057804711502799
4340678197206798706677346899175968570170964221498843862131723330144
0364840906229633661397312051267854801975140106876149786782238295155
5301447754388009420919581119084559317284191284475424593024043441566
0468496036522322070391819795473902374792889430628755879895504346333
2729229426581981899384964339039017485919007454985194324377468897155
1635061784044765817263836980897975093316068670902736290679673652822
7703154632011642375553779929847464033232739853551610977778107521266
2296894986051351716560241028710377241294082780755589199253507584977
1547702149091468336554322310865474877713862288757608100792717858977
9025987591886351963060456666333631921740794453033459277301240490433
2328916988631072549085903950130666659273011702603766298106832918888
0154007740068222930213859576454235684172436497530339103424759546677
9776970800273759435800647152486835066819946207850017810354281282588
3528653403952123279660353632408223180898254477105204750370425226477
9722869915914522430007083320007429597732272579503765299376768720266
5918931466788798396187665084089721207162147080505329655306838233755
8647809970173621775251826622594488975554791079002943280737776954122
0378881938575336245355575553862151372157904856451955247827238390433
9225555860854598378324204224899605866221584236888878281887503287722
0578409778708991012397962235928130415428146206709469072943044276377
3570795194638240638535397538932514553204039865813187666506718012855
5292092902813884649449913148962151109657353827367110519461256070488
3211206288125968749690533254651660985515328470502072184489791513033
8599618270755253508309417881533073713333483247287774790518106099400
0650621846957914160902586333765370269503363251590124006107726551855
0408574372050402869641903450601543414825874821359489668051697162200
4129218909013651942661633491015177709354187823411594434257301845844
6047967497734112396736746076937584906354299939745453007174309149677
4014521858837580790841009395282512399394188780009800085298325011799
7155246966298052393594260533425668348417106596468996024067593181877
3007607716569646002749184784539283759773956101054362297228330796711
2427595819133817907834096214082773026094598302411681339242540210244
7908295842719227209123104987777436008228204047939823835763173244311

719483156971330010828525340178091758465229417473591973493722187334
865037756637694545173480584127419296480623788474696003236329645607
187500856199400629019636181432769610791010248477449948177473036975
189922813557693575014468454703817964356041927482029664114842647553
884616092843173667326095117141455146642087759372116066400571318718
319403782493035660264211455546550963815617175988326306606354150291
012138175740705460347589437776573433474433136145706954995855206815
968719207955264670235032289325886926552115837404571767926978698309
365844160521753983979691416469213052887124734821526840486335441603
666716454520572878920653903968965700988330392782283124639883225936
818488973007620295019139221746963919008129822447578103017840712413
711813334742069153806373196342037227001353128231561282092730787333
606573188224330352677536168514401284814216046927928006261490423726
475295528980672386898011246352617089223609419514298318505493877642
205598397842354960683843080444630918738982811032326174942490245929
687054290959893277188672788181490220518594249649786437220191508458
725241513773308659016343738990369096183941846604804764128577485733
960243288848561594816539130995078432615276124274373041981321913109
713823323536521962565656841321009977934658671253098091631236945456
552408670990257957373786907357079576233304152045776015138834558474
196237479266731639431708110461614928063588389189301292776504366428
922229524865961964742501563936513045554221841369811550560226456922
426884427092190824913879746046884262153522223215969529720460035628
448018051430923514649064831558147073373909909403306351628476364524
307039902289069103226906335776036486055194090278268031593780882659
283867885892833398144312107432421057444077972553048758075438271808
973816058294605104830293838632112044063237985310181200968004784013
121041931723115880198941289995094490518235202855017478454727620598
636970700962150536736780071040186618081413859627807691530330859735
979222742977968064432368930843822216161344502909244442413428682045
989239144100586494855598206028492271624778702699558974228142701436
725836202019104692411143248113656782388531661678230591013029577237
394942182206285322925329662810562789429374661505175320710232540395
606954202499821431539771325543297586855252724801325259204962363918
642824022950565291717349820738772748645347449926663833468080472843
102113780927195036693983708889807928735328153398474260645007408084
432945021048660235279258531331296531322453687733089541670661483631
106827794190105286544385525475882138943087838755469743892676454966
213807228842572393450520834542156644577393590327231975817176591609
149922300536477728381273341666225338414722426299424119246224009785
447297982912784403926399816969824983199881028202402018949606067126
365661007469397089206468940335704923809270107051053509385611794273
021697988253541628015272720389796835160423690238188359887210402920
190710560875100167903711110517939171375466236838325414471785938653
029705646262609481596059731112820725571828111332460761042177477596
454839111797136188734748786825398458668974921061770350321736670657
082169855598660531527270236429296210603327629512934921752142974883
617498973053872979523177137651695656076009410257209652641367228047
189019484536577305232471845768564345313341809126025754013903941163
886109277630735614771042982037148558809988280770118207688604358180
555697428951349392085027036099852913656672420004093406815626648000
477503692670100671875654983026784039497790284984080411286490427373
187873235749233515777926654640587552701973317415255343693433358781
774394766769865341090342418288560046824427173558919562996250797908
273745606776538490242262424341394441051476683286260981169869629957
329189480313093836578772030544063568880873921733643168563019749588
240778565646911005844850632217485602786987082544923435009462428781

142479255709287588160371333704989444793554135786176777425930035019
948788189354645706998980238842859434023529395735903638779955485801
844435598231690842488353550065678400248622885397790591902101008326
643914042378583471415392112521196644127196798500140377737816113954
694556263934396372291698397034431618022638018535077274790383583877
603813757838647012136315206550285043820926854716048049446724877051
115295639919846196607048019909225438759193604899417764243237878245
127509762457528554900919496634300563250421582478503943865657347030
265069800272249653816227554125812383002246685055927019280952766320
805532391360748859854952576989950792761407664345764642909718181527
040843411686487519529152425069868697209121972727641663998948035293
815572061036528542998042279339909846309262878679188844745822818384
915413790257576173055737219098917335808706095211813913922837017330
476881808509917109050444013024907362722374529981247942216588118589
638088129678928602717350247906136422666697096556330601017905052265
542575044259197988430962928103065781734716370568213331695467538525
704127557040755862586832496666639996077175071424542434763807349935
092557265250192876408649276184971730458976251487164885915989512553
752282229553578092755157717734942544940646365328643887343342175307
027972107888439357840805194777569825417393212928035281904328304226
608115277615033728093222216146272802255172759402589140495678040276
685368356006483751211956556037929089017497056882892495376800055117
044514709040276477095266126178911643527084947663336330375047626681
813493831684698386036717861807570903840999441668188850885715673375
085945238160582885059497191411577351946916382663291000936319693762
626563399714388590830624050022106856248393754516645389779526455014
543848991742196831219314013729951184100975097941992374688409542501
321236476707532895687164905935102896844431703315138814848447542911
565514954932398604734701430994530959296573299640696179056571891557
139592252223779966163349292409269002121723513543080937580132161231
377545123487290335614609148164275810499520023608713598549648012759
693337261148782204827141654286109728738531498106973275369685591326
889312465886397377860527964731457744387037551291438363101480880102
554975018505634383742326494288403807981432555780016392499296908528
458983639132925179370625401502266817359646575985941633224415157573
672662192304256955666018622138261908801925812037238815460077600385
904490388617664212001571276624408763052928397860029377083531090043
918658812000874319507410289980656593798887012309731006970179557992
604473869636116078651598376486501679432859334319628128655516084529
190591426779204939904118967887787866743039299757616764655468134247
356325818313412266269003748336985031872001174603213572511554875102
276922014334441704147593650389209545499769900214280493035695458920
060089088122898084805497614642398124170653574543043763040631682499
554358976779787290679404769481126790951355743782017524164675346132
975800098129577909972707119039363809449713956296258726823835894718
541656384732924275869509842767377721923321752765396866061772823715
965708211303558103638151827913256944611930915881335319427340665428
840741599708194924029183884976257483153393752546673650828439655401
138966301676390463017835475369478652393655479832094346814763378984
065784724561420759944989774128751744945814534657383789979602559586
269280739502699277569907760849202215589743467392637791753036664387
053071485251947022095708928286369504935855848932090955868667023345
755431925451442518128800784991514185003301380182835829191679510151
350632589157356879487674191838233061591376859223498332250831999552
784862550590848674550469516024205215252356676382666432062440113462
461848355382319190307897904891564928816756949512976060226185159575
090914427722463313568357223509941125528091622824240694113223256899

532000390302021969682173861309879698007213116386203903272971919955
5770591894651777093108673343597019086754637507774941816421366245887
1228362571309690425221424092741444428629467641111573339026068992883
9959142073445918210129878938271304750373833166795787273900628348881
7212343279316790078017927782057627942474196395117775094573952744438
9586335334736796607055052701214254429947908049134644735738109236889
3078603566236646115074415941923079912263580537526359624935883885449
9453578608882349064790166624557209478823103870099917210865162700117
4127764789314306360703172683961166817967359974052437218012062348819
4046773515110115013575303935536135039838765404636303172924040044439
3454222886650437559521679638559904741481073663576222693266433064222
4662251361964755994793944751674283039388495387860866631365660876008
6740168682542438595093098390095082474146115182797151479253878236332
3116039101597908370532676133565305010892559736947825669352228981554
2080144662048550197653232102181616621953034657184128801650264483117
7753037857572107572167270373519222403141487053328125560252379096552
8551710604474479118067319707100206860334909523369289943517346016999
9107184507049095286957774131794120530566393158259808009454159456884
7401673376199344464418595248458578067918467182672145793302716286448
4233254970208681474069158570524830142625134913013179318973838245225
4931717540343510630594415185851799332289184639856876612867808298221
4112906685003925620774769600566532434851625148542827048561423339771
0633961326931405248211840228020876493282460070792951867118770746441
6457364563422226184718124284383548826605654175590498795369362959556
6497254118371933569798469939982669708232831209910934125599480819887
3220386864574976150073150130803594050406734056012325709787469629118
8299464967009553229932888316237622770234460841617862958418100330559
5177229060066089581303058313139558858804827622596251755183942649880
6312004512718100192221949705766974884459659269299769162079726642334
1433969809608501454529911686784527877225801508574285976431805040771
6225494651215268950797614098356924309417467654518171956674720444998
4286032696803718410825938273355849743868558051359522845528759636113
8602758981945310017076089442733247468724295891164782188536209845882
9468303040751100830546676612131694944656386623369731490536304878990
7883287404207267338339692583482813533324626119663972767295769874444
0365471360016591674771423861819916453062722898155773566229226610889
7177977150083462794644093605843157320637834761951700001658106021000
9287840443568206520194527028568264322176071358160175222197346722333
2778027439894359711559780381276278065260467038575085560255608105116
6677818382636916211202759547635750927356103375651797699465779495996
1144911621311679160046072342568134822109174704161025408424839924004
2350962196912636812091643490379266934922254635101740341015465437552
8316207061053908212266935397141446701638713391957245620135139204005
0918614732321829361951891236454920882390497224882879142572991339777
8222478186521013391414371601077808100071612966209368046726337703001
9405918478585965573088936450785793600087862868663380797636890280778
0619857010023224477251403933032211957205696718642388023218633477661
1259943548649924474751661178360316695263754160436006356632387105992
7935792175687119998228111108914246461015465535659621270420999440331
9758735153439833319560989417309386547454651409993893976935539224558
6430358876231576156258615874628728187813371123513458788378558042116
9776439852599278904996242906538896215821222189788781162583829659007
3632484969779876120071306818833725190037037740348722504297349609993
4766072848640001631992960669543707142711831921409924423946958256665
4205419145120455361423648841481602605377486614986411028375951629009
9962209123298192167833923964256139072775365707736393725119822973669
6786924689151371652648697596513443576712282685837531440126280418440

4622869358897358246373787848447481641210733816758775922822307915498
221080479590434831933876343307339949925194243372136321191536581087
255275493903497011795310565274368888944085474666472727078090980804
699730940520281612958244606562916550769680235614513978599953561449
185685794960899022815409931896227352107475824485672452619510048267
256152701723009343943029068805301926455353042977099978289188712729
775673122508012156908989210462061030326541953558830843463311842324
326679350246989405747391049323557387286249786807514404987381434351
183852558258596508486197653483051655774653548492518470623584636112
896123106347561348782919620808029021541889567169547057841263606512
805097004486533945692126761074648902182601513600217640420759343042
515496047121656063826907266881060328142047412200888667349415179972
464443148785230281956677300924345252780354723713324981121114475271
960517285263909324000741008504101353495340437750708682692909589645
056777697550518169976547742490749871376897080542223103073699862144
213444970480833388629036192462099417006595275523499456084088835277
119951256411788748775542690695378901665837170505976068817790849116
185702187460703920041121012738663425845845123645938488104904988917
124685739269622180648113410347799910285334504336352935599469991079
748386073093832224185655436504976494583857095754758924181079549377
643168962607343645891301527446565211457861415577099210493343713276
548550207819757756130190263162731243972242674146601694043536211266
476206689557181471499791222039059360453171295309555401228551081121
210265729697565469723178282753589325263383311106965765815561173594
867954759424190295582012445750907537337046035362261549710395443112
933407783239085701809046135796288485527163402699650631291909942696
959662255894979756287212877571985424196734753015874634707330507378
457961453545425206442308782408414080784627967368738878895852044709
279081010712119877987278359242339335575561937132499795938760984147
798982138182650343224013063857454488549358970704862514278724296521
006566497870701568388386453995903650801711143641042662786967241419
983265473341112848793309343958086678907543407020267937847743455352
656651292901343372346289780107820115522188723937312016093709704068
632553677092619190039894188411459261537011666865895636731505221633
041077984886772114941600466211065860524850410795479483814251404996
368249707396894144246667174873674631685170456357754242310515058098
647646417391062874599047379248881072743081426295248909319854957628
983241719089619983841001815466443780823753328402254416041489599319
087300847247285574881837697581895347939088019845806289421123611333
546325400404665357173166732386520784503080166195770809027132411891
654620198070895546091872385437261138749662997666582523147148188003
237950038066701185989421959948218404892260458854876888023375940142
157915429528712356822719394165950006243911835934267816404835416238
496792420808770996375733873397271385700510172163901028140061996402
955555109205148237278889395862250635820057623558604606700333545148
883088032069907961231844923797333900331150588294838020687671024091
648595888839443246563446675746335849532241416518803282548820899182
410294068318220651171221056358109508052676082430037550648338281503
658350774394016308024374809798482956648727702134170055891139662180
093523043539548882559026670900065711885335952330130700876190428286
557679076216907339408560706158893619301348780259524996703159143624
421997785198300437984441454865516590828204141139376731810408771959
657893608900600929857187848245431621802453861168378585862345107828
491821691458643309724767711314959030827346185247892215957636176194
158034130313191841607759441012157439417745313000107950564422525109
306737523223688543242791213530557592621003112211862038297502753817
84254173117337551711968165240928436766301402843312361032923452318

918370223034445497414188639739865083728606861694362513165598064294
041596095582815279474489407960067040156066354233056608882241092462
255818735880428279346966420627411245975215220276131826209673609273
703418630680429620948015190112156463233546199496049740834443545314
211500672682516687795066725418216964868333082337244585492412921673
190981802291517170276395390765960845015945874597607378223637182049
117249030372172847521476818938282858524186640140709140991778837139
569216170769790100601923052662978421951009921840123220629140060482
178194901561947902646631312875029083244483715546624849403861524853
532736635483810240007269503753672481333156495813195298329582489456
994701540983863588375105274450387542374163505345484390591298010160
337024065091419654406408930992874563503612249158486023751328733731
306177764383349114167974279563535826432656509343897438769712540489
099543976103094470122301704959677916134546024092072149464971044874
803825509647557923378408501570469654092609937529297506575632445478
640178182086899760355012046052898752372284096564154010430487466276
071995929003518139082264656278006917499381889757550412455262811876
953735750525012728015922292778267737194613719216516400180711103260
665465764572568399041112655103269898477620049452573207633661187946
685468075655577881616833650598047997528938859344621827274827697573
534811670385110008812060026845121931613498729227973543514525162066
264467550435130099588759986591144348733027605783273860610819603256
783353625213985372146327137143733668525942897840927984778786647466
449578835896680820451477672719070312628807710771780875944659287949
105828127513178451193902192043621739992710417481747355300551496807
137461376682610245822978890268640706208716918408059066840210711797
550731636097123210429979833192165994641187673904738358239727102066
913868675822234076837140251287860243360137545695612101211186685695
275760983876242013180600973001510948770418647501460347190956001644
591325816011088700342409510860065966824661861370034045403056501560
321089611195643279401133232062441296852718973390029304387526826413
252372811818734183772668317079822366819849255173111404842922636004
972983664647174703203589251119031455263782036974827376444746579634
703436277452109556074920999706859663108318811970526754076084185209
907452641268309014347673429855065555504958367106871903849244388501
716241895924159706438955179197612480105118326621083951809191931686
471500762285491546332100294923138434804057097770139827445193483922
197130608237016546337256801393503481012122660511497687829462858623
206434741211262663352782157747324524831241354286604414019190563714
456193361673409966378271496009780576875416953445440599479396181489
149477288393444938623785445710715026668290496140379849969979904177
314534985205251546802967974626481966870228616423121477629241242965
831276366150132159956875563032138349578504195023669392820440838149
111506865684280960304485296973825380024172676987094580558823876675
088046999123811364649817803232713886275399981430647461240477541717
786963338613965617885964831756351902365389428609879813243105964107
502022049060393598709159547794213809864179132509391514302291823591
945291150294344931341236215198182158312032029486003940276690126632
207066257065165460052747522401019923873469029975061163166192818509
767792260931005135445649361164596566028491128455262247857268747061
159462603273049260387319098427270223022793637175671192685836471857
815155133520340200942557325702413567497929832606616892374772379092
315644836993982219062239598351292774874049218848651486180067646836
474766349043546852270441815032947346688059802599704514719086726975
420909271463724793987242908001465960306126644166022286040507213318
150829460988850709805662279815499892792431405323990348617380802149
334102633155051103722338875148162043988162961449937118414730654397

256358037320605374193767157215516252026287912434751769566274504051
833871608859843704646720497692571862630681746111178965071273389413
431264004219002284268846322192496026992853768096158931948902304258
339012860852902135855253522872936927725731124839805870962208930684
664626363416474317898670004740615668576378571075842749474296485796
676254876979594106944926811657656925791063739128091743329342766008
234744512264681724479134541128328974457551465078695658990528246653
499093871511116967951536432826151198278986688971093101695910417845
024882873523192384486242263629734975768439282263112020004713218720
170178371097575668553713938247585338118980568055245617589253290124
104460613862625297201449551884592486107615753201952379210693182246
551772858642266047786938398442151913918849477120401248032226146171
138594797565685911745747244418275564366755031861737105312840615915
488212497193717302126743920082041117549854683639841356774608838167
338674171004703304512237269963296753350355683742559327885052848439
709953415176590329384028506921996426091089906842903712845293454949
079349840370395015943656344631399512982458133353138964830395468537
774238675823879959507312791666339121357622930082381374995088042414
367706341186794579020222525197702359954488429230463287549234967220
873007422618532623944158468650826153186560577857699729253351807440
463828973043612131248741664955773205830319852649228400338212296198
294000357218896092227607689217373213756128171401278947680860184617
347613358304779955557011084658991846526471602906243268230972137919
999502600200767792842812801021890465503686449406851637469474009796
705228717466533465347668328529930583917529192568422946133303350299
266147490355309970592944301756633438343223044154343703476466404927
395026581091264882415178063849558473212925984863914337804053563760
280606861278168889215248356454361916584590511206537019448479242546
205558790155833335432558659101839153275563432530479137407024665885
855173264155785108271162140919115020187616175817025131170079441408
634863148319055296155411318677747603095539999860807938437497622730
370371697491622920021830001353391812999182960402359294816224037573
499647898156526226824692246618226600334656315544406919091944613359
229476476175309840144569649498541787417212313607795570046231575740
701647612827340963897976977401987616019415760152910910925312276183
834786795185241937060797916559070575151805129542831018535917318636
529202913084205780739267574115631345641060048148590659777277558923
397304760176118610946668393831705136767659806086454653275384417193
324821035003461438700642574999821742521821218920424698345969460171
454108096717354784790289649005709369565850736027996266961684643111
823719819499540175555079372487801969337650451347412370232785817170
527287540676808677865733191918065414650702346930410760260438076498
398418776243353883813581831396332297830451927354200012443477014391
410202805835137615248683465400922414855558907372029219460949678309
380472522542715397156446139320717562051057479473825563034044998409
055189312252581517064469135994549410789766052839379950219126026120
477205145883687727742039393492746617423169661272448881420286391420
227812419353329742169450946795452067395697738280628009153419557209
296208702178162359573153985804940599130964597843674616880332762471
313321871636394671809366747344033575552621977254844202499963393174
861668116858002416101935718158763913937159153107634250433840677491
100623988859795461135553975583965305392425113385151972957150725671
949315914454388674809412700929742577221170197678077755411531464441
588881354640461003436754633954381365737941755202298370463378124045
276311595878742915414204162066248912616238500777039286348472623334
350644174622655488896432896084716921233108446333350533714717333033
190172115307748181597531874032065206546663038340247240443641929585

1566207720195731935194885916298153300551052799525400109233465679 85
9706454051429106571050430262847937593593880541200846812071657259 58
968277943629931119229046287498933815161612418075418388765972717000
319388966533656527359657047298370555651002680279238516795033652066
530917843546800532221181178456832436800443266590254628594599103854
757965209123438950325105958302845145019453098923277198489280787845
546749643627564616966261836486662036715578498138398682528761956385
736085204193320257641086585308207834609373542674417458791798165097
760674803423587943788166111998959566679446483821547715844522357513
096308613259832304456646819209725029344903578658988884052055288786
406593898270941098662152737161752449269126472228562674431790670660
513250331457206783440463795142601733349592062646181273287377940013
015357157366237612685283211039112016619481155877955040394086512236
041949757935718979740811556373467207427424157737740444109123848555
845196736483504888683099313898234421248549562023391981900603548985
180440671358033140872413265815580856335529235650556243406221738635
871005910916669020110600851921062061521729889870836133794588258419
892972813593784638640814620973215748876458545452905648569347625409
289910669192256024642545291001498200945147538869058507821574990164
238325826612333030842360171331330197402643659281051697460061129741
349954361141507789015523161636275821160734521938551112723008960033
993710873634008474458582811692917284014715929271271973822535539639
876459247383693261128037429940138758081761750693604738088259160765
499660285494158397942913044178937413498128512994331756758244076734
176951024244331173208054198122503155476482578701650865766702309785
271213432609608282808472227355161279802179432486389890602925191544
808852944924913238575321489641284456505833651534398394353706322369
086818474891634082930268567197857966041601215228834098644950300613
637984752788790195341774348444672748004363482761808233991610087405
112235165967744517830819216702751251435494699668726687370827849191
991682025903711477659826068464297168288715196482705657937945663048
499534258282710020287457514253134878869888080123918252754748629359
202579750028182197510099462917837851103466716091576507689424057643
488232454106255171455768523557408154552326601776743209479015645205
466875325651052514797632011122660267524833213955089931268326349301
368519242840309426023879053232047876793848815781799120758839989511
824201625492439937529250292683380891296512472328149902698230237888
614435318987992150720017872694765932161051852405076863648912351751
671937073774216243588562940623594770431200526606256976250968421781
211488829880026616044059222329331624176122908743379022287804561701
357723750619521603426862806290537864968871393385712562416964079324
475831369885918272999275782949295751304825043666028532371402054964
473380738245775558257092700759153582136224878739519806447536509228
338732197378945098948812224316665010698739616672989920964420596817
569619231839866191793408474257868154615941458938640602296132950038
120038389767450208633855782667988106569036999081567827785163782934
599361943366980652979221522153666288839940268038621838784138954997
920072289371169507757061724002344872898683808889469325821863378234
356912074028956871885668709606127386219349873263224096065960699176
020054536038165896602143871771287553098370990207133084712303917975
574483810050683280951189329272191231654940906640214568359874463216
265575739792837308702860612939772368385814919939258415742549146335
154820414128505256116414384738621579485025909591694016701922227152
051592446384786736844034101976022548505859620374520210340195867216
081712701926460704607959928713121074803511882506823353044969812655
209567080884541941022535199131368352911597222819779651917510914125
749066752719879928439903727410645886716981183509101205683498176773

1009548469910066421703751012964027952668079262013464908265708373 12
730887703498538168830180415910735087802789781444525165407708127488
473796550331829893602610515170900920110222071001669479948606498841
609925577821033292542220238243161693794552445077116612781957202899
490592371787630713791620773280519004359506302783720524286071686319
756831994495359654617582379331954922183557140638217262170118990624
363016468349879943067324897484029900626756368663934498668702957463
295592763582274173904767366468327098725400825658274079373013421250
157872246935933602320278802133447547116925472442788234788572020478
481096682495732594650693818393289944085629329548452346954732470720
957681550003136286818305873597665524456292333709800392024465397081
980880975167759000829452339338253873797516636684848199061917189230
530293275282052288738997779857757464433066738428466834238197778223
941515224363898742495170106566785302676664370854624061450751098238
265082329219231169465936055216243701274300239492460008464419137134
537390881710543297199625921785958368900227535469344199270563544994
464648463569211473954542342093035095619125962942760332314028381564
195812399216843570592611552186436729390811404988429954013503045826
166856151119192470424806777874883871318987189673826192473974908922 1
696564899815767170428901744966620596800868199091956648398712799600
060660098336650850131726705066780738105362533240436156109801108476
755494877494236585163719465279328497990577018451049091701533568613
632443894879659034367590349560021664265581524443928278722717359459
483078938720248473420322290052133606846053129294097497598893201349
050155466399788069991700873715889175956776894727061811503019647289
132576784816190919388459773052888173913796341910139122828818689576
669158175066401906642575911857638875482934362992117191271054977385
373015577838101884441860657830592410452724319669227643946881902302
936603689392914352790067834549205228896117886051875408310491808917
759260962571182883270864363467278181627472557148502535750935601944
533705704297279316518324369707363874856092728216957075593521798282
931763040398854389505725017946553411966438406118328171225805809313
865366901632341550423553948803977100712507041056787741620258599084
007176820989414486746229922762892025508580816217315083897553884053
494279190567344876604830970791086659225293101759747853825571471946
452962908784519565174095947894396337685688784133633407353907274376
637220528022445916053457375406618371695805242171800321860228583753
225978883501880423178875689402319751974374446133525974578974005546
624424324975934404953762682364015057347269539801101002565825131195
753891584938212512967996772536212764607639106722691844111059166671
823174812066194772280535025793861898710732931143196219558359007573
254549265440534485876237997048696398212906230465260237154569746398
218504024061606472122247386285369145422758281589303257867192003815 2
313070301231450016203835585597084636288728568661829588038151412597
924271222800658072175375995609753028168132431908826758112139786458
977991567077123341300614050720737874775422713347772318791387780604
116028338928073229462986109438994804268776309041382820082493276437
844569466685596913509728092965602968378424831906376648975894022974
765233737070759029573229676410744477902854220571083318641606283483
284039376713381480941530810038363462098674092314162577259260164241
310768383853609677439389645388121987184708783576028465758500662643
013183563775983439423256319567388921786474251153914648306105617618
522661484986211735299300394196267978351154324719792100999023599501
018504522633621366295417587904115529116300595092988709372051119953
209519197611911117856568563145823742527336348744262178943734255594
438827210995525834404807815336301231817250476112098586213911950381
276857684222706022880857922802278992701354502689828981286708469480

858690773687310488241352092533779928151782807224730432956057066223
456189965692940799043010318005588385154956003710153628833932963083
886118375725134429296237436256902862399081808966747840721541648215
364669852511183560937695388382477926820540355622931033982346172177
499287611431071126186981767165101021328174843226860492899962137442
648917874708005217789914597936832576908254470499557365460738332954
455037605455616938462993526955598254814369522745135159635012844381
657623878219028344778419434849167543322089886572510721638012574559
205006261383235333100174635632696788299795223122133592295598777147
842562152819660095824803979607418806864814622218467350238464996209
482900237216747151301761618348664856900958044527129241361077448550
164540165882100946953185167094965320283685563439427552586762309399
026264688025210023483988108103139591567221675210364031168276980204
470846827510216007652912859618123289239199898376154654015288476402
389564008009111707771686632584715188865213418100963097892468142777
674442490984819462072099118606178378827256060277489202507756549609
224153721848981913999493043561686936215964291771095256950970699006
323100610856485554482317681694918920335382593839779795520178060026
150453846602234805842806680800540972724248870988991814030172108374
085197168446555068686682595762131761853474144377640981168974620203
712113186150318053481637099280510057939395818396053815727990531735
646204725646756465733752324960442866627542283341194771011586148225
132905747233696454593507786302813970350269335586720254206532019113
645684278522271130499308474015508320553450220711151829250378245841
515954238572909205590931555270937157304365071391970662707208366050
653592578075387996624278296260271908636785842034261794272927838720
742270392586478996988852017285437329638914179856495498712313174210
781117458478347148101130220066918811713906332237746391442787135013
391013614654758235473132163877978594229259092873266039806170514510
518935261384635649007582348632915202586551031103413814049101573516
178860757643964618834101756544414874774396958712593182068392921811
680883559712722653711952674639135472889090102527777429906681680053
198706232475569631647941994318772899895890737174479138221069168303
144302108832718736937223637159824851127773765854395220664987630276
981234613453697621047397548443980664968551500182428724139629300207
842390407701717530874006211038869812751613311076710422656095342065
627964803091959171222256860508660697491958719528511720186301457223
111255958058030059590451780162091560033927158135619396152450582940
942383067522310487602756833193139537061594056900825467163407688518
738062028393764941416952247897644827415924393890738587033683110647
482959165636319407597879773893685682536565679811940555829468907562
097486397051586280616049553801992987901072698852640686948961003323
272842034061884542128979432188689707273827362778501372701149638708
846640786079426555255548566482536726238855301957008990944181411196
819278225214743673023757726479063021362700929435193537520244824650
445028177473530313055878404289052956536166955757460304468400201302
583472857878603479642966228563383909385040595996338205201313459775
949549591528249136758265577370863098534310316569918647749352355876
985616764025694367949650826595164936185639067761340863449496109230
852815957594732446929978437875069577965234066270348934399220039331
420221596404753079877248547192899031903311360675387409926265876145
829524546296274478253060713708610093256561091062901593703234578465
109425415658486336759717141036824690682136459502259382358689803420
521458424156210977125941988605174184609810521802330913491593055323
640211801353993827390760960188127085700221614994202352285301197851
514825409266951856567653410404445485488177660629153334239355883040
977080382629431894438507702390408475017104093236868309790449784932

389215598500214358700771342871584700693024716766312285302839112029
615848332287621873127025440275098869777524186719725803984567834528
672337262681942591376892237327986963699571947508280574929908016092
963856488757743668130599330030106516567168643311600381784331809476
982492426608263925647221085630282122858435912911420360327206018252
323794629310925410251245417005166491749697850176586800128632544573
787252932671277451624334360127340397859302221599617751736148666793
967656332219514934298376790374930825170161852849338344242504183230
302641005578188318544289364087403203966008892343871002340926852388
496732284456687365704234315669893811311708549805563342411090390294
020698788366865009641636917052815658583564774755048831911648430645
989966327033980010970627143154871743704811217006209186084162459632
196275818916875947150823636892761717485163145845180705435637970723
278957450538758447100756455874737245671626075875582631624163830175
894812372734658328426433498421199067903327699506187886673063449032
827837648590916868065398440393171382569665959236573482235687609504
600206957367369539435373448928789454142994492422965419920687071717
990820275112322883020637409332430828407680236599622307450723954829
132510014623152283856699636464816199306108035011934098551287730815
954501549790983261007000843516322091409713166839050930777067825793
848915921320992865980751664776274042102287069580316910197690665849
294116301449041755241528407985584192045942224722408579545248996614
996312956745993178744978341350197476002485583093556978815369731363
214452511408292841812804502491992959845617297886498365296717374065
350275757846534187078421309805735758509870892321833860276680968786
744587673937042506105294559344800003379484411869103438489819927217
800456984088256180027740246971556963453537058177132496654317079548
795257766421120685694340740736941652110453017077751449502966420150
856734185613308793690799085988881954177426188031441417486935293012
862868769796349716441242177380019690974862799608946093642530679104
174593571283190402983113155059303861120619275400347429960129769845
672856800757478682568526558880550446502824723406212267230987650952
467955511675760755189736710818664873391355547303871771482599249820
906556362463688874428163547597380200927033727972357562058520194887
311757364152085688799839625539506720457656370866786849616739928990
516639547348064688416321612696232140430043034978793765895525591261
273349443137493187558515220350488771542061283232155425010369584201
177706058113108574067217688447392412151890674297679952843460462085
104229892955901538861717778596259659024537479964480573754259033955
717369017939751600199875836990940353460200600611457081297272864924
415558859750242749010199752785695834533449432500257802043444408682
890750774396173670553837615787863853870009535733359025946681197512
373898387266536879554300184150448072052764944570257994686803499492
941686747104745236313650471152698278105520599626500224544073428713
991949802538333850588539364994173363696431899803695321146317461717
020388070866349064786340422458469135590424245140281425972094336803
940426469576220351976052537466919686468405748522732221411263468200
732680991283596804337124898651248471333865999581557036241284311923
713805206985546305223962860016932609247618752321257009959416454501
759791304831585226900924405531186581531978459314051354967975019715
913056364079678742743886974318121596332024245369509081085401074867
453223366948874174475845601897763958449021749345971047703154197947
217559031048955150713033750922642894743661501146171128540489836287
823217755403355815130890086002311190892831719794615273396398147557
956104816547218228209282412622440866173161182953146270119621366199
594108793583564320932964189356289507521834160949562866054760820233
943903693829441070690737842159371100843550809934951258480556142602

794888117357782314109215630977556334356892809062401470430406809674
541428500105312911014407193181060055619529375994409816126454374436
773978928455823616806573056868188932905552483777388697883384821269
003385525577296329485036257241617945606880625056743983435840688586
527984713205682033268015840118612253710729945929721983140398249546
430136414120937944647846329673080412403157916714681071721546579759
508437906546392689441643670202671733332142868727930006752568089594
724605400773921436623774703669370647989280683436306662357354918836
306740896905345419625492185959482963529914425068124219578493976249
362699766843201171783094789764534282159211054419253956738906802587
429523470246253627205862445299161425787499201547834925160434238534
924384341030380727377077657014743734358079845112149890213877261130
749312518484971289917459095003932190625680772393254545546917673500
211427825159153713922475215102619575181255589919223775605562518625
777871520402423564300801544064737868647177454853375685133039577305
055429841027452084882456380181174324411508866694172029225138714052
593329218903930234849521783732353344653262693777473250410920550827
627013601076268805734928341061501432117912584109328122674911529496
919441405798335403820079492052726207312385833278588756477905672110
416544166147076128836100062438413053105014008101079875557731522504
246358724208134651707819681326647305265266870097539010235484005431
910303058505073284856662189230736101609798730109604578786272596971
821497774593191217242085520383223097743733627260091079170854159065
400695404757694645269352738958908946566093553216942712942611401893
368175582123366092880936868361084129593136897668254634161807973379
931143491994506197674140383673959104332508378960976546321634429684
475047180877538796601159469105846985693463154671519673105401894347
253273510123305556649244625308979855259889634444538294144883825709
671236053389198293136490349913321228421966087365757136943286363383
874965694154477107061380343673939543299455488946044328621170422810
297576490108461303625809885204445652889253865618355437466905075794
821106981116094362272781719468844223901364355582252243301409371154
840113662138841082479809005429724928690877078639433835697580891344
855483753767771965895936587515432750294934011636286284193306048171
093923998791900884203487294343721494612397017034303370791698316245
766050613624590549183588052452030731298424258801870960784918163583
376321417765526484660862674494777513116337460985326156771682160131
478190445605770892030801852154088126888224610854206843331279758480
921954444388966711314446178931474129366512819879025932919456527368
734483639889338998436121168068986579756748851654888633769003537529
198775769308105735517395144379527270380044704900728573092526263167
309907400068490459975878713209353348147998072978030685925274921540
325080620629679368029096365711965545474983265755760946724722924089
206137105621700979339927932066567094589212083904984604758648011445
523278136028145344579543873365991854029550601001878962582320644671
450963980891996756614659823701412873664688038594032665222408750886
052884106719799914085448700729302201722026030478638071088617263141
531392374899477819178104077545255536936054590363781619286394200226
696480397586822634537581285355079620606463620227634100156253911994
632578678836087025243725262830330102104489432622627532207366765291
091628199888719161678669769861721068950090236405929175721859458476
306892124704365027536328350650043346183189703050828391535850605251
722344229331896294372577616315222687395005813591563799500907045720
072609689883738753698242621863149512139883571673563880630056290325
475145199661817267782078962727991656377480299102250947244094198014
686901886252851004233665906643076501671002367873518980417508647603
805560882711984788639116966057125758111614332203162398619539960810

644891151299038321892449671151819857985027704469785184162807329531
875221707375427807836745060608436887769304983023041436468913983700
826939640606945628816416952916654437390847572819696146411957158066
368813124848782960051923653816696914413164378212808037745822319142
506653727318660158555763100054588191460863415120134066056861830539
910928422209722277276664200709987582315907629439129515634967208380
989724723042038732783508601474116048285204200743959607793967665745
457415734381437629295610953115848209200019968349222746222332034922
978797720932593734589318530363220021852332922660432632777386992952
544003746065480447629498272404229146560052904598661490530533034118
423277471347528763241774686005103519680259504893354161773876502389
319108406652138046674665296435771960522892728790582333626717180104
787074150978653274415552281550979015314325699141091329952502769916
412184798903534173418028880785943704747003746871669807291369878105
191348231743199718175697324716934112404219323832375815834075050325
121024232721599976225595360817163965955459215200626349383277938717
450987669553428787897746644363855170650265044857714758789516639052
612618767173875404593877592449369724687022198468051519182603434146
351533751735439834658403665007800825133761958111253960595894171880
472178746360466850775595608766461497997590725725466930950181226605
975633832045120846386446499477556747110488258186245181148216024173
113511553376394180161986082932584828502972156412493543549370147221
837149093135274651614042298840347258735848047100304971036786199690
396640031890270141021874714397393047966712714696745248582196159044
358857504747116108355827618601159886799252327767007791348806270678
430582303768443224083728557775850821627326777552157538549313918894
433113709718797654930990630437083812107972731604146887410442732940
307277743637828844239775948723462917328964323648950423030339525477
232852922518209786329412792277610699764839644615498030391036874763
670074420720134868042097834465670780850085124892609127081572378968
179538971471665316354179274132493745551049067708830538291046609861
801335492736471578823175170229529255747672943807184323528278938787
305850717216987840870936084891275829673184503523300910082450089460
001683728969855347815677089860663702437991818712713748359424429636
432094727572711041804433460130510702217782472919884095444291559247
296793147664168646799094563770460369988700796128573467050871763579
926726419077586482979580150961497179864393231187059023097451683435
712523358744257165025130783843967812489541028789968672155583518182
197672923726750882719132592890457053921699623157341359810162606343
841974111595598712194855707915404099126084315344947293618259714666
352094030430179436126307970778095387707949828645366676326353342206
894534303062697485729601880846564902097499552566734013380282307886
298068187052054125204011999043042891991240154630648960755234800192
945487528805570650554523548791789559874402509130074164191809399729
468221035701898118676721549044950284462599683767825168872707929533
499355139851172380491169556661244188049351821195423145457932954973
290115497632797004257252928851676055670695788818916668926496278266
068428178885513568220105986486442689731040420642038862021415931334
335650607977648372861174785410131819538820963263739781867501567020
103516138276223554990781670817625800632651909072309731132612645394
806127461576397469729038199157580630745875385173348334686076088964
622701214040165795597908155136431792697143278116000395092953053015
664053854401446819567416891439500506012989953252062425640256999735
405633568511706263129378820965576305578326756161629221703945185899
593927795463337352050168898464364888207314613992856015764619060882
700521838829449052835018564065043364175350139349857051006350044232
775532805166325015553600168558606321618016788228898592777398070823

4430121876498298821950764879374527324977571646794376825978653807770909315826869893218567541022181137066289150507191692405571751537297985467954771694404608728583402007168255878503502580689802794309461846725801862557176999143666925677662478882563671023905089297579824895222709418467443414664411911976248630886752269173795608464341636763558830851295486537112507449037322882719925727151996600021666938956050382795190662337107102964526112535482018081623405931612383383278721545090905442719803200644225323600124989344843636759371914232277851596265768452530758485537358308416515247778499835560996791452905537128993380417358033223313804348260191619102805347598662385415120389560611327005564966892813167555129799676336653554047090793988866895306857810173302660568853689560211807721622589219199243117304892522497125531228211758822528265092358229122520413837008286387959940875331422920255378831925901788817597894307727113160489156785086783738812236288755855266118657336744602261173633288022556206861495846722660537793575255583609340989163829636599800730784500136994588212051974271662951889363661788724519387988391498507463670116146235590918089146487824769832377597870963455931545706800552820706294643107638481718364124284488322241634530641777649280600316789700191373441459952908181300827357120244541781460612372671440187538225274535151552424500790797536879918711567102845303187326563112819187358142050423077462972254036963523357483065620485610864093427383318334634327351271592642393900491279730288837834637442360464419658158438405319108290323239391500637052537770106594292190766393180810878765575969070784073173239732355063441358556746002928122819448262638691858136721604139546331879072561693081540996943760021476848236668959583386445843391397341957739544589473799649939650197318018758215438818580492440153865707188767878906058943439705724396806766233077750215424777082377904412690412076066171751458329065681240190888065205921445972236876022617302455546374056207480813993774670094125222153273448841706368152443582561186966261363834029286644970066037996750179376316763918069437678433862149089623561820105640614012377885098835667084731143716888913942684794853876466509841171954337028921584835072586019765152460415435606762746411781037958055110585275094244729655712945889544502046822567201062098620677182166748688559677813336730489413888303965661219189330587140477845513287672803014322099270529021061771392127737590526124680357832336122316724513143018328278987695299046550698848503343483983359922741648106833596317970504048017163575811696110898875265050394554508189045782033398880552733617405890660762567887602344899655818219507130679827984374701471305670367804002790888262609687517984330621616836497577339489618134418824168865022899678081627975625692274980874020887688103594369299203957265613050681288387614411959186240022364452480039479994244058253172682465135209489596658726936634884015099283759846464753424030561559065105449169124218607878117680038993076090690483506727951214030034045948829208453567271632950120071121468376544941407069259621433285678745746838018539304546243136985598732642070733736209526825330022465956542110218831635555322102232583541986992666491353192963187823490149158700147749921910894650128017261865842411995774784463808881792358967236549615822753535499698413029394932056796213757769896654209615618393575485106101873663140267325061995658143840958843545927104275247448553201536290028879027363715117097611575104474448575002325858148560788985128350955612212441353238781623331816561192925762099918516879242862423080170586007655853464509921222138629193200629166710405344413253099405031484201600328999231910328401724803603264117395877373643931580547563446116674421959053416946656368004997460891763261639369972680056711919008111646000296009990629766649508019

085080051586703858197181305523173246301735287693034978985330460761
267069151980521041879216938619991131368284102584387483086310227556
652408281412368889519506244729375224036690315921818643234026919293
237688715177080767495238989921492457417629918580433486296060893631
106258100141380630601231494362793068733268768771474454961182419660
371730117322672115488941447158076434636447645759070334085887937938
855117519467423534045394122524064570712144659046656734809242615388
417502636499676403979640395064536033058467106591608694936427670638
418752507639689615603173119292686338323867446335181133083074391303
543372279071410307952822716588411034443485788218090802820829554428
122003801952660218635952461056660631495761270251582303335224947078
904661050788518613260070870531252100924188140333110980343254472187
535643394322040465954026928504488556461425105265479584721663057299
456357882715607728021482175044787001124779365707056730989211387219
305929058086497839863194346632579224283402027520796201076674604694
071705609535133339937607492713011765060222240784478082149383963988
120054778938005665780359904311487101637277035214494728448065980210
246296286374329333750053421098402485860977159460346265070892757684
803201836190549885228928095376821315150435582517203728601695960958
7642513950138220984049612226242281734043402808939972622257739330366
102986819922133775791637356034537807550181325596156935501032832994
238499747515243381001151950121317805013879646562849154332489194337
183269470192681676759606159187889763652603208651265852264245241199
590189818788450828769443767663184922384879924137400767229406807310
528039535402366035209984205504305921203882755655930480839116597306
245017725252787907988546850842585551738383833851994344288915912253
644118669644171242400135887960721910613494230833029789663443088271
107467000523629974326102318027142266222618750572543969077381474263
522155244832400804375696699071029472640517803015161891026800926358
769818418013034526647105519950731606432675504048745317728164797498
493168163518881132546149964031831401208499997545056544056651148358
387174381071044446819957363462868930027137176430696041478322732756
789030508095769143478308670354016162028184911441232008439992821318
184843322881342551248886686544852708423042840098831385549010037940
264844762363637536465110550081029406609915248147926317308774406420
709539199916755639316762475890832242707294829544328151229529031647
506098107151709493216616813022200848999073351928484090014332369886
937917599779238728056448586363560471696443660204452597048682215144
197815912322747578772163986575276098408998893737775089374040658456
115404534488982635679449628642247071613265874995955834400802449400
525647531127582945824555238339938861602167095409039509622984369753
605794438167782815663517171901560867850102297106693787721490988919
368454386725973007974938110342945358118921302910485720499673562211
673336635007643262740588295448615756961432047896330591725250029655
954680487653626281549757676580277875590236787348162504245315702741
835390649972371430862395364283337985258809365635808787587211416735
820002378585791714654161211202603427255738422155180158746305776779
395293678912532977700508226250081937416451141684737365725226777890
874579968237345277327360629946429241699671550862292806080316787715
019020416166302049350758837769066186746162964701677056344183089676
266188744032970517788145243401251222679410412177617218288850815972
164208384793333982956699403495937907282033978008796049701378070294
014570618322752960348530283719222610059395644991241509277875461366
823146128946998167258824711898544761466413597472404001167264640338
329990401502635271218579913818751838215422530479921538890284616537
929472363796333479312708466427227370435410768537912131903433119245
063452076733343809168129039267109298757177148028222733070858590225

9139290525897400243757102169955326576133351851876638602761997003980
0523930527428933709016910236752074517701696404723753863828765431900
4302903579819304468286320454301891421607505169966851233644518831390
4315814046520685035597675284062096864840014632988026383254956272130
2582757344853558300022255133185962288649772494481966641528190407020
8797109505677755838364707508929280129921465508984652700726965716880
9740132432879571982172311902810990922494210691151942704477358752020
6602177872997393804329178321634672128872843369790316934859245577210
7598633216922910131299649345656945683126728480958429250935515615350
8682033736722013612851719579917906788879489778741557950785828040050
1987951437931024097351375424452291066587300786546251418820808073070
1926898391350492537754374420265701651485490390378491533578352391950
0918422941007958179462613046216881844121746806220722871046251493870
6491783338925853594154399135800585902429854085572504489429103113060
6841061052521529436405894282256195150902988534967011852089646433200
4187932153336684750090937947458624405009441979525930580847057304410
7142280778565703712794758093456290877047988346971693235516960591550
1290394654649194697695658010447721221152971788542420630144935999030
6470488168696394545987395664956844680082797406485939762888615420630
4495952047787647960222248140451871122057621282895120964242624397690
1077791875989150916967488496901404178146248821899204721539789701000
4100445191637463548493777672404896305617608574901906641992085649880
2441665925913641149797211057092004834635621911259205315949520772850
7285350227717869113431709507474177404611259771054406639288875718390
3323600024450260387599951742135949797649404000414409398680931932860
4233231380731072605234702226995502975336413333637683830769912223900
1147770558599778428742569645259730458979891618440091187547381046980
0438055951700629630329433750112437691659207229530151254321394054430
3778916278191406215516820884736345341979998879516117261028410632330
6985345662271408982502069128670444116902582047965765068060833893540
4908621143873825659946434978803232721758292694516998631267358751090
5484558784631407597172019624337085219967792883082041708362821886710
0429402426005844004377358753310704188814221920924607149133502963690
0584664488320319474101734611287867351794220941454660418534030155180
1556232143165747332666107989803109068170082688732101936459561785850
1734505472858980078728721154172567402441979028843225315410192140130
5091238671110323213731459405115614706721289593263819675803769072310
3032161582473040701388589334636633597677154707019773249548814517140
9561588915972704031644349512185974704146717150973113294738480850210
0707300489521237484215403899818595132249014418572919357094375241590
2155456929631150144938470339489307624355383423543950785791770587580
8732868726361377231317957631881191749399736458295599559616847144780
4415189854307741455943009162727770640067845262221886063381067248470
2690244026426741339072193530058424406225946425394836856547845053430
4905296743058974864956438929352506968728255730738865347979569737960
3739416312512211357236612420140264683198752349137532591965158061930
8726661939160510493592652713216922096224639699245339494168148769750
9450227569316017372978252259321139227972644699078707972112927010070
2893164141328975540511298607130045424497219982559230173355939919660
6258862848902801610297741472814721799607430468636839435837620966370
0592178003581516991294767315483262434722529800380095958755554513630
5248529233660366613345215784920268506151949203452902146178514203240
2331042284863520896879742184540038734941728320117627378226479639780
4677713658735111930207072225600375074940781039463389519984544166310
4322973160808440498281354303038336316353145405299148316425601251060
8208565690016030297291658467891832210586994891004078010769247782570
2806721865866449357592377066019997260659525543327336425038947983360

601431993073084809345161508804807646366675290866716936206249287398
148879904365333871639691167273697027312653742840860973486972932552
788541993019041684282321395857966024873754065439260849531863413469
468678923583360680339445576185648701132596427755820263192568099715
894489345407354516693238449214991185549338282445770766882305254697
961282244041599668923715929509392373211954789450740806774448900380
624434575224611555723894226838593051527754976545431808349023872919
846748693162608871792151248292476158935141491415890423510507353496
796948749186334430479362520365105567215698882395203498052301531223
852125132616644947370461248186099014395654637271017556216112211047
224792650608818792187856456477020191870817409827426388517851782319
529341904819315715640400178260080474641545364258579688221314712021
950687073703931215333223942964710143388176399181150742155542260482
199024500820520315515880310767656881219857503845120447360279692388
489439850407766939191917803851311790463726457872800566499501595762
530276734247490355778730320694669762067937109531408787466090719090
054787150227573861562284031199979360148174018140726855934642470818
651372676127973427764124089407024122505759128332044876750838248233
549006224319625729282648056600967750928532573038883418242504410194
438374908292890770441518151343279012631862709344102805833319718393
808451124787757790528799614248096853758097666763701569484348743174
757489914638891633504338362739885110295590997268995590471511291794
555912698359429306738574304869898985594432619896425343492171171761
949868813811537360119252837634812218777109439259322057370956269816
464526459305254130817680476849179967094590975627099457464166873129
985177713155886207655433151026302360849223532018400246442694982220
093885619814174235294211012044888786517620477231007235577371175696
454026773786987829323848846586854824307251322459971819517637820651
677017349639072911973231521104508388963690034363456497713884180568
029841405323097836878788733235745843716778596231931182129965442642
274603311656218995807385709140748170907770720601258255372559881825
540001709679090974133855179150503462413627962943375279803921216124
494228573480554092996174221867552670663871540197164959258041982845
727233943587273849129806250522990823041441796420186323933597564085
626472114098710275684232847105442047692737227958693432551623728706
130624894831768300595031627353927222155596037191260927056320900168
844642239974599076283603861451560114679086719522744225341537356304
363680765820929448168157562440758354209445041481836940072478719937
160807471437048052724122720576200148265567384258527615204225756167
756634489083551590403475597055278114985130250874121655616058542729
230289933165473549907915612178664717813433928249941590501409236320
169840868059967723646311800323091723144906596018394433573246799472
136366714309332268725922769959786634219848604764038331215159824633
481575389136213747050626776094939156543444966503071575601905256149
343412398650086334976877258201426160358764218865753091740518241749
178412153032223830041880663938545588917876200687881404876692760597
626388508418767172390688215137534469074205279687593862965749865441
776294251870300911496135284438920514500715511087309466495949907089
979305234012957349386688178592724423081521590660649960755027237608
127238705851213727455288861773544544959385158956877519518026877985
648252026624094448618828672705420747504353679984584680211816124511
917916408388220977886418275681058507677565728648482836037024932871
581980604355587998037575747633172000054495984987251668856570630335
287606809308159018141059372137856078810315129253175041105096097516
542537103085517485489928079279216508267024775246374998378504723411
487224038878779685621658918415735659396870303193507502981382895299
683035730430607120754662998058479510773229041914306816287029509007

188141342145828415611632764589797794318524467033357220151830080677
300984342814598555943657389719903262861007167469115090265946427923
755624937423512174450803121349987410210504026254115763114123064033
738402302484473936132777143177832648722787200003132437991158454107
320083254717655335778841973881119878308116128253343500137910973264
580456753562692848345510253175697613783144368252477854306937063143
255096407622494270969727621061679816307458647731362102916913190193
505391736338772095930772880211384952253085233564200914758211321508
141634559373276638164620996415041814279261478485611225096974418073
994012186495761708774298539083941990118885877336373113130171013577
790334756204439526260767797656853850415178002862202601739831535789
490454442716570559649205222318835447428311193469603711941218609396
474369683521630084113092122137612361931555091187753464456042937379
215166896202425471680377818274638590796820735640934299433427179208
028875221125433179011414911600479638960331877220471455192593058948
693350499223357652070639336657861080859200577595735770605634693457
603884910805066955160938106943662128758827331613228648314314717672
115704619235614650037740538721762741113660178235855845173100298207
789993646817768759805771969044293265641492888950616174327395453482
331666399791748498402747835405359120022260943990531207076601966727
432146673132505991961537491912061092648781953777906142535189223466
139609531960625261784257158699243782660916171746497163472047738961
314867194294824902919894191675830888923397311741555417268094753310
273779799709817565045054736022767862106975404505926143883778151617
925379010606402291673802696257343430464530042110425276623030552072
475739306792726393713188722880126958554904248663228307022774015552
803422055731726091592927513287204433777236381546602242627227955242
640479069128534664743956703901536664482511862340278040253780886661
135356644106913769723882365405370572032648513307118001886217776805
979532180654367532102225042800043994061851812889536140733723950663
115170700057138631530213293685538018489869696302851089301202179506
470724877503209994836756871724700290558145698405144674694507188717
376368028734735561968531753075661201569305703443098761497230689528
664441564074834588089865256616643797202895868442203921819431715127
564111776147563714059368640001035880263891259692381706227637167628
748062838160227594105114626922888091294330277664959472497384473093
376327460037108435907859976671800558687028730183229667292566511959
261005941581003650892906260399978910764693101952271744645199443616
999155564156412151087143820808868075229785081480228623413531843920
566639711524608904813184451923149291063281540279224893782282515457
682716245961176395668864617423953715865744626643996155478905163732
521825783332535644589892905951926058659798671344827447826266678984
191962736059352022149668157043655690416708257527445881757281160956
148185722436954647505083028443075317077923557132934876117839081302
910599183552262237468671157570593774909379757938195247331632266235
982695699804734334402616879654751304293461624266134607473252695703
114881469691642933690719481545481790829291072069429731875971973101
542619933564615328361822870151559033107061465304217006688253379701
323449506071416835268609881312272205409030946646066185857999914153
978144847741564082258903540644906463510615433719400401386160350714
559736014278623451486573479621797846757021898995133336443819291905
300857739950452349349571896846127113768895759793323495332089538145
398467702851241091399996240942861535615495201564188996212593005126
442096865972528994184350366818804807529105972336008365482357019198
685509260350048765737882951629237418327132367686584946400059670950
677834536100367442594918858195595926902512393110725951212115633824
158960673748007183246877841307809693824148291518956042755017542065

174420881340145436070713556026763499597575960041036160961213773621
820223563980101455924936015689714897933365854991863497304103495007
905509710373294892197640588699532018966493350820431004885230594298
486801785556564538971529638687139823938927886283130538898704416338
748532366550562543023828613176831474399344615609310765384947584648
931621515835889893391956732944334790390909645002015254529742236093
348737748570906018648070516991257559332518203044120573389116924949
793744441817210180048695274815824860757712217241382985252976703526
885042133034637032059011127692708423122473740399034467618957001025
917858966147045611886905543180001357411454538480916238456019398214
576980154036744730933242141647275552190877396917417373506414595184
607851240181377454588376298517906609425179969503658723513291154069
411855800405756107804357919105154389529301786070568857811721742139
155095320721197089841522154253164791930461604981176009994043413190
991189215513651226115501813110735194067489641860940284869283055022
119924343866309661229983761658981274730669004071331315325819303202
814967455702892711980502308342949072461054910957995507893660263469
846566281880554901043878989574409314152964143377690260506436409832
682176336287098826272397430230055063851675289226483750950886137219
833353460698489068556859024446788863364396043781823649316075069795
253661777044807862852104682093268266828972207159109800819778019264
952538304724636079589391737003693289663580220506598028533870299680
922286754271291338699940266335773608637540472021149927333995596386
713941415995063555038162271317992876143298924595866321022805072720
176632829028139513624639259879408411977424214784974887928534813292
261758042969536056849641633358836124647760471766303398537726717373
232324351929797334237646067007259056978477822590102247186184955108
700414015527634922430585064979174699941224701667003101044327626530
993015284206842468595235910530969681058431185510376080853681033317
095349081348831311722359377438741462183926501715609032794028189935
612694496396714332078290473191666678085182551977172880062773545399
159278903401078628896366115708075792637125157532125643458797675822
798605621785390463443878260224769831644730911677313769865439441397
481344800381829810375495058853983542914632275329122606239178293199
621398691881771111842441962771878992305735044724577538311943385179
322128576603521216877901140477658976778435696351365329151493096380
391047545011699675878027999795538955855005904553329793563702640770
333481120559679109660880465445819911756967335381794020297742084467
140554762538001665796195719912620080781668202885915862485723615599
401625547770791411160067640782608077107894734372899115676130685073
224963159123163419758846276472881920236762716375194766953325420490
891610249164837334965917270800147115271012908902961211040472462065
622820963283626670888972846484919450548524147558133923773626921276
628090107039603299462627250947141176912142913353975130151431774671
685840290596862221708011103666071463020620642207396736740275444511
153186803573711970612632143552346855544382456532551949622309244222
627616181076353271218486711038748633241670789046885223329211115019
790098723766740155479167534474858911628126868673604222994356076826
978331735176394113756818731185310939147331613471464295748025886612
098433336264478923277992171893811049025750898332957523113851163841
181019244991329300877847253627365880167927323911956677377346029231
167147252754387732395409644074174493088103356901689944732650629356
812407468591689254650921109142316433966434965355399905226030471148
711750195108603621437887928407449825270332425169177953432393380537
534154286334492005727579681918742184272188588466626602813391591226
508703295562974312100608476462382406120209740885851097134502445345
626967484521749379519983660135959959804421055339305799463541215659

260373954548130709002681616473580753090700579469859512185766928204
335931333658021043935801610790827942664487820352801574984777718753
666388687146928492233597970201859216375263706470723923280711774975
523653624170626315463270059026630402473980453353020409393130497397
130791718151488632385160351409187151727259632060397751818987737942
983354896214929883065168797261732334295186029197912354209146617618
580812065785097554051812624547853587142349872282450762802185554164
393735572873413177079533182641069580231812678272926217247904786733
132302602879014764854335809993244372349188499585994862583067600012
204733634466868003021774428308956732120657310909298521268530829353
520331626096123871927047491031694115164838847479745677123433557442
981268446143275337106037702381158730688628896939413236300606050428
996520045106037486769613649172511721417104539723698376574825092862
531991761037960505070047452751987069243830797208133651074580862533
987045295036577394794375194325536600142105564641482243606164677079
171658511765610859235634609485497644779621165511318700969902914073
151483903908991815918578332650277953957841825197056152467518107456
330457082959442889150666715929760412803354745155100439949339911357
400368108214520100371663337695212133753239590644515065233379074750
428578159695275696181784704238178420315992417112157281753138255289
908317222708031933401849974624661506864137178679359480593272851964
335736880274143158690076520872345466373639831869120209656207541348
874115504351794570520219208662862157046501295951312793744072467620
419226655674453334447296817148735449387338480166542826423783384831
756543833361744087321879219971430971939075615289979919334816845664
869894315760143802862633533136185723793167236606367549438005252967
139974035099407121933737585712045559496028444564046130603362226362
162934122457615116541938791684813280962469524445695462125087911893
539832219637899949870575517487718861051045258709120015502718111214
008330339459997728658704523419166730406855700471728611726335884968
271071745003538903363106665809112216112279535205973563154238786279
221174002792992766027230910087889644867197751064485285423676068067
832870271602149122089073835986791677907984654684765443288633275459
268997647136118219193637197094309189760958933074195091535789981594
562681740310911862136112387032663287459251238017221859237596420397
178011973301354548630311562876453973330103535199368908917165821184
472025394047093178330601239641672709312163693791933239184259773052
761479229302123013163652956137623330528454637744966783855724163055
532861053275520784389404424723308700149400756485394938970856366624
723511554968426370742241985340721884331711808624785109999817623225
805812020490727023675155996038558466728397347325959612710449694899
692807040872355613550188348609827334494211927951159638914217013371
362540595915840065763710336218594354090721495079719264247416878866
135096201313031939816564431842319103674142051255686332809855207709
323995574220458372892438309481108423300876415366308472416897637519
419399848086392769531790164372780297768880616249084193376410364509
612604065127369473343213647516686745418754235332490452514001261991
025504942206089908653489121851977852080353829793516473616363948528
497562849714885627036425437615253034856791421813834154676563036293
594327156888851139645341755011355523422660951773817818038938644309
083053992738653198839237082514434976695795125406640558213249534760
824464237959520467403716910402286506016440118821281688727839234273
692926062064096409195961459043145172341616179151070617767174151129
700974362635716917980979131076075544400727482316585363917076912591
900555112850732808167705134749074145011950248108427677735773081036
084500375556502686582708949066409611462996904292269838084349681389
149247988622487167128124089262797006509374129142801201881922065421

 

593897363381932259127071303848942162931911004907149225362821862035
617644685446995943076419072713387818263384790269051413488524088341
597040931667176458485165390460010963472932317024526860807864918007
702454260533859200916633150792778732483259016044217156687494057915
189677115913189275017804451824993743874329932914355437468094683402
608346425268170735136026784411711754768030257828432741271295550926
710857402304746960026445711893018058112189257572500241791066473020
112946937549533383927107678381585580887567061329996499158939499040
874977823550392105136301646716340862269365394034567695186527752685
603128680881568916991604601367935600028878486501738703611861366168
233700637624901718703548391653008880657523737679906815547888893864
623380433678814473862636975144463533151364503365250987795413093994
146760112222850127827345575515956198448726728886216911391278644418
265010715934333181605528809809313757602195448423668918140487612969
835740368011755189133005722699475919228724396947107244977040473296
751338485372898919851448791269339956272762863015717827057355238450
193665288694250301571288649098993055897745148064974007108137602067
660610028335398320724359456720594945121684402530561416115047237679
687125269315631930981608232979504258981667480087815264867736414493
569584287953879511112090041388243506999888209156555403289250228805
141696787929926626862224670525490667495362501326970031824510114073
519298152709116828763161525453362313242268045222889614970917397113
535255440123608618815454147085320467229946939071488188603326828261
722826964785169840975561328091090492994205890209975868027011829714
381130616650165606940509417447084136593172946036832314886783783401
584666526277938110347185652734290112646968995135220438138835925408
450875742934048304805257026367468199997111392499430823809481473192
576011528538247357208314910527160816992228141867532991179552447748
792024698247835770179058176843376667776890217764906219369958965467
659969428721801097813692136744622097478300409271819051376356123254
861272145222616805180293256818310931413966592453103442368843397067
352872663830004541951464423032623019071897598561247023586500542075
982524898199075031653803249502601693723058314817314752430435942498
914879189062802634091227267353344853777985327688970476167261585288
351406035252708851992921713307057857638749393745559400967615375217
782801162690377265289896203441261598810632168253206443816406129171
172120095567473839167222962355574612439015599054488322626441625687
126870485003449211415757614315487883822624493825719072052822435654
030668643394952786639197826196621288902931708091506933547609363069
503877964838065009708771258420744211499716985561589989747876513750
578536272453652178066289777507327157034985477471678902956663958351
111997725430882108300838719703001636037548232031811034519634199719
570801626375425606969661834362972690706622306143131863618116113316
841849516129647994635408155166288645312201056179623810144384620141
325246851026413793411662166660443555433967260839002933424985605923
047725430160485968987816153242523488947992749956804057508785961584
656399688277050582480803752624440992284265581071965313962147422223
415350770031361866522902424242733975223220119730089596891049854054
474276975638059626226908788476436765519375681951996304422809024719
659779814112299761130996689484065470304306161542840528984605556105
277431670945479765425699944325615151270411776840247262990518468739
384403174909227786713746504877565400352618233613582209691595165310
030299470261213798326995515479430045282504041161789922994791117641
217399269377416582020283502426115579535771019286950264605435924118
006680782334174983342235251194039578690357868099795735556646348184
109235356638053216250587339612730165179209152696307741603539343614
876508656958944166875931028197227084213006069890327681248136434088

2914506935350078426900283389692890036766306519621256911370825149 52
6413073002057234260061434794784184662076337424740196523490639302 96
6223377308206402287040880954039448926023755930275783818672711195 55
9036264381803694410269895609970224026851892905705634115763456634 53
5309178364491270655146521452745160957092696019819351482504230830 93
3240208569382325737324655619783805079823678391489644132121190325 38
3719305126121435120543467213802491720844572406756078389118361442 06
1721960932418878715390653119345624231430505959758138968001459327 26
8036990315314858981784218414086270354132340571406372423344162305 20
1146005372433545440858047849152738356053700832984194419408785772 89
4289429890556411184890127988174242713094173250224649989776184995 84
4482431963338771360641700505758811206260189035461258593451545618 17
5684097314733842014951893758158996012087525756276033295003011831 88
0956429108679299364914087426322667213868491522412990329146293202 68
2373490956625790320642804533851675572566335964328298369067971544 89
4914414428445736613121471652577292832283872251912278185033318457 53
7523118138891046873011202533293433033228176744479092066563250188 38
8749917831245277956878032518570878771082132181754229913702999034 63
4082431982200181814301695015867564772318455173516019353974118068 16
2554986334692974279363836831228620901500847632960271542055409234 72
1977487555773727712535843792997336755041353900962607546017704783 20
0920900004370304772062396931123619969230694519212280751280626109 03
3960808551199393625766456058454748929845661051643776323020476293 34
8833136645533457348047357156744499773471782198157392629435661485 33
2563525738007537342458569627322644329253912185483500847187261537 61
1935992117554494687517220953402171496733230085430312773430084421 70
3922356580523746997811952384744493338373857748511427462252203934 67
5721232785066105269132797730634628873726222419584671667202215168 08
2910005267022364151265227407760046197949668504424149290330375261 53
2475565300931531455774156078548884372041571406008765128076133114 00
0215176092898248986294506264798639727812087334479298478545315123 29
3340514068472557469284862631503547709257191442014221858878025727 91
2833117798221233680779311687586547771399946239543986001782171404 45
1158779337645825217591991088192383005166331028283723613412721407 22
4623795391293388364187931553299328948798748615386139152307468917 41
0066261860777226791348713632214751656850844199178069486195460193 40
8937081923214192638277533759194570326450236304347568717345295839 95
5367097394731137451394332819779112222693972545912493837982312660 70
9638222596701900838145328629046106065868563209780150854223348481 10
5906173852298620528178960495007325704272220203936136382479583103 54
3259855072621403409859627786017216895598750303288281768040946852 09
3886403363652364944285765333810979533420258752306609947377791748 34
0996405620837330431676710875929826666843546700959970485895374841 51
1522145022499454415283865780292853017658562910138814417266938379 02
0705003419101213867913463546522874814071533820290191923514672126 83
8275100017394805179223575910310629411782671583818637819546488431 22
9736302075907294961313226423551084910264998474188701812740398720 30
6793583123154828787803868672076345498495199113445099124424731050 52
2725276683206603485380567348512636931946652992516290262646589416 34
1396091509721872364027550026970108838683249414212571204886964565 82
9636160986536859883788390280207060702963996208929169242011756462 92
1271784144386609444841530713275382741805124756047008456141960786 04
9544859255813071615271768187109610417028646244510638699279903132 98
0239383229230786002461112125625374929920696236055497397793370905 50
9150615995807462647693070614654733657295388010846593077370926439 32
7096173358979875513329851735335805761982037560717396495121026056 82
4215353943220657878065433368166837918392543102962997862558313815 08

4290234604146428506331820780266740857504296549353954494865185275647088143513231959734978991714151693732568833893316283389645184887032263989305568945183919124308293251565402367538500430945522752298621936349993079956068968446618745989474882341366408518853219367311437589463565702142223037174148120127262829105733185783922733479526068004131224044446906957003432657910956173422846551383028777081709280043703275264455762009029489870172647182289327617882346799595389668011402866870526336706006304261299460849499563827559906026477765219702537583064118146128754387609857828996342210595022534150439826096187609835216523165433169772144125177003803902159813797489132029292775543871170339116322480752465724972962312476509351794356748381143152864133302908912377714661246904486455116492679934634155621188228175642302405169489544428168314140490438057886059010737006718298499365040749470278557386272032710842602732695690064120155580946913710129842552905449576450645756003740314945879082105473559113639906727806481459191706433870697147736652477844338630255698388102589879309501971312840708918719696749394002657194057221592958688345786698103181835949381027193116152515301740904031945172383224596330526786264210007457363367972646143529714988846055291907822957213456926463834792175940578051303673488795449473344645606796676912782679904942003628806990026035221665252664880972246721212946167822822474271783410535858490938180843820769671226221556492524464101160066383911818308730856354226721501721889134911144340742316720185801544096839417218455292470306663317439699203209991372307939208706332681495027024183632373935575659483558643427585271530364753467460118162312180861113799324835451482289863062536933279374737264046931267375653401997300907614262122865011585689448208037142836120485831617475039077128760465033612361352243121420491140962045858292255435749009027171143100562027796642732820368408835142189973676612851541741701550559669295433553384988687023249020610644580716922863343391855394434659741831033154532910259130360646226668797794557349045467488232753173759959372322731037104452113311533828930424773972419572744011654184843155648940489213580557085576275584955348891913856437916383424089396022097880195875047614164578733843443198087351575166749682003791537961029734944321094760732700463633436612590711792603829657765048983399682005284642342068544946993038712496466424858116044200046669339857416855517298369829263584910447179338446832504338447175872526993668623375707985863799511764743787742210295932621738817179921125649607665490503647530112846059719986422397278433919677740389582319175573259941937900854928259806607678949854843335533052044297814686422621546390705667804793891317765192204993576166388219632235722413875804881872875547783430553371416242915918144072491018337360725861313058583937963691373160504638653787616199765683527896039165412211971231637064638435087505880465755319672008048106320831182153795613800983535595260936370006453170806442028883772669082680094247506157736530695369994647344426417990880723658569162389963651757807623731861366280300067759525456983035935020931034010665488238760590630966715258031902701805651077417965996417788950664060278847170680779275557035102223714730679500650960753805342639820261540712721378560322743288616802417338945979050503213797484661490309530174023009549575261795889698360970314291408480458384201770593330872789882921065398608549784177022680019943172312560727966935093784616738081453471081329376345219647441631933117869064998248237276162056150244439447232337910696083968856032674365944761324366862391058343526372587026552727235468109736136753799885434022478297321958647384707984985141728538675277923065840917432060501099102238929818938645721604168949234020855940480597988871990753899448362457591817958726478548243687178428

511816570103599948961675645814411774359994155741564054198094077706
078181787327808839235166527298117294704518248948869402539784970404
012578501708525229480032644855398293395410250493410544461435613045
371236961682202427087546803225777224676453869069173584632909965978
927085724136068529472284189988811197694925777567347314920454188249
935386075448538327349316024944583018400520110059712112248818992601
409033905843014105055980718844415476335609338929558270335638391892
072441156624136346793755416738908930918686080312637892309129166075
500989808404308771738687684930623853335091504106000383060163948853
687921061238941057439403460624016371854842521771675451639760025505
022643961152599429430869349869074629783759970161295030843803660660
058922658529305637886695846678487572600253291839307185472610120143
531812300826282453907565263848166284306712414091535323017373577722
317054545331857330398636116290928079651400076258029586832521130356
252134998540067832905798100262663767805172062475401635370252168218
735528720401996359618873606934730672840960812886498922816545218524
083282791281849386363527220300859827544599898999583511157436878788
812704855717381485740307803629420485942064433415790169383959681533
585277508781574397192432277988317060546340053309696115995437320394
129955177197409249372819386910424719168074575580541317281683365537
965275951040258293766006937948476305024368669308749861291151557902
990891475114714361655097781089168915938904322861163098089616015436
542397071317339876255613839334927890605747145381691569264882015102
621472183250340916562454293531173283968374175550697887724604398556
261085337374028770997288047611491577857651047529089113817806546922
207217132541594679780555957405449532558779284323247504820257296107
211930542720344543111901843265159983295119242549956886629245120615
544354851877843376022845731855255302038578067996423334739432832550
797681431749352903653552357083362272954029760362245967870224679610
872900653691581103297724112719687184631712015310872022829121678513
683286828899841006308305969973295124018343792808075866877889849604
377275402758952292936685392267513992823716159644737329827017509083
756802744666915911114977994466711356910889243791993094247213080730
819842625931443479657908567008256288588361144633070690191063606859
951853870417106238568043241122994069976976521718948993497188045038
643217598286433134023273173503448755279378348641310419949659552577
066904567184355021562018967279397342682162568608592248811316664734
142989101387571275704830514594366360992466106272011244098723999710
420756543915068631020135759846014673026511990342986506396760006966
879582828924339782590587485678262692633034683723321240661577602951
565372261068229038366133683415049998959342809320186542470360735907
656081621959975934382017246180769581783472212715039912393733080598
164349462313671749599994630421176381814783019102133447356926562588
057101644687984556617203758742814909984339304652393122000356442486
502802002210387238150855436080610859538174278532465497923110151018
126674138466294626740034072909243067756491785793427751652950984600
098628219865193501486314131133823408186418101959888722959358560343
722423672396015146278965654853353317400741984242601360667355298407
544025731777149540219275487625663663209795134838923239847309342827
299390954922628685258280376257104081404140709215337798247121933464
825207183878537445007238525936056765957622040219451924792912413075
854648591812784555951253394853773274395465325201686225053728500130
453724000464744479074597825102944479047597268994937537469280893311
554355051420516123636834410073498429947070865348728261682611949954
445988885035960791436711196391393209112009541335128855089924933928
537947665616415925452758853479068034859304210143177857711724511374
184624321553372240565412149423223467341003286409237227571473170380

930584666114105286653492921570438437193875825489184989446589748921
123980435592536491908658906691739080886750091323305426654820771573
640252081624830165898730360865980837961576736411773627346697615666
539213482934564239912928078599798788152042922151909141690785497361
872516930999913227000674997233515576579514366474702374876614964404
926134860829976097836260492782317388949792246852097759950804988269
723924957659872230646951187677991605495672699690851525822652952273
858854393021734274755743918744113766339941285948312343848488127945
760136710066761659743958963255453067081684294512114091221200910866
698998915001020556924848523722554213107166139198282765742981882917
518337208417523869676828059102315199253128014453772216474368259508
608886364434672080407995745610429010196560880839309828716061604912
163604586908622289737564557413574307159108936724233166447733282968
241883149217164949725140119493690567095296152704329196175641010185
140596083954221011253004320324477290450956867286869283797899445334
732540783200542835488045130887413631936955816828746079046566945900
407442884187381232567699671646926799869558860520806372983832112386
246812028817043481558140629498830626345933449988840386526057374223
073857866400023774153128859094551257535393369408694442939407522182
847100107766580951275670201477540829825943655390077790618030037104
030191092185293284782411655189092287029012404160045214931709357753
608163420856552332014438453889583422068417138823995322706356387242
611330217236088753196924820117906522275084815465360634684320835251
951083321606843173343658468059130157408787018229598765822830020425
283556693204501981988171458261171598400011723232484622368023378498
390571958420833941883302500041002600378834221148367305474960967792
429704499983799479044054349710896265896766913002849909603860630462
400933379790920357551625516664005711218771723903001503960954051845
816999386430449804010399161286593474495582760668348248909337338629
266989646970531741560892296662428914381927372356726030305011034159
701503907594115991561792511656228924417675577202639271089785260599
471315335700459048301245358602245707716058212332185295875822030519
372890200177343206194287342147523788608300702997965315568103011287
992589391833877964700675202703688772405840664369190902874387633882
097145801017495101346458402812780113168139897806509007407674642209
638998045332620765149608259774522758423904134502684618616814579533
717594622683030636661453659920280300843252851498178817712725738675
355028513383679230567432436869620272756904956947214224246798843604
119226316915567882764842223911962740367145989741445431800616886293
376356239752548161092018062894420650865088651743884451744029361570
891066530518191344083524173853908952947331269090022881476173592405
472755741008722118602480706552734785464670810033252880494872818846
476645138719484647002739836639678691108722490689445254499301361359
823021009664966265824979074179330260447961646789612176304735470941
059054767787436276981114648195946765395331326021604518805685201238
185383599352509055867304816958939312668888710724516375807869185298
046443759849390149864088672912156151469350544680039277537716280028
444617088728346133201602784693514171037189813592856544404738893533
643422529953563067148643575822661507084722421213957490588123647260
807956653918210780697591919627299613768250527190168013501825936503
904314892374222182997294359105047665101984354967715836390356050902
744094547376200086625518953798973986955249442094528368937291622558
644588185723220050973402112420242701338138097506387073687862241346
162660761418658903675756728049468513929492469474976704482862785037
993942832787912203329713975438436447227794195248300533133083265941
268165481431836724185190716453711839456188537671861146345100987635
561039688240346932274316386856389366920782628786664631623058656232

0803446703322414896584429086201191797751836078981178470876262961531
1940034781546405063456598584539593367839204717781619611519781599152
3348323975611162122210452896830871383545998806585780135485937490423
6395602017295786811549407988789989527859449531291247582481713710884
5909691407061933036180030332389191321684024237117855941479381751225
6153735529282048462011908783557824107679589872826483801883630605166
2587458132380717021270703116015993195665321105590868446372301121937
9352882993284356956065971989301484189419246965141950471310036209138
8468408714367868832381248718738058221779691668726770528694917232969
9297574129371576503104861498264996394254251535522789265581765932811
2281351990499862833891769509864987093885286522464162414980091336041
8094161672069334242500172533359024122452069662742838060791570974611
0193234327442284279030092197167819796597905954912721055386447240761
0083100058808181907244787034365745427947504666021168615328207936701
4228315767741097870656528899580921512079009106248893864651748603361
6304880883858583654754195906352901696079598667197919515472675399981
8477621888478510736605567922374551580096127346370372954709964144891
5440357070050979597124970791498940575042016503073921008375739413281
1657808571980285113042479613451450427776366605487057390164979963881
0067492763356999017421424708604276336870153889542554486051966156011
1457074311012678360618976337654085955844167396998989171468666484011
9024190014931111734620629582307787057948676463855675872109951364681
3099777160945465572016812285393776737409942830395155749453169206581
2037145204582775357833798271161575355475475959880902888250015132691
0306218375355881522800804994621992631395147590076715044412010286401
4223234675721465222554333746454076955442963733651832944081148165531
1123178885685344936256510923382232508875197006402178562624050439201
3931155127424198127866118045752037903135226382150021077213050240661
2418300286247765591111413089474976417044276328777473666951415296271
9729847362290196362231543631914184179969689628035927750615513987551
7853672663537814008171531831879331479803166307354183824985477461431
4758212203503303949134626725084373973133134613497187865221548479521
1132806558974510020324872979223925689275374902704259866856149040531
7528450466261442642599122957699498459561688661293427415216860453691
5085827710553806842470639686077813289931062855112879954394336700991
1915208886144555645744227925330947510327863999828608664778246977661
9364695968209330630483252302728616288409185402107585750595233549171
4517563505589431674912911708620738469600487897826391090562573959941
8749249597901109019161465908020748496263935827926505836476767083831
0119688555050518615798097218529807820275467907773528459488554864201
9571848095773550264183796622010560620176724101647596182317714441981
8100961027947776081962562468208545749937593917557725550439016442701
9090994033368202101818918809431446872511944883976072610642894763771
0508381680928472870453085471610727866631012203668875829064624965321
9442150404260896079559602848376811583310656398188715410222918563631
7554680861467680606261759125475132626589633416570626511726817054931
0109406586302669220422989483023764432367142194636490032001891029511
0553731974203939930380942870786655291476928813856458781496647798081
2331482664021665548467134062401859714121754244097871277182877853411
3438373825809953777455566863903097000614928407730247009172019952461
2062453919858592371345074239998517182249542889513234350318233448371
8831929595533487901099211718992253652942936533625825953909465529631
5813744972936997465118753385374870942177080817457017422516040904381
8461215741244528502023798390369991138969673477880497042088863931281
4389157986861499535720637694821492093062812513122808049966626255321
2428383991735202566745252299084099463258646834111304208458988032411
4287824148608262105774947533003770602151682554216858882552052891371

1938772498690820253933629404730475050099704407094693589196990053344
7830446358119649104831638160680743239747518873774504853932080118 92
092176200325412859001921285078008780108096121869972156727878783603
783428505022335910473861003790033681958215347953124203321923791186
979738109328501036782788060812745282883103918315704414803727152691
119589138273502062661678813673893005894349871926275421758678377586
169291156419695497805005027174414821422531771664564897625594375826
764309491260552928577535565273114929560879110821596194017570249204
462620779468053776955441637902384442862707600133588293722905895613
531099244879237739700126380103906210362971005400902332662052868551
292388936540076639663983925724508244968989262459924394384508765578
909028189856834334510996196384091164376705960548419525350568787230
520679162057973980086958750046561196154504016297677700965470185284
334977644679496028037224229231209258155238064515073175826397848971
659561076294495873794568519845906093691349732270242823829358483476
200972795732039739082440490265245937396257295449117729608598859109
798319161919237155743147773056132758650301867128792233399940922106
267909462585081169282796692381723798551276299352386088317714689728
571559104796911352900853677375489955124718689039574466000484795401
447802882232082425670184511475458385946399776041212321829451207207
790817682331516184554219598749744558901511992706236051896340735393
487564095315603407069359582576081667695587492098240480666527562455
192322003251452941755396468271902352195763796378975941750521586754
201928536559666201450456338552783571256712051282275196092953909245
784188554012712828606220318403041625230457334991986203368394185491
917443128141702746834805331236365464080095227986799808167861438767
022991764204219357703030288924063382337118831666892347256653147154
261973692488185677444236830676285808035577667085249394327267591827
130580282047449868310923884518396569291282691413580228508792026381
557594458857783917630415382477745027363004796768568959057429077532
824031838874195328472505758236998984185573609737934792621075648001
276066005684856289529627036503340728499245707682166060043085192144
993994615927401867906702492509188084254975382500057364115276562788
206831683745613611646610594529609876478761781065732569944130069604
044127574848059081543152521914759307810414099180436770663956672634
435356245619356407513565467271679094118794884808680923093832873822
500428513086155646738231344891197653033059034948850709043640855117
089681596818853555968367767082875926959001222681306340790521808314
175342883875013165292187663333574314371010163477966588836188698834
998328981164007025965502047611990688459306411880137433528093795109
830522058657551902553313247393551842157260882310168318176409724179
664282170553923573318235997210559146758099096015712545362591465735
834510808497696708071726694371830812496641392852932420581483522627
446937585856957168703450223775777783598158580954566745546272979473
079756932050856264050352830255672286677544482840862099813897930370
925326425964038534996170546386083723031489481001371999013197012628
010849698683279080599525074937754235999978783744657783712375357578
526777106381435613678907947372479242618159928019155423635840922410
926951949867583701400806912594594455592546704732039280047011160015
595417020287950359292017703968601134563044492333977435455716545727
149517353452904622158776693210397256540533868239130580966002121232
483113870490726163498817775250633988037352830441378850405352914195
734486262214803329495448889085450792480542683741940669188555167572
166221109208997318526676782935266132904276171207173433002345258919
537355747509268743152936342844964077178567399584381489421046285181
038496434277355192443854011056003640918609065983002337368459149958
401444990129369372589395288983481155645581061030794545804756646504

893576785275211183407994598744205675506984616282974816927434031957
448112126921989132435503198370546644424960963633748486558714369342
400084268306946647268678216054307605555157113010549963694214120 14
528605671549281450356360885793542044988312557195995587078583365330
551210839284998411268479057129722024655013870820524474927234191950
360303939460347677085153472543380769135430210323311827099410525437
316371791899608133844403673509209111063173376587401600018697304252
984202448885270331725146924974753931982350352522617616094384809705
351245708751318689267370050744277412070979040734631226205290006391
892909903319643533353377827730338009564355202372811893414222213163
841246621876265629262131653747440952305454016919059121029833254873
844314996900817917666244456257105500140603668001332495809064102834
877164193564714304095505763803857385220987161679591048522208070839
544381665295350087746068113602730824885662613928667728371703032378
323346716406418651059916248176707063456531467640744926589904002492
943382034766548273034152265790423510131092975678304848136329763976
322746732729909893927449638572144129084870644807046616306718326269
730189550522617503670443765606386089754748091995263944035360465439
982377356190246502693129589140222105988734088163222562586861744532
441158949303555099774824741515073734119475733373556527627418519164
245146201049878262945368950884462321176358003511841835926759864297
128139853841446909691719079951674046781893587502744350355118079967
776249870628475929132726168844888493914112874532057248359162360674
161634463880131235116126332141573507358737890898646033191010479049
510880532762436343801953205313641343554593647041984399732731928183
025760085767530258321696714646834358840039142037072426708260176162
533902989867152675622198130603529594844646404039688560064817661090
330560790650387689684467316948543438918368935379334168987646104050
602410935985553266431299975939026367969692513769369261591022851172
165414889215726223597736677014639845855210470747638897225490221795
578347385363008193343789887481568027697599949512125441570271376490
277515078779949109561489574262273987940332212825753245784561955271
497177374892311071758004485261087533971440933423641670007394747605
338766380254295863552936913034769868990613336245908473538052999169
523740650576570393490154739065565289258081944696284012213924551119
876038074056609941052311643601925684722053285107258758837088787835
407461779760153173049500582938124750525030217002361095736709078402
235116222597238130144407984791813303210544324431102719791005913738
093483775863613997719436720065592456993814702761918466612118042961
718665283106957766092437716159831512459361728010390163655204661937
092525125363139655920117782142768019428047658653485815874703119926
770979133504911072051652432462312538315744875129541560355275026367
961454610934441685357810273138996999546867343518103443255259516930
023300505925727997815904820223589052604792034825075042171734554664
253125285259478440684213337897972455998381452902491341277243424509
717951186446150628152839286502372129264368408132689423169315188818
953852681800476310307780389924412151871985827222544989996778751458
791602397076666044133305940017725196828827618138902540142141154032
221880752214931387303943894838634880488587257312960544022675401194
443442712395569023790715007138610641985838887956880548633517280844
464472481327723859561052130130910151062642932763162472228598525710
263715946299940132265505188044657398980037754421846299791933040060
517616187986026555760768914956796240330209203533823006419857512128
054908768126499986629682021600839357742569239001450967655189683001
149858039500662463386168022550668707591274831975300014554060154119
807841134948294656806017074182194482694202914591931179729442535235
139331011218688316780023266376919519389893049565596364430499826362

332222131737958633752729015980267624382084908943642831249679621625
001635299668930446258458041672490710904142795447432277640558606449
799377481597906129222029306198335261800426117966549675805482901810
689473722161202657162630436353022821293372450839435343709678543243
805831288950527866356571712880369852845487149507985624665557793170
507902899868597143645930779735070140152275447669341982392638989294
535343190218016938758502877868797020461682319735199280766975865127
606468238391696014867111500960384593882005106152664625627270863739
947150257718107230896204362641552557152127904583542959059101205185
086051998335829520276445242512357735153614513291221335783411967187
075856606350002976645872189965684680983542255567976997861529583162
065743207372109968440619460852752139972077460283796182940677826598
099698358660897438651036562425562508423543545630151219711116732833
655070583247917273565142769410984986357066618802528434536119774234
900016041091359806582532510477723487375858846669785802999922419736
650411551196281600473215765070051662898453996379194144719612753684
963848418407835392194951607607529847670841382746044030177075799966
676756861253610514003917168172567805013897837186583796897615017209
848060227215120876367111635529356196130402092739641852869360472651
396687556304008753585686831314128686092282555124226959567993035024
901136677093640349903748458741989108901894570519857812478440357578
671393197085549893809997065410579169020959889749873844727261372435
180656164993163897351119703310393978040928094799734337726502122497
143409823782365196589288627922327799039418205068569837671166237721
514412022766337949173743734228317972794011937453904905797144617183
602567322140552194621862859145438965623402489453798119559649687070
730218607805131930946785284844420212843249930715413564423079386272
526585208492269484399394853053527270682335863948608170577407516973
852120210628959417716079254130699134608143824632866935231265907343
036680953859560845016739322909654282885409786377872218259072743419
564661165959340871344812029957960400057641468485638419208402583268
552123795496248911586260094009876541358587061925113653719481486085
710770837602097237465955311440307339494234844861525237226662531720
908162269400021122759183425529828168997196876101438519190128988074
242805283555533252325715485875614477520119468011155094405429657310
193621595918758219482207475615307833480300854994330873982134027070
003112858879279673962736609207126971151381953771554641063374555849
196316917552555991892240897978331242735453841796027845958986470600
952841808664677110946415984315000959749470220759587493696093489235
131553087952267531922887519326905699269590112428008437808975802237
272111281427715809215786190314382328222158431197363867972722768495
813632814701827652361699870383165480571461752017797801074900520098
622253867134378987984881044503027177386068210671823485666103281598
409185714908477074125773721529623628951428193949344923100247552946
876881422826882633819921070500314822969078127068502360967952456156
317625378443908683885454717662505486886145388589401906509184101588
520883369612987731672752691975623864276095136945838426185218338957
051864132632025229313913483808212879643388136298455390423731285738
559006232871979159091218171033492088287365725960067510345169173034
840664773124728536498697032255058028512103145813971655005402199912
584671247522962330479476204174835733965129338846259860546690206872
743107989200936008629962585264955692634224434907588987120754055723
917788898374740062831103598936397536831431637915535084459949981517
903571916645957972640535635796228522323209995625290729565968625666
476118217436889365526584209735880483823563270384629174104274634032
764044247217919633892333004523529200287573013563038211172897133169
436372206175085815202908497246369055667628921842626517819765195385

246430364256203212959160895853359815407065024525216570882264388969
553200330712386017719942697998742711966035304852835818441460854913
450644431713086665673247447943228054733913760627581890428365658 65
989546648856170985902335718936471102219155448014160810863286526572
025037347796586980289697568759695665517157299781741491255194508337
794974466980602686431815234229243167763265101550537467770920415647
646247512496723011428848395397060605607246531422732188958383550139
850224798061638234945366128994040935591780926586823606419849478639
492739255146759621855648434028716399842416564079224320499215193527
094274925509720983764055479950763696237008961585314208285497806440
657569461074012428301167709175408804880626657504874497001006448172
817033718571687699052050431269126758942354642426321926816126071352
559377998468768487666374637370848309130230318759755192524399178262
640279966163670943691125300862843502978866714838773557009540850951
092542672370871628508720499100146666069343525439681324227750520412
084311778362086425913741403701893905849130885307671803377759779815
450406004508428169265395494242417343968257979429633223312132181078
012932197936027503888526310458725788790499330172493716992903363545
290749651464056091275487528815748748504665647881571336432427015771
206508826472570911545293554151064551035094710720178800179246413597
213842994871045977552798427450697742656414883406830080923054646260
389483267223960406246465945742025221084288128266889675278980243468
265578962656266379745368910929346892092484109702357131627533023890
207698673143258427609481838812458575873401409706867189561813112229
470021978448241581544509819889152942428906934660562607956566439433
934279983588235711675751163292556214994709518352233124581091315865
577359175847036941484881503863264098660524416089944214237244673185
768540526164596080359046160459477472320562878910886992342019575526
455549151862881037098556289818492084536281760741755782246663879072
604677554834517443481890496880563765032503535926271374514988624054
829562473693334496233090273911370810584071237265540394440666165466
698127940161174380314425458361131387001800510642225047421267495399
707590971527103141655363347732005496354914667194992566437711135196
471224844213383344829914740191692970978273304820965702365744166216
404138597571994011075505481383567509753677020862148022476905759312
845796120520106065272215959974558956392927416101354477714866027222
280787891903104933048606423488894126536509198046804726679290797077
022905020257671384436845815634829002226658722453892420758678126480
742598431037231448350739349163285687087989353089830355384383950079
707801508993166772121535578504768244806681206008160925249005506560
688200539439752940429777997773909548121823388281599786284393448937
918615556384584794259298949054384503736976473332256852424021601959
044724016399444925891545222094738197285735608141629442012082969234
213675190569210533735923778160066566876364146366579043573782443665
166851049351957765790791933549005424537483625826410516843786445029
591835898396440568593688826368637105027687838531277770566599560300
157235823714715472190567142601433687966468436491439499957272215058
042899218100989507993449442141990214468925539286769175103982467582
463734380523973508302806871873446064187629932031217040704830461291
642631982086285078695172901899700143428968262441780781916264417195
044507576668563242456745817551859136043599958574598825035538466741
328204525370108050902351148404819530588806416040823552351294128140
484544881037085694262600027163923010086037214242484291264957195698
732190524275633949016224645462593474567030056728375084672498252798
367349561770898365165478278894261861051832769208503603621780033915
249337148444550141579116250506890910713827580224465050986098688327
677971183257939187162167678835622419886753868393157565897768652016

394528273886744065178756600689498217355748074443255775906927363784
818051335709627018971520589097081198620052276793499133040582845672
035856647241058894553087522364618384396402596011254852876608866284
830763601287006667228026700036149423026125416550458296169931638437
058296750705322926910916119674936127372916312058636884790525095273
515438062221932730028959924079390744385736690935294925868944010734
221780243707715281612425319088227173271543382374014745436218433325
680295994077130149833237045109699654532027453350702177037070611381
910516358803074747708198082653195105524034346189080408772855887102
619129910922959508822518192058518874419863486251882456654507803295
363481026348433030837241811365562783019391016183517403223845097914
687521623877144239223232455763641079747001255398324712260190530488
666649333228486329053808683517096435404402568667911688444342169402
517726916720054236587952458648729193194196398370591083465955654573
745542747225256387204919648468045612163467555780018391145805072029
104091774619788296504861235552872697552000423820381832076425536409
632089339245449675981523092151894730501978535100152995735305428112
836484236594743595960959569801620275302395941995334462820826497923
607942188680411060241587415085751945806156888083430185412537819545
969741423677874187066721584275223193527707018877628030323374028626
604207305052378520354210425772442559140427008749076435248269386810
716376693073037272374171754245852247735758270295996649854102311510
138743237047991591787902994485501682558654515388125485742541460429
120123228556148895327177172401226279944108268691399729874382556815
811126238732626104264249191467303139324078996737861432904142084411
467415351674268973370321906902874770602008842219032125165528911717
385674777311366153734391751962707954921617093780054340457873789689
579406584026092226706663974706474619148511446524438074152055212868
620200671723263684717967231549153359492453428928874859317664269936
209673407497745053070568431410133263287775921305762314700874373845
076260305875774978732420714066513617994956945601081928431937367328
417989351895954235197022893472976977104975358649956731850469509873
966280139531524733606745957465367342250965950109876696237341406068
393503481983827182118684406017615765602547011395373572678345269455
960791770944971727234694733436780387223775747916868955520413621538
014282548673776952837038414279340044001305689783556227986071360705
966044685334333224708199605172761522010806671065237950190709749374
182163352993865189170077889883476360923618805269060064082807971343
497894275959288720261078515554112397373046097592317883468807253835
105908002186604490289791189672593675521396472906857973507367571821
697403667069896134578745061097120350147956537516416615312164732544
167892775072459436281923825623362981037565328913282392322272506794
170946913185669962267630084749332949237724820251680550666316199034
578005029621609509712783134975497484970807501469286177972053920877
355735426344654046917507878362978303712221263449953760458706825466
567329277539722860367819247326075875375036396055575515247044790468
927900741744080991621535352379551593168250391708411573389472148337
705878936954153482731607170302320249290945466553120552501263225317
414273729408935823231304140359670910492571838352019535775111030301
893738736672956883475900280466901502804156922062794107897682809626
966101213748811955631196777980468124930647837405316274760628345868
471645943824367753427608269557653234427605339971298708052089898561
442065934722157535135731353150964325686326997601181676887233090478
473878261088300271876502608262925233194476909940416700264006555597
136991814669791135677806574510572964711963826438069896023388113530
721498585368708628587178926879629780160894163936301209416355230277
734299630152634357751250413519834118736205833454731185380745726843

372069052208562550105061009379428561404741845592117933927270859725
115288005694028053614114492402092462087948741836224854453701673479
359020150069908947111950095477169960645156934098095760872306116798
593054474249458559276375426550790985078262274524142805641961957947
016181410188593967029288408817507132694912645147924587138834722095
701254537628711546135844710131132320149549094464014760003023763285
717139536547149001355586963306925811264047920053172809211791287009
678813893732959490687691623091782228643533340593396791602428932748
444663155945748561132045178306464916622418132462957675091859029883
332306551450236294043474054925561176422160938847117341895740719985
035273669869338669851702573938066023027910628085352549353166194585
293885401347619818297901927026997553976270972133207752142888313638
279403779548104363968462169524948229844322968969208533555308531740
953971002744873252835275736247945801278044550361060645585780357362
625255636064773490568638324600588264572996728670647068819718804899
591820953876986724126105812313371883281538730532406351716048837318
634831944878552453402131059605432697873627899027362358152686677286
484137632175406689989734882611860180029360022362615884959038938183
834781502164731089138369537380868316436990879808593012837352876220
600536227587287679465791680576358143240925305502388654829492572512
760977104308414241327149223014555024915380116515701072599196608891
033445877802018420198687255798348589279411579165489841807965598165
292440028600089283308995984612515413473641247553705658072496073372
896863956551034497585830017188013929340815934657740749168731401990
382842771226233324460588756739838593500769513118556316845738386555
122929408030684220362567245918113860635048015522616706356496428673
234596566937992435872932911668849839364206979703901915931945597036
125926270637083717136079722292448389736599492632218594309529344551
705400945927487032843519938814026708591528949635950763638073234705
346230932441509575691850480891957173919165310002415714293566869097
067553848502610804074340645742634283252211020710345037453834072171
927286093079709087864027403756034196203260951802333194466047043934
800540635869102941831438198076626369229201519626745478890548730085
334220881597403289253567824780457234485556638842993651785938154287
147347054077625040798071086832571272096595247028093129849059790306
196750805994442179885069831610963804318575734932089702792144339391
342829009838902927600998103497167534005535026657548513582069817189
431736521873727270386652434205926968399585877165807536293049174582
102753301267023622273305213709274757549275403224866536323928428878
807181194344775443943157463373774219051446263840148384522306013263
650278845147170479058318058348940856949424994415155483863342377204
069960193358031375344976028444995154109011381560664132329431053540
356633498250090053413621495974752980282398461972836700621058461397
781582746765798260178472965764639589418774249633169588422839119159
056564022819349680175816384013942920814208820454690299463765205998
819783175448012711996556221317324427160802193166446071845067024516
046120117976382723921134833943879896290584017968636094325530065062
888973239251361632702390752395982653489399468065805948768646275141
094064993115341987321729914312591009777188686945571244449358286138
125976463755113427984573762023435625689831225304205902149070999674
160321546707538816502965863991553151342905513331653248308850347019
549055674484101032187658995675839455823828688310814186283547319475
525274711575402543480466177480387868598378715694913427853082947288
735412043190232090595295432861066132697607626692661135211466252769
841277340852419138268582809550758375787518294419538166996475933805
810974419704088768832525737438561825911089750196431479372572070809
405896055397098285800445563078599861108297845198039988230941625098

680263516282280756081650704834896441683618365946329769197332664504
433270265296440733260835948712972056368036299922692205555021936131
309439292561689825893809531154348132895184916542872546286351978103
023730034903799179307688612204532651318101381689879195678466786614
433105801438125991279141588766717029067599907122292817274527854431
917637751864885446905521418294754607553734560608556346420396176670
957528745494901204660351964636873577292974282347505496786544592736
062760898924697824189071366910300926678191303055919511695693178319
754079624033842110466446524045818686393260964635303347112921315436
957144220672372701903216128316366068353535914027988526095314744197
670576401090753060472138657067665499726561399562590818508530304555
928407614124652218099654353071631850748864789331371598040191058010
242554171356618961206011069761203387121769536277481470240462879594
479656892916665615162911773694618494617768316635945285117164140087
961096558671942116381654578935594374741659601910402650699653760891
088490540908807662422362445253132852178568721171075072872580243702
749583566462456351397720596477873476721370969778743722222285444150
516258147590016001034987342164287379415209172808743852870687452996
758506346236156568380656846858665912883929939874919280450975993576
219153034533964024162816375645733798596901282927418796276250380640
305799822393935095892199527851029164638047832936209192780407715041
873006891785738178253793126532269564298480575057043385936993433934
560449623259372433043576671477116642620566716193777375770182049361
597820655177596044557427140159585062420861432022102794700328644097
498531194933972205256017243806783980806301980330387140108237370202
178023999196594847420810041624631399989387267812969837139653343697
806394667642860024152824873785639412927935383607707608300750085468
836684968344738138000194809994639279397254809261755712323072287991
472949962782931812117999531191393368291421708003917108392039962532
465712426711480762187323888663027326326051022748558768582482996273
785630375020526294883169608949012916313726348858049819248754553524
887326239439367504501654768934020682145856556617105077511943738058
941342569604131394758191970668230263242340902445054095883410876889
880583600190580085619949103323884501331396041945468828359061480627
917027425505698363038681904080769860746508844236776170546226084543
972221940355420265203310445526900704688277458214569663667446999428
841734711480702347951794307783615275740011675423810497822651699679
327017909913253596925641310212031767596026367955108692598919360515
293161163999379060522162182625734473633420263075057264252255255006
962503721338053244844653771497170577712173855502140364109117838972
141797635473176486099732370208765716623286273640666665252244484423
704743126027019405293253920388124561167839226071478001195718475045
561161525038448220826918667452950019454795547426703119533884633675
047534119243051728905583063960642730093178990339713439315840591610
085863938221382022717081924757782100150391638486660170908139091359
533406190146269042409568052624010705647776618407365199659831201591
486191247910453282084900376962357904520492814748144846581726874291
601112567800981177269122209070237851486611243714459198466857630947
375120942433520044650532973912516708301825542971302260674660980052
603919627557983895090692431900473756401836074549348591017944755771
628631505548876102867291818675864766444786596278272940399932099053
354969138475743042203580266820050183524856515170342099431107260374
750821643495885414321045735574198011829400651638459077831309473009
929939541827181805997731995522537656235226168798804828472031495890
625696894424278407617197478521211170867529446036705335557033361952
699406435233081909574370804656078412350061934156495100497331738362
040042273443789157896534958611591918135897244495607070322322782801

579148558088663267009240423420313927164689630137056221855039903462
294679176978329701524127573584580130897595258639855021546367705090
070332907975583265256973309925199423352342674324526287834348780393
209901478697413172811254964459042777973691266877075337938105295979
219560094519647245214566447811294088842597399502289315673204890035
956531488181813352488448698694800612536474277550005042040462103442
555588086621442523793246458613086709152614396887816336773496951240
900773916726414094124216456185364620858380521948089887377463428514
000439792350670242467066706973079235532297655668457047629025632259
783196183339724915469525525143514347973072505898539350344143010372
769330828701075552612213237948915324248501547845700977456836739570
646245323167834271605995132533503844764618045298891008925761423645
689209371216233577791901016985274650743313394038605583835605125299
114647525104974008392381880409524665697821906750077451273404137469
485989032430384217737576080925883639849428524916612397421340306639
968399457315314592189561854297369416392912745866021491932560629083
547889453870589099102877684263449092427581953822771544550755082820
784883600938857504071338064314464351066357725420010721512821487380
127832552194772666696435196399513880976645324332723557684264153138
097822980463213153774625235404290603580170561927446884847759849178
086745549832965851953461620010812542242676672446591985003737246700
094531418328513802244338672642501595675921141474962451849120472064
675609405933598879179790590013674885386450686962065614990834968225
785681134556483957272889037685647348587027874709244378417015400337
456982748232469221776707380599850755861668713787186830968096765583
702166111407722078522106402682698887307289605168437835203674022500
330129422087997280733552033208498251879476366174290552837591285641
649741372819365114332541321596654479750889663784405834138448245573
385931223675087756917458077706663761431383703360433458674650157199
994935709263149831353947601099746000005376581449457332674586106330
493215029738393935442737099386415060481731338107605825309439419878
575323657233230479592495750580234655485760174078300407648946768258
640951038804374399269553415069260955209966849636219609754199025668
927300183039884115526354875841019186258565195894991754367013775262
962123556260890759814472451063453168437420392696341251225494255324
466039223854149218025474882876575364066956656854499049481491528050
382535285564672004425228943146357459705605413211134776183459143500
680409751657893967117854851652292067783571075255139531452823122246
077432648578021471069671258249054953252002980118743298038560982084
749878105162425738536217494683456079440138680427259737217799597613
484926836925904945447285453485554767285509262696633351543953191992
620902229011791650354053205354155732396286587788501001210509448364
369355456565298702510427337311270368643270185393046229863901849849
779085270466381007410606419934676834879214901823792623153577676004
525398309488349953129731567381103576713809506026898810326066044317
643550299533074351217835363742263073089411890983341196386055152202
496844393942530531427282384519772446016604039958354727913725799487
690563099638920470629376050565218205421345799773554893538368033652
820760812514894362469001742501483694891032497863941911460054023062
161855699086102467315486460988020278107347373777049188343981529606
960617171547709155804539147213794488630702751062591007953739995139
486174490302297892181523395588210157649640209459194090016061165874
111119807343351033819020401202992932403144329877164721941875892567
634592321990922901557239337288860713694061776164509345671522804998
274750927830263599319816399168556260449567993519483203844703965009
899853801126586133337947755213032889161978793373276844741328316215
382135050223298247951985584253064406273275670404854215795371733438

301365792271697658152542272531902691721583563479065501433932221184
545774337318654527185594102106229488252043473087838122229831687235
778373373445155994823292339269578929447998242009493926642707394323
274713200971603475707441072850307963039075727028380502095916175507
000501662779242931812450523867239968585193177959038840467556513325
575821494315351795949879017593995401869958616206697153893332575600
180920779578501271585250132437026798381532168315105880273745589398
225165079655680674055293358041645869285231652892506244103450725475
174669695766475991206556847983177883862444164695419191341166383135
950942698407897055494658072945983183865462177521063114551043363353
661775730503740634292089127750223620941830938203794204943018325648
815146217473149531227249665194033266694654817482534172522912474970
511461616005428188054035419894723457255907901419851829814814599027
140514326607102622963491948125934214533789872458309760486188866958
513039072917339207722568960983652091279311482179747506446559761340
387575922402239603473570849183378112149892582953233544437853183336
101743721712707556161914380532726602449486684750343807525183922459
239571783023471419022350350380794112727748728950400230804740722455
600124762073159921250457886191338649903391268514724330910608559436
605624848676475330103363659857748963154641346528176374126158110078
173670124954479654116012249009394603499330999402392749438135040080
294489916879393667610867550354692386570894147039461647784558930701
189503601696843007815886653291356205568916972515781275439554162151
952105300131336221871938145719744354678463679883187413333055129221
001574730478222747354362338060820098336645368558689256331574692024
315168312340672977314170507985368300211465536273578120633869732468
790648595875816722867648874376546504490483805651802297321117954056
543794461504202156340664560806217490834492965788882953793035047260
862168232015498493360658850369596066660761363412546677142657669669
382533335382968667780185547637587413756149740851683629386444454372
825282127596573341880697804038637562432135935333827691436403187220
519444882699899867804379050317265195333242884761680065162980299075
023247883443424065678288128860769637406496025630715656767505203705
308391361662839216418450982844674305122844423983346413015302739217
504201192661457275082813903767336357639254460529716017653757738989
469139770671718421230296681287204971364532552899308640123305232260
540816113878892531948786172327631527480204769970108414222399792911
010289569196329428033277083535253890351431858828631937429265422212
927628526004225453979981005955366783999892392918091503877736140092
815308194078606647484238225957635285178492414744484368434252066821
565966919769728805736670362156355124994436122668933058039480454627
750978873567271612375825713839139410872431955195160533765155558925
355182697971475606689317353105319152122983591730230267583927416493
142243938974431008744911962224480737158524947552758284137168733885
684513971935717435137665104895239029017063092712264684066927834839
988628595942396793645641735587184019901875725463460676207062627896
2322203480537183635179469108776385199110783793669022647896142652819
899498944095836469265144316565821247179207892033514059366782849401
779896529798150547543580317758562255869061012302340109361295535357
635843299746307928840816702336678897012814595884742819942874986614
377118597010460786118312228567494691319004482564302826200724878752
539439790125220351799067010886444417333294270385047776295948438149
909989126253488800224701126853866059437662227036508267221232223515
725503765038540952531017575868733835311996936024166003965092807274
380713754704848445688684891968721231098199098730747953205414010395
973619696752305244216405619005267427599397913726868627853543055179
125750471576601849237182239348493919692953944998838019657266250365

175749403311969597941172125762371383165114796260557917844027818812
255383408963982704978907257430443033411791081090599505417122077373
797477503036812582030995844119486799985794011171393324239526270361
992706377241703397811133323827156827734201479054726165434019322671
442180196105337050263337427319045518794871348524986266822221111131
891445576221042289834739034998125977811080901318642567088910367429
803049136365142132498203398923826233114577540076316382512686668485
031584111114115588642679072134604092217050745982472070245524314035
201195653139245833100914253634958789790743937136597095527255566660
070242028391007459462466313074544675113059937775120411928055649729
151234915055327810229864306084053764409891744431076998717276003815
163442860652183069210091799279417093193629424774580681733533597017
598932860314853201568769791565212418967004030959172775708160301869
459714079982443633328754319221407359969526268303856595845208956554
977810132745394340864386526954140660420525015130837808664572997492
569037617093002816162250318700303273714486051251640723900700882382
390681147399580435559035124122182329827436677789038538586239181478
158835325813789319130516472390159051500732925827462042891439266753
495215494292409278561294142586937295146893142705444227000932416109
334447817626188849164416925608135907757944738620601592404012063374
998954252911634095244853142318247458686792135102696628751705210646
078470497466615451881415103516734981578308880506290252472784913288
358585719687703163300975539049048845664489746888824842250422741076
906915478241586198518421957909459139269455393497074170826012991361
372933199089961244761127027704388927170172348861763196368502467208
266987608481975265151178468397433083172604878540303329427864436091
148976287974130203367539268931859458016183291794401009583249805875
064583664127695292859826577033300623458265495553231665323056373735
121952849214896392942381059559822709275997303299473750568744987281
293470260662447761583466617049162697571797587242929114187975074878
217153341997452680557322560031417046342203189757820773023738624697
850416509797584452716458522043551397592875295089546522806626969434
499014880200418118642039774220404270266955446032990925495943520252
796488734580054345846849452975353915837929113057037617736633757952
397710873933795473321185487906192685422400839536103687789915221045
210650200380051808347709316151054412972685089966422824644897764232
319476756024380976946310016887760572567989369280086502487446760824
545957501328381000122974730565399913766112760678583451295803038405
025304166311739822211379220747439396630034070496076432882198733987
733380285979360982153546559100724317097157060971059686886906647906
795150810115197051363575163611207596373863757385849998378645305790
304439430129504109743783727473215821070222676757039661418608774439
690962477761429826812572551820738210629142917928982577970023307492
988858235399319356394252680619486420670833245104681706704055421341
876516419219776188680295892187243673912979296702170026047079540759
988069653829470682629475007992091780545010872131836710302140341239
939886741014047291317644420908011091980352443211333653582852718284
326236725037002411625948225597448808317606737015485628911866544655
045630521377904505732818512019796654094302700497446325461212241411
283293664379403219844792766561092717076355940122055359024467307073
784068108916048402263161316537882261306234764932281552291952234092
518396017149557062533930191906745971899007765435853945373057085876
733937752255618875908626655726071481360268430480946337810894870533
253346931528652281848501503993800336638789733893411288434577352332
199976257543876194782906084104923170869792726685650177178453576014
440687171686900952806803431893356304270972778706508863333729703100
159320223247970041018149467646133696884479094536114901744629897493

2300375802531917695505241625006552842611437307622654208268221345946753703366218421816566443477572096300136885151459679472036012139399463261145414446827526486615867566816023239217047451257013486590616430860058855687920847833606246304195846417470830336606533005342062042836863188883242668160351752140074640269007587610894794635150844959617000501827708966824263274755293913446482687560096276222425072962721883787469558539680869873126892374812698135012870259485298709385372271299505563015937166285821886591605207403805726033045131972167929147718675630529355727688239029226621973058048731140117530813389217011861801173372514366353087565734208941704807219335988747973642686198794102854212952941043654806166646656095350681267986083772342685220615877477450454408597241235728136293950248772132291814474603528240905004010177366269864170218167035181897467051204279605436662794521749414856486403423375959054906013609693091684106291636794689232189120912740195170618038721228430708796077311372544130605417298995054837882772704666386419113779886974063277679996081032755656287090677016148581185167152557206731092594326602485559388718412430422561677461510838972883424225891485050847290517606189977758300706565252084740820884217337391076739811488077333220165889114100515854223884063672865672508971288503845294031629188371445378786613054000917050111154718543635583103320721198133485863115342360192029371830435261690844019550048145065893768715238471241858207056441353048742051561451208666809688655364730701451711555839964583567800349094903932744514411779916379631033825445061267296629820768928347383482756376171383960793925089382875193889083742482839533422566401300588877665791783597740406707501771087193911457846825425001211040115678138129566257255109176460365967780579961308628200115012516792484947604849884203733393954346866859023545752309540738153041167591919640339500823221212203194858219244347552933753017393518181466920530067683549832608976267360301178458554875270307322003532412239102967066481671955925453221347824974025002702748059981683762141181833876083487925809813815166160414642080752020537454958013051355297538783179556066095345275028999528430525995863149779903125995926852386759975764413602257604706511987193235262649108130193591599676247754200546833291360809332318453091032664269570273636886158684198635589869662161263694234626987065295164603659088977630943695328921497180259712631079198634234336833798542781592437536105952313676705884251472686692596225562333882544491533895148078035316009623627236262932109383812134429259616897760712961096532858126385635284069187072690950871990848758805976806154343849833078622373299505385954465287258009173848216395247618669194284409202032528586359734273652108417792406533769948709190400653628400265799102780858816942811241986780321267661190821206876943902568983185502950735813628332588132934978756119965706477032335460135933015737186998527595278840155231304466646700704457016737473029447784258379713395798102341927430114166335631047200206230346672004347363362091860740637938741083779837265910226226628166836817461450888105867940209169623707026722707855670246696621523592324890655654114232165300123066831581370950117516497474177077104786711442312703082596497028065230972652259535026093760320464181040128257029715290996630179728749671607818738643460436560312600913080199055913449698243059810448121422323919883233051748761776106038024224869336078269834879905318712019365657188113798828547000366180337646164180800562110656657135445738035572162702066987066596116302669281335128597234227347404355045030184366157059758602591897297176293782075851521436630058441375435301528736386393755920249401991229614783120533902040215249571623751771392074048121632069561687837440675142766118193570409262254428125724467479356699022400016162793569997731

793622293288995109667188147254724474423324508328161135885062617781
347522637741668930679618906981738542620711683452020866172255402151
315203014261536352924176248872401938432847031453356855321163460324
119109690049806616365370483004401011812918656108974698069557691913
585155593833791589067981878573696873349166531702934832744826234967
893671344072677226840840390785044733709169016194834174928447685766
055823894997626657072609591728102611237088220424048967417981761059
712165243418987697325405183576390689675246430494598140399601983368
186282170586073372014699356972850002318515413576999413002897984546
387206092599165675004257455772138558216066238188184326085590864884
230577290245837548332719465922189060822557719303102442845088023804
118245874545954059911879389866524346777606716241118610010104090734
913030671369690732159434848129745453214650616117015870792378267767
522436635663919196042731264289021440187347592854707425670344996917
675233598478138865565705899983318601234615036475938171158603856970
478924993590444127976041889820913034833021495306782619690302406082
509918409496241117147501936682547196684447339851530387850051106979
020064973535455938575707883336768892461107934627144419802729030596
670946542694668000365572482505385372657003464552984375485605766436
548468959198703255509085909374209804862413099267432372863561176180
971636873658852587542928998684070667409131052333116913901759061177
908405550410409730126750877167686004326404717317308748944579536828
065166828841880976387687751677225401507003933693798837135823136755
015852875240337553986870947839756157946308525991462120723856095229
220102419422643655009643728162123659295649212034193108558048057925
207056097073311003610872573365512443639741726877515322065422563933
914249879192202992430401513532618304251639821759987994032717706306
529601965946603316609193225213978517420275604532822558009110705570
160851977806571014316301211880912558064986030948049146676107720745
502634506956158153283070441964462644401978953041673808332923846545
153725133316840331525638965894711008798811829532364680046133945376
701491217704282194282850506622188463050880409783570115326654916255
249526385096275796749475771603492347359628017615562674390623303470
044538119409528697550938580679702661145684844846308991494315152488
178024416974099890603908439441850253047357246937305616185379340688
294601425402211423373139724085744945862377619322551855689110364637
684070516003606140643570811847797770405995641200104601413000890788
089377595295745047655039053183599146854554075702541944535881728230
217184087340156065947706698217296638659132127716519251666291242160
026082404556418182824207155593041412847921238148595144839965671505
764602713610407345488817072271800832968140120396622375240917625930
501196457437538992864618902187410750169415517307487965557943412213
401861945711114145143476791105087385843795432281462392510321525178
061022002985061171511522924684406233670927089226453241078178623493
002036486152993070136846970506636958762130387191849673626286128773
135307721316622088806901178452231994936532272443177479044080521012
426828275776057685207211032353363551733222846585385579072592997658
497868869011934529274642275255585048782417415962774392726950863003
739197232432809642332098580674697455115723670387955932445758453122
600239564518634241370010986150265195096501276333828196736597643559
400008983705072192268375625342457964215208141538140352834232745745
282188653998454027744122254522942265414501024628838852570646391990
412738586374723771970181661501559306552580402449092982449535013277
809532564263426263432798995168669229691978769462307638213428791853
401663826586138981055665067401063420828539478180020453642269679016
347991779681426970196243141837017933239208206963911456865343575178
937024664269595259600654326091604270903277334124879376220897854569

431847419434510620397466555147205617061019461222686681596904838394
290430992831677354144429372219257639217779234223773397148488181910
169982018278621131812845363263984386215655096776531988541783185586
741582390043053451170737372867280188233545785306959967788067417964
300979384132540544812380831903058654085153227854231354283742353758
721688236322055070652706495251356963675212104632064184322393563779
520998965454720016968351074307701939884197870709476949874864200855
470745726706021712740956692665431438337769024013142789997756778724
179571357223060632305238563514763132557264467597733776986284175094
033938121692142673563864623543402066943063507513940274428897658237
003075649301065734518698212694757885041191961361046093431644074153
374395772435885256502313780947543195773054518785207209863861162273
043345329587547485512733832797221918503504787189788424928710689618
210899417158677612083801516188865145400128585971646301364496516055
149382279283444908376743281989211429104310611108686921655279207982
016493293745813421507655118784892767382548793511783235161120855178
410837621175281500785185477818607679428641484323323191097266850003
293412891404585820443155761077878576257742383848993157237395983811
060781246778635855689965273688452409425287045964359207605793466843
241453255963562487488211791208183970347846417549291422486198816983
583681912923190240717129570007687463345058546053618974136529114874
878826670127663175041210072031578108892437664036773091175530904092
817119613621053923413873342259376787685262571351224341348244924378
633188527682753743104903544552421435713693138564029040006569936253
681779918785587184473077058252974350574866412708465442603847274453
318352984893683898897808289018623074484047084490852849403039434295
546385274085475901526881600037477252281178116115742371398195074067
417534318414635054434243835745192486115808800396066834394019089873
781924404002198322845207651547921136925507478741658366024221854621
946430775152186135581519887540463551761409590543738570052501358093
904859672162021606984416156907877168406812741437661409111813963108
559915166148107954451532495992136682549963271237356256841474541431
231206048819565493502823579799437677757183566590069020417993369091
728241049062313271244249416014285160962807790636038335841419927091
542276842581774992219930572580325951237712012994424840701227968679
444734180679258265793495891476788837891544093263165670060889473109
325610561988030860548652087745645452474853531540501116812428474957
904372159415539436702907125778653689754228949640116185024437131408
434630354358064772127114350431362548438660924361550031965108550050
907158337041502556889102458400418193352025212449845716767925568221
802326639623157096458907968699494137343262118149547389785624882172
010558278984533333136548489450888785675190404459592653195215811924
489811352902213455038356598271936949317656578186760047007731691816
455034194766774380181590333099302566595666806010250926530115150160
622468616389719309021432141704002191457726858407865209722168098063
403409743086907298822309751951983100298612670489081778827687757961
178330223290184600190716087476842315224050774360779330699714208266
188407940469258063274247275041565742546714723309962603957286538590
552888005911222577468976219282389040655521371974945223212768338451
551457684661127766882078834758858600648865735763165275569994119108
346614456186706812749463392864273661511558912240868597078927007503
394219875836535973430041069559226761035533059931059176312793511629
714079606501253293619401366506307941570050211188043581494533791320
858732548430463659635754453470236895764075477044155714931768679302
277753119882184837301911786289306940111589359951274829912053068129
551929824938272147795541012944377345175642511716526216166999185835
646874649357924097724551332802362936675709907697852514226641191193

585434501374096079376005086552834228065726478022042061307951699639
533247616622891546684694096914515252563415426976727096542892366968
403192535094906738450902029724318091231270182551951383460029378821
762077676614701791056987095327706600308416181059206587486560051483
952184824992543254856132508585197436417072553803196406928071563221
322173345451876615575526390318339396568420029460701119129003740322
343976701062591895494110816617775621921623121137090313971995109300
060103007153333452901597889358798595884784180052537960087983471109
265787548954190753861066220189959789540593437873947063842367677502
183369288728660527834544522024058057113629600759746651977711112630
969469503423846510531433667095110760686290587829078822087133464200
364390366332980988500851337814963166188577108066312558044324207698
647512216582361620834681484140831525275396050627066696526301902593
848744034126606357473771924725215165229394066955245342248129991832
656594423759120559882004728642042067074222872759074097139821572379
632145499167296730802864864484068322190336849026989929710200920411
865787025178591835750552703347688775638585462739607509976147400572
192898182966726201203114582608158553826922251013825611025429443067
962436400899781005440067802134276707642549925936710102284674866225
941175294051667555818626941750593997115376753996650983301615736970
922700557309695955649272385182575787553417888752639788555964624474
923264074821628542338036335949374899526806016754142197883509023731
057687503281918259052125331849318306100702202678580527851563024324
195553938565711330622522462341479711447932578993736265220222845799
230346011771041574409412468197295002911413986761550352599819480735
239154528581118222981815649447927563553322350629049623760218885772
940818935145056394333893533977655456340866555282658136000816463334
525449484505955566705163107708872505206626022560573629214451674721
138860169162930054205124206415555272401945587359509752625533729093
899907528808524234255268789623261274535575780817153091024596353553
948147627719691641984261118275886258905804366154875620681637434080
047600164419843802937341468286777176160414285412606425641580937439
615912924271363136731776124458993385917773061133298846655245748283
492523119458706998912381060083820227026598562576333919033672940001
264290699668384238179436127469866593189619045322223293603166329601
494368718280932743049152389322562551911147300753148128807206426842
226981136185520154479808760107287609450269249454061487952597780986
360069669101377814123490020686919838926415376722551768749515204014
883031204113020227806459645894805871377996768873493918703798214391
672064590869651897225691698509990310203096657363301877215791078781
426445725617411584185877699635635291576611517161175561912146377213
801136522636271278503521453330658424042719346570805618056428626998
831932727372468508080637253458677431435647134329913610845871145670
176806024156398745240385833637939835633934944595030714427694213921
659335151610028068260018621710802758990916345462460226985867174542
310977297306019504557502121786672926863366512580710505001747213369
207269807192779063301291903342918220130117130206861246373615361763
948055611226790359599834582073680303215605083664016691546402608726
050665198490757496212963311920460864247010599662752040679908521111
887393952622217171839456743584366250259407567787455206883177021018
226392892933319946189556214339398753777418233490776385599354008719
353215578106343492646921668019730695877934717222544807911811119639
263927648001235177257192747883057839711366906064552543319190322289
193609549718432491009045406627292385027405633838548590188268149435
843645843980262611116171765842816097957652506787611795116323992635
170032619534150929750055340488664096583519165979491935086348821926
159814484369243754556511220419480552682307533247697408847277874354

523592721088040526258353686891993198446098971608446742636735916800
552847863406269127172173171756061677171463475561619807884390311358
477716426051047474576636143832085499367219745739979786652277503539
806189140888838590932137437527203362302578779561047292856386085130
915778464960008736333920310489778169199045483721157693261472210169
373395677086569137611108691532783540556894860507108229542480918055
808095852840667352878148038653802146646757143896547580860434512955
393551309586932110862993111060583993942496576010657495240264494636
552444240730599036528490896664804046794551760568902763171719187687
277257489033656717785638232165305692129115050326412815732707501138
355197893094089107488034261090882741413711940912309437167869613636
072477657104623486150406068547046457718789166038214014347509730536
910311084407969550456237753811982755215952136501877563397073543958
012047196601951288251054503317305162163410905181922605255463122643
553225929574757288200162627080823604244459035813619904596044916754
037553727206181988999514777161493276079799935405323179303743527584
995426817187213747300025933561536192111129261638916218469566956203
356497059650933237168855187842033304180750306650556062517416050526
233166409192522382588709552189028812957505217116559791713082534046
084330797746547688166691968144768973284839179217767764271032151745
244795073588076328905416731603181192610241700381775659611825654152
518096798760261634301727837032796173292508134704765485765605901072
767352138545982768929873329758329944685365659919272027231284196896
663259359477266722350011371950264673084492628609598526205224095218
223592003147069826977926672250423655929192492054350354442390940880
576201050465309269773134941085727997638011304927973986558419898876
583320159334396104687507963520178472987317304408427266965840609618
054654656319302505014959888401925085596318809233280147303879129195
795825101292043776533474108918075807247127240276166629686262222231
660704487522921471507146159607733512382721669154552729130788761367
040033447710520770059428997271177365919242991321208097064896312558
843911944264248345550207274615226720992564456528346798994906603417
413684761557731344073469800379804214122671320372465321073217357376
049193206275564676654903913028689978015277912027247510532924595527
398642066245295718008680915733555397019651293100483231470413504942
935965118265724049820443139756703147053709850613146155991545967908
038206332711270539764389461306833524669156764448058479053185626495
783935454683629709750886407255782366929906508127064320767425390436
885713810940745855659674181134810267297801287659770581626728457561
593281266064575328698356754169437335171869154494298039532809562532
967176474278419217105496385341428321986214861895267914830400454230
243724462494276958818851304787948051509240221847272687432602896204
859856831807437521486290992133913992180695380744363471106230210202
399080166428312197903931088989028681277449139877816012369634935383
790483373886164973988642408564038860012173560371256630282419328441
393715260355025536500684691379951253301570881693176198059576609611
328145362486381437470813760997339279340713871021835604437946559576
321085972638056113173862779961866282810658000636060566965160500275
463200064283833990047068610621589780135918708023883757689557911171
327021871913861244609228509466217880091235664671425284581316883233
438617026345453106357326861714173268252109927195832490783232192898
048512298230337937859269722693195895033354126067763684519202799011
294351329008525896049061348176846124481858634526732494412395033702
428955285667455763776548313039154490724174469903334896301032696085
126405368878222121462152194238250907818894026435367515689104488568
329212836025815748009984583205487653084082425613508935972296031858
838858038358185664412153867087676012483101046308447443218801447909

336747468844785641481744590912453981032300885920637101563587565164
309596112739640158617697813140879507371428831776043668981962641347
500697194056519504550516774239794019689986252789008523744580732886
706974177396357254506098542345678985204250732286070942026394841828
669256606166544407204577568393932312265407812478316668801803018422
504520053551868684850558453085253849754261205794305353308074775082
649608852944557278500344139558937933505118403022529870616291505964
225999600585648957233653179869136696994427866578912525684626041479
811086568557173907213307893310852590333311371858772870349262790271
567329168662716674908199318258316683282850015757078016119316922193
151475493775515980465409283999109493742010371708560860588178544900
570410413604043513764246899815268060925540112346532950434918053747
735616666710469298309567892031648206393173922124840551203478063211
131681337322406321645541558823784609194273808850283831236226654974
430055809989829957425843235376429863146563505528356047709075747328
263677043963097923465629794934456641396085146437130393213677421247
090445272154068792154263064259726029201899465529811514261260490076
386714173023572727683904155972345066669386646058829201247114417883
178223482153389187605836327618181943322769555311258190484751746290
562001346899644071619823205434718461102051131555093022682510749199
014960817856260510885903658474515037638491513400032951639910621924
055728300810352176197961683221398169240835763955621165712611219290
508716325525855864961663825419359148218187619592329205699550637645
818268557522115278701180299433546741536276207749785405413330313633
542368241010846476374906388527984149007646469764854009479635895497
546144813763697059163569983681198752505479306935320757076678014844
770142471624190816682249007420711186488154772891718653596776539579
933503342728214605416964960098470697958559264304287036366471307131
478233061157641991322242064609989883076268583605552740990478467610
760424178421506285175573529996478625529542836742987066457943375801
014074021161861448432976574426342852870477855630830963143527878304
194501970294657577773281674685808745393160393725331589928057943463
140873586086177882633492774615118491165513068184671367734882334108
513640394793920887688633633946138235834479408156961091429387734713
893423773619109646056424447477908207604966027135616895410644483213
659808293890972961891211834291490616389638610693752089534688398334
446718982124347807238740745769755450743684674713502485881839966556
819634452881194183317263682505061186490039412552057457120360355780
251419043526718372192138482990580322469584243231589844325103965443
535053543229216747040778614684859762557446153511880031430569954927
847167454497269761283933251838197222328360707522781292813010656941
262948730634268837338181742170608647548276394242391402753218042951
903411635170469807423351556057857562450999253201787499636640473477
038985587306507603870997731843128109897898820854355955094325390237
189521682023344245572575307879263398550901645594237339662522335164
875058955694217297244895998825089232112034795894154654603037878617
591571661398869326873749684730549653293782147564810579380828530053
244708050656929422340010959348294614539078890661626402150130735330
033192074563726377077099939992288621224324880206263485088853036010
723436890136064275814252839878594917997961121963797576519245218670
960880921371119775000878159304307293448839309575741592413752859777
972918934538505080383198677459002518657917237080857416429715380788
406071306868036198241971577476389507253468404569192759531937223702
229015580065607604738547359904477996748749969769427137668695533195
125337764098587096683863263926164945608684140374568420719405950701
743035469182150900466493998551741389385197573121568261622862231881
096729747606013028331193716114087472706762558567775119956667486151

964912970193318084994109618139296492789360902125354433273750642606
242994120327362558244174983450947309453436615907284163193683075719
798068231535737155571816122156787936425013887117023275555779302266
785803199930810830576307652332050740013939095807901637717629259283
764874790177274125678190555562180504876746991140839977919376542320
623374717324703369763357925891515260315614033321272849194418437150
696552087542450598956787961303311646283996346460422090106105779458
151

www.ingramcontent.com/pod-product-compliance
Lightning Source LLC
Chambersburg PA
CBHW071340210326
41597CB00015B/1509
*9781632709752*